电子信息科学与工程类专业规划教材

Cortex-A8 原理、实践及应用

姜余祥　杨　萍　邹　莹　编著

電子工業出版社
Publishing House of Electronics Industry
北京 • BEIJING

内容简介

作为一款32位高性能、低成本的嵌入式RISC微处理器，Cortex-A8目前已经成为应用广泛的嵌入式处理器。本书在全面介绍Cortex-A8处理器的体系结构、编程模型、指令系统及开发环境的同时，基于Cortex-A8应用处理器——S5PV210为核心应用板，详细阐述了其外围接口技术、U-Boot启动流程及其移植技术、Linux裁剪和移植技术、驱动程序的编程技术和Qt的应用编程技术，并提供了在物联网中的应用工程案例。书中所涉及的技术领域均提供实验工程源代码，便于读者了解和学习。

本书可作为高等院校电子类、通信类、自动化类和计算机类等各专业“嵌入式应用系统”课程的教材，也可供从事嵌入式应用系统开发的工程技术人员参考。

图书在版编目（CIP）数据

Cortex-A8原理、实践及应用 / 姜余祥，杨萍，邹莹编著. —北京：电子工业出版社，2018.1
电子信息科学与工程类专业规划教材

ISBN 978-7-121-33306-4

Ⅰ. ①C… Ⅱ. ①姜… ②杨… ③邹… Ⅲ. ①微处理器—系统设计—高等学校—教材 Ⅳ. ①TP332

中国版本图书馆CIP数据核字（2017）第311546号

责任编辑：凌　毅
印　　刷：三河市华成印务有限公司
装　　订：三河市华成印务有限公司
出版发行：电子工业出版社
　　　　　北京市海淀区万寿路173信箱　邮编　100036
开　　本：787×1092　1/16　印张：18.5　字数：498千字
版　　次：2018年1月第1版
印　　次：2019年1月第2次印刷
定　　价：45.00元

凡所购买电子工业出版社图书有缺损问题，请向购买书店调换。若书店售缺，请与本社发行部联系，联系及邮购电话：（010）88254888，88258888。

质量投诉请发邮件至 zlts@phei.com.cn，盗版侵权举报请发邮件至 dbqq@phei.com.cn。

本书咨询联系方式：（010）88254528，lingyi@phei.com.cn。

前　　言

随着手持类设备的普及，嵌入式应用技术得到了快速发展。嵌入式应用系统由三层结构组成，分别为硬件层、系统层和应用层。其中，硬件层主要涉及CPU的选型及板级电路的设计；系统层主要涉及操作系统的移植及驱动程序的设计，通过抽象过程完成硬件层与应用层的隔离；应用层建立在系统层之上，主要完成用户应用程序的编写和调试。

针对三层结构的特点，本书以嵌入式应用系统设计过程为主干线，按照系统设计流程组织教材的框架结构。主要包含嵌入式CPU的组成结构和接口电路设计，BootLoader的定制，Linux操作系统的裁剪和移植，Yaffs文件系统的定制，驱动案例的设计，物联网应用系统工程案例的设计，全书共分8章。

第1章　Cortex-A8处理器。作为嵌入式应用系统的关键组成部分，Cortex-A8处理器已经被广泛应用于移动终端、掌上电脑以及其他消费电子设备。本章介绍了Cortex-A8处理器的内部结构和各组成部分功能。

第2章　汇编语言。本章侧重于Linux环境下的应用，介绍了ARM汇编语言指令集、GNU ARM汇编器汇编命令以及汇编语言程序设计基础。

第3章　S5PV210概述。本章主要讲述S5PV210芯片的存储结构、寄存器结构和GPIO结构。以UART为例介绍了S5PV210内部接口控制器的使用方法，并介绍了该芯片上电复位后的启动流程，在案例一节中介绍了基于S5PV210裸机应用程序的开发过程。

第4章　U-Boot。基于Cortex-A8硬件平台运行的嵌入式Linux系统软件平台可以分为4个部分：①引导加载程序（BootLoader），依赖于所运行的硬件平台；②Linux内核，依据应用需求，需要通过裁剪和移植完成内核的定制；③文件系统，包括根文件系统和Yaffs文件系统；④嵌入式GUI和用户应用程序。本章在基于S5PV210微处理器的硬件平台上，分析了U-Boot启动流程。在使用U-Boot引导嵌入式Linux操作系统的过程中，通过工程案例详细介绍了在指定硬件和软件平台条件下，完成U-Boot的定制过程。

第5章　Linux内核移植。本章主要介绍了嵌入式Linux系统的构建过程。通过学习本章内容，能够对嵌入式Linux系统的结构有一个清晰认识，并掌握基于Tiny210硬件平台的嵌入式Linux操作系统搭建过程。

第6章　嵌入式Linux程序设计。嵌入式硬件设备需要专用的驱动程序，驱动程序需要通过特定的方法和步骤添加到嵌入式操作系统中，应用层需要编写程序调用驱动程序才能完成对系统硬件的操作。本章介绍了基于ARM-Linux驱动程序的开发、驱动程序的加载方法和基于驱动程序的应用程序开发。

第7章　图形用户接口Qt。Qt是一个基于C++图形用户界面的应用程序开发框架，本章首先介绍了Qt应用程序的开发环境，随后以案例形式介绍基于嵌入式硬件平台的Qt应用程序编写方法。

第8章　嵌入式物联网应用系统设计。本章通过实际案例介绍基于Cortex-A8微处理器的嵌入式应用系统设计，主要涉及智能家居、物联网应用云平台搭建和访问等领域。

书中涉及Windows和Linux两个操作系统，在描述两个系统中的文件路径时，使用“\”符号表示Windows环境下的文件路径，使用“/”符号表示Linux环境下的文件路径。

本书提供配套的电子课件及相关配套资源，主要包括：教学课件 PPT 和实验指导书，嵌入式系统开发过程中常用到的软件工具包，各章案例的程序源代码，本书所使用的硬件平台软件系统文件以及 Cortex-A8 系统更新和系统文件烧写说明。

书中各章节提供了大量工程案例，其中实践部分内容依托于北京赛佰特科技有限公司的 CBT-Super IOT 型全功能物联网教学科研实验平台，唐冬冬为本书提供了丰富的软硬件资料及技术支持。

本书应用例程和教学参考讲义，请读者到华信教育资源网注册后免费下载（www.hxedu.com.cn）。

本书可作为高等院校电子类、通信类、自动化类和计算机类等各专业“嵌入式应用系统”课程的教材，也可供从事嵌入式应用系统开发工程技术人员参考。

本书主要由姜余祥、杨萍和邹莹编写。其中，第 1、2、3、4 章由姜余祥编写，第 5、6、7 章由杨萍编写，第 8 章由邹莹编写。胡字滢、李晓峰参与了本书的校对以及配套电子课件和实验指导书的编写。李强和赵永永同学对本书所提供的工程案例中的程序进行了调试和整理工作。

本书在编写过程中，感谢电子工业出版社工作人员的大力支持，尤其要感谢我的家人，是她们多年来的理解、帮助和支持，才能够完成本书的撰写工作。

在此向所有关心和支持本书编写工作的人士表示衷心的感谢。

由于目前嵌入式应用领域的迅速发展，且作者的实际工作经验及水平有限，书中会有许多不足之处，望读者不吝指正。

姜余祥

2017 年 12 月

目　录

第 1 章　Cortex-A8 处理器

Cortex-A8 是一款成功的 ARM 内核。作为嵌入式应用系统的关键组成部分，目前已被广泛应用于移动终端、掌上电脑和许多其他日常便携式消费电子设备。

本章主要内容:

（1）Cortex-A8 处理器内部组成结构;

（2）Cortex-A8 处理器的编程模型;

（3）Cortex-A8 处理器的时钟、复位和电源控制等功能单元的管理机制。

通过本章的介绍，对 Cortex-A8 处理器内部结构和各部分功能可以有一个初步了解，为后续章节的学习打下基础。

1.1　概　　述

Cortex-A8 处理器是一款高性能、低功耗、完整虚拟内存管理能力并具有高速缓存的应用处理器。

1．处理器特性

（1）支持 ARM 体系结构的 v7-A 指令集。

（2）使用内部 AXI（Advanced Extensible Interface）接口，可将主存配置为 64 位或 128 位高速 AMBA（Advanced Microprocessor Bus Architecture）模式，来支持多种数据传输行为。

（3）一条用于执行整数指令的流水线。

（4）一条用于执行 SIMD 和 VFP 指令集的 NEON 流水线，为多媒体应用提供硬件加速。

（5）使用分支目标地址缓存和全局历史缓冲区实现动态分支预测。

（6）MMU（Memory Management Unit）。用于内存单元管理。

（7）L1 级指令缓存和数据缓存可配置为 16KB 或 32KB。

（8）L2 缓存大小可配置为 0KB 或 128KB～1MB。

（9）L2 缓存可配置奇偶校验模式和纠错码（Error Correction Code，ECC）。

（10）嵌入式跟踪宏单元（Embedded Trace Macrocell，ETM）支持在线调试。

（11）动态和静态的电源管理方案（Intelligent Energy Management，IEM）。

（12）用于调试的探针和断点寄存器，支持片上调试。

2．ARMv7 架构指令集

（1）采用 ARM Thumb-2 指令集，兼容 Thumb 和 ARM 指令。

（2）使用 Thumb-2（Thumb-2EE）技术，提高运行速度。

（3）增强型的安全功能（NEON），有利于安全应用程序的开发。

（4）高级 SIMD（Single Instruction Multiple Data）架构扩展，用于多媒体三维图形和图像处理的加速技术。

（5）用于浮点计算的向量浮点 v3（Vector Floating Point v3，VFPv3）架构，兼容 IEEE 754 标准。

1.2 处理器组成结构

Cortex-A8 处理器的主要组成部分包含：指令取指单元、指令解码单元、指令执行单元、Load/Store 单元、L2 缓存（上述 5 部分统称为内核）、NEON 和 ETM 单元。其内部结构如图 1.1 所示。

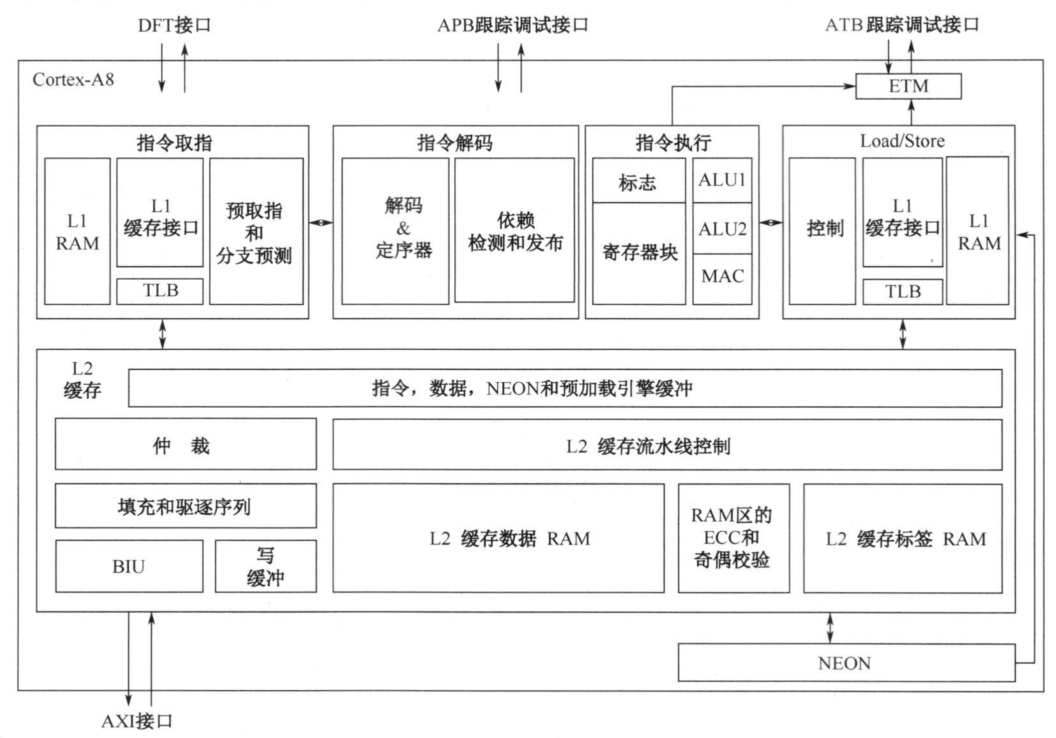

图 1.1 Cortex-A8 处理器结构图

1.2.1 内部功能单元

1. 指令取指单元

指令取指单元负责完成指令流预测，从 L1 指令缓存中取出指令代码，并将所获取指令送到解码流水线进行解码。指令取指单元还包括 L1 指令缓存。

2. 指令解码单元

指令解码单元依次对 ARM 和 Thumb-2 指令完成解码工作。这些指令可以来自调试控制协处理器（CP14）、指令和系统控制协处理器（CP15）。

当存在多条指令需要解码时，指令解码单元的执行顺序是：异常、调试事件、复位初始化、内存内置自测试（MBIST）、等待中断处理和其他异常事件。

3. 指令执行单元

指令执行单元包含两条对称的算术逻辑单元（ALU）流水线、一个用于加载和存储指令的地址发生器和多条专用功能流水线，其中执行流水线同时负责寄存器回写。

指令执行单元的作用：

（1）执行所有整数 ALU 和乘法运算指令，包括产生标志位；

（2）为 Load/Store 指令生成虚拟地址和基地址；

（3）为 Load/Store 指令提供格式化数据；

（4）处理分支和其他变化的指令流，评估指令条件码。

4. Load/Store 单元

Load/Store 单元含有完整的 L1 数据存储系统和整数 Load/Store 指令流水线，包括 L1 数据缓存、数据 TLB、整数存储缓冲区、NEON 存储缓冲区、整数数据加载地址边沿对齐和格式化以及整数数据存储数据地址边沿对齐和格式化。

5. L2 缓存

L2 高速缓存单元包括 L2 缓存和缓冲接口单元（BIU）。它服务于被 L1 缓存错过的预取指和 Load/Store 指令部分。

6. NEON

NEON 单元包括完整 10 条流水线，用于解码和执行 SIMD 媒体指令集。NEON 单元包括 NEON 指令队列、NEON 加载数据队列、两条 NEON 解码逻辑流水线、三条用于 SIMD 整数指令的执行流水线、两条用于 SIMD 浮点指令的执行流水线、一条用于 SIMD 和 VFP 的 Load/Store 指令执行流水线和完全执行 VFPv3 的数据处理指令集 VFP 引擎。

7. 非侵入式跟踪宏单元（ETM）

ETM 过滤和压缩那些用于系统调试和系统分析而需要跟踪的指令和数据。ETM 单元在处理器外部有一个专用 ATB 接口。

1.2.2 处理器外部接口

处理器含有以下扩展接口与外部相连：与 AMBA 总线相连的 AXI 接口、APB 跟踪调试接口、ATB 跟踪调试接口和 DFT 接口。

（1）AXI 接口是系统总线主要接口，为指令和数据完成 L2 缓存的填充和非缓存类访问。AXI 接口支持 64 位或 128 位的输入和输出数据总线宽度。AXI 总线上支持多个未处理请求。AXI 信号与时钟输入同步，使用时钟允许信号 ACLKEN 可以获得一个较大总线占用比。

（2）APB 跟踪调试接口可以访问 ETM、CTI 和用于寄存器的调试。

（3）ATB 跟踪调试接口可以输出跟踪信息用于调试。

（4）DFT 接口为制造商提供内存内置自测试和自动测试方案。

1.2.3 可配置的操作

对于内部单元，Cortex-A8 处理器提供了灵活的配置方案。处理器内核可配置选项参见表 1.1。

表 1.1 内核可配置选项

状 态	可 配 置 项
AXI 总线宽度	64bit/128bit
L1 RAM 容量	16KB/32KB
L2 RAM 容量	0KB/128KB/256KB/512KB/1MB
L2 Parity/ECC 校验	Yes/No
ETM	Yes/No
IEM	支持内核所有组成部分的电源域管理
NEON	Yes/No。当处理器配置为 No 模式时，所有 SIMD 和 VFP 的指令将尝试进入未定义模式

1.3 编 程 模 型

Cortex-A8 处理器通过设置可以工作在 ARM 或 Thumb 状态。工作在 ARM 状态时，支持 32 位 ARM 指令集；工作在 Thumb 状态时，支持 16/32 位的 Thumb 指令集。通过实现 SIMD 架构，增加了主要针对音频、视频、3D 图形、图像和语音处理的指令。在介绍指令集前，需要了解处理器的编程模型（Programmer's Model）。

1.3.1 内核数据流模型

Cortex-A8 内核采用冯·诺依曼结构，这是一种将程序指令存储器和数据存储器合并在一起的存储器结构。程序指令存储地址和数据存储地址指向同一个存储器的不同物理位置，由于公用数据总线，因此程序指令总线和数据总线的宽度相同，总线宽度为 32bit。

Cortex-A8 内核支持的 ARM 指令集为 RISC 集。其特点是所有数据都需要在内核的寄存器中处理，不支持在内存中直接操作数据。通过 Load/Store 结构，使用 load 指令将数据从内存中复制到寄存器中，使用 store 指令将寄存器中的数据复制到内存中。

从编程角度来看，ARM 内核由指令解码器（Instruction Decoder）、桶形移位器（Barrel Shifter）、符号扩展单元（Sign Extend）、R 寄存器组（Register File）、ALU（算术逻辑单元）、MAC（乘累加单元）、地址寄存器（Address Register）、地址加法器（Incrementer）等部分组成。各部分通过内部数据总线相连，其连接结构如图 1.2（参考来自 ARM System Developer's Guide）所示。

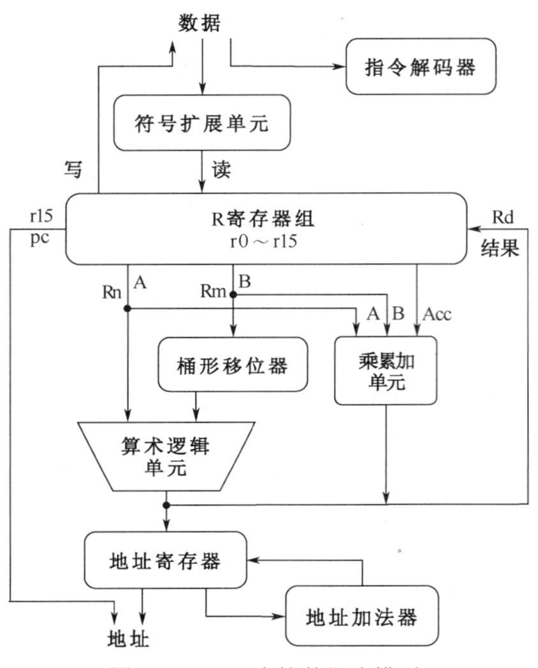

图 1.2　ARM 内核数据流模型

符号扩展单元：存储单元中定义的有符号 8/16 位数据类型的数据在这里被扩展到 32 位后送入寄存器。

R 寄存器组：由 16 个 32 位寄存器组成。可以提供 Rn 和 Rm 两个寄存器，用于存储 ALU 或 MAC 的源操作数；一个 Rd 寄存器，用于记录操作结果（目的操作数）。其中，Rm 支持算术逻辑运算前的移位操作，可用于位操作运算或灵活的寻址方案。指定 r15 寄存器作为 PC（程序计数器寄存器），它为地址总线提供指令代码存放位置的 32 位地址信息。

算术逻辑单元（Arithmetic Logic Unit）：针对来自 Rn 和 Rm（或 N）两个寄存器的源操作数，实现指令规定的运算。运算结果若是数据则送到 Rd 寄存器中，若是地址则送到地址寄存器中，并广播到地址总线中。

乘累加单元（Multiply-Accumulate Unit）：实现硬件乘法或乘-加运算。

地址加法器：当处理器使用 Load/Store 指令访问连续的存储空间时，可以通过地址加法器得到下一个存储单元地址。

1.3.2 工作模式

Cortex-A8 处理器有 8 种工作模式。

（1）系统模式（System）。操作系统的特权用户模式。

（2）用户模式（User）。ARM 程序的正常工作模式，并用于执行大多数应用程序。该模式下，限制内存的直接访问和通过物理地址对硬件设备的读/写操作。

（3）快速中断模式（FIQ）。用于处理快速中断。

（4）中断模式（IRQ）。用于通用中断处理。

（5）超级用户模式（SVC）。ARM 内核上电时处于 SVC 模式，主要用于 SWI（软件中断）和受保护的操作系统模式。

（6）中止模式（Abort）。数据中止或预取中止的异常事件发生后进入中止模式。

（7）未定义模式（Undefined）。当执行一个未定义指令的异常事件发生时，进入未定义模式。

（8）监视模式（Monitor）。是一种安全模式，用于执行安全监视代码。

除用户模式以外的 7 种模式称为特权模式。特权模式用于服务中断或异常，或访问受保护资源，具有对 CPSR 寄存器的读/写控制权。

1.3.3 寄存器结构

Cortex-A8 处理器有 40 个 32 位寄存器，分为 33 个通用寄存器和 7 个程序状态寄存器。ARM 正常状态下有 16 个数据寄存器和 1～2 个状态寄存器可随时被访问，可被访问的寄存器依赖于处理器当前的工作模式。每种工作模式下处理器可访问的寄存器名称见表 1.2。

表 1.2 基于 ARM 工作模式的寄存器分组

系统	用户	快速中断	中断	超级用户	中止	未定义	监视
r0	r0	r0	r0	r0	r0	r0	r0
r1	r1	r1	r1	r1	r1	r1	r1
r2	r2	r2	r2	r2	r2	r2	r2
r3	r3	r3	r3	r3	r3	r3	r3
r4	r4	r4	r4	r4	r4	r4	r4
r5	r5	r5	r5	r5	r5	r5	r5
r6	r6	r6	r6	r6	r6	r6	r6
r7	r7	r7	r7	r7	r7	r7	r7
r8	r8	r8_fiq	r8	r8	r8	r8	r8
r9	r9	r9_fiq	r9	r9	r9	r9	r9
r10	r10	r10_fiq	r10	r10	r10	r10	r10
r11	r11	r11_fiq	r11	r11	r11	r11	r11
r12	r12	r12_fiq	r12	r12	r12	r12	r12
r13(SP)	r13(SP)	r13_fiq	r13_irq	r13_svc	r13_abt	r13_und	r13_mon
r14(LR)	r14(LR)	r14_fiq	r14_irq	r14_svc	r14_abt	r14_und	r14_mon
r15(PC)	PC	PC	PC	PC	PC	PC	PC
CPSR	CPSR	CPSR	CPSR	CPSR	CPSR	CPSR	CPSR
		SPSR_fiq	SPSR_irq	SPSR_svc	SPSR_abt	SPSR_und	SPSR_mon

下面依照寄存器的功能进行划分。

r0～r12 是通用寄存器，可用来保存数据项或表示地址信息的数值。其中，快速中断工作模式具有私有的 r8～r12 寄存器。

r13 是堆栈指针寄存器（Stack Pointer，SP），用于指向堆栈区的栈顶。每种工作模式具有各自私有的堆栈区和堆栈指针寄存器。

r14 是链接寄存器（Link Register，LR），用于存储子程序返回主程序的链接地址。当处理器执行一条调用指令（BL 或 BLX）时，r14 用于存储主程序的断点地址，供子程序返回主程序；其他时间，r14 可以作为一个通用寄存器使用。每种工作模式具有各自私有的链接寄存器。

r15 是程序计数器（Program Counter，PC），用于存放下一条指令所在存储单元的地址。由于 ARM 指令集中的一条指令代码为 4 字节，因此在取指时指令代码的存储地址应满足字对齐，即 r15[1:0]=b00。

CPSR 是当前程序状态寄存器（Current Program Status Register，CPSR）。寄存器中包含条件码标志、状态位和当前工作模式位。除了系统模式外，其他每种特权模式额外拥有一个备份程序状态寄存器（Saved Program Status Register，SPSR），用来保存当异常发生需要进入其他模式时所产生的程序断点处状态信息。通常是将断点的 CPSR 内容复制到 SPSR 中，以便在异常处理程序结束并返回时恢复断点处的程序状态。

8 种工作模式都有各自的 16 个数据寄存器和状态寄存器。依照每种模式的特点，这些寄存器又分为公有和私有两种情况。

公有寄存器：如程序计数器寄存器，8 种工作模式公用一个 r15（PC）。

私有寄存器：8 种工作模式拥有各自独立的寄存器，如堆栈指针 r13（SP）。在寄存器命名过程中，使用添加表示工作模式下标的方法加以区分，如 r13_fiq。此时虽然是表示堆栈指针寄存器（各种模式的此功能寄存器，在编译环境下同为 r13），但是快速中断模式与其他模式有不同的物理空间。在使用过程中，需要通过设置 CPSR 中的模式位来表明处理器当前的工作模式，以确认当前模式下寄存器组的物理位置。8 种工作模式的私有寄存器可参见表 1.2 中加阴影单元中的命名。

1.3.4 程序状态寄存器

Cortex-A8 处理器的程序状态寄存器包含 1 个主程序使用的 CPSR 寄存器和 6 个异常处理程序使用的 SPSR 寄存器。

程序状态寄存器（CPSR 和 SPSR）的主要用途：保存所执行的最后一条逻辑或算术运算指令运行结果的相关信息，控制开启/禁用中断，设置处理器工作模式。程序状态寄存器位定义见表 1.3。

表 1.3　程序状态寄存器（CPSR 和 SPSR）位定义

位	31	30	29	28	27	26～25	24	23～20	19～16	15～10	9	8	7	6	5	4～0
定义	N	Z	C	V	Q	IT[1:0]	J	DNM	GE[3:0]	IT[7:2]	E	A	I	F	T	M[4:0]

表 1.3 中，“位”一行表示了组成程序状态寄存器的 32 位二进制数排序位置。最右边的规定为第 0 位，依次向左排序，最左边的为程序状态寄存器的最高位第 31 位。“定义”一行表示了程序状态寄存器中一位二进制数所代表的含义。理解位定义的概念要注意两方面：位在寄存器中的排序位置，位的内容（1/0）所代表意义。

在描述位定义过程中，其位置通常使用其所代表意义的英文缩写字母来表示。例如，程序状态寄存器中第 30 位的内容用来表示当前算术运算指令运行结果是否为零，为了便于描述，将该位定义为“Z”标志位。

1．条件代码标志位

N（CPSR[31]）：负数或小于标志位。N=1 表示当前指令运行结果为负数（非正数或零）。

Z（CPSR[30]）：零标志位。Z=1 表示当前指令运行结果为零，常表示两个操作数相等。

C（CPSR[29]）：进位/借位/延伸标志位。C=1 表示两个无符号数相加结果溢出。

V（CPSR[28]）：溢出标志位。V=1 表示两个有符号数相加结果溢出。

Q（CPSR[27]）：若执行乘法和分数算术运算指令（QADD、QDADD、QSUB、QDSUB、SMLAD、SMLAxy、SMLAWy、SMLSD、SMUAD、SSAT、SSAT16、USAT、USAT16）后发生溢出，则 Q 标志位被置 1。此时需要执行 MSR 指令才可清除 Q 标志位，否则后续乘法和小数运算指令不能被执行。需要判断Q标志位状态时，可将CPSR寄存器内容读入一个寄存器中，再从这个寄存器中提取Q标志位的内容。

GE[3:0]（CPSR[19～16]）：大于或等于标志位。某些SIMD指令，运算结果的大于或等于信息将影响GE[3:0]标志位。

在执行算术/逻辑运算类或MSR和LDM等指令时，可以通过在这些指令助记符字段附加后缀“S”的方式，使得指令执行结果影响上述条件码标志位内容。

可以通过判断标志的内容作为执行一条指令的条件。大多数ARM指令可以在指令格式中的条件域附加条件属性，指定N、Z、C、V或Q等标志位的内容作为指令执行条件。在执行附加有条件域的指令之前，处理器会将指令的条件属性和CPSR中条件代码标志位的内容进行比较，如果匹配，则该指令执行，否则该指令被忽略。条件属性与所判断的标志位之间的对应关系可以参见本书第2章表2.1。

2. 状态控制位

IT（CPSR[15～10，26～25]）：条件语句执行控制位。

J（CPSR[24]）：当T=1且J=0时，设定处理器工作于Thumb状态。

当T=1且J=0时，设定处理器工作于ThumbEE状态。

当T=0（工作于ARM状态）时，J位自动清零，此时不可将J位置1。

E（CPSR[9]）：决定Load/Store 指令操作数据的端模式（大端/小端）。处理器可以通过指令将E位内容置1或清0，也可以通过设置CFGEND0引脚电平来硬件配置E的状态。

A（CPSR[8]）：被自动设置，用来禁用不精确的数据中止。

3. 控制位

I（CPSR[7]）：中断禁止位。I=1时禁止IRQ中断。

F（CPSR[6]）：中断禁止位。F=1时禁止FIQ中断。

T（CPSR[5]）：决定处理器的工作状态。T= 0时处理器工作在ARM状态，T=1时依据J位的内容决定处理器工作在Thumb状态或ThumbEE状态。

M[4:0]（CPSR[4～0]）：工作模式位。通过设定程序状态寄存器M[4:0]的内容，可以用来决定处理器当前的工作模式，其内容与所设定处理器当前的工作模式对应关系见表1.4。

表1.4 模式位内容与工作模式的设定

M[4:0]	工作模式
b10000	用户（User）
b10001	快速中断（FIQ）
b10010	中断（IRQ）
b10011	超级用户（SVC）
b10111	中止（Abort）
b11011	未定义（Undefined）
b11111	系统（System）
b10110	监视（Monitor）

4. 使用MSR指令修改CPSR寄存器

在ARMv6以前架构版本中，MSR指令可在所有模式下修改标志位字节，即CPSR[31～24]。但CPSR中其他三个字节内容只有在特权模式下可以修改。

ARMv6的改进之处有以下几个方面。

（1）CPSR寄存器中指定标志位在任何模式下可自由修改，通过MSR指令或借助其他指令执行结果，来改写或直接修改整个CPSR寄存器内容或其中指定标志位内容。这些位包含N、Z、C、V、Q、GE[3:0]、E。

（2）J和T位的内容不可以使用MSR指令，仅能依据其他指令执行结果来修改。如果使用MSR指令并尝试修改这些位内容，结果不可预知。

（3）I、F和M[4:0]等位的内容在用户模式下受到保护，仅可在特权模式下改写。用户模式下可以通过执行指令进入处理器的异常模式，在异常模式下来改写这些位的内容。

（4）只有在安全特权模式下，才可以通过直接写CPSR模式标志位来进入监视模式。如果内核目前处于安全用户模式、非安全用户模式或非安全特权模式，此时设置进入监视模式的修改将被忽略。内核不可以将 SPSR 寄存器中在非安全模式下发生变化的模式标志位内容复制到 CPSR。

（5）DNM（CPSR[23～20]）为保留位。当改变 CPSR 标志或控制位时，确保不改变这些保留标志位的内容以便和未来高版本处理器兼容。

1.3.5 流水线

流水线（Pipeline）技术是指在程序执行时多条指令重叠进行操作的一种准并行处理实现技术，应用于 RISC 处理器执行指令的机制。

从图 1.1 所示的微处理器内部结构图可知，微处理器指令的执行过程分为取指（Fetch）、解码（Decode）和执行（Execute）3 个阶段。早期的微处理器顺序执行这 3 个阶段来完成指令的执行过程。当引入了流水线技术后，以 3 条流水线为例，每条流水线仅负责完成取指、解码和执行 3 个阶段中的一个环节，将指令 3 个阶段顺序操作转为在 3 条流水线上并行操作。

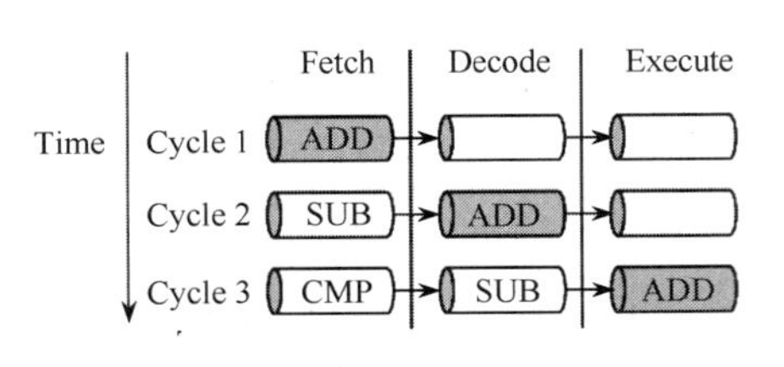

图 1.3　流水线上指令执行顺序

图 1.3 说明了流水线使用的一个简单例子，该例中微处理器需要顺序执行 3 条指令：ADD、SUB、CMP。

图 1.3 所示基于流水线的指令执行过程中，将一条指令执行过程分解为 Fetch、Decode 和 Execute 三个部分，使用 3 条流水线，每条流水线各自负责完成其中一部分，并将处理结果移送到下一条流水线。

在一个时间周期（Cycle）内，3 条流水线同时完成自己所承担的任务。当微处理器开始指令执行过程后，在每个时间周期内，各流水线所承担的任务如下：

Cycle1：流水线 1 完成取指（ADD）。

Cycle2：流水线 1 完成取指（SUB），流水线 2 完成解码（ADD）。

Cycle3：流水线 1 完成取指（CMP），流水线 2 完成解码（SUB），流水线 3 完成指令（ADD）的执行。

在接下来的时间周期中，

Cycle4：流水线 1 完成取指（CMP 指令后需要执行的第 1 条指令），流水线 2 完成解码（CMP），流水线 3 完成指令（SUB）的执行。

Cycle5：流水线 1 完成取指（CMP 指令后需要执行的第 2 条指令），流水线 2 完成解码（CMP 指令后需要执行的第 1 条指令），流水线 3 完成指令（CMP）的执行。

……

由上述分析可知，利用流水线技术在每个时间周期内，微处理器都在不同的流水线上同时处理着取指、解码和执行 3 个部分，因此极大提高了单位时间内执行指令的数量。流水线技术适合处理顺序结构的程序流程，对于分支结构和异常/中断服务程序所带来的问题以及相应解决办法可以参考相关书籍。

1.3.6 异常/中断

在执行主程序过程中，一些特殊状态的发生导致微处理器必须进行处理，称此时发生了一个异常事件。Cortex-A8 处理器目前定义的异常事件有：复位、未定义指令、软件中断、预取指令中止、数据中止、外部中断请求 IRQ、快速中断请求 FIQ 等。当然，研发人员也可以自定义一些异常事件让微处理器来处理。

1.3.6.1 异常向量表

当异常事件发生时，需要一段对应程序来处理，异常事件的处理程序称为异常服务子程序。中断事件被归类为异常事件，中断事件处理程序称为中断服务子程序。这些服务子程序在编译之后产生一个表示函数入口的编译地址，该地址会赋值给在程序中定义的表示函数名称的符号。通过将函数名称所包含的编译地址赋值给 PC，可以使得微处理器找到并运行服务子程序。

由于异常事件发生的随机性，微处理器为每个异常事件指定了一个内存地址（连续 4 个存储单元），地址中存放的内容是一条跳转到这个异常服务子程序编译地址的指令代码，这个被指定的内存地址称为异常服务子程序入口地址。由于跳转指令指明了找到服务子程序的方向，所以异常/中断服务子程序入口地址中存储的内容也称为异常/中断向量。

每个异常/中断事件都有自己的异常/中断向量，这些异常/中断向量统一存放在一个规定的内存空间中，该存储空间称为向量表。Cortex-A8 处理器的向量表见表 1.5。

表 1.5　ARM 异常向量表

入口地址	异　常	进入模式	进入异常条件
0x00000000	复位 reset	管理模式	复位电平有效时
0x00000004	未定义指令 undefined_instruction	未定义模式	遇到不能处理的指令
0x00000008	软件中断 software_interrupt	管理模式	执行 SWI 指令
0x0000000c	预取指令中止 prefetch_abort	中止模式	处理器预取指令的地址不存在，或该地址不允许当前指令访问
0x00000010	数据操作中止 data_abort	中止模式	处理器数据访问指令的地址不存在，或该地址不允许当前指令访问
0x00000014	未使用 not_used	未使用	未使用
0x00000018	外部中断请求 IRQ	IRQ	外部中断请求有效，且 CPSR 中的 I 位为 0
0x0000001c	快速中断请求 FIQ	FIQ	快速中断请求引脚有效，且 CPSR 中的 F 位为 0

复位事件被定义为异常事件。复位异常事件的服务子程序入口地址是 0x00000000，此处需要放置一条跳转指令，跳转到复位事件处理子程序。地址 0x00000000 也是处理器所有程序的入口地址。

在第 4 章 start.s 文件分析中有以下指令：

```
38  global _start              /*声明全局符号*/
39  _start: b reset            /*程序入口跳转到复位程序执行*/
....
138  reset:                    /*reset函数名称，复位后首先执行该程序*/
139  bl   save_boot_params     /*可通过U-boot-spl.map文件找到该函数的定义出处*/
```

功能释义：

38 行中的全局符号“_start”，由编译器指定其内容为 0x00000000，用来表示处理器上电复位后开始执行第一条指令的存放地址。

39 行是一条跳转指令，要求跳转到 139 行处执行新的指令。本行中的“_start:”字段指明跳转指令的指令代码存放于地址号为 0x00000000 的存储单元中。

138 行定义函数名为“reset”。

139 行定义函数体，用于复位异常事件的处理。

其中 39 行所描述跳转指令的指令代码：复位事件的中断向量，由于一条 ARM 指令的指令代码长度为定长 4 字节，所以中断向量需要占用 4 个存储单元。

地址 0x00000000：中断向量地址。

"reset"函数：复位事件处理子程序。

当复位事件发生时，CPU 自动检索中断向量表将复位事件入口地址 0x00000000 赋值给 PC，将该地址中存放的中断向量（跳转指令）取出，完成解码和执行后跳转到"reset"函数入口，开始执行复位事件服务子程序，来处理复位事件。

1.3.6.2 异常事件分类

1. 复位（RESET）

在复位信号有效期间，处理器停止执行指令进入复位过程。在复位信号变为高电平后，复位过程结束。在复位过程期间，通过向微处理器内部寄存器赋初值的方法，确定微处理器的工作状态为：

（1）工作于超级用户模式；

（2）禁止中断；

（3）工作于 ARM 状态，需要外部信号配合；

（4）从中断向量表的复位入口地址开始执行程序。

2. 快速中断请求（FIQ）

快速中断请求（FIQ）异常事件支持快速中断。在 ARM 状态下，FIQ 模式有 8 个私有寄存器（参见表 1.2），以减少甚至消除寄存器备份存储的要求，这可以极大限度地减少上下文切换的开销。

外部 nFIQ 信号由高电平变为低电平，产生 FIQ 异常申请。无论异常入口是处于 ARM、Thumb 或 Java 状态，FIQ 的处理过程和返回都要在中断服务程序中完成，返回指令参见表 1.6。

可以在特权模式下将 F（CPSR[6]）标志位置 1，来禁用 FIQ 异常中断申请。当 F=0 时，处理器会在执行完每条指令时，通过 nFIQ 寄存器来检测 nFIQ 信号是否为低电平。

SCR 寄存器中的 FW 和 FIQ 位可以将 FIQ 配置为：

（1）在非安全状态不可屏蔽。

（2）可以分流进入其他异常源 FIQ 或监视模式。

（3）当 FIQ 发生时，FIQs 和 IRQs 申请被禁止。此时可以使用中断嵌套，但需要在处理子程序的入口处保护可能被重复用到的寄存器，并在出口处恢复其原值，重新使能 FIQs 和中断申请。

3. 外部中断请求（IRQ）

nIRQ 输入信号由高电平变为低电平，产生 IRQ 异常申请。ARM 状态支持多个外部事件借助 nIRQ 输入信号提出的中断申请。IRQ 的优先级低于 FIQ，在进入 FIQ 异常处理过程中，IRQ 被屏蔽。nIRQ 的处理过程和返回都要在中断服务程序中完成，返回指令参见表 1.6。

可以通过将 CPSR[7]置 1，来禁用 IRQ 异常中断申请。

4. 中止

当尝试访问无效的指令时会产生预存指令中止异常，当访问无效的数据存储器时通常会导致一个数据中止异常的发生。

标志位 A（CPSR[8]）为不精确数据中止异常屏蔽位。A=0 时允许异常申请，A=1 时不精确数据中止异常被屏蔽。当不精确数据中止异常发生时，会持续保持不精确数据中止异常挂起的存在，直到屏蔽位被清除，随之不精确数据中止异常事件被处理。A 标志位在处理器进入中止模式、IRQ 和 FIQ 模式以及在复位状态时会被自动置 1。

5. 软件中断指令

可以使用软件中断指令（SWI 指令）进入超级用户模式，通常用来请求一个特定的超级用户功能。

6. 软件监控指令

使用软件中断指令，可以让内核进入监视模式执行安全监控代码。

7. 未定义指令

当遇到处理器或协处理器无法处理的指令，将会进入未定义指令陷阱，触发未定义指令异常事件。软件可以使用这种机制通过仿真未定义的协处理器指令来扩展 ARM 指令集。

8. 断点指令

断点指令（BKPT）的操作就如同使用指令产生预取指中止。一个断点指令不会导致处理器指令预取指中止异常，直到指令达到在流水线中的执行阶段。如果此前在流水线上出现一个分支指令，会导致断点指令不被执行。

1.3.6.3 异常事件处理响应机制

当一个异常/中断事件发生时，微处理器会暂停正常操作，自动查找向量表，获得异常/中断事件所对应的中断向量，跳转到异常/中断服务子程序。当服务子程序运行结束后，再返回主程序。

1. 响应前期的准备

为了使微处理器能够正确地响应异常/中断事件，前期需要做好准备工作：

（1）开辟有效堆栈区；

（2）编写异常/中断服务子程序，填写异常/中断向量表；

（3）服务子程序入口是否需要参数保护，注意异常/中断服务子程返回类型；

（4）正确了解和设置异常/中断的申请/触发条件。

2. 响应异常/中断事件

异常/中断事件发生后，微处理器响应过程如下：

（1）备份寄存器。把 CPSR 和 PC 保存到相应模式下的 SPSR_和 lr_寄存器中。

（2）设置当前模式寄存器组。当 FIQ、IRQ 或外部中止异常发生时，可通过检测安全配置寄存器 SCR[3:1]位的内容来确定所进入的工作模式。设置的寄存器组可参见表 1.2。

（3）读取向量表，设 PC 为相应异常处理程序的入口地址，获得中断向量。

3. 执行异常事件服务子程序

依照所编写的服务子程序，完成异常事件的处理过程。

4. 异常事件服务子程序的返回

当完成一个异常处理后返回时，异常处理程序需要执行异常返回指令，各种模式下异常入口处保留在 r14 的 PC 值以及退出异常返回前需要执行的指令参见表 1.6。

表 1.6 ARM 异常向量表

异常入口	返回指令	返回前 r14_	描述
SVC	MOVS PC,R14_svc	PC+4	PC：SVC（进入超级用户模式指令），SMC（进入监视模式指令）或 Undefined 指令代码的地址
SMC	MOVS PC,R14_mon	PC+4	
UNDEF	MOVS PC,R14_und	PC+4	
PABT	SUBS PC,R14_abt，#4	PC+4	PC：导致预取指中止的指令地址
FIQ	SUBS PC,R14_fiq，#4	PC+4	PC：被 FIQ 或 IRQ 异常中断而未被执行的指令地址
IRQ	SUBS PC,R14_irq，#4	PC+4	
DABT	SUBS PC,R14_abt，#8	PC+8	PC：导致数据中止的 Load/Store 指令地址
RESET	—	—	复位状态开始执行主程序，不需要返回
BKPT	SUBS PC,R14_abt，#4	PC+4	软件断点

从异常事件服务子程序返回前完成下面两个操作：

（1）从 spsr_中恢复状态内容到 cpsr 中；

（2）从 lr_中恢复程序断点到 PC 中，从断点处继续执行命令。

1.3.6.4 异常优先级

异常发生时，处理器暂时停止正常程序流来响应异常事件请求。在处理异常之前，处理器会自动保存当前处理器的状态，以便当异常处理程序完成后可以恢复执行原来程序。如果两个或多个异常同时发生，处理器将按照异常事件优先级所固定的顺序来执行异常处理程序，优先级高的异常事件能够中断优先级低的异常事件。表 1.7 中为异常优先级顺序。

表 1.7 异常优先级

优 先 级	异 常 事 件
1（最高）	复位（Reset）
2	精确的数据中止（Precise Data Abort）
3	快速中断请求（FIQ）
4	中断请求（IRQ）
5	预取指中止（Prefetch Abort）
6	不精确的数据中止（Imprecise Data Abort）
7（最低）	断点（BKPT）
	未定义指令（Undefined Instruction）
	软件中断指令（SWI）
	软件监控指令（SMI）

1.3.7 数据类型

Cortex-A8 处理器支持以下数据类型：字（32 位）、半字（16 位）和字节（8 位）。

数值范围：上述 3 种类型的无符号 N 位二进制数值代表一个非负整数，取值范围为 0 至 2^N-1。上述类型的有符号 N 位二进制数值代表一个使用 2 的补码格式表示的有符号整数，取值范围为 $-2^{N-1}\sim+2^{N-1}-1$。

数据对齐存储：为了获得最佳性能，对字型或半字型数据在内存中开始存放的位置要求边界地址对齐。

字型数据存储位置要求 4 个字节边界对齐（Address[1:0]=b00）。

半字型数据存储位置要求 2 个字节边界对齐（Address[0]=b0）。

字节型数据，存储位置无边界地址要求。

【注意】如果字型数据存储时未按要求 4 个字节边界对齐，不可以使用 LDRD、LDM、LDC、STRD、STM 或 STC 指令来访问内存数据。

1.3.8 存储端模式

内存每个单元存储一个字节，内存单元地址号从零开始按升序排列。一个字（32 位）由 4 个字节组成，存储一个字需要占用 4 个连续存储单元。存放于地址 A 中的字分别存放于地址 A、A+1、A+2、A+3 的 4 个字节中。一个字占用 4 个连续存储单元的存储顺序依照存储端模式（Endianness），可以分为小端模式（Little-endian）和大端模式（Big-endian）两种。

例如，一个字型数据以十六进制格式表示为 0x12345678，该数据由 4 个字节组成，需要占用 4 个连续存储单元。当将该数据存储于 0x00000050 单元时，其数据在内存单元中的存储格式见表 1.8。表中存储单元地址号一栏中为了便于阅读，特将 0x00000050 书写为 0x0000_0050。

表 1.8 存储单元数据存储的端模式

存储单元地址号	小端存储模式（Little-endian）	大端存储模式（Big-endian）
0x0000_0053	0x12	0x78
0x0000_0052	0x34	0x56
0x0000_0051	0x56	0x34
0x0000_0050	0x78	0x12

从表 1.8 可知，小端模式的字型数据存储格式为，数据的低位字节存于低端地址号的存储单元中，高位字节存于高端地址号的存储单元中。

通过 CP15 register1[7]可以设置有效的存储端模式。复位后处理器将该位清零，表示 Cortex-A8 处理器默认工作于小端模式。如果要求处理器工作于大端模式，复位后需要首先执行以下指令完成设置：

```
MRC  p15,0,r0,c1,c0          ;r0=CP15 register1
ORR  r0,r0,#0x80             ;r0[7]=1
MCR  p15,0,r0,c1,c0          ;CP15 register1=r0
```

当系统需要访问硬件接口设备或与外界交互数据时，交互双方的数据存储端模式需要保持一致。通常情况下，可采用系统默认的小端存储模式。

1.4　时钟、复位和电源控制

本节介绍处理器的时钟域和复位输入条件。

1.4.1　时钟域

处理器内部含有 3 个主要时钟域（Clock Domains）：CLK、PCLK 和 ATCLK。可以设置 PCLK 和 ATCLK 与 CLK 同步，也可以设 PCLK 和 ATCLK 之间同步。

1．时钟信号

（1）CLK 是高速内核时钟，用于所有主要处理器接口时钟。L1 存储系统使用时钟的上升沿和下降沿。若所设计逻辑需要使用 CLK 信号下降沿，则其占空比需要为 50%，如图 1.4 所示。

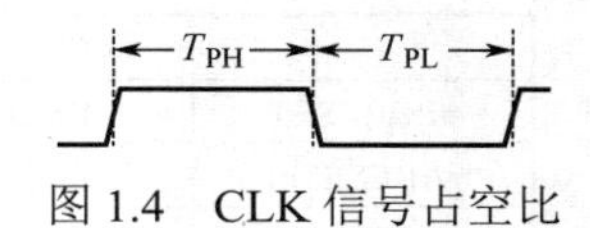

图 1.4　CLK 信号占空比

在处理器内部 CLK 时钟信号控制以下单元：指令取指单元、指令解码单元、指令执行单元、Load/Store 单元、L2 缓存单元（包含 AXI 接口）、NEON 单元、ETM 单元（不含 ATB 接口）和时钟域的调试逻辑。

（2）PCLK 用于 APB 时钟控制处理器的调试接口。PCLK 与 CLK 和 ATCLK 是异步的。PCLK 控制作用域内的调试接口和调试逻辑。

（3）ATCLK 用于 ATB 时钟控制处理器的 ATB 接口。ATCLK 与 CLK 和 ATCLK 是异步的。ATCLK 控制 ATB 接口。

2．AXI 接口时钟的门控信号 ACLKEN

处理器包含一个同步 AXI 接口。AXI 接口时钟（ACLK）可以使用 ACLKEN 作为门控信号，通过 CLK 来产生。AXI 接口时钟频率可以设置为低于内核时钟 CLK 的任意整数倍。借助 ACLKEN 门控信号，利用 CLK 产生 ACLK 的时序关系如图 1.5 所示。

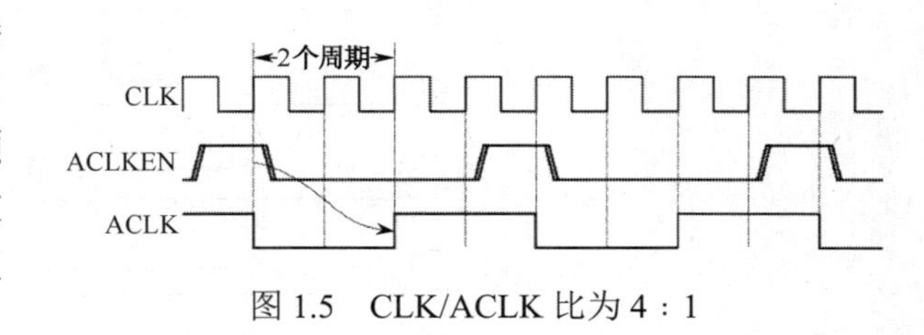

图 1.5　CLK/ACLK 比为 4 : 1

3．使用 PCLKEN 产生 Debug 时钟

处理器内部的调试逻辑依赖于 PCLK 时钟，PCLK 时钟频率小于或等于 APB 时钟频率。借助 PCLKEN 门控信号，利用 PCLK 产生 Debug 时钟 Internal PCLK 信号的时序关系如图 1.6 所示。

4．使用 ATCLKEN 产生 ATB 时钟

处理器内部的 ATB 逻辑依赖于 ATCLK 时钟，ATCLK 时钟频率小于或等于 ATB 时钟频率。借

助 ATCLKEN 门控信号，利用 ATCLK 产生 ATB 时钟 Internal ATCLK 信号的时序关系如图 1.7 所示。

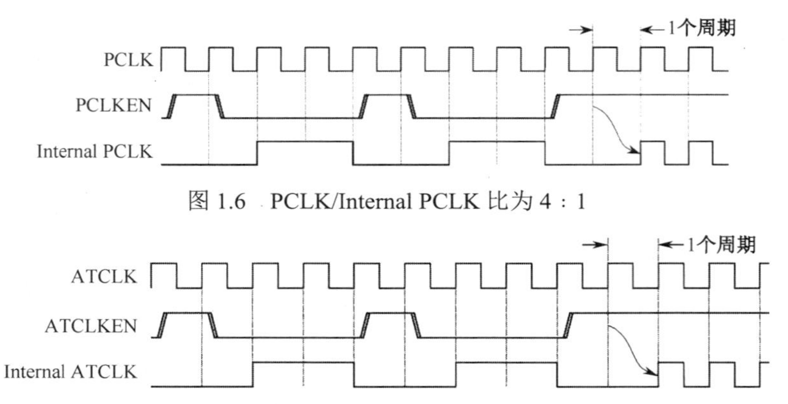

图 1.6　PCLK/Internal PCLK 比为 4 : 1

图 1.7　ATCLK/Internal ATCLK 比为 4 : 1

1.4.2　复位域

处理器的复位域（Reset Domains）支持多个条件域触发复位信号：上电复位、软件复位以及 APB 和 ATB 复位。

所有复位信号低电平有效，复位过程会影响一个或多个时钟域，表 1.9 显示了不同复位条件对处理器内部单元的影响。

表 1.9　复位信号作用域

信　号	Core(CLK)	NEON(CLK)	ETM(CLK)	Debug(CLK)	APB(PCLK)	ATB(ATCLK)
nPORESET	Reset	Reset	Reset	Reset	—	—
ARESETn	Reset	Reset	—	—	—	—
PRESETn	—	—	Reset	Reset	Reset	—
ARESETNEONn	—	Reset	—	—	—	—
ATRESETn	—	—	—	—	—	Reset

1. 上电复位

良好的上电复位时序可将系统时钟逻辑设置为正常工作状态。图 1.8 显示了上电复位过程中各信号间的时序关系。

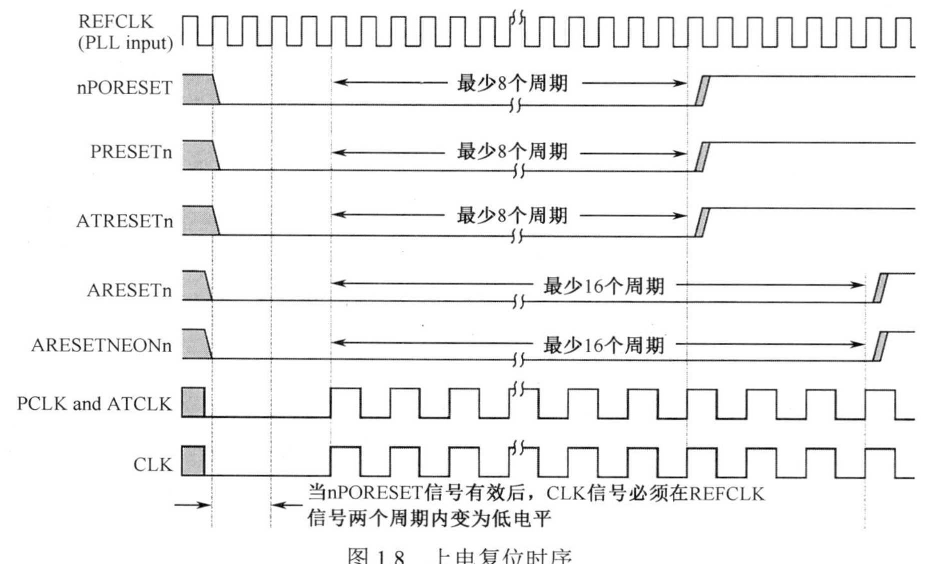

图 1.8　上电复位时序

在图 1.8 所示的上电复位过程中，信号时序关系如下：

（1）时钟（CLK）必须保持 2 个时钟（PLL）周期以上的低电平，用来将处理器内部组件置于安全状态。

（2）nPORESET、PRESETn 和 ATRESETn 复位信号必须保持 8 个时钟周期低电平，确保复位信号已传播到处理器内的正确位置。

（3）ARESETn 和 ARESETNEONn 复位信号在 nPORESET 和 PRESETn 撤销后，必须额外增加 8 个时钟周期低电平，使上述域能够安全退出复位状态。

2. 软复位

软复位序列通过复位事件实现使用 ETM 跟踪或调试。通过 ARESETn 和 ARESETNEONn 信号，由 nPORESET 控制复位域实现 ETM 跟踪或调试而不是系统复位，以此在一个软启动序列期间保留断点和观测点信息。图 1.9 显示软复位序列时序。

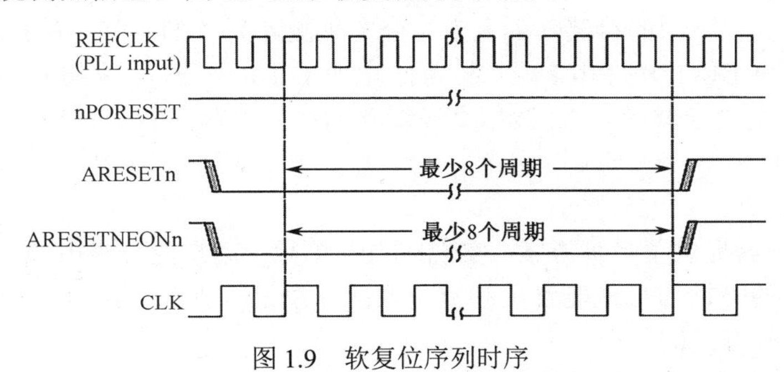

图 1.9　软复位序列时序

处理器提供独立的复位信号（ARESETNEONn）来控制 NEON 单元。ARESETNEONn 必须保持至少 8 个时钟周期，以保证 NEON 单元能够可靠进入复位状态。

3. APB 和 ETM ATB 复位

PRESETn 用于复位处理器内 ETM 时钟域硬件电路。ATRESETn 用来复位 ATB 接口和交叉触发接口（CTI）。为了安全复位，硬件调试单元、ATB 和 CTI 域、PRESETn 和 ATRESETn 信号必须保持 8 个时钟（CLK、PCLK 或 ATCLK 三者中最慢的一个）周期。图 1.10 显示 PRESETn 和 ATRESETn 的时序要求。

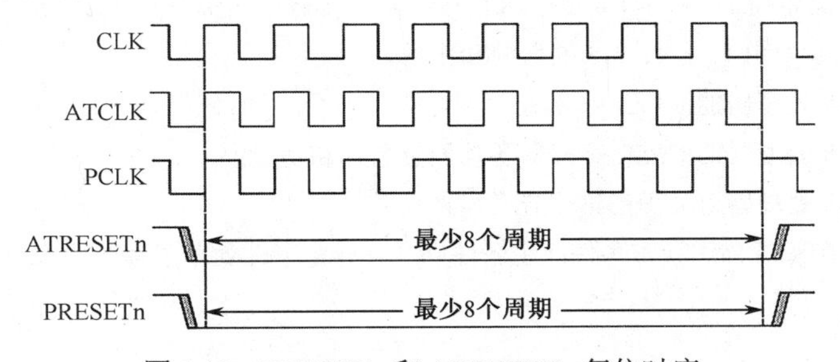

图 1.10　PRESETn 和 ATRESETn 复位时序

4. 硬件 RAM 复位

电源复位或软复位时，在默认情况下，处理器将清除 L1 数据缓存和 L2 缓存的有效位。当复位信号解除后，根据 L2 不同容量，这一过程需要占用 1024 个时钟周期。L1 数据和指令缓存复位需要占用 512 个周期，L1 完全复位后，处理器才可以开始工作。L2 硬件复位的发生不影响复位代码。

处理器使用 L1RSTDISABLE 和 L2RSTDISABLE 两个引脚控制硬件复位过程。硬件复位引脚使用模式如下：

（1）使用 ARESETn 或 nPORESET 信号使 L1 数据缓存和 L2 缓存硬件复位，且 L1RSTDISABLE 和 L2RSTDISABLE 信号必须绑定为低电平。在内核断电序列过程中，应用程序不保留 L1 数据高速缓存和 L2 缓存的内容。

（2）当系统第一次上电时，硬件复位信号 L1RSTDISABLE 和 L2RSTDISABLE 必须绑定为低电平，通过硬件复位机制使 L1 数据缓存和 L2 缓存中的内容无效。如果需要在复位过程保持 L1 和 L2 中的内容，则对应的硬件复位禁止需要保持高电平。

（3）如果硬件阵列复位机制没有使用，L1RSTDISABLE 和 L2RSTDISABLE 引脚电平必须为高电平。在 ARESETn 和 nPORESET 无效后，L1RSTDISABLE 和 L2RSTDISABLE 引脚必须保持最少 16 个时钟周期。

5．存储器阵列复位

处理器复位期间，下面的存储阵列无效：分支预测阵列（BTB 和 GHB）、L1 的指令和数据缓存 TLB。如果 L1RSTDISABLE 绑定为低电平，L1 数据高速缓存为有效内存。如果 L2RSTDISABLE 绑定为低电平，L2 数据高速缓存为有效内存。

1.4.3 电源管理

Cortex-A8 处理器提供了多种方案，实现在内部单元中动态的分级电源管理机制。其中通过对各个时钟作用域的时钟信号使能管理和复位域的复位信号管理，可以对指定单元的供电进行关闭或降功耗等多种方式的管理。

通过对处理器电源管理方案的运用，可有效降低系统功耗。使用方法和应用案例请参考相关手册。

习　题　1

1.1 简述嵌入式微处理器数据存储格式中的大、小端模式。

1.2 Cortex-A8 处理器主要由哪 5 部分组成？

1.3 从编程角度来简述图 1.1 所示 Cortex-A8 内核各组成部分的名称及其作用。

1.4 写出 R 寄存器组中 r13、r14、r15 的名称和作用。

1.5 简述 Cortex-A8 处理器的 8 种工作模式。

1.6 简述 Cortex-A8 处理器的 CPSR 寄存器各功能位名称和功能定义。

1.7 简述 Cortex-A8 处理器可处理的常用异常事件。

1.8 简述使用异常向量表描述异常事件产生条件以及各异常事件处理子程序的入口地址。

第2章 汇 编 语 言

嵌入式应用系统主要使用 C 语言来开发系统级和应用层的程序。但是底层代码的开发特别是第一阶段的启动代码，需要使用汇编语言编写源代码，微处理器通过执行汇编语言编写的程序完成嵌入式应用系统启动的引导过程。

目前针对 ARM，汇编语言有两种编译环境：基于 Windows 环境下 ADS CodeWarrior 集成开发编译环境和基于 Linux 环境以 GNU 为支持的 GNU ARM 汇编语言编译环境。两种环境下的 ARM 汇编语言编译器都可以对 ARM 汇编语言标准指令完成编译，但在编译过程中有各自声明的约束条件。约束条件主要表现在有各自不同的伪指令定义方法，在程序的链接过程中对汇编语言程序结构有各自的规范要求。本书后续章节侧重于 Linux 环境下的应用，本章将介绍 GNU ARM 汇编。

本章主要内容：

（1）ARM 汇编语言指令集；

（2）GNU ARM 汇编器汇编命令。

2.1 ARM 汇编指令

Cortex-A8 处理器基于 ARM 体系结构，使用 v7-A 指令集，兼容 ARM 和 Thumb 指令集。ARM 指令集属于精简指令集，指令代码定长 32 位。本节主要介绍 ARM 指令的寻址方式和指令集内容。

2.1.1 指令格式

在编写 ARM 指令过程中，要满足一定的语法格式要求。

1．指令格式

一条 ARM 指令由若干字段组成，其语法格式为：

```
label <opcode><cond>S <Rd>,<Rn>,<operand2>        ;ARM指令语法格式
```

在上述指令语法格式中：

label：指令标号，可选项。表示该条指令代码的存放地址，用于跳转到该条指令的标识。书写时指令标号需要用空格与指令助记符分开，GNU 汇编使用冒号与指令助记符分开。

opcode：指令助记符，必选项。表示指令的功能或操作。

cond：指令执行条件域，可选项。条件域来自 CPSR 寄存器，详细内容参见表 2.1 中条件域内容。若满足所设定条件，将执行该条指令，否则跳过执行下一条指令。条件域内容为空，则使用默认条件 AL 执行该条指令。

S：是否影响 CPSR 寄存器值，可选项。助记符字段附带 S 表示指令运行结果影响 CPSR 相应标志位。

Rd：目的寄存器，必选项。

Rn：第一源操作数，必选项。使用“,”与目的寄存器字段分开。

operand2：第二源操作数，使用“,”与第一源操作数字段分开（可选项）。

;：表示后续内容为注释，可选项。GNU 汇编使用“@”或 C 语言风格的“/*…*/”来表示注释字段。

【注意】在书写汇编指令时，除注释字段外，指令的其他部分（含空格）必须使用英文字符格式进行书写。

表 2.1　指令格式中条件域

条　件　域	条 件 说 明	标　志　位	
EQ	相等	Z=1	
NE	不等	Z=0	
CS/HS	进位=1/无符号数>=	C=1	
CC/LO	进位=0/无符号数<	C=0	
MI	减/负数	N=1	
PL	加/正数或零	N=0	
VS	溢出	V=1	
VC	未溢出	V=0	
HI	无符号数>	(C=1)&(Z=0)	
LS	无符号数<=	(C=0)|(Z=1)	
GE	有符号数>=	((N=1)&(V=1))|((N=0)&(V=0))	(N= =V)
LT	有符号数<	((N=1)&(V=0))|((N=0)&(V=1))	(N!=V)
GT	有符号数>	(Z=0)&((N=1)&(V=1))|((N=0)&(V=0))	(Z= =0, N= =V)
LE	有符号数<=	(Z=1)|((N=1)&(V=0)|((N=0)&(V=1))	(Z= =1 or N!=V)
AL	无条件	无	

在指令格式中条件域的表示方式以及使用方法参见例 2.1。

【例 2.1】指令格式中的条件域使用方法。

```
LDR   R0,[R1]        ;R1寄存器内容表示存储单元地址，无条件将该地址内容读入R0
ADDS  R1,R1,#1       ;加法指令，R1=R1+1，运算结果影响CPSR寄存器
BEQ   DATAEVEN
/*跳转指令执行条件为EQ，当上一条指令执行结果导致Z=1时，使本条指令执行条件成立，执行跳转指令，跳转到DATAEVEN标号处开始执行指令。*/
SUBNES    R1,R1,#0xD
/*减法指令执行条件为NE，条件成立时执行减法运算R1=R1-0xD，运算结果影响CPSR寄存器。*/
```

2. 符号

在 ARM 汇编指令中，可以使用符号表示一个地址、变量或常量。当符号用来表示一条指令的标号时，符号的内容即为存放该条指令编码的地址；当用来表示变量或常量时，符号即为该变量或常量的名称。在使用符号时，需要满足以下要求。

常数：十进制数以非 0 数字开头，如 11。

二进制数以 0b 开头，如 0b11（十进制数 3）。

八进制数以 0 开头，如 011（十进制数 9）。

十六进制数以 0x 开头，如 0x11（十进制数 17）。

字符串：需要在两边加引号来表示中间内容为字符串，如'hello'。

.：在汇编程序中可以使用这个符号表示当前运行的指令代码存放地址，即程序计数器（PC）寄存器的值。

表达式：在汇编程序中的表达式可以是数值或算式。算式中运算符号可以是：-表示取负数，~表示取补，<>表示不相等。其他运算符号，如+、*、/、%、<、<<、>、>>、|、&、^、!、==、

>=、<=、&&、||等，与 C 语言中用法相似。

3. 标号

一条汇编指令中，标号的命名规则如下：

- 标号可由 a～z、A～Z、0～9、.、_等字符组成，符号区分大小写；
- 局部地址标号允许以数字开头，其他用途符号不能以数字开头；
- 标号在其作用域范围内不允许重名；
- 标号不要与指令助记符、伪指令或编译系统保留字同名。

局部标号是一个 0～99 之间的十进制数字，后面可以接一个符号来表示该局部变量的作用范围。局部变量的作用范围为当前段，也可以使用伪指令 ROUT 来指定局部标号的作用范围。局部标号可以通过跳转或调用等指令来引用，引用时可以附加参数（f、b、a、t）来指明标号的搜索方向。

标号在指令中的定义和引用方法见例 2.2。由于例 2.2 在 Linux 环境使用 GNU ARM 汇编器，所以在标号后面添加了冒号，使用“@”或“/**/”在一行中来分割注释字段。例 2.2 来自 lowlevel_init.s 文件的局部代码，为了分析和查找方便，例题中给出了指令代码来自源文件的名称和文件存储位置的绝对路径，以及指令在源文件中的位置行号。

【例 2.2】 标号的定义及调用。

（1）源程序文件存放位置。

读者可下载 opencsbc-u-boot.tar.gz 压缩文件，将文件在 U-Boot 目录下解压缩。后面章节称 U-boot 为 U-Boot 源码根目录。本例所用文件在 U-Boot 源码根目录下路径。

```
16 opencsbc-U-boot\board\samsung\Tiny210\lowlevel_init.s
```

（2）源码。

```
109 ldr  r0,=0x00ffffff       /*r0=0x00ffffff */
110 bic  r1,pc,r0             /* r1=pc&!(0x00ffffff)，屏蔽掉pc低24位地址*/
111 ldr  r2,_TEXT_BASE        /* r2=0x23E00000，因为_TEXT_BASE定义为
                                 0x23E00000*/
112 bic  r2,r2,r0             /* r2=0x23000000*/
113 cmp  r1,r2                /*比较r1（运行地址），r2（编译链接地址）*/
114 beq  1f                   /*若r1=r2条件成立，跳转到标号为1的指令处执行*/
117 bl   system_clock_init    /*调用system_clock_init函数*/
122 1:                        /*定义局部标号*/
124 bl   uart_asm_init        /*调用uart_asm_init函数*/
```

（3）功能释义。

114 行是一条跳转指令，执行后将跳转到标号为“1”的指令处执行。

122 行定义一个局部标号“1”，表示 124 行指令代码的存放地址，为 114 行跳转指令提供跳转位置。

2.1.2 寻址方式

操作数是一条指令的操作对象。指令执行前，CPU 需要按照在指令中给定的方式找到操作数。在指令中给出操作数存放地址的方式，简称寻址方式。处理器可依据给定的寻址方式来获得操作数存放的地址，进而找到操作数。不同的处理器所提供的寻址方式各不相同，Cortex-A8 处理器提供 9 种寻址方式，分别为立即数寻址、寄存器寻址、寄存器移位寻址、寄存器间接寻址、基址变址寻址、相对寻址、多寄存器寻址、块拷贝寻址、堆栈寻址。

1. 立即数寻址

也称立即寻址，立即数作为操作数在指令中给出。立即数在指令中要以“#”为前缀，后面跟实际数值。数值前缀 0x（&）表示十六进制数，0b 表示二进制数，0d 或省略表示十进制数。此处为了说明 ARM 指令的语法，使用“;”在指令中分割注释字段。立即寻址指令举例如下：

```
MOV  R1,#5              ;R1=5，指令中第1个操作数5为立即数，是立即数寻址
```

2. 寄存器寻址

操作数存放在寄存器中，通过寄存器可以找到该数值。寄存器寻址指令举例如下：

```
ADD  R0,R1,#3           ;R0=R1+3，第一源操作数为寄存器寻址
```

3. 寄存器间接寻址

寄存器中的值为存储操作数单元的物理地址，寄存器起到指针作用。寄存器间接寻址指令举例如下：

```
MOV  R1,#0xE0200000  ;R=0xE0200000
MOV  R0,#3              ;R=3
STR  R0,[R1]            ;[E0200000]=3，存储地址由R1寄存器间接寻址得到
```

4. 寄存器移位寻址

寄存器移位寻址是在寄存器寻址得到操作数后再进行移位操作，得到最终操作数。移位的方式在指令中以助记符形式给出，移动位数可用立即数或寄存器寻址方式表示。寄存器移位寻址指令举例如下：

```
ADD  R0,R1,R2,ROR #5      ;R0=R1+R2>>5，R2寄存器中数值右移5位得到所需操作数
```

ARM 指令集提供的移位操作指令如下：

```
Rx,LSL <op1>        ;逻辑左移（Logical Shift Left），Rx中由于移位而空出位的内容补0
Rx,LSR <op1>        ;逻辑右移（Logical Shift Right），Rx由于移位而空出位的内容补0
Rx,ASL <op1>        ;算术左移（Arithmetic Shift Left），寄存器中由于移位而空出位的
                    ;内容补0
Rx,ASR <op1>        ;算术右移（Arithmetic Shift Right），移位过程中符号位不变，
                    ;即如果源码是正数，则寄存器中由于移位而空出位的内容补0，否则补 1
Rx,ROR <op1>        ;循环右移（Rotate Right），Rx[31]→Rx[30]，…，Rx[0]→Rx[31]
Rx,RRX              ;借用状态寄存器标志位C作为Rx[32]与Rx组成33位数，执行循环右移操作
```

5. 基址变址寻址

Rx 寄存器（基址寄存器）的值与指令中给出的偏移地址量相加，所得结果作为存放操作数存储单元的物理地址。选项“!”表示指令执行完毕把最后的数据地址写到 Rx 中。基址变址寻址指令举例如下：

```
LDR        R0,[R1,#5]        ;R0=[R1+5]，第一源操作数为寄存器基址+变址寻址
LDR        R0,[R1,#5]!       ;R0=[R1+5]，R1=R1+5
LDMIA      r0!,{r3-r10}      ;从源地址[r0]复制数据到寄存器中
```

6. 相对寻址

相对寻址与基址变址寻址相似，区别只是将程序计数器 PC 作为基址寄存器，指令中的地址标号作为偏移量，将两者相加之后得到操作数的存放地址。相对寻址举例如下：

```
B          process1          ;无条件跳转到process1处执行指令
……                           ;若干其他指令
process1   MOV     R0,#3     ;定义指令标号为process1，可供B指令指定跳转位置
……                           ;若干其他指令
```

7. 多寄存器寻址

在多寄存器寻址方式中，可以使用一条指令实现一组寄存器值的传送。连续的寄存器间需

要使用“-”符号连接，否则用“,”分隔。多寄存器寻址指令举例如下：

```
LDMIA  R0,{R1-R4,R6}  ;R1=[R0], R2=[R0+4], R3=[R0+8], R4=[R0+12], R6=[R0+16]
```

多寄存器寻址方式中，基址寄存器传送一个数据后有 4 种增长方式，即：

IA（Increment After Operating）：每次传送后地址增加 4。

IB（Increment Before Operating）：每次传送前的地址增加 4。

DA（Decrement After Operating）：每次传送后地址减少 4。

DB（Decrement Before Operating）：每次传送前地址减少 4。

在多寄存器寻址指令举例中，指令为寄存器赋值语句。源地址为寄存器 R0 所指向的内存地址，目的地址为寄存器，为每个指定寄存器赋值之后，通过 R0 的内容增 4 来得到存放下一个数据的内存地址。指令中在助记符字段附加了内存地址增长方式的条件，表示每次传送后地址增 4，依次从源地址开始的 20（5×4）个连续存储单元取出数据（字长为 4 字节）赋值给 5 个寄存器（R1，R2，R3，R5，R6）。

8．块拷贝寻址

块拷贝寻址方式可实现数据块的复制。块拷贝寻址指令举例如下：

```
LDMIA  R0,{R1-R5}/*从以R0的值为起始地址的存储单元（源数据块首地址）读出5个字（字长为4字节）的数据，依次存入R1～R5寄存器（目的地址）中*/
STMIA  R1,{R1-R5}/*将R1～R5中的数值(源数据块)依次存入以R1寄存器中的值为起始地址的存储单元（目的首地址）中，完成数据块存储。IA表示每次传送后地址增4*/
```

9．堆栈寻址

堆栈寻址用于数据栈与寄存器组之间批量数据传输，实现寄存器数据入栈的保护和出栈的恢复。R13 用于堆栈指针，等同于 SP（Stack Pointer）。堆栈是一种数据结构，按先进后出（First In Last Out，FILO）的方式工作，使用堆栈指针指示当前操作位置，SP 总是指向栈顶。

（1）根据堆栈的生成方式不同，可以把堆栈分为递增堆栈和递减堆栈两种类型。

递增堆栈：向堆栈写入数据时，堆栈由低地址向高地址生长。

递减堆栈：向堆栈写入数据时，堆栈由高地址向低地址生长。

（2）根据 SP 指向的位置，又可以把堆栈分为满堆栈和空堆栈两种类型。

满堆栈（Full Stack）：SP 指向最后压入堆栈的数据。满堆栈在向堆栈存放数据时的操作是先移动 SP 指针，然后存放数据。在从堆栈取数据时，先取出数据，随后移动 SP 指针。这样保证了 SP 一直指向有效的数据。

空堆栈（Empty Stack）：堆栈指针 SP 指向下一个将要放入数据的空位置。空堆栈在向堆栈存放数据时的操作是先放数据，然后移动 SP 指针。在从堆栈取数据时，是先移动指针，再取数据。这种操作方式保证了堆栈指针一直指向一个空地址（没有有效数据的地址）。

（3）上述两种堆栈类型的组合，可以得到 4 种基本的堆栈类型组合。

满递增堆栈（FA）：堆栈指针指向最后压入的数据，且由低地址向高地址生长。

满递减堆栈（FD）：堆栈指针指向最后压入的数据，且由高地址向低地址生长。

空递增堆栈（EA）：堆栈指针指向下一个要压入数据的地址，由低地址向高地址生长。

空递减堆栈（ED）：堆栈指针指向下一个要压入数据的地址，由高地址向低地址生长。

在编写程序中，堆栈操作建议采用统一标准。堆栈寻址指令举例如下：

```
STMFD  R13!,{R0,R1,R2,R3,R4}      ;将R0～R4中的数据压入堆栈，R13为堆栈指针
LDMFD  R13!,{R0,R1,R2,R3,R4}      ;将数据弹出栈，依次送到R0～R4中
```

2.1.3 指令集

一条汇编指令中使用操作数字段来描述指令功能。不同的功能需要由不同的操作数来描述

操作对象，结合寻址方式构成一条完整的指令。一款微处理器所能运行的所有汇编指令集合简称为指令集，本节主要讲述可以运行在 Cortex-A8 处理器上的 ARM 汇编指令集。ARM 指令集中包含的汇编指令非常丰富，为了便于查找和使用汇编指令，通常需要对指令集中的指令进行分类。

ARM 汇编指令集按照指令功能分类，可分为：跳转指令、数据处理指令、程序状态寄存器访问指令、Load/Store 指令（存储器访问指令）、异常产生指令和协处理器指令。

2.1.3.1 跳转指令

分支指令用于控制程序走向，可以使用跳转指令或向 PC 寄存器赋值的办法实现程序的跳转功能。

1. B（L）指令

指令格式：B{L}{<cond>} <target_address>

指令功能：相对跳转指令，跳转范围为当前位置±32MB 范围内。

说明：

B：跳转指令助记符。BL 存储跳转返回地址，常用于子程序调用。LR←PC+4，LR（R14）中存有返回地址。B 仅跳转，不记录返回地址。

cond：条件域，若省略则等效于条件 AL，条件域定义内容可参见表 2.1。

target_address：24 位相对偏移地址，其用于在编译链接时计算跳转处的物理地址。24 位中最高位为符号位表示跳转方向，剩余位表示偏移地址的有效位为 23 位。一条指令代码定长 4 字节，微处理器要求其在存储时满足字对齐（[1:0]=00）格式，因此在计算跳转处的物理地址时，需要将“target_address”内容左移 2 位，左移结果作为实际的偏移地址参与目标指令地址的计算。因此，跳转指令可以在当前指令位置±32MB（25 位数据可以表示的地址范围是 2^{25}）范围内实现跳转。

2. BX 指令

带状态切换的相对跳转指令，用来指定目标地址存储的指令代码为 Thumb 或 ARM。

3. PC 寄存器赋值指令

绝对跳转指令，跳转范围不受限制。

4. 范例

（1）跳转指令。

```
B      label          ;无条件转移到标号为label的指令处
BCC    label          ;有条件（C=0）转移到标号为label的指令处
BEQ    label          ;有条件（Z=1）转移到标号为label的指令处
MOV    PC,#0          ;跳转到0x0000_0000地址处
```

（2）函数调用 1 。

```
BL     func           ;调用func子程序，LR←PC+4，PC=PC+signed_immed_24<2
func:                 ;定义函数名
…                     ;定义函数体
MOV    PC,LR          ;R15=R14，恢复断点，实现func子程序调用返回
```

（3）函数调用 2 。

```
LDR    PC,=func       ;将函数func存放地址加载到程序计数器，实现绝对跳转
```

2.1.3.2 数据处理指令

（1）算术/逻辑运算类。ARM 指令集含有 16 种算术/逻辑运算指令，可实现算术运算和逻辑

运算功能。

```
ADC     R5,R1,R3               ;加运算R4=R0+R2+C
ADD     R2,R10,R10,LSR #1      ;加运算R2=R10+R0*2
ANDS    R3,R0,#0x7000000       ;与运算R3=R0&0x7000000，结果影响CPSR寄存器
BIC     R0,R0,#0x00002000      ;位清零R0=R0&!#0x00002000），R0[13]=0
CMN     R0,#1                  ;负数比较指令，判断R0是否为1的补码，若是Z置位
CMP     R5,R4                  ;比较R5和R4
BEQ     board_init_in_ram      ;若R5=R4，跳转到标号为board_init_in_ram的指令处
EOR     R1,R1,#0x0F            ;逻辑异或将R1的低4位取反
MOV     R3,R3,LSR #23          ;数据移动，R3=R3<<23
MVN     R1,#0xFF               ;数据0xFF非运算后赋值给R1，R1=0xFFFFFF00
ORR     R0,R0,#1<<1            ;或运算，R0=R0|(1<<1)
RSB     R3,R1,#0xFF00          ;逆向减法，R3=0xFF00-R1
RSC     R3,R1,#0               ;带进位逆向减法，R3=0-R1-C
SUB     R0,R0,#1               ;减法，R0=R0-1
SUBC    R0,R0,#1               ;带借位减法，R0=R0-1
TST     R0,#0x01               ;判断R0最低位是否为0
TEQ     R0,R1                  ;相等测试，比较R0和R1是否相等（不影响V位和C位）
```

（2）乘法指令。

```
MUL     R4,R2,R1               ;乘，R4=R2*R1
MULS    R4,R2,R1               ;乘，R4=R2*R1，置N、Z
MLA     R7,R8,R9,R3            ;乘加，R7=R8*R9+R3
SMULL   R4,R8,R2,R3            ;32位乘，(R8,R4)=R2*R3,
                               ;R4存结果低32位，R8存高32位，
UMULL   R6,R8,R0,R1            ;无符号乘，(R8,R6)=R0*R1
UMLAL   R5,R8,R0,R1            ;无符号乘加，(R8,R5)=R0*R1+(R8,R5)
```

2.1.3.3 程序状态寄存器访问指令

1. 状态寄存器功能域

状态寄存器含 32 位，分为 4 个 8 位独立域，每个独立域可分别进行写操作。

CPSR [31:24]：标志域（_f），含 N、Z、C、V、Q、null、null、null。

CPSR [23:16]：状态域（_s）。

CPSR [15:8]：扩展域（_x）。

CPSR [7:0]：控制域（_c），含 I、F、T、M[4:0]。

2. 指令助记符

助记符 MRS 实现读 CPSR 内容到通用寄存器中。

助记符 MSR 实现将通用寄存器中内容写入 CPSR 中。

3. 指令范例

（1）清标志位。

```
MRS  R0,CPSR                ;读R0=CPSR
BIC  R0,R0,#0xF0000000      ;清N、Z、C、V
MSR  CPSR_f,R0              ;写CPSR标志域，将N、Z、C、V、Q等标志位清零
```

（2）禁止 IRQ 中断。

```
MRS  R0,CPSR                ;读R0=CPSR
ORR  R0,R0,#0x80            ;I=1
MSR  CPSR_c,R0              ;回写CPSR控制域
```

（3）设置 FIQ 模式。

```
MRS    R0,CPSR                ;读CPSR
BIC    R0,R0,#0x1F            ;清mode对应位
ORR    R0,R0,#0x11            ;置FIQ工作模式位
MSR    CPSR_c,R0              ;回写CPSR控制域
```

2.1.3.4　存储器访问指令

1．指令助记符

助记符 LDR 实现读存储单元中内容操作。

助记符 STRB 实现存储单元写操作。

2．指令范例

```
LDR      R1,[R0]               ;读      R1=[R0]
LDR      R8,[R3,#4]            ;读      R8=[R3+4]
LDR      R12,[R13,#-4]         ;读      R12=[R13-4]
STR      R2,[R1,#0x100]        ;写      [R1+0x100]=R2
LDRB     R5,[R9]               ;读字节  R1=[R9]，R1高24位清零
STRB     R4,[R10,#0x200]       ;写字节  [R10+#0x200]=R4
LDR      R11,[R1,R2]           ;读      R11=[R1+R2]
STRB     R10,[R7,-R4]          ;写字节  [R7-R4]=R10
LDR      R11,[R3,R5,LSL #2]    ;读      R11=[R3+（R5<<2）]
LDR      R1,[R0,#4]!           ;读      R1=[R0+4],R0=R0+4
STRB     R7,[R6,#-1]!          ;写字节  [R6-1]=R7,R6=R6-1
LDR      R3,[R9],#4            ;读      R3=[R9],R9=R9+4
STR      R2,[R5],#8            ;写      [R5]=R2,R5=R5+8
LDR      R0,[PC,#40]           ;读      R0=[PC+0x40]（=当前指令地址+8+0x40）
LDR      R0,[R1],R2            ;读      R0=[R1],R1=R1+R2
LDRH     R1,[R0]               ;读半字  R1=[R0],R1[31:16]清零
STRH     R2,[R1,#0x80]         ;写半字  [R1+0x80]=R2
LDRSH    R5,[R9]               ;读半字，高16位使用符号位扩展
LDRSB    R3,[R8,#3]            ;读字节，高24位使用符号位扩展
```

2.1.3.5　存储器块访问指令

1．指令格式

```
LDM{<cond>}<addressing_mode> Rn{!},<registers>{^}        ;连续读
STM{<cond>}<addressing_mode> Rn{!},<registers>{^}        ;连续写
```

2．指令范例

```
STMFD     R13!,{R0-R12,LR}     ;R13=SP，将R0～R12，LR入栈。满递减堆栈
LDMFD     R13!,{R0-R12,PC}     ;数据出栈，存入R0～R12，PC
LDMIA     R0,{R5-R8}           ;连续读取数据存入R5～R8
STMDA     R1!,{R2-R11}         ;将R2～R11的数据保存到存储器中
```

2.1.3.6　寄存器和存储器交换指令

指令范例：

```
SWP       R12,R10,[R9]         ;R12=[R9],[R9]=R10
SWPB      R3,R4,[R8]           ;交换字节
```

2.1.3.7　异常产生指令

指令范例：

```
BKPT                           ;断点
SWI                            ;软件中断
```

2.1.3.8 协处理器指令

1．指令助记符

CDP：协处理器数据操作指令。

LDC：协处理器数据读取指令。

STC：协处理器数据写入指令。

MCR：ARM 寄存器到协处理器寄存器的数据传送指令。

MRC：协处理器寄存器到 ARM 寄存器的数据传送指令。

2．指令指令格式

（1）CDP。执行 CDP 指令，可以通知协处理器执行特定操作。该操作由协处理器完成，即对命令参数的解释与协处理器有关，指令的使用取决于协处理器。若协处理器不能成功地执行该操作，将产生未定义指令异常中断。

```
CDP{cond}  coproc,opcode1,CRd,CRn,CRm{,opcode2}
```

说明：

coproc：指令操作的协处理器名。标准名为 pn，n 为 0～15。

opcode1：协处理器的特定操作码。

CRd：作为目标寄存器的协处理器寄存器。

CRn：存放第 1 个操作数的协处理器寄存器。

CRm：存放第 2 个操作数的协处理器寄存器。

opcode2：可选的协处理器特定操作码。

（2）LDC。执行 LDC 指令，可以从某一连续内存单元中将数据读取到协处理器内部寄存器中，由协处理器来控制传送的字数。若协处理器不能成功地执行该操作，将产生未定义指令异常中断。

```
LDC{cond} {L} coproc,CRd,<地址>
```

说明：

L：可选后缀，指明是长整数传送。

coproc：指令操作的协处理器名，标准名为 pn，n 为 0～15。

CRd：作为目标寄存器的协处理器寄存器。

<地址>：指定的内存地址。

（3）STC。执行 STC 指令，可以将协处理器内部寄存器中的数据写入某一连续内存单元中，由协处理器来控制传送的字数。若协处理器不能成功地执行该操作，将产生未定义指令异常中断。

```
STC{cond} {L}  coproc,CRd,<地址>
```

说明：

L：可选后缀，指明是长整数传送。

coproc：指令操作的协处理器名，标准名为 pn，n 为 0～15。

CRd：作为目标寄存器的协处理器寄存器。

<地址>：指定的内存地址。

（4）MCR。执行 MCR 指令，可以将 ARM 处理器内部寄存器中的数据传送到协处理器的寄存器中。若协处理器不能成功地执行该操作，将产生未定义指令异常中断。

```
MCR{cond} coproc,opcode1,CRd,CRn,CRm{,opcode2}
```

说明：

coproc：指令操作的协处理器名，标准名为 pn，n 为 0～15。

cpcode1：协处理器的特定操作码。

CRd：作为目标寄存器的协处理器寄存器。

CRn：存放第 1 个操作数的协处理器寄存器。

CRm：存放第 2 个操作数的协处理器寄存器。

opcode2：可选的协处理器特定操作码。

（5）MRC。执行 MRC 指令，可以将协处理器寄存器中的数据传送到 ARM 处理器内部寄存器中。若协处理器不能成功地执行该操作，将产生未定义异常中断。

```
MRC {cond} coproc,opcodel,CRd,CRn,CRm{,opcode2}
```

说明：

coproc：指令操作的协处理器名，标准名为 pn，n 为 0～15。

opcodel：协处理器的特定操作码。

CRd：作为目标寄存器的协处理器寄存器。

CRn：存放第 1 个操作数的协处理器寄存器。

CRm：存放第 2 个操作数的协处理器寄存器。

opcode2：可选的协处理器特定操作码。

3．指令范例

```
CDP  p5,2,c12,c10,c3,4      ;协处理器5数据操作
                             ;opcode1=2，opcode2=4
                             ;目的寄存器c12，源寄存器是c10和c3
LDC  p5,c2,[R2,#4]          ;读内存单元[R2+4]内容
                             ;存入协处理器p5的c2寄存器中
LDC  p6,c2,[R1]             ;读内存单元[R1]内容
                             ;存入协处理器p6的c2寄存器中
LDC  p6,CR1,[R4]            ;读内存单元[R4]内容
                             ;存入协处理器CR1寄存器中
STC  p8,CR8,[R2,#4]!        ;读协处理器p8的CR8寄存器,
                             ;存入内存单元[R2+4]，R2=R2+4
STC  p8,CR9,[R2],#-16       ;读协处理器p8的CR8寄存器,
                             ;存入内存单元[R2]，R2=R2～16
MCR  p14,1,R7,c7,c12,6      ;R寄存器传递到协处理器14
                             ;opcode1=1，opcode2=6
                             ;源是R7，目的是协处理器c7和c12
MRC  p15,5,R4,c0,c2,3       ;协处理器15传递到R寄存器
                             ;opcode1=5，opcode2=3
                             ;源是协处理器c0和c2，目的是R4
```

说明：书写汇编指令时，在一条指令中常用“;”表示本行后续内容为注释。本书后续内容中，所编写的汇编语言程序需要遵循 GNU ARM 汇编语言汇编器的汇编命令格式，汇编语言程序中可以使用“@”表示本行后续内容为注释，也可以在一行起始位置使用“//”表示本行内容为注释。

在编写 Makefile 文件过程中，使用“#”表示本行后续内容为注释。书中范例以及所提供工程源码将有选择地使用“;”、“@”、“//”来进行注释。

2.2 GNU ARM 汇编器汇编命令

由于书中汇编语言程序应用于 Linux 系统环境，因此本节介绍 ARM 汇编语言和用于 GNU

ARM 汇编语言汇编器的汇编命令。GNU 汇编命令是用于指示编译器操作方式的伪指令，所有伪指令名称都以“.”为前缀，随后的命令名称要求使用小写字母。

2.2.1 ARM GNU 汇编命令格式

基于 GNU 汇编命令的汇编指令行需要遵循以下结构：

```
label: instruction or directive or pseudo-instruction  @comment
```

说明：

label：标号字段。Linux ARM 汇编语言中，任何以冒号结尾的标识符都被认为是一个标号。标号由 a～z、A～Z、0～9、.、_等字符组合而成，标号不允许以数字开头。

标号“f”表明被引用的指令标号位于本指令的前方，标号“b”表明被引用的指令标号位于本指令的后方。在本章例 2.2 第 114 行的跳转指令中使用“f”表明标号“1”定义于本指令的前方，定义于 122 行。

编译过程中，label 内容为该条指令编译后的指令代码在存储器中的存放地址，该存储单元地址也称为指令的编译地址。通过一条指令的标号可以得到这条指令的存放地址，来对指令进行定位。

instruction or directive or pseudo-instruction：指令或伪指令字段。由 2.1 节介绍的 ARM 汇编指令或用于 GNU 编译器编译过程的伪指令构成。

@comment：注释字段。“@”以后的所有字符在编译过程中均被认为是注释标识符，不参与编译过程。可以使用“@”或使用 C 语言风格的注释（/*…*/）来代替分号“;”。

2.2.2 ARM GNU 专有符号

在使用过程中，ARM GNU 定义有自己的专有符号，在编写汇编语言程序时需要注意。

:	用于定义标号。
@	当前位置到行尾为注释字符。
#	整行注释字符。
;	新行分隔符。
#或$	直接操作数前缀。
.arm	以 ARM 格式编译，同 code32。
.thumb	以 Thumb 格式编译，同 code16。
.code16	以 Thumb 格式编译。
.code32	以 ARM 格式编译。

2.2.3 常用伪指令

.abort　　　@停止汇编

.align absexpr1,absexpr2

/*存储边界对齐命令。获取符合对齐方式要求的最近地址号，absexpr1 对齐方式，为 4，8，16 或 32bit，absexpr2 空余单元的填充值，默认填 0*/

.ascii　'string'　　　@定义多个字符串并分配连续空间，字符串间无间隔

.asciz　'string'　　　@同 ascii，但字符串间自动插入 NULL 字符

.balign <power_of_2> {,<fill_value> {,<max_padding>} }

/*以某种排列方式在内存中填充数值。power_of_2 表示排列方式，其值可为 4，8，16 或 32，

单位是字节，fill_value 是要填充的值，max_padding 最大的填充界限，请求填充的字节数超过该值，将被忽略*/

.byte expressions　　@当前位置定义一个或连续多个字节型变量（1B）

/*（.byte, .word, .long, .quad, .octa 分别对应 1、2、4、8 和 16 字节数，具体长度还需要依赖于处理器的特性）*/

.comm symbol,length　　/*在 bss 段申请一段名称为 symbol，长度为 length 的存储空间，链接器在链接过程中会为它留出空间*/

.code [16|32]　　@指定指令编码长度为 Thumb 指令|ARM 指令

.data subsection　　@定义数据段，段名为 subsection

.end　　@汇编文件结束标志，常省略

.equ symbol,expression　　@定义常量表达式

.if...else...endif　　@条件预编译

.include "file"　　@包含指定头文件，把一个汇编常量定义放在头文件中

.int expressions　　@当前位置定义一个或连续定义多个整型变量（2B）

.global symbol　　@声明全局符号（函数名），用于外部程序跳转或调用

.ltorg　　@表示当前往下的定义归于当前段，并为之分配空间

.macro/.endm　　@定义宏代码，.macro 表示开始，.endm 表示结束

name .req register name　　@为寄存器定义一个别名

/*定义一个寄存器，.req 左边是用户定义的寄存器名（习惯），右边是芯片手册中定义的寄存器*/

.set <variable_name>,<variable_value> @变量赋值

.short expressions　　@当前位置定义一个或连续多个短整型（2B）变量

.space size, fill　　@申请连续 size 个存储单元，内容填充为 fill

.text subsection　　@定义代码段，段名为 subsection

.word expressions　　@同.short expressions

.org new_lc, fill

/*当前区位置计数器=new_lc，跳过的地址单元内容填充为 fill*/

2.2.4 预编译宏

1．宏定义

定义一段名为 name，参数为 arg_xxx 的宏时，必须有对应的“.endm”保留字，表示本次宏定义结束。宏实体中可以使用“.exitm”从中间跳出宏。使用宏参数格式为“\<arg>”。

.macro <name> {<arg_1} {,<arg_2>} … {,<arg_N>}　　@定义宏

.endm　　@宏结束标志

.exitm　　@宏跳出

2．宏循环指令

.rept <number_of_times>　　@循环执行.endr 前的代码 number_of_times 次

.endr　　@结束循环

3．条件编译

.ifdef <symbol>

@如果之前有定义符号 symbol，则在.ifdef 与.endif 之间的代码将被编译，以.endif 结束。

.ifndef <symbol>
@若之前未定义 symbol，则在与.endif 之间的代码将被编译，以.endif 结束。

2.3 GNU ARM 汇编器

GNU 编译器（GCC）提供对 ARM 架构的 ARM Linux 增强支持，支持 Cortex-A8 处理器。本书所用 GCC 版本为 arm-linux-gcc-4.5.1，编译工具链文件安装在 Linux 环境中的路径为：/opt/Cyb-Bot/toolschain/4.5.1/bin。

2.3.1 编译工具

GNU 为 ARM Linux 平台提供了丰富的编译工具，主要包括：

- arm-linux-objcopy（二进制转换工具）
- arm-linux-objdump（反汇编工具）
- arm-linux-gcc（编译器）
- arm-linux-ld（链接器）

1．arm-linux-gcc

arm-elf-gcc 是编译过程中的核心工具，可以将程序源文件编译成目标文件。GCC 编译器在编译过程中会自动识别源文件类型，如.c 为 C 程序，.s 为汇编程序等。在编译过程中，按文件类型自动匹配编译器。

示例：应用例程\1 No OS（裸机程序）\src\1.leds_s\Makefile

```
arm-linux-gcc -o start.o start.s
```

功能：编译器将执行预处理、编译、链接操作，生成可执行代码。-o 参数指定输出文件为 start.o，需要编译的源文件是汇编文件 start.s。

2．arm-linux-objcopy

复制一个目标文件内容到另一个文件中，用于不同格式文件之间的转换。elf 格式文件不能直接下载执行，通过 arm-linux-objcopy 二进制转换工具可生成最终的二进制文件。

示例：应用例程\1 No OS（裸机程序）\src\1.leds_s\Makefile。

```
arm-linux-objcopy -O binary led.elf led.bin
```

功能：将 led.elf 文件转换为二进制文件 led_elf.bin。

3．arm-linux-objdump

反汇编工具，将编译生成的目标代码 bin 文件反汇编到汇编格式的文件中。在反汇编后保存的文件中可了解到指令的编码、指令的编译地址、程序代码的走向等信息。

示例：应用例程\1 No OS（裸机程序）\src\1.leds_s\Makefile

```
arm-linux-objdump -D led.elf > led_elf.dis
```

功能：将 led.elf 文件反汇编到 led_elf.dis 文件中。

4．arm-linux-ld

arm-elf-ld 根据链接定位信息将可重定位的各个独立段链接成一个单一的、绝对定位的目标程序代码。生成目标程序是 elf 格式。

（1）直接指定链接地址。在命令行中直接指明各个功能段的链接地址。示例中指明的是代码段的链接首地址，数据段会自动链接到代码段之后。

示例：应用例程\1 No OS（裸机程序）\src\1.leds_s\Makefile

```
arm-linux-ld-Ttext 0x0 -o led.elf $^
```

功能：-o 指明目标文件的名称为 led.elf，-T 指明代码段的链接地址为 0x0。

（2）通过链接脚本文件指定链接地址。当需要指明多个段的链接地址，且链接方案较为复杂时，一般会定义一个脚本文件对链接方案进行描述（文件后缀为 lds），示例中指明的链接脚本文件是 uart.lds。

示例：应用例程\1 No OS（裸机程序）\src\12.uart_putchar\BL2\Makefile

```
arm-linux-ld-Tuart.lds -o BL2.elf $^
```

功能：BL2.elf 文件链接地址方案依赖于 uart.lds 文件。

2.3.2 lds 文件

GNU 编译器通过链接脚本文件（lds 文件）来了解用户程序所定义的段结构及其链接地址。

1．段定义

ARM 汇编语言以段为单位来组织汇编语言程序。GNU ASM 可定义段的类型分别有代码段（.text）、初始化数据段（.data）、未初始化数据段（.bss），程序中使用上述保留字对段的类型进行声明。ARM 汇编语言程序经过 GNU ARM 编译器将上述各段编译链接后生成一个可执行映像文件（elf 或 axf 格式）。该文件可包含多个.text 段，零个或多个.data 段，零个或多个.bss 段。在链接文件中通过.section 伪指令来规定每个段在可执行映像文件中的链接位置和顺序。

段定义语法格式：

```
.section  <section_name>  {,'<flags>'}       @定义一个新的代码或数据段
```

通过编写 lds 文件内容，实现段定义的过程。在编译链接过程中，编译器依据 lds 文件内容对程序代码进行段的组织和地址分配。

2．定义程序入口点

汇编程序默认入口地址由 start 标号指定，用户也可以在链接脚本文件中用 ENTRY 标号指明其他入口。书中范例均采用 start 标号作为汇编程序入口。

3．文件示例

示例：应用例程\1 No OS（裸机程序）\src\12.uart_putchar\BL2\uart.lds

```
SECTIONS                        /*声明段                    */
{   . = 0x23E00000;             /*定义段首链接地址          */
.text : {                       /*首先定义代码段接位置      */
            start.o             /*代码段首先链接start.o文件*/
            * (.text) }         /*start.s文件中必须定义有start标号*/
.bss : {                        /*定义bss段链接位置，跟在text段之后 */
            * (.bss) }
.data : {                       /*定义data段链接位置，跟在bss段之后 */
            * (.data) }
}
```

2.3.3 Makefile 文件

如果项目包含很多文件，则需要编写 Makefile 文件。关于 Makefile 的内容，请感兴趣的读者参考相关资料。

make 命令实际是在运行和解析一个文件，这个文件就是 Makefile，GNU 规定了 Makefile 文件书写过程的语法规则。依照这个规则，可以指定文件编译过程依赖的规则，我们需要自行编写 Makefile 文件。

编译器在利用 Makefile 进行编译工程中，并非完全按照 Makefile 文件中的行号顺序来执行，具体执行顺序将在后续章节中详细介绍。Makefile 文件示例可参见 2.4 节。

2.4 案　　例

在 GNU ARM 汇编器环境下，用户程序如第 3 章介绍的裸机程序和第 4 章介绍的 U-Boot 引导程序，其开发流程如下：

（1）搭建 ARM 平台的交叉编译环境；

（2）编写源程序（使用汇编、C 或 C++语言）；

（3）用 GCC 或 g++编译生成指定体系结构（ARMv7-A 架构）的目标文件；

（4）编写链接脚本文件；

（5）用链接器生成最终目标文件（elf 格式）；

（6）用二进制转换工具生成在目标板上可运行的二进制代码。

2.4.1 案例 1——建立 GCC 开发环境

在 Linux 系统中最常用的 ARM 平台交叉编译环境，就是 GCC 开发环境。

2.4.1.1 目的

（1）熟悉基于 VMware Workstation 的 Linux 环境。

（2）搭建交叉编译环境。

（3）了解环境变量的添加和查询方法。

（4）熟悉程序编译方法。

2.4.1.2 环境

（1）宿主机：Red Enterprise Linux 6 + VMware Workstation
　　　　　　交叉编译器 arm-linux-gcc-4.5.1

（2）目标机：Tiny210 硬件平台，Linux 环境

2.4.1.3 步骤

1. 获得交叉编译器源码

本书所用交叉编译器源码是 arm-linux-gcc-4.5.1-v6-vfp.tar.bz2，读者可自行下载该压缩文件。

将文件复制到虚拟机 Linux 环境的/opt/目录下，执行以下命令将压缩文件解压：

```
[root@localhost opt]# tar -jxvf arm-linux-gcc-4.5.1-v6-vfp.tar.bz2
```

解压后在当前目录下生成 Cyb-Bot 文件夹，在 opt/Cyb-Bot/toolschain/4.5.1 目录下安装 arm-linux-gcc 交叉编译环境。

在 Linux 的/opt/Cyb-Bot/toolschain/4.5.1/bin/目录下含有 GCC 工具链文件。在宿主机 Linux 环境的终端窗口中执行以下命令，可查看各目录下文件安装情况。

```
[root@localhost /]# cd opt
[root@localhost opt]# ls
arm-linux-gcc-4.5.1-v6-vfp.tar.bz2  Cyb-Bot
[root@localhost opt]# cd Cyb-Bot/
[root@localhost Cyb-Bot]# ls
Toolschain
```

```
[root@localhost Cyb-Bot]# cd toolschain/
[root@localhost toolschain]# ls
4.5.1
[root@localhost toolschain]# cd 4.5.1/
[root@localhost 4.5.1]# ls
arm-none-linux-gnueabi  bin  lib  libexec  share
```

2．添加环境变量

（1）使用命令将 GCC 工具链文件路径添加到 PATH 变量中：

```
[root@localhost root]# export PATH=$PATH:
/opt/Cyb-Bot/toolschain/4.5.1/bin
```

这种设置方法仅在本次终端命令过程有效，退出并关闭终端窗口后所添加的 PATH 变量即失效。若再次打开终端窗口，则需要重新设置。

（2）编辑.bash_profile 文件。

.bash_profile 文件以“.”开头命名，表示该文件是系统隐藏文件，位于 Linux 系统的 root 目录中。需要在其中添加交叉编译器路径。按以下内容输入交叉编译器的绝对路径，保存内容后退出。这种设置方法在以用户名登录后的整个操作过程中有效。

```
.bash_profile文件源码
# .bash_profile
# Get the aliases and functions
if [ -f ~/.bashrc]; then
        . ~/.bashrc
fi
# User specific environment and startup programs
PATH=$PATH:$HOME/bin:/opt/Cyb-Bot/toolschain/4.5.1/bin
export PATH
```

3．查看当前环境变量内容

（1）使用 echo 命令查看。

```
[root@localhost /]# echo $PATH
/usr/local/sbin:/usr/local/bin:/sbin:/bin:/usr/sbin:/usr/bin:/root/bin:
/opt/Cyb-Bot/toolschain/4.5.1/bin
[root@localhost /]#
```

（2）使用 which 命令查看交叉编译器的存放路径。

```
[root@localhost ~]# which arm-linux-gcc
/opt/Cyb-Bot/toolschain/4.5.1/bin/arm-linux-gcc
```

（3）通过 arm-linux-gcc -v 命令查看交叉编译器版本信息。

```
[root@localhost /]# arm-linux-gcc -v
gcc version 4.5.1 (ctng-1.8.1-FA)
```

2.4.1.4 测试交叉编译环境

当正确安装了交叉编译环境，同时设置好环境变量之后，可以利用交叉环境变量对源程序进行编译，获得能够在 Tiny210 板上运行的程序代码。以下将在宿主机上编写一个 hello.c 的测试程序，使用交叉编译器编译后获得 hello。此时的 hello 文件无法在宿主机上运行，需要下载到 Tiny210 板的 Linux 系统的根目录中才可以运行。

（1）获得工程源码。测试程序位于应用例程\6 Linux\01_hello\目录下。将 01_hello 文件夹复制到宿主机的 Linux 环境/jy-cbt/work/目录下。

```
[root@bogon work]# ls
```

```
01_hello
[root@bogon work]#cd 01_hello
[root@bogon 01_hello]# ls
hello.c  hello.o  Makefile  Rules.mak
[root@bogon 01_hello]#
```

（2）编译工程文件。

```
[root@bogon 01_hello]# make
arm-linux-gcc -static   -o hello hello.o
[root@bogon 01_hello]# ls
hello  hello.c  hello.o  Makefile  Rules.mak
[root@bogon 01_hello]#
[root@bogon 01_hello]# ./hello
bash: ./hello: cannot execute binary file
[root@bogon 01_hello]#
```

执行 make 命令完成编译后，在当前路径下生成可执行文件 hello。在当前路径下执行 hello 文件会显示无法运行。因为 hello 程序是基于 arm-linux-gcc 编译器获得的编译结果，只能够运行于 ARM 环境的 Linux 系统中。

（3）下载。将 hello 程序下载到 Tiny210 板的 Linux 系统的根目录中。下载方法可以参见后续章节所介绍的相关内容。

（4）运行 hello 程序。

```
[root@Cyb-Bot /]# ./hello
hello world
[root@Cyb-Bot /]#
```

[root@Cyb-Bot /]是 Tiny210 板的 Linux 系统终端环境的提示符。在该目录下运行 hello 程序，可以看到程序运行结果：在终端环境下显示'hello world'。利用交叉编译环境编译出的 hello 程序能够在 Tiny210 板的 Linux 系统下正确运行，说明上述过程在宿主机上搭建的交叉编译环境正确。

2.4.2 案例 2——编写 leds 工程

2.4.2.1 目的

（1）熟悉汇编语言程序结构。

（2）利用交叉编译环境。

（3）熟悉 Makefile 文件编写方法。

2.4.2.2 环境

（1）宿主机：Red Enterprise Linux 6 + VMware Workstation。
　　　　　交叉编译器 arm-linux-gcc-4.5.1。

（2）目标机：Tiny210 硬件平台，裸机环境。

（3）工程：应用例程\1 No OS（裸机程序）\src\1.leds_s。

2.4.2.3 步骤

1．编写汇编源程序 start.s

```
.global _start              @指定标号_start为global型，外部可调用
_start:                     @定义_start标号，gnu编译器默认程序入口
ldr r1,=0xE0200280          @将 GPJ2CON寄存器地址号写入r1中
//设置CBT-Tiny210 板载LED连接到GPJ4端口，需要修改寄存器地址
```

```
ldr r1,=0xE02002c0          @GPJ4CON寄存器地址
ldr r0,=0x00001111          @将配置字0x00001111写入r0中
str r0,[r1]                 @配置字写入GPJ2CON寄存器中
mov r2,#0x1000              @赋值r2=1000，用于定义循环次数
led_blink:
ldr r1,=0xE0200284          @GPJ2DAT寄存器端口地址
ldr r1,=0xE02002c0          @GPJ4DAT寄存器地址
mov r0,#0
str r0,[r1]                 @写入0，点亮LED
bl delay                    @调用延时函数
ldr r1,=0xE0200284
ldr r1,=0xE02002c0          @GPJ4DAT寄存器地址
mov r0,#0xf
str r0,[r1]                 @写入1，熄灭LED
bl delay                    @调用延时函数
sub r2,r2,#1                @r2=r2-1
cmp r2,#0                   @亮/灭过程执行了1000次
bne led_blink               @少于1000次，跳转到led_blink处继续执行
halt:                       @定意标号
b halt                      @跳转到halt，死循环
delay:                      @定义延时函数
mov r0,#0x100000            @延时时间，可尝试改为0x400000
delay_loop:
cmp r0,#0
sub r0,r0,#1
bne delay_loop
mov pc,lr                   @函数返回，适用于bl指令调用。lr存有调用处的断点
```

2. 编写 Makefile

```
1 led.bin: start.o
2 arm-linux-ld -Ttext 0x0 -o led.elf $^                #生成目标文件，链接地址是0x0
3 arm-linux-objcopy -O binary led.elf led.bin          #生成bin文件
4 arm-linux-objdump -D led.elf > led_elf.dis           #反汇编
5 gcc mkv210_image.c -o mkmini210
6 ./mkmini210 led.bin 210.bin
7 %.o : %.s
8 arm-linux-gcc -o $@ $< -c                            #目标体系：ARMv7-A架构
9  %.o : %.c
10 arm-linux-gcc -o $@ $< -c                           #目标体系：ARMv7-A架构
11 clean:
12  rm *.o *.elf *.bin *.dis mkmini210 -f
```

功能释义：

在 1.leds_s 目录下执行 make 命令，编译系统按以下顺序执行编译链接操作：

① 不执行行号 1～4：此时无.o 文件。

② 执行行号 5：使用 GCC 编译 gcc mkv210_image.c 文件，生成可执行文件 mkmini210。

③ 不执行行号 6：此时无 led.bin 文件。

④ 执行行号 7，8：使用 arm-linux-gcc 将当前目录下汇编文件（.s）编译成.o 文件。

⑤ 执行行号 9，10：使用 arm-linux-gcc 将当前目录下 C 文件（.c）编译成.o 文件。

⑥ 执行行号 2：将所有.o 文件链接成 elf 格式文件。由于程序代码与绝对地址无关，因此能在任何一个地址上运行。这里通过-Ttext 0x0 指定程序代码段存放首地址是 0x0。

⑦ 执行行号 3：将 elf 文件抽取为可在 ARM 开发板上运行的 led.bin 文件。

⑧ 执行行号 4：将 elf 文件反汇编后保存在 dis 文件中，供调试程序时用。

⑨ 执行行号 6：运行 mkmini210 程序处理 led.bin 文件，处理结果是在 led.bin 中添加 16 字节头文件后生成 210.bin 文件。

⑩ 执行行号 11，12：清除编译过程文件。

在 Linux 环境下，使用 GNU 编译命令 make 可自动依赖 Makefile 文件定义的规则完成对 start.s 文件的编译和链接，生成可执行文件。

2.4.2.4 运行程序

1. 获得工程源码

工程源码位于应用例程\1 No OS（裸机程序）\src\1.leds_s 目录下。将 1.leds_s 文件夹复制到宿主机 Linux 环境/jy-cbt/work/目录下。

2. 编译

在宿主机的 Linux 环境下依次执行以下命令，完成编译过程：

```
[root@localhost CBT-SuperIOT]# cd 1.leds_s        //进入工程目录
[root@localhost 1.leds_s]# ls                     //查看当前目录
Makefile  mkv210_image.c  start.s  write2sd
[root@localhost 1.leds_s]# make                   //编译命令
[root@localhost 1.leds_s]# ls                     //查看当前目录下的编译结果
210.bin  led.elf      Makefile   mkv210_image.c  start.s
led.bin  led_elf.dis  mkmini210  start.o         write2sd
```

3. 烧写程序到 SD 卡

（1）宿主机 Linux 环境下，将 SD 卡插入 PC。

（2）使用 fdisk 命令查看 SD 卡设备挂载点，确认挂载于/dev/sdb。

（3）使用 chmo 命令，使得 write2sd 脚本文件获得管理员权限。

```
[root@localhost 1.leds_s]# chmod 777 write2sd
```

（4）执行以下命令，完成将 210.bin 烧写到 SD 卡中的指定位置：

```
[root@localhost 1.leds_s]# ./write2sd
32+0 records in
32+0 records out
16384 bytes (16 kB) copied,0.652445 s,25.1 kB/s
```

（5）运行功能程序：将 SD 卡取出后插入 Tiny210 硬件平台中，设置硬件平台 SD 卡启动模式。上电后可以看到 Tiny210 硬件平台上的 LED 灯正常闪烁，说明汇编程序点亮所有 LED 已经成功运行。

2.5 小　　结

本章主要介绍了 ARM 指令集和基于 GNU ARM 汇编器汇编命令，以案例方式介绍了在 Linux 系统中组建 ARM GCC 开发环境的过程。另外，介绍了基于汇编语言的程序结构和基础文件的编写方法，可为后续课程打下基础。

习　题　2

2.1 写出 ARM 汇编指令的指令格式及各组成字段的作用。

2.2 举例说明 ARM 汇编指令所支持的寻址方式。

2.3 举例说明 ARM 汇编指令集所支持的指令类型。

2.4 使用虚拟机搭建 Linux 环境，安装 GCC 编译环境。

2.5 在 GCC 编译环境中，练习使用以下编译工具。

2.6 对文件 start.s（文件存放路径：应用例程\1 No OS（裸机程序）\src\1.leds_s）中的汇编指令进行语法和功能注释。

2.7 依照本章的 leds 工程案例，要求如下：

（1）在汇编源程序 start.s 中修改 delay 函数的延时参数。

（2）修改 Makefile 文件，生成以学号为文件名的 bin 文件。

（3）使用反汇编工具，将所生成的 bin 文件反汇编，并将反汇编文件与源文件进行对照。

（4）在 Linux 环境下，使用 GNU 的编译命令 make 可自动依赖 Makefile 文件定义的规则完成对 start.s 文件的编译和链接，生成可执行文件。

第 3 章　S5PV210 概述

S5PV210 芯片产自 Samsung 公司，其性价比高，且低功耗，是一款面向移动终端和手持类设备等嵌入式应用领域的一款高性能应用处理器。本章主要内容：

（1）S5PV210 芯片的存储结构、寄存器结构和 GPIO 结构；

（2）以 UART 为例介绍 S5PV210 内部接口控制器的使用方法；

（3）上电复位后 S5PV210 程序的启动流程；

（4）在案例一节中介绍基于 S5PV210 裸机的应用程序开发过程。

3.1 组成结构

S5PV210 内部含有 ARM Cortex-A8 硬核，采用 ARM v7-A 架构，支持 32 位的精简指令集；其内部集成有丰富的接口控制器，是一款高端嵌入式微处理器；采用 64 位内部总线架构的 S5PV210，优化了硬件（H/W）性能，为 3G 和 3.5G 通信提供服务；具有面向任务的强力硬件加速器，如运动视频处理、显示控制和缩放。

S5PV210 具有丰富的外部存储器接口，能够承受沉重的内存带宽要求，满足高端通信服务；存储系统具有闪存/ROM 的并行访问和 SDRAM 端口，SDRAM 控制器支持 LPDDR1（Mobile DDR）、DDR2 或 LPDDR2；提供专用总线接口，支持 NAND Flash、NOR-Flash、OneNAND、RAM 和 ROM 型外部存储器。

为降低硬件设计成本和提高整体功能，S5PV210 包含丰富的硬件外设接口控制器，如 TFT 24 位真彩色液晶显示控制器、摄像头接口、MIPI DSI、CSI-2、电源管理单元、ATA 接口、4 个 UART 串行通信接口、24 通道 DMA、四路定时器、多个通用 I/O 端口、3 个 I^2S 总线接口、S/PDIF 光纤接口、3 个 I^2C 总线接口、2 个 HS-SPI 接口、USB 主/从接口、4 个 SD 卡接口和四路锁相环时钟产生功能单元等，极大地简化了硬件电路设计过程。

3.1.1 高性能位处理器

S5PV210 内部含有：ARM Cortex-A8 内核、系统外设、总线接口、电源管理部件、存储器接口、内置常用多媒体部件，这些功能单元通过多条内部高速总线与内核相连。完整的系统结构框如图 3.1 所示。

S5PV210 处理器的特性：

- ARM Cortex-A8 内核，ARMv7 体系结构；
- 32KB 指令缓存、32KB 数据缓存和 512KB 二级缓存；
- 1.1V 供电时工作频率为 800MHz，1.2V 供电时工作频率可高达 1000MHz；
- 可以实现 2000MIPS 的高性能运算能力；
- 内部 32/64 位总线结构、13 级整数流水线、10 级媒体流水线；
- 移动应用的高级电源管理；
- 实时时钟、PLL、用于 PWM 定时器和看门狗的定时器；

- 深度睡眠模式下系统时钟可提供精确的时钟节拍；
- 内含 96KB RAM 和 64KB ROM。

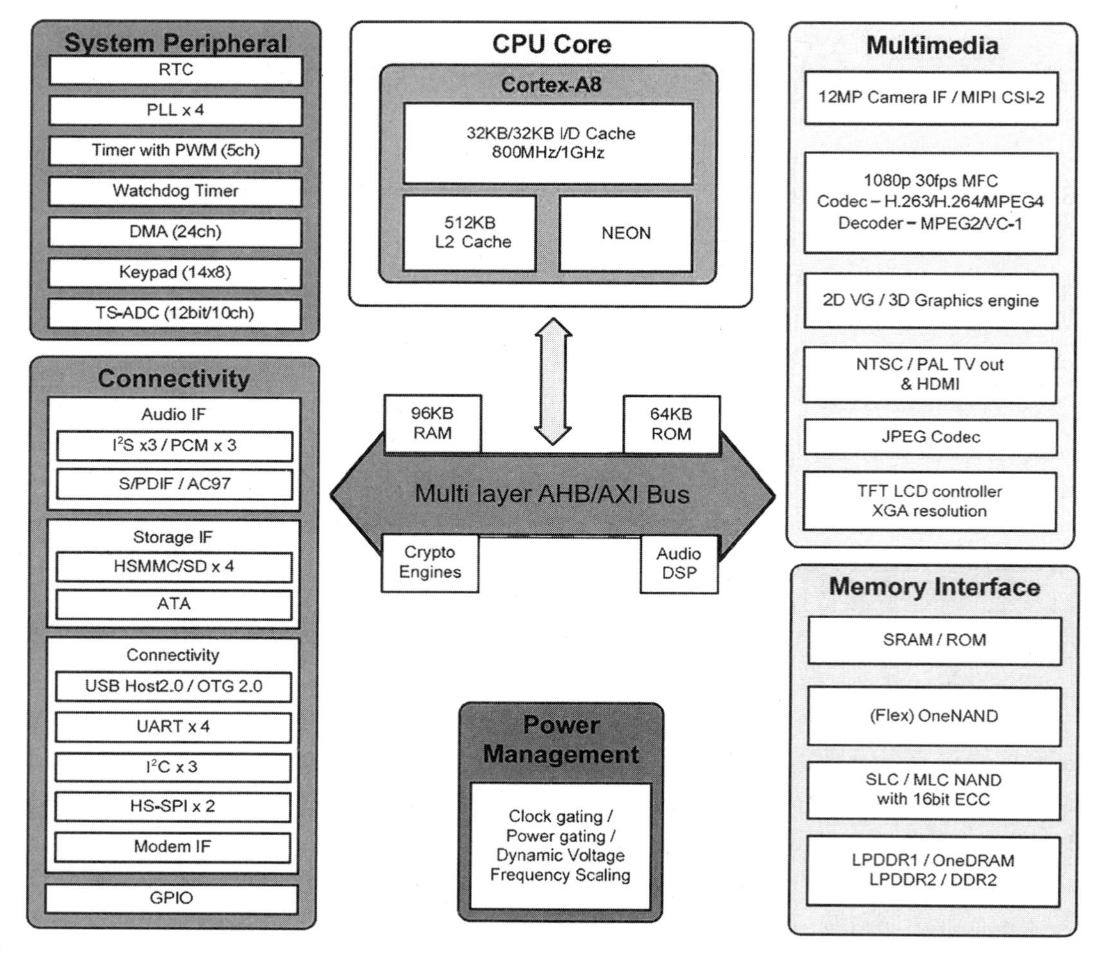

图 3.1 S5PV210 内部结构框图

3.1.2 单元部件

S5PV210 芯片内部由多个功能单元组成，可参见图 3.1。

1．存储总线系统

S5PV210 芯片含有一个存储设备接口（Memory Interface）单元，其中含 1 个 16 位静态混合记忆体端口，可外接 SRAM/ROM/NOR 型存储器，8/16 位数据总线、23 位地址总线，支持字节/半字访问；含有 2 个 32 位 SDRAM 端口，支持 DDR 型存储器；含有 1 个标准 OneNAND 和 1 个标准 NAND 接口。

2．多媒体

多媒体（Multimedia）单元的主要特点包括：支持多输入的相机接口、模拟/数字视频图像接口、TFT-LCD 接口、多格式视频编解码器（MFC）和 2D/3D Graphic 引擎。

3．Audio SubSystem

音频子系统的主要功能包括：低功耗音频子系统、5.1 环绕立体声道、I²S 接口、32 位宽 64 级深度 FIFO、128KB 音频播放输出缓冲区和硬件混合器。

4．专用接口

主要专用功能接口包括：PCM 音频接口、AC97 音频接口、SPDIF 接口（TX）、I^2S 总线接口、I^2C 总线接口、ATA 调整器、4 路独立的 UART、USB2.0 主/从接口、HS-MMC/SDIO 接口和 SPI 接口。

5．输入/输出接口

S5PV210 芯片含有 237 只多功能输入/输出引脚（也称端口），支持多达 178 个外部中断源。这些引脚在使用时会采用按功能分组的方法进行管理。

6．内部集成接口单元

（1）完整的日历时钟功能（RTC）：秒、分钟、小时、日期、星期、月和年，需要外接 32.768kHz 时钟晶振源。可提供报警中断时钟，提供时钟节拍中断源。

（2）4 路 PLL（分别为：APLL、MPLL、EPLL、VPLL），APLL 生成 ARM 核心 MSYS 时钟，MPLL 生成系统总线时钟和特殊的时钟，EPLL 生成特殊的时钟，VPLL 生成视频接口时钟。

（3）数字键盘（Keypad）。支持 14×8 矩阵按键模式，提供内部抖动消除滤波器。

（4）计时器脉冲宽度调制（Timer with PWM）。五通道 32 位内部定时器中断模式操作，三通道 32 位 PWM 定时器，PWM 信号的占空比、频率和极性可编程，支持外部时钟源。

（5）系统计时器。为操作系统提供精确的、时间间隔可以改变的时钟节拍，可实现实时时钟和闹钟滴答定时器。

（6）指令集提供了灵活性 DMA 传输方案，支持 DMA 功能的链接列表设置。支持 3 种增强内置 DMA，每种分别内置有八通道的 DMA，共 24 通道的 DMA。支持一个内存到内存的优化 DMA 和两个外设到内存的 DMA。

（7）A/D 转换器和触摸屏接口（TS-ADC）。10 通道多路 ADC，最大 500kbps 采样率和 12 位分辨率。

（8）内建有向量中断控制器。

（9）电源管理（Power Management）。通过使用门控时钟控制组件可工作于多种低功耗模式：闲置、停止、深度停留、深空闲和睡眠模式。可以通过以下多种方式进行唤醒：

- 睡眠模式唤醒源：外部中断、实时时钟闹钟滴答定时器或其他关键接口。
- 停止和深度停留模式唤醒源：MMC、触摸屏接口、系统计时器或其他自定义方式。
- 深空闲模式唤醒源：5.1ch、I^2S。

3.2 S5PV210 存储空间

S5PV210 处理器继承了 Cortex-A8 内核结构特征，其存储结构符合冯·诺依曼结构要求，程序指令存储器和数据存储器合并在一起。S5PV210 处理器总共有 32 条地址线，地址寻址范围是 0x0000_0000～0xFFFF_FFFF，总共 4T 个存储单元。程序指令存储地址和数据存储地址指向同一个存储器的不同物理位置，程序指令和数据的总线宽度相同，为 32 位宽。

3.2.1 存储结构

S5PV210 处理器所管理的存储空间内主要有内部数据区（ISRAM）、内部程序区（IROM）、内部寄存器组区（SFR）、外部数据区（SDRAM）。各个存储空间地址分配方案见表 3.1。

在表 3.1 所示的地址分配方案中，SDRAM 区分为两个独立的物理地址空间，S5PV210 处理器提供 2 个独立的 32 位 SDRAM 端口分别进行管理。SDRAM 区物理地址空间需要通过外接存储器来实现数据的存储。

表 3.1　S5PV210 存储空间地址分配

起始地址	结束地址	容　量	功能描述
0x0000_0000	0x1FFF_FFFF	512MB	镜像区域取决于引导模式
0x2000_0000	0x3FFF_FFFF	512MB	SDRAM0（外部扩展数据区 0）
0x4000_0000	0x5FFF_FFFF	512MB	SDRAM1（外部扩展数据区 1）
0x8000_0000	0x87FF_FFFF	128MB	SROM Bank 0
0x8800_0000	0x8FFF_FFFF	128MB	SROM Bank 1
0x9000_0000	0x97FF_FFFF	128MB	SROM Bank 2
0x9800_0000	0x9FFF_FFFF	128MB	SROM Bank 3
0xA000_0000	0xA7FF_FFFF	128MB	SROM Bank 4
0xA800_0000	0xAFFF_FFFF	128MB	SROM Bank 5
0xB000_0000	0xBFFF_FFFF	256MB	OneNAND/NAND 控制器和特殊功能寄存器区
0xC000_0000	0xCFFF_FFFF	256MB	MP3_SRAM 输出缓冲区
0xD000_0000	0xD000_FFFF	64KB	IROM（片内程序区）
0xD001_0000	0xD001_FFFF	96KB	保留
0xD002_0000	0xD003_FFFF	128KB	IRAM（片内数据区）
0xD800_0000	0xDFFF_FFFF	128MB	DMZ ROM
0xE000_0000	0xFFFF_FFFF	512MB	SFR 区

3.2.2　寄存器结构

在针对微处理器编写程序过程中，编程对象是微处理器的内部寄存器，因此需要了解这些寄存器的名称、功能定义和使用方法。

S5PV210 处理器芯片内部拥有一组特殊功能寄存器，每个寄存器为 32 位。通过这组寄存器可以实现对处理器内核以及片内接口的控制管理。特殊功能寄存器组占用的地址空间通过表 3.1 可知其地址范围是 0xE000_0000～0xFFFF_FFFF。寄存器按功能分组及其地址分配方案参见表 3.2。

表 3.2　S5PV210 特殊功能寄存器地址分配

起始地址	结束地址	功能描述	起始地址	结束地址	功能描述
0xE000_0000	0xE00F_FFFF	CHIPID	0xEEC0_0000	0xEECF_FFFF	AUDIO_SS/ASS_OBUF0
0xE010_0000	0xE01F_FFFF	SYSCON	0xEED0_0000	0xEEDF_FFFF	AUDIO_SS/ASS_OBUF1
0xE020_0000	0xE02F_FFFF	GPIO	0xEEE0_0000	0xEEEF_FFFF	AUDIO_SS/ASS_APB
0xE030_0000	0xE03F_FFFF	AXI_DMA	0xEEF0_0000	0xEEFF_FFFF	AUDIO_SS/ASS_ODO
0xE040_0000	0xE04F_FFFF	AXI_PSYS	0xF000_0000	0xF00F_FFFF	DMC0_SFR
0xE050_0000	0xE05F_FFFF	AXI_PSFR	0xF100_0000	0xF10F_FFFF	AXI_MSYS
0xE060_0000	0xE06F_FFFF	TZPC2	0xF110_0000	0xF11F_FFFF	AXI_MSFR
0xE070_0000	0xE07F_FFFF	IEM_APC	0xF120_0000	0xF12F_FFFF	AXI_VSYS
0xE080_0000	0xE08F_FFFF	IEM_IEC	0xF140_0000	0xF14F_FFFF	DMC1_SFR
0xE090_0000	0xE09F_FFFF	PDMA0	0xF150_0000	0xF15F_FFFF	TZPC0
0xE0A0_0000	0xE0AF_FFFF	PDMA1	0xF160_0000	0xF16F_FFFF	SDM
0xE0D0_0000	0xE0DF_FFFF	CORESIGHT	0xF170_0000	0xF17F_FFFF	MFC
0xE0E0_0000	0xE0EF_FFFF	SECKEY	0xF180_0000	0xF18F_FFFF	ASYNC_MFC_VSYS0
0xE0F0_0000	0xE0FF_FFFF	ASYNC_AUDIO_PSYS	0xF190_0000	0xF19F_FFFF	ASYNC_MFC_VSYS1
0xE110_0000	0xE11F_FFFF	SPDIF	0xF1A0_0000	0xF1AF_FFFF	ASYNC_DSYS_MSYS0
0xE120_0000	0xE12F_FFFF	PCM1	0xF1B0_0000	0xF1BF_FFFF	ASYNC_DSYS_MSYS1
0xE130_0000	0xE13F_FFFF	SPI0	0xF1C0_0000	0xF1CF_FFFF	ASYNC_MSFR_DSFR

续表

起始地址	结束地址	功能描述	起始地址	结束地址	功能描述
0xE140_0000	0xE14F_FFFF	SPI1	0xF1D0_0000	0xF1DF_FFFF	ASYNC_MSFR_PSFR
0xE160_0000	0xE16F_FFFF	KEYIF	0xF1E0_0000	0xF1EF_FFFF	ASYNC_MSYS_DMC0
0xE170_0000	0xE17F_FFFF	TSADC	0xF1F0_0000	0xF1FF_FFFF	ASYNC_MSFR_MPERI
0xE180_0000	0xE18F_FFFF	I2C0(general)	0xF200_0000	0xF20F_FFFF	VIC0
0xE1A0_0000	0xE1AF_FFFF	I2C2 (PMIC)	0xF210_0000	0xF21F_FFFF	VIC1
0xE1B0_0000	0xE1BF_FFFF	HDMI_CEC	0xF220_0000	0xF22F_FFFF	VIC2
0xE1C0_0000	0xE1CF_FFFF	TZPC3	0xF230_0000	0xF23F_FFFF	VIC3
0xE1D0_0000	0xE1DF_FFFF	AXI_GSYS	0xF280_0000	0xF28F_FFFF	TZIC0
0xE1F0_0000	0xE1FF_FFFF	ASYNC_PSFR_AUDIO	0xF290_0000	0xF29F_FFFF	TZIC1
0xE210_0000	0xE21F_FFFF	I2S1	0xF2A0_0000	0xF2AF_FFFF	TZIC2
0xE220_0000	0xE22F_FFFF	AC97	0xF2B0_0000	0xF2BF_FFFF	TZIC3
0xE230_0000	0xE23F_FFFF	PCM0	0xF300_0000	0xF3FF_FFFF	G3D
0xE250_0000	0xE25F_FFFF	PWM	0xF800_0000	0xF80F_FFFF	FIMD
0xE260_0000	0xE26F_FFFF	ST	0xF900_0000	0xF90F_FFFF	TVENC
0xE270_0000	0xE27F_FFFF	WDT	0xF910_0000	0xF91F_FFFF	VP
0xE280_0000	0xE28F_FFFF	RTC_APBIF	0xF920_0000	0xF92F_FFFF	MIXER
0xE290_0000	0xE29F_FFFF	UART	0xFA10_0000	0xFA1F_FFFF	HDMI_LINK
0xE800_0000	0xE80F_FFFF	SROMC	0xFA20_0000	0xFA2F_FFFF	SMDMA
0xE820_0000	0xE82F_FFFF	CFCON	0xFA40_0000	0xFA4F_FFFF	AXI_LSYS
0xEA00_0000	0xEA0F_FFFF	SECSS	0xFA50_0000	0xFA5F_FFFF	DSIM
0xEB00_0000	0xEB0F_FFFF	SDMMC0	0xFA60_0000	0xFA6F_FFFF	CSIS
0xEB10_0000	0xEB1F_FFFF	SDMMC1	0xFA70_0000	0xFA7F_FFFF	AXI_DSYS
0xEB20_0000	0xEB2F_FFFF	SDMMC2	0xFA80_0000	0xFA8F_FFFF	AXI_DSFR
0xEB30_0000	0xEB3F_FFFF	SDMMC3	0xFA90_0000	0xFA9F_FFFF	I2C_HDMI_PHY
0xEB40_0000	0xEB4F_FFFF	TSI	0xFAA0_0000	0xFAAF_FFFF	AXI_TSYS
0xEC00_0000	0xEC0F_FFFF	USBOTG	0xFAB0_0000	0xFABF_FFFF	I2C_HDMI_DDC
0xEC10_0000	0xEC1F_FFFF	USBOTG_PHY_CON	0xFAC0_0000	0xFACF_FFFF	AXI_XSYS
0xEC20_0000	0xEC2F_FFFF	USBHOST_EHCI	0xFAD0_0000	0xFADF_FFFF	TZPC1
0xEC30_0000	0xEC3F_FFFF	USBHOST_OHCI	0xFAF0_0000	0xFAFF_FFFF	ASYNC_PSYS_DSYS_u0
0xED00_0000	0xED0F_FFFF	MODEM	0xFB10_0000	0xFB1F_FFFF	ROT
0xED10_0000	0xED1F_FFFF	HOST	0xFB20_0000	0xFB2F_FFFF	FIMC0
0xEE00_0000	0xEE8F_FFFF	AUDIO_SS	0xFB30_0000	0xFB3F_FFFF	FIMC1
0xEE90_0000	0xEE9F_FFFF	AUDIO_SS/ASS_DMA	0xFB40_0000	0xFB4F_FFFF	FIMC2
0xEEA0_0000	0xEEAF_FFFF	AUDIO_SS/ASS_IBUF0	0xFB60_0000	0xFB6F_FFFF	JPEG
0xEEB0_0000	0xEEBF_FFFF	AUDIO_SS/ASS_IBUF1	0xFB70_0000	0xFB7F_FFFF	IPC

3.3 通用输入/输出接口

3.3.1 分组管理模式

S5PV210 处理器采用 FCFBGA 封装，共有 584 引脚。其中含有 237 个多功能复用引脚，为了便于使用，将这些引脚按功能分组进行管理，引脚分组情况见表 3.3。表中描述了每个分组名称和含有引脚数量。每组引脚功能多为复用方式，第一功能为通用 I/O，第二功能多定义为 S5PV210 处理器内部接口控制器的外部接口。

表 3.3 引脚分组

分组名称	引脚数量	第一功能	第二功能
GPA0	8	I/O	2 路有流量控制的 UART
GPA1	4	I/O	2 路无流量控制的 UART 或 1 路有流量控制的 UART
GPB	8	I/O	2×SPI
GPC0	5	I/O	I^2S，PCM，AC97
GPC1	5	I/O	I^2S，SPDIF，LCD_FRM
GPD0	4	I/O	PWM
GPD1	6	I/O	3×I^2C，PWM，IEM
GPE0,1	13	I/O	Camera I/F
GPF0/1/2/3	30	I/O	LCD I/F
GPG0/1/2/3	28	I/O	4 通道 MMC
GPH0/1/2/3	32	I/O	Keypad，External Wake-Up（外部唤醒）
GPI	7	无效	Low Power I^2S，PCM
GPJ0/1/2/3/4	35	I/O	Modem IF，CAMIF，CFCON，Keypad，SROM ADDR[22:16]
MP0_1/2/3	20	I/O	EBI（SROM，NF，OneNAND）的控制信号
MP0_4/5/6/7	32	I/O	Memory Port-EBI_ADDR[15:0]，EBI_DATA[15:0]
MP1_0～8	71	无效	DRAM1 专用
MP2_0～8	71	无效	DRAM2 专用
ETC0/1/2/4	28	I/O	ETC：JTAG，Operating Mode，RESET，CLOCK（ETC3 保留）

3.3.2 端口寄存器

每一组所含引脚统称为一组端口。在对引脚进行分组管理过程中，每组端口各自拥有 6 个私有寄存器。通过对私有寄存器的编程，实现对该组引脚的功能配置、状态的读出和写入。

以 GPJ2 端口为例，其 6 个私有寄存器分别命名为：GPJ2CON、GPJ2DAT、GPJ2PUD、GPJ2DRV、GPJ2CONPDN 和 GPJ2PUDPDN。其中，GPJ2CON、GPJ2DAT、GPJ2PUD 和 GPJ2DRV 寄存器用于正常工作模式；在低功耗模式（停止，深度停留，睡眠）下，使用 GPA0CONPDN 和 GPA0PUDPDN 寄存器。

GPA0 端口的 6 个私有寄存器分别命名为：GPA0CON、GPA0DAT、GPA0PUD、GPA0DRV、GPA0CONPDN 和 GPA0PUDPDN。

1. GPJ2CON（控制寄存器，见表 3.4）

寄存器名称：GPJ2CON

寄存器地址：0xE020_0280

寄存器功能：配置 GPJ2 组引脚功能。

寄存器复位初值：0x00000000

表 3.4 GPJ2CON

GPJ2CON	Bit	Description	Initial State
GPJ2[7]	[31:28]	0000 = Input　0001 = Output 0010 = MSM_DATA[7]　0011 = KP_ROW[0] 0100 = CF_DATA[7]　0101 = MHL_D14 0110～1110 = Reserved　1111 = GPJ2_INT[7]	0000b

续表

GPJ2CON	Bit	Description	Initial State
GPJ2[6]	[27:24]	0000 = Input　　0001 = Output 0010 = MSM_DATA[6]　　0011 = KP_COL[7] 0100 = CF_DATA[6]　　0101 = MHL_D13 0110～1110 = Reserved　　1111 = GPJ2_INT[6]	0000b
GPJ2[5]	[23:20]	0000 = Input　　0001 = Output 0010 = MSM_DATA[5]　　0011 = KP_COL[6] 0100 = CF_DATA[5]　　0101 = MHL_D12 0110～1110 = Reserved　　1111 = GPJ2_INT[5]	0000b
GPJ2[4]	[19:16]	0000 = Input　　0001 = Output 0010 = MSM_DATA[4]　　0011 = KP_COL[5] 0100 = CF_DATA[4]　　0101 = MHL_D11 0110～1110 = Reserved　　1111 = GPJ2_INT[4]	0000b
GPJ2[3]	[15:12]	0000 = Input　　0001 = Output 0010 = MSM_DATA[3]　　0011 = KP_COL[4] 0100 = CF_DATA[3]　　0101 = MHL_D10 0110～1110 = Reserved　　1111 = GPJ2_INT[3]	0000b
GPJ2[2]	[11:8]	0000 = Input　　0001 = Output 0010 = MSM_DATA[2]　　0011 = KP_COL[3] 0100 = CF_DATA[2]　　0101 = MHL_D9 0110～1110 = Reserved　　1111 = GPJ2_INT[2]	0000b
GPJ2[1]	[7:4]	0000 = Input　　0001 = Output 0010 = MSM_DATA[1]　　0011 = KP_COL[2] 0100 = CF_DATA[1]　　0101 = MHL_D8 0110～1110 = Reserved　　1111 = GPJ2_INT[1]	0000b
GPJ2[0]	[3:0]	0000 = Input　　0001 = Output 0010 = MSM_DATA[0]　　0011 = KP_COL[1] 0100 = CF_DATA[0]　　0101 = MHL_D7 0110～1110 = Reserved　　1111 = GPJ2_INT[0]	0000b

表 3.4 描述了 GPJ2 端口的 8 个引脚和 GPJ2CON 之间的相互关系，表中标题栏含义如下。

（1）GPJ2CON。寄存器所管理的引脚号名称，如引脚 GPJ2[0]。

（2）Bit。GPJ2CON 寄存器中位的位置，每个引脚定义了多个功能，通过 GPJ2CON 寄存器 4 位二进制数的内容来决定一个引脚的当前功能。该栏描述了配置一个引脚所需的 4 位二进制数在寄存器中的位置。如[3:0]表示在 GPJ2CON 寄存器中位置是 0～3 的 4 位二进制数，通过配置这 4 位二进制数可以设置 GPJ2[0]引脚的功能。

（3）Description。配置内容的描述。

（4）Initial State：S5PV210 处理器上电复位后写入 GPJ2CON 寄存器的初值。

这里需要注意的是两个对应关系：位置对应和内容对应。位置对应是指在 GPJ2CON 和 Bit 两栏中描述了 GPJ2 组所含引脚号与 GPJ2CON 寄存器中 4 位二进制数之间的位置对应关系。内容对应是指 Description 栏描述 GPJ2 组所含引脚功能与 GPJ2CON 寄存器中 4 位二进制数之间的内容对应关系。利用两个对应关系，通过设定 GPJ2CON 寄存器内容来决定 GPJ2[n]引脚功能的过程称为寄存器配置过程。

【例 3.1】通过配置 GPJ2CON 寄存器内容，设置 GPJ2[0]引脚功能。

位置对应：由表 3.4 可知 GPJ2[0]引脚功能，需要通过配置寄存器 GPJ2CON[3:0]4 位二进制数的内容来决定。

内容对应：由表 3.4 的 Description 一栏可知，当 GPJ2[0]引脚需要设置为输出功能（引脚外接一个 LED 指示灯）时，需要将 GPJ2CON[3:0]的内容设置为 0001b。

上电复位后 GPJ2CON[3:0]初值为 0000b，表示 S5PV210 上电复位后，将 GPJ2[0]引脚默认设置为输入功能。

配置 GPJ2CON 寄存器过程如下：

第 1 步，依据硬件电路设计要求，得到引脚所需功能。

第 2 步，依据表 3.4 得到 GPJ2CON 寄存器对应内容，该内容称为寄存器的配置字。

第 3 步，通过编程，将配置字写入 GPJ2CON 寄存器中后，可获得引脚所需要的功能。

2．GPJ2DAT（数据映射寄存器，见表 3.5）

寄存器名称：GPJ2DAT

寄存器地址：0xE020_0284

寄存器功能：映射 GPJ2 组引脚内容。

寄存器复位初值：0x00000000

表 3.5　GPJ2DAT

GPJ2DAT	Bit	Description	Initial State
GPJ2[7:0]	[7:0]	当引脚配置为输入时，通过读入寄存器内容，可以得到相应引脚的逻辑状态信息。当引脚配置为输出时，通过写入寄存器数据，实现将相应引脚逻辑状态置位或清零	0x00

GPJ2 组含 8 个引脚，GPJ2DAT 寄存器使用 GPJ2DAT[7:0]8 位内容映射 GPJ2 组 8 个引脚 GPJ2[n](n=0～7)的逻辑状态。映射过程存在两个对应关系：

位置对应——GPJ2[0]引脚与寄存器中的 GPJ2CON[0]位对应；

内容对应——GPJ2[0]引脚的逻辑状态与 GPJ2CON[0]位中的内容对应。

例如，GPJ2[0]引脚逻辑“1”状态与 GPJ2CON[0]位中的内容“1”对应，GPJ2[0]引脚逻辑“0”状态与 GPJ2CON[0]位中的内容“0”对应。

由于 GPJ2DAT 寄存器具有 GPJ2 组引脚内容映射功能，当需要编程访问 GPJ2 组引脚时，实际的访问对象是 GPJ2DAT 寄存器。通过对 GPJ2DAT 寄存器内容的读/写，来实现对 GPJ2 组引脚的读/写操作。当通过 GPJ2CON 寄存器设定 GPJ2[0]引脚为输出功能后，可通过写寄存器 GPJ2DAT[0]位中的内容来决定 GPJ2[0]引脚输出的逻辑电平。当通过 GPJ2CON 寄存器设定 GPJ2[1]引脚为输入后，可通过读取寄存器 GPJ2DAT[1]中位的内容来了解该引脚当前的逻辑状态。

寄存器中 GPJ2DAT[31:8]这 24 位没有定义。在读 GPJ2DAT 寄存器时，仅考虑 GPJ2[n]（n=1～7）的内容即可。在写 GPJ2DAT 寄存器时，不建议采用直接对 GPJ2DAT 寄存器赋值的方法，建议使用“与”和“或”逻辑组合的方法实现。

3．GPJ2PUD（上拉/下拉配置寄存器，见表 3.6）

寄存器名称：GPJ2PUD

寄存器地址：0xE020_0288

寄存器功能：使用两位内容配置一个引脚内部上拉/下拉（Pull-Up/Down）电阻。

寄存器复位初值：0x5555

表 3.6　GPJ2PUD

GPJ2PUD	Bit	Description	Initial State
GPJ2PUD[n]	[2n+1:2n] n=0～7	00 = 不使能 Pull-Up/Down 01 = 使能 Pull-Down 10 = 使能 Pull-Up 11 = 保留	0x5555

4．GPJ2DRV（驱动强度配置寄存器，见表 3.7）

寄存器名称：GPJ2DRV

寄存器地址：0xE020_028C

寄存器功能：配置引脚驱动能力。

寄存器复位初值：0x0000

表 3.7　GPJ2DRV

GPJ2DRV	Bit	Description	Initial State
GPJ2DRV[n]	[2n+1:2n] n=0～7	00 = 1×　　10 = 2× 01 = 3×　　11 = 4×	0x0000

注：S5PV210 处理器引脚（I/O）在 VDD=3.3V 时，其典型的驱动输出能力为 11mA，通过配置 GPJ2DRV 寄存器可提升 GPJ2 组引脚的驱动输出能力。与引脚驱动强度有关内容可以参考相关文献。

5．GPJ2CONPDN（低功耗模式控制寄存器，见表 3.8）

寄存器名称：GPJ2CONPDN

寄存器地址：0xE020_0290

寄存器功能：用于低功耗模式下配置引脚工作模式。

寄存器复位初值：0x0000

表 3.8　GPJ2CONPDN

GPJ2CONPDN	Bit	Description	Initial State
GPJ2[n]	[2n+1:2n] n=0～7	00 = Output 0　　01 = Output 1 10 = Input　　11 = Previous state	0x0000

6．GPJ2PUDPDN（低功耗模式上拉/下拉配置寄存器，见表 3.9）

寄存器名称：GPJ2PUDPDN

寄存器地址：0xE020_0294

寄存器功能：用于低功耗模式下配置引脚内部上拉、下拉电阻。

寄存器复位初值：0x0000

表 3.9　GPJ2PUDPDN

GPJ2PUDPDN	Bit	Description	Initial State
GPJ2[n]	[2n+1:2n] n=0～7	00 = 不使能 Pull-Up/Down 01 = 使能 Pull-Down 10 = 使能 Pull-Up 11 = 保留	0x0000

3.4　通用异步收/发器（UART）

S5PV210 提供 4 个独立的通用异步接收器和发射器（UART）通道：CH0，CH1，CH2，CH3，每个通道可分别工作在基于中断或 DMA 的模式下。4 个串行通信通道受控于芯片内部的 UART

接口控制器，通过接口控制器，可产生中断或 DMA 请求，实现 S5PV210 与外部 UART 端口间的数据传输。每个串行通信通道支持的串行位速率可高达 3Mbps。

3.4.1 串行通信

S5PV210 芯片的每个 UART 通道都包含两个 FIFO（先入先出队列），用于接收和发送数据：CH0 的 FIFO 深度为 256 字节，CH1 为 64 字节，CH2 和 CH3 各为 16 字节。

UART 接口控制器包括可编程波特率、红外（IR）发送器/接收器、可编程的 5～8 位数据宽度和 1～2 个停止位及奇偶校验。每个 UART 通道含一个波特率发生器、一个发送器、一个接收器和一个控制单元，UART 接口控制器结构框图如图 3.2 所示。

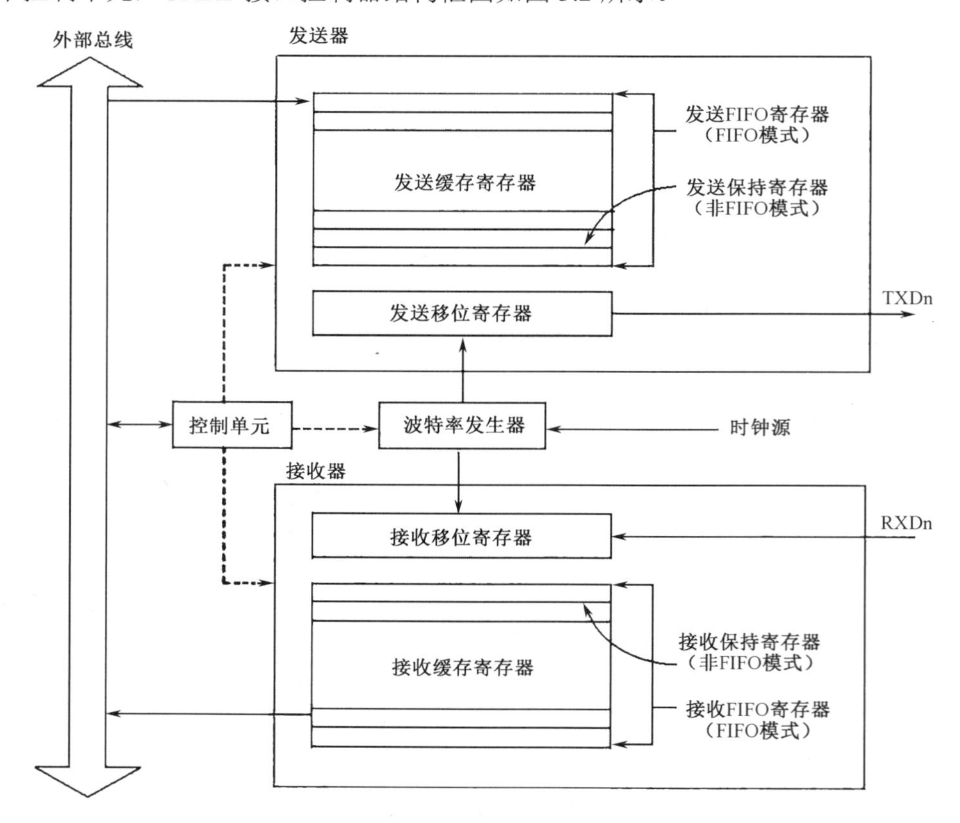

图 3.2　UART 接口控制器结构框图

波特率发生器使用 PCLK 或 SCLK_UART 作为时钟源。发送器和接收器包含 FIFO 和数据转换器。要发送的数据被写入发送 FIFO 中，并且复制到发送移位寄存器。然后数据移出到发送数据引脚（TXDn）。接收到的数据从接收数据引脚（RXDn）串行进入接收移位寄存器，完整接收到 1 字节后，从接收移位寄存器复制到接收 FIFO。FIFO 模式下所有缓存寄存器用于 FIFO 寄存器。非 FIFO 模式下，缓存寄存器中仅有一个单元用于保持寄存器。

CH0、CH1、CH2 和 CH3 均支持中断或 DMA 工作模式。CH0、CH1 和 CH2 有各自的 nRTS、nCTS 信号，支持硬件流控和握手方式的发送/接收。CH3 支持 IrDA1.0。

3.4.2 UART 描述

下面描述 S5PV210 内部 UART 接口控制器所支持的基本操作，如数据发送和接收、中断的产生、自动流控等。

1. 数据发送

串行通信以数据帧为单位进行数据传输，用于传输的数据帧长度可编程。数据帧由 1 个起始位、5～8 个数据位、1 个可选的奇偶校验位、1～2 个停止位组成。通过 UART 接口控制器中的线性控制寄存器（ULCONn，n=0, 1, 2, 3，分别对应 4 个串行通道）来设定数据帧的组成结构，UART 规定的数据帧结构如图 3.3 所示。

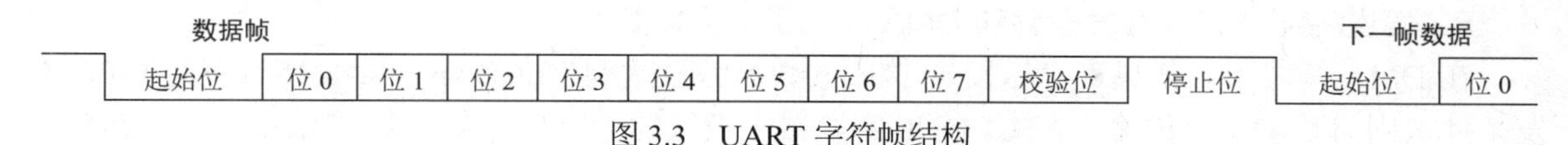

图 3.3　UART 字符帧结构

发送器可以产生一个中止条件，即在一帧的传输时间内强制串行输出为逻辑 0。在当前待发送字节完成传输后可发送中止条件，当中止信号发送结束后，发送器可继续将数据发送到发送 FIFO 中（非 FIFO 模式情况下，发送到发送缓存寄存器中）。

2. 数据接收

接收方所设置的数据帧结构应与发送方一致。在接收数据过程中，UART 接口控制器中的数据接收器会对接收过程进行检测，可检测溢出错误、奇偶校验错误、帧错误和中止条件，检测结果将记录在对应的错误标志中。各种错误标志表示含义如下：

（1）溢出错。接收到的数据未被读取，被新数据覆盖。

（2）奇偶校验错。接收器检测到校验条件与已有设定不符。

（3）帧错。接收到的数据没有一个有效停止位。

（4）中止条件。RXD 引脚输入信号为逻辑 0 状态的时间超过一帧传输时间。

当连续在 3 个字时间（时间间隔依赖于所设置的帧结构中的数据位长度）内没有接收到数据且在 FIFO 模式下接收 FIFO 不空时，将会产生数据接收超时条件。

3. 自动流控（AFC）

CH0 和 CH1 使用各自的 nRTS 和 nCTS 信号支持自动流控（AFC）。CH2 需要将 TXD3 和 RXD3 引脚设为 nRTS2 和 nCTS2 功能（可通过设置 GPA1CON 寄存器完成）后才可支持 AFC。

若 CHn 外部与 Modem 连接，需要在 UMCONn 寄存器中设置为禁止自动流控，在用户程序中通过软件来控制 nRTS 信号。两个 UART 间硬件流控制连接方案如图 3.4 所示。

在图 3.4 中的 UART1 一侧：

nRTS=0 表示 UART1 已经准备好，请求向 UART2 一侧发送数据。

nCTS=0 表示 UART2 准备好接收（接收 FIFO 空闲单元大于 2 个），UART1 可以发送数据。

nCTS=1 表示 UART2 当前忙（接收 FIFO 空闲单元少于 1 个），UART1 不可以发送数据。

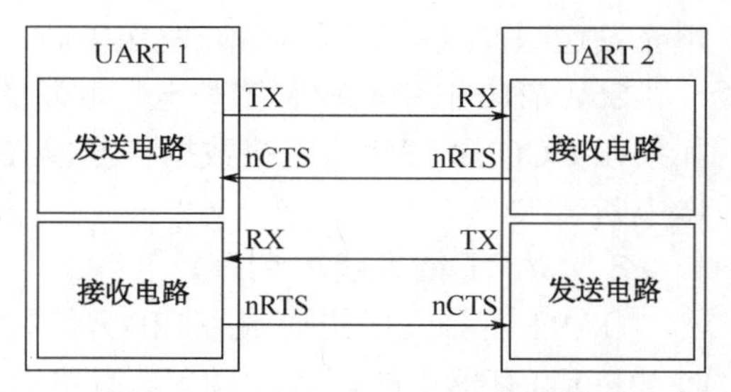

图 3.4　RTS/CTS 硬件流控连接图

4. 非自动流控（软件控制 nRTS 和 nCTS 信号）

（1）使用 FIFO 接收数据。

第 1 步：设置接收模式（中断或 DMA 模式），此时为接收方，需要接收数据。

第 2 步：状态检查 UFSTATn 寄存器中接收 FIFO 的计数值。如果值小于 15，则用户必须将 UMCONn[0]置 1，表示 nRTS 信号有效，允许发送端发送数据。如果计数值大于等于 15，则用户必须将 UMCONn[0]清 0，表示 nRTS 无效，来禁止发送端发送数据。

第 3 步：重复第 2 步。

（2）使用 FIFO 发送数据。

第 1 步：设置发送模式为中断或 DMA 模式，准备发送数据。

第 2 步：检查 UMCONn[0]的值，若为 1 则表示 nCTS 有效，接收方准备好接收数据，写数据到发送 FIFO 中。

第 3 步：重复第 2 步，完成数据包的发送。

5．发送/接收 FIFO 触发条件和 DMA 模式下的突发长度

在 DMA 模式下，如果寄存器发送/接收的数据数量达到 UFCONn 寄存器所设置的 FIFO 触发条件，则启动 DMA 传输。在 UCONn 寄存器中设置的 DMA 突发长度（Burst Size）决定了 DMA 方式一次传输数据的长度。DMA 传输将持续进行，直到需要传输数据的数量小于 FIFO 触发条件。DMA 突发长度应小于或等于所设置的 FIFO 触发条件。建议在设置 FIFO 触发条件和 DMA 突发长度时，大小需匹配。

6．RS-232C 接口信号

将 CHn 连接到 Modem 时，需要有 nRTS、nCTS、nDSR、nDTR、DCD 和 nRI 等控制和状态联络信号。除了 nRTS 和 nCTS 信号外，需要使用 GPI/O 来定义和模拟其余信号，并通过软件编程进行功能控制。

7．中断/DMA 请求产生

每个 UART 包括 7 个状态（发送/接收/错误）信号：溢出错、奇偶校验错、帧错、中止条件、接收缓冲数据准备好、发送缓冲空、发送移位寄存器空。这些状态记录在状态寄存器（UTRSTATn/UERSTATn）的相应位中。

接收错误状态中断。接收错误状态包含：溢出错、奇偶校验错、数据帧错和中止条件。当 UCONn[6]=1，错误状态发生时会产生接收状态中断申请。若中断申请被检测到，可通过 UERSTATn 识别中断源。

接收中断。当 UCONn[1:0]=01b（以中断请求或轮询模式接收数据）时，FIFO 模式下接收到数据的数量大于或等于接收 FIFO 触发条件；非 FIFO 模式下接收到的数据从接收移位寄存器传递到接收保持寄存器，将分别产生接收中断申请。

发送中断。UCONn[3:2]=01b（以中断请求或轮询模式发送数据）时，FIFO 模式下发送的数据从发送 FIFO 寄存器到发送移位寄存器且 FIFO 中剩余数据数量小于或等于发送 FIFO 寄存器触发条件；非 FIFO 模式下发送的数据从发送保持寄存器传递到发送移位寄存器，将分别产生发送中断申请。如果发送 FIFO 寄存器中的数据数量小于触发条件，会产生发送中断申请。建议先填充发送缓冲区，然后再响应发送中断。

S5PV210 的中断控制器是电平触发的，必须在 UCONn 寄存器中设定中断类型为电平触发。如果在 UCONn 寄存器中将数据传输模式设定为 DMA 方式，DMA 请求将代替上述的接收和发送中断请求。

8．UART 错误状态 FIFO

UART 有独立的错误状态 FIFO，用以表示接收到错误数据的错误状态类型和错误数据在接收 FIFO 寄存器中的位置。只有当有错误数据被读出时才会产生错误状态中断申请。对 URXHn 和 UERSTATn 寄存器进行读操作，将清除错误状态 FIFO。

设 UART 接收 FIFO 顺序接收到‘A’、‘B’、‘C’、‘D’、‘E’5 个字符，过程如图 3.5 所示。

在接收‘B’时发生终止条件错，接收‘D’时发生帧错。UART 在接收过程中不会实时产生状态错误中断请求，因为错误数据‘B’和‘D’还没有从接收 FIFO 中读出，只有当字符‘B’及‘D’都被读出后才会发出状态错误中断请求。

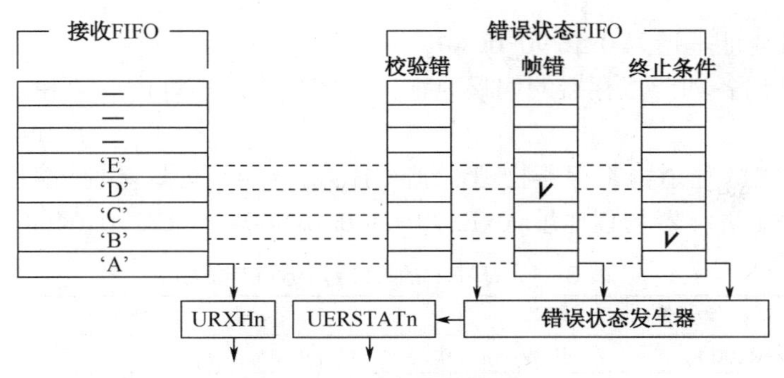

图 3.5 UART 错误状态 FIFO

3.4.3 UART 时钟源

S5PV210 为 UART 提供了多个时钟源，如图 3.6 所示。UART 可通过寄存器 UCONn[10]选择 BCLK 是来自 PCLK 或 SCLK_UART。SCLK_UART 的设置方法可参阅时钟控制器部分。

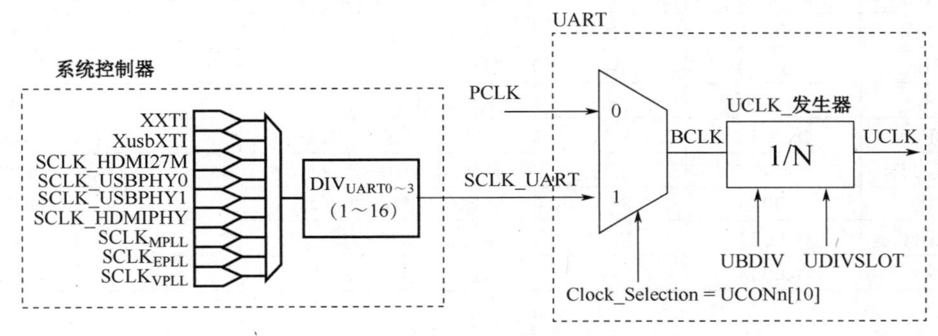

图 3.6 UART 时钟源结构框图

3.4.4 I/O 描述

工作于标准 UART 模式时，需要有 RXD、TXD、CTS、RTS 等 4 个信号完成通信电路的互连。S5PV210 的 UART 接口控制器可以将特定引脚配置成上述功能。UART 模式下所需信号与引脚配置间对应关系见表 3.10。

表 3.10 UART 模式引脚配置

信 号	输入/输出	描 述	引 脚
UART_n_RXD	输入	UARTn 数据接收	XuRXD[n]
UART_n_TXD	输出	UART0 数据发送	XuTXD[n]
UART_n_CTSn	输入	UARTn 请求发送（低电平有效）	XuCTSn[n]
UART_n_RTSn	输出	UARTn 请求发送（低电平有效）	XuRTSn[n]

注：n=0、1、2、3 分别代表 4 个串行通道号。

3.4.5 寄存器描述

S5PV210 的 4 个 UART 通道（CHn，n=0、1、2、3）各有 15 个寄存器，寄存器名称和功能见表 3.11。4 组寄存器基地址分别为：

CH0 寄存器组地址基址为 0xE290_0000；

CH1 寄存器组地址基址为 0xE290_0400；

CH2 寄存器组地址基址为 0xE290_0800；

CH3 寄存器组地址基址为 0xE290_0C00。

表 3.11 中仅列出各功能寄存器的偏移地址，其实际物理地址需要单独计算。各寄存器物理地址计算方法如下：

CHn 通道内寄存器物理地址=CHn 寄存器组地址基址+偏移地址

例如，ULCON1 寄存器物理地址=0xE290_0400+0x0004 = 0xE290_0404。

表 3.11 UART 的 CHn 通道寄存器组

名　称	偏移地址	读/写	描　述	复位初值
ULCONn	0x0000	R/W	通道 n 线性控制寄存器	0x00000000
UCONn	0x0004	R/W	通道 n 控制寄存器	0x00000000
UFCONn	0x0008	R/W	通道 n FIFO 控制寄存器	0x00000000
UMCONn	0x000C	R/W	通道 n Modem 控制寄存器	0x00000000
UTRSTATn	0x0010	R	通道 n 发送/接收状态寄存器	0x00000006
UERSTATn	0x0014	R	通道 n 接收错误状态寄存器	0x00000000
UFSTATn	0x0018	R	通道 n FIFO 状态寄存器	0x00000000
UMSTATn	0x001C	R	通道 n Modem 状态寄存器	0x00000000
UTXHn	0x0020	W	通道 n 发送缓存寄存器	—
URXHn	0x0024	R	通道 n 接收缓存寄存器	0x00000000
UBRDIVn	0x0028	R/W	波特率除数因子整数寄存器	0x00000000
UDIVSLOTn	0x002C	R/W	波特率除数因子小数寄存器	0x00000000
UINTPn	0x0030	R/W	通道 n 中断挂起寄存器	0x00000000
UINTSPn	0x0034	R/W	通道 n 中断源挂起寄存器	0x00000000
UINTMn	0x0038	R/W	通道 n 中断屏蔽寄存器	0x00000000

1. ULCONn（见表 3.12）

寄存器名称：ULCONn（UART Line Control Register，线性控制寄存器）

寄存器偏移地址：0x0000

寄存器功能：配置数据帧结构。

寄存器复位初值：0x00000000

表 3.12 ULCONn

位域名称	Bit	描　述	初　值
保留	[31:7]		0
InfraredMode	[6]	红外传输模式选择位。0：普通模式；1：红外模式	0
ParityMode	[5:3]	校验模式位。当设置校验后，发送数据时 CPU 自动在数据最高位后添加校验位，接收方的 CPU 自动完成对数据的校验，产生校验结果。 0xx：无校验 100：奇校验 101：偶校验 110：强制为 1（多机通信时表示本帧内容为地址） 111：强制为 0（多机通信时表示本帧内容为数据）	000
NumberofStopBit	[2]	停止位长度。0：1 位；1：2 位	0
WordLength	[1:0]	数据位长度。00：5 位；01：6 位；10：7 位；11：8 位	00

2. UCONn（见表 3.13）

寄存器名称：UCONn（UART Control Register，控制寄存器）

寄存器偏移地址：0x0004

寄存器功能：通信模式的基础设置。

寄存器复位初值：0x00000000

表 3.13　UCONn

位域名称	Bit	描　述	初　值
保留	[31:21]		0
TxDMABurstSize	[20]	发送 DMA 模式下的突发长度（一次传递的字节数） 0：1 字节（Single）；1：4 字节	0
保留	[19:17]		0
RxDMABurstSize	[16]	接收 DMA 模式下的突发长度 0：1 字节（Single）；1：4 字节	0
保留	[15:11]		0
ClockSelection	[10]	UART 波特率时钟选择位① 0：PCLK：　DIV_VAL1(1)=(PCLK/(波特率×16))−1 1：SCLK_UART：DIV_VAL1=(SCLK_UART/(波特率×16))−1	0
TxInterruptType	[9]	发送数据时，在非 FIFO 模式下发送缓存空及在 FIFO 模式下达到发送 FIFO 存储深度时将触发中断，中断请求类型② 0：脉冲　1：电平	0
RxInterruptType	[8]	接收数据时，在非 FIFO 模式下接收缓存满及在 FIFO 模式下达到接收 FIFO 存储深度时将触发中断，中断请求类型 0：脉冲　1：电平	0
RxTimeOutEnable	[7]	FIFO 模式接收数据超时中断③ 0：禁止　1：允许	0
RxErrorStatus InterruptEnable	[6]	接收错误状态中断允许。依据接收过程中的状态，如：溢出错、奇偶校验错、帧错和中止条件等，状态发生时是否启用 UART 产生一个中断 0：禁止　1：允许	0
Loop-backMode	[5]	回送模式允许。仅用于测试，该位决定是否启用回送模式 0：普通模式　1：回送模式	0
SendBreakSignal	[4]	发送中止信号允许。发送结束后该位自动清零 0：普通模式　1：发送中止信号	0
TransmitMode	[3:2]	发送数据模式。确定写 UART 发送缓存寄存器方式 00：禁止　01：中断请求或轮询模式 10：DMA 模式　11：保留	00

注：① DIV_VAL = UBRDIVn+(UDIVSLOTn 中 1 的个数)/16，式中 DIV_VAL 为除数因子，其计算方法详见例 3.2。

② S5PV210 使用电平触发中断控制器，该位需要置为 1。

③ 如果 UART 没有达到 FIFO 触发电平，且 DMA 以 FIFO 模式接收数据时，在 3 个字时间内没有接收到数据，会产生接收中断（接收超时）。此时必须检查 FIFO 状态，读出 FIFO 中已接收到的数据。

3．UFCONn（见表 3.14）

寄存器名称：UFCONn（UART FIFO Control Register，FIFO 控制寄存器）

寄存器偏移地址：0x0008

寄存器功能：配置接收数据缓存队列工作模式。

寄存器复位初值：0x00000000

表 3.14　UFCONn

位域名称	Bit	描　　述	初　值
保留	[31:11]		0
TxFIFOTrigger Level	[10:8]	设定发送 FIFO 触发条件(已存储字节数)。发送 FIFO 计数器内数值小于或等于触发条件，产生发送中断请求 [n=0] 000：0　001：32　010：64　011：96 100：128　101：160　110：192　111：224 [n=1] 000：0　001：8　010：16　011：24 100：32　101：40　110：48　111：56 [n=2，3] 000：0　001：2　010：4　011：6 100：8　101：10　110：12　111：14	000
保留	[7]		0
RxFIFOTrigger Level	[6:4]	设定接收 FIFO 触发条件(已存储字节数)。接收 FIFO 计数器内数值大于或等于触发条件，产生接收中断请求 [n=0] 000：32　001：64　010：96　011：128 100：160　101：192　110：224　111：256 [n=1] 000：8　001：16　010：24　011：32 100：40　101：48　110：56　111：64 [n=2，3] 000：2　001：4　010：6　011：8 100：10　101：12　110：14　111：16	000
保留	[3]		0
TxFIFOReset	[2]	复位发送 FIFO。FIFO 复位后自动清 0 0：普通模式　1：Tx FIFO 复位	0
RxFIFOReset	[1]	复位接收 FIFO。FIFO 复位后自动清 0 0：普通模式　1：Rx FIFO 复位	0
FIFOEnable	[0]	FIFO 允许。　0：禁用 FIFO　1：启用 FIFO	0

注：若 DMA 启用 FIFO 接收数据，FIFO 内已存有接收到的数据，数量虽未达到所设定 FIFO 触发条件，但此时已连续在 3 个字时间（时间间隔依赖于所设置的帧结构中的数据位长度）内没有接收到数据，将会产生数据接收中断，以便检查 FIFO 状态，读出已收到数据。

4．UMCONn（见表 3.15）

寄存器名称：UMCONn（UART Modem Control Register，模式控制寄存器）

寄存器偏移地址：0x000C

寄存器功能：配置 Modem 模式。

寄存器复位初值：0x00000000

表 3.15　UMCONn

位域名称	Bit	描　　述	初　值
保留	[31:8]		0
RTStrigger Level	[7:5]	设置控制 nRTS 信号的接收 FIFO 触发条件(已存储字节数)。如果 AFC=1 且接收 FIFO 内接收到的数据数量大于或等于触发条件，将 nRTS 置为无效	000

续表

位域名称	Bit	描述	初值
RTStrigger Level	[7:5]	[n=0] 000：255　001：224　010：192　011：160 100：128　101：96　110：64　111：32 [n=1] 000：63　001：56　010：48　011：40 100：32　101：24　110：16　111：8 [n=2] 000：15　001：14　010：12　011：10 100：8　101：6　110：4　111：2	
AutoFlowControl (AFC)	[4]	自动流控功能（AFC） 0：禁用　1：允许	0
ModemInterrupt Enable	[3]	Modem 中断允许 0：禁用　1：允许	0
保留	[2:1]	保留位需要设置为 0	00
RequesttoSend	[0]	请求发送信号。若 AFC=1，该位将被忽略。S5PV210 将自动控制 nRTS 信号。AFC=0，软件借助该位来设置 nRTS 信号 0：高电平（nRTS 无效）　1：低电平（nRTS 有效）	0

注：CH2 需要借助 CH3 外部引脚实现 AFC 功能。当 CH2 使用硬流控方式通信时，CH3 的数据传输引脚需要被定义为 CH2 流控信号。CH3 不支 AFC 功能。

5. UTRSTATn（见表 3.16）

寄存器名称：UTRSTATn(UART Tx/Rx Status Register，发送/接收状态寄存器)

寄存器偏移地址：0x0010

寄存器功能：记录数据传输过程的状态。

寄存器复位初值：0x00000006

表 3.16　UTRSTATn

位域名称	Bit	描述	初值
保留	[31:3]		0
Transmitter Empty	[2]	发送器空标志。当发送缓存寄存器无有效数据且发送移位寄存器空时，该位置 1 0：不空　1：空	1
Transmit Buffer Empty	[1]	发送缓存空标志。当发送缓存寄存器无有效数时，该位置 1 0：不空　1：空 （非 FIFO 模式，产生中断或 DMA 请求。FIFO 模式，当 Tx FIFO 触发条件设为 00 时，产生中断或 DMA 请求。）若使用 FIFO，则需要检测 UFSTAT 寄存器中的 Tx FIFO 计数器标志位和 Tx FIFO 满标志位来判断发送空条件	1
Receive Buffer Data Ready	[0]	接收缓存数据准备好。当接收缓存收到有效数据时，该位置 1 0：空　1：接收缓存有数据 （非 FIFO 模式，产生中断或 DMA 请求。）若使用 FIFO，则需要检测 UFSTAT 寄存器中的 Rx FIFO 计数器标志位和 Rx FIFO 满标志位来判断接收缓存数据是否准备好	0

6. UERSTATn（见表 3.17）

寄存器名称：UERSTATn（UART Error Status Register，接收错误状态寄存器）

寄存器偏移地址：0x0014

寄存器功能：记录接收过程中的错误状态。

寄存器复位初值：0x00000000

表 3.17　UERSTATn

位 域 名 称	Bit	描　　述	初　　值
保留	[31:4]		0
Break Detect	[3]	中止条件检测。接收到中止条件时，自动置 1 0：无中止条件信号　　1：接收到中止条件信号	0
Frame Error	[2]	接收帧错。当接收帧发生错误时，自动置 1 0：未发生接收帧错　　1：发生接收帧错	0
Parity Error	[1]	校验错。接收数据发生接收帧错时，自动置 1 0：未发生校验错　　1：发生校验错	0
Overrun Error	[0]	溢出错。当接收帧发生溢出错时，自动置 1 0：未发生溢出错　　1：发生溢出错	0

注：当读取 UERSTATn 之后，UERSATn[3:0]4 个状态标志位自动清零。

7．UFSTATn（见表 3.18）

寄存器名称：UFSTATn（UART FIFO Status Register，FIFO 状态寄存器）

寄存器偏移地址：0x0018

寄存器功能：记录接收缓冲队列状态。

寄存器复位初值：0x00000000

表 3.18　UFSTATn

位 域 名 称	Bit	描　　述	初　　值
保留	[15:10]		0
Rx FIFO Error	[9]	接收 FIFO 错。当接收 FIFO 中接收到无效数据时，自动置 1。无效数据产生于接收帧错、校验错或中止条件	0
Rx FIFO Full	[8]	接收 FIFO 满。当接收过程中接收 FIFO 满时，自动置 1 0：不满　　1：满	0
Rx FIFO Count	[7:0]	接收 FIFO 计数器。记录 Rx FIFO 中数据个数	0

8．UMSTATn（见表 3.19）

寄存器名称：UMSTATn（UART Modem Status Register，Modem 状态寄存器）

寄存器偏移地址：0x001C

寄存器功能：记录 Modem 工作状态。

寄存器复位初值：0x00000000

表 3.19　UMSTATn

位 域 名 称	Bit	描　　述	初　　值
保留	[31:5]		0
Delta CTS	[4]	Delta CTS 位。该位说明输入到 S5PV210 中的 nCTS 状态在最近一次被读取后已发生变化①。 0：nCTS 状态无变化　　1：nCTS 状态发生变化	0
保留	[3:1]		00
Clear to Send	[0]	清发送信号 0：CTS 信号无效（nCTS 引脚为高电平） 1：CTS 信号有效（nCTS 引脚为低电平）	0

注：①nCTS 信号状态变化时序关系参考图 3.7。

当采用硬流控信号对串行通信数据流进行控制时，nCTS 和 CTS 等控制信号之间的时序关系如图 3.7 所示。

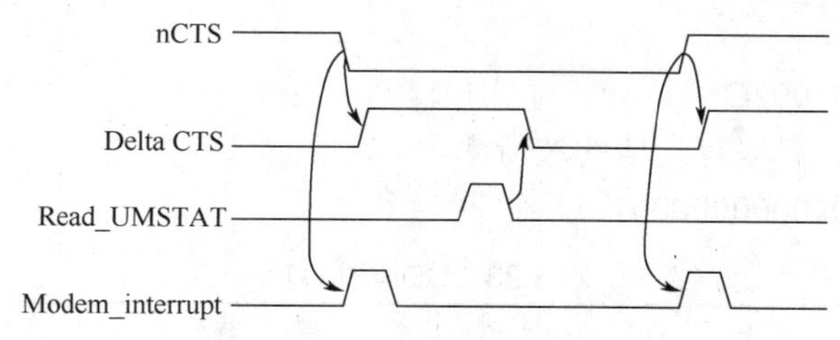

图 3.7　nCTS 和 Delta CTS 时序图

9．UTXHn（见表 3.20）

寄存器名称：UTXHn（UART Transmit Buffer Register，发送缓存寄存器）

寄存器偏移地址：0x0020

寄存器功能：发送数据缓存寄存器。

寄存器复位初值：随机值。

表 3.20　UTXHn

位域名称	Bit	描　述	初　值
保留	[31:8]		—
UTXHn	[7:0]	编程时向该寄存器中写入数据，将启动数据发送过程	—

10．URXHn（见表 3.21）

寄存器名称：URXHn（UART Receive Buffer Register，接收缓存寄存器）

寄存器偏移地址：0x0024

寄存器功能：接收数据缓存寄存器。

寄存器复位初值：随机值。

表 3.21　URXHn 寄存器

位域名称	Bit	描　述	初　值
保留	[31:8]		0
URXHn	[7:0]	接收到的数据	0x0

注：发生溢出错误状态后必须读 URXHn 寄存器，否则下一接收数据会继续产生溢出错。

11．UBRDIVn（见表 3.22）

寄存器名称：UBRDIVn（UART Channel Baud Rate Division Register，波特率除数因子整数寄存器）

寄存器偏移地址：0x0028

寄存器功能：用于计算串行通信的波特率。

寄存器复位初值：0x000000000

表 3.22　UBRDIVn

位域名称	Bit	描　述	初　值
保留	[31:16]		0
UBRDIVn	[15:0]	波特率除数因子整数（当 UART 时钟源为 PCLK 时，UBRDIVn 的值必须大于 0，即 UBRDIVn>0）	0x0

注：若 UBRDIVn=0，波特率将不受 UDIVSLOT 值的影响。

12．UDIVSLOTn（见表 3.23）

寄存器名称：UDIVSLOTn（UART Channel Dividing Slot Register，波特率除数因子小数寄存器）

寄存器偏移地址：0x002C

寄存器功能：用于计算串行通信的波特率。

寄存器复位初值：0x00000000

表 3.23 UDIVSLOTn

位域名称	Bit	描述	初值
保留	[31:16]		0
UDIVSLOTn	[15:0]	波特率除数因子效数，可提高波特率精度	0x0

（1）UART 波特率配置方法。UART 波特率的除数因子存于 UBRDIVn 寄存器。利用除数因子整数寄存器（UBRDIVn）和除数因子小数寄存器（UDIVSLOTn）来配置串行数据时钟（波特率，单位：bps），方法如下：

DIV_VAL=（PCLK/（波特率×16））−1 或 DIV_VAL=（SCLK_UART/（波特率×16））−1

DIV_VAL=UBRDIVn＋（UDIVSLOTn 中 1 的个数）/16

除数因子（UBRDIVn）取值范围：1～（2^{16}−1）。使用除数因子小数寄存器（UDIVSLOTn），可产生更精确的波特率。

【例 3.2】当波特率=115200bps，SCLK_UART=40MHz 时，计算 UBRDIVn 和 UDIVSLOTn 两个寄存器的初值。

DIV_VAL=(SCLK_UART/(波特率×16))−1=(40000000/(115200×16))−1=21.7−1=20.7

UBRDIVn=20　　（DIV_VAL 数值的整数部分）

（UDIVSLOTn 中 1 的个数）/16=0.7　　（DIV_VAL 数值的小数部分）

UDIVSLOTn 中 1 的个数=11

UDIVSLOTn 寄存器的数值用二进制数表示，其数值中需要含有 11 个逻辑 1。该数可以为：1110111011100101b（0xddd5）或 0111011101110101b（0x77d5）等。

经过上述计算，当 CHn 的 SCLK_UART 为 40MHz，波特率是 115200bps 时，有

UBRDIVn=20，UDIVSLOTn=0xDDD5

详细的 UDIVSLOTn 参数对照表参见表 3.24。

表 3.24 UDIVSLOTn 参数对照表

逻辑 1 个数	UDIVSLOTn 数值	逻辑 1 个数	UDIVSLOTn 数值
0	0x0000(0000_0000_0000_0000b)	8	0x5555(0101_0101_0101_0101b)
1	0x0080(0000_0000_0000_1000b)	9	0xD555(1101_0101_0101_0101b)
2	0x0808(0000_1000_0000_1000b)	10	0xD5D5(1101_0101_1101_0101b)
3	0x0888(0000_1000_1000_1000b)	11	0xDDD5(1101_1101_1101_0101b)
4	0x2222(0010_0010_0010_0010b)	12	0xDDDD(1101_1101_1101_1101b)
5	0x4924(0100_1001_0010_0100b)	13	0xDFDD(1101_1111_1101_1101b)
6	0x4A52(0100_1010_0101_0010b)	14	0xDFDF(1101_1111_1101_1111b)
7	0x54AA(0101_0100_1010_1010b)	15	0xFFDF(1111_1111_1101_1111b)

（2）波特率容差。在实际应用系统中，收发双方时钟速率的误差导致 UART 接收帧错误应小于 1.87%（3/160）。由于连续传递的数据串过长或收发双方波特率失调可导致接收数据状况恶化，进而数据的接收方会检测出校验错或数据帧错。解决办法是，收发双方采用同样标称值的

晶振，且波特率尽量选取误差小的数值。UART 字符帧结构可参见图 3.3。

单方时钟速率误差计算方法如下：

tUPCLK=(UBRDIVn+1)×16×1Frame/(PCLK or SCLK_UART)

1Frame=起始位+数据位+校验位+停止位

tEXTUARTCLK=1Frame/波特率

UART 误差=(tUPCLK−tEXTUARTCLK)/tEXTUARTCLK×100%

式中，tUPCLK 为 UART 实际串行移位时钟；tEXTUARTCLK 为理想化的串行移位时钟。

（3）UART Clock 和 PCLK 之间的关系。S5PV210 中，要求 UARTCLK 频率不能超过 PCLK 频率的 5.5/3 倍。

FUARTCLK≤5.5/3×FPCLK

FUARTCLK=波特率×16

用来保证有足够时间，将接收到的数据写入接收 FIFO。

13. UINTPn（见表 3.25）

寄存器名称：UINTPn（UART Interrupt Pending Register，中断挂起寄存器）

寄存器偏移地址：0x030

寄存器功能：允许串行通信中断源产生中断。

寄存器复位初值：0x00000000

表 3.25 UINTPn

位域名称	Bit	描述	初值
保留	[31:4]		0
MODEM	[3]	0：禁止　1：允许产生 Modem 中断申请	0
TXD	[2]	0：禁止　1：允许产生发送中断申请	0
ERROR	[1]	0：禁止　1：允许产生错误中断申请	0
RXD	[0]	0：禁止　1：允许产生接收中断申请	0

中断挂起寄存器含有已产生的中断信息。在中断服务子程序中，向 UINTPn 寄存器对应位写 1 来清中断挂起标志。

14. UINTSPn（见表 3.26）

寄存器名称：UINTSPn（UART Interrupt Source Pending Register，中断源挂起寄存器）

寄存器偏移地址：0x034

寄存器功能：记录串行通信提出中断申请的中断源，不受中断屏蔽寄存器值的影响。

寄存器复位初值：0x0

表 3.26 UINTSPn

位域名称	Bit	描述	初值
保留	[31:4]		0
MODEM	[3]	0：无　1：产生 Modem 中断申请	0
TXD	[2]	0：无　1：产生发送中断申请	0
ERROR	[1]	0：无　1：产生错误中断申请	0
RXD	[0]	0：无　1：产生接收中断申请	0

15. UINTMn（见表 3.27）

寄存器名称：UINTMn（UART Interrupt Mask Register，中断屏蔽寄存器）

寄存器偏移地址：0x038

寄存器功能：屏蔽串行通信过程中断源提出的中断申请。

寄存器复位初值：0x0

表 3.27 UINTMn

位域名称	Bit	描 述	初 值
保留	[31:4]		0
MODEM	[3]	0：无 1：屏蔽 Modem 中断申请	0
TXD	[2]	0：无 1：屏蔽发送中断申请	0
ERROR	[1]	0：无 1：屏蔽错误中断申请	0
RXD	[0]	0：无 1：屏蔽接收中断申请	0

在中断屏蔽寄存器中如果一个特定的位被设置为 1，其所对应的中断源将被屏蔽，即使相应中断事件发生，也不会产生相应中断申请（即使 UINTSPn 寄存器相应位被置为 1）。

3.5 S5PV210 启动流程分析

S5PV210 内部 ROM（IROM）固化有厂家设置的用于引导启动的程序代码，支持从 NANDFlash、SD 卡等多种常用存储设备启动。在上电过程的初始阶段，S5PV210 通过读取外部 OM[5:0]引脚的高低电平来识别用于加载引导程序的设备。

3.5.1 启动操作顺序

S5PV210 上电后引导启动过程如图 3.8 所示。

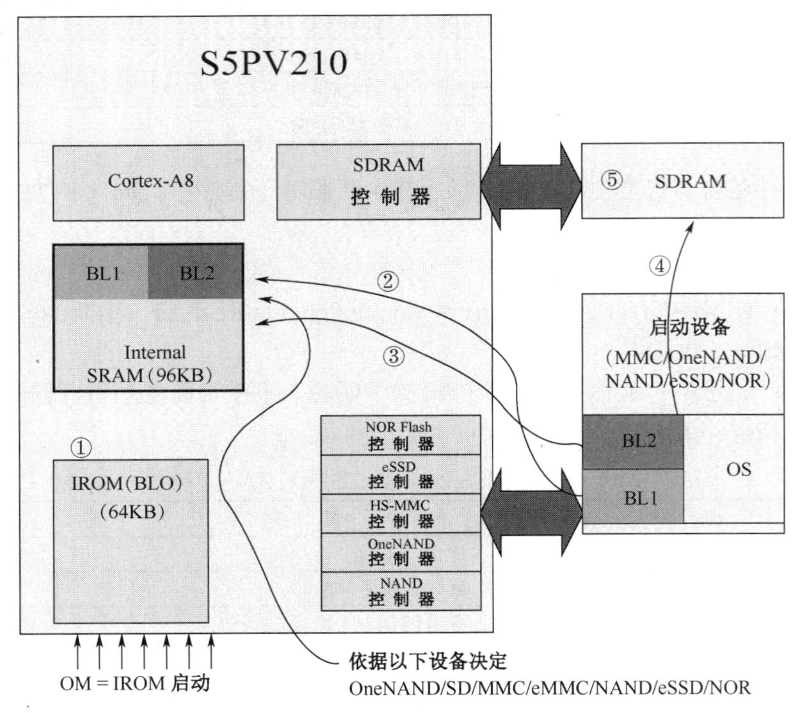

图 3.8 S5PV210 上电后引导过程

S5PV210 上电后通过运行 BL0 完成引导模式识别，找到指定存储设备加载启动代码，执行启动流程。图中所标数字表示了 S5PV210 上电后引导启动顺序。

3.5.2 启动流程

S5PV210 通过上电复位方式启动后，首先会从内部 IROM 处执行固化的启动代码。启动代码工作流程如图 3.9 所示。启动代码（BootLoader）将分成 3 个阶段完成，这 3 个阶段程序代码按执行顺序分别称之为 BL0、BL1 和 BL2。

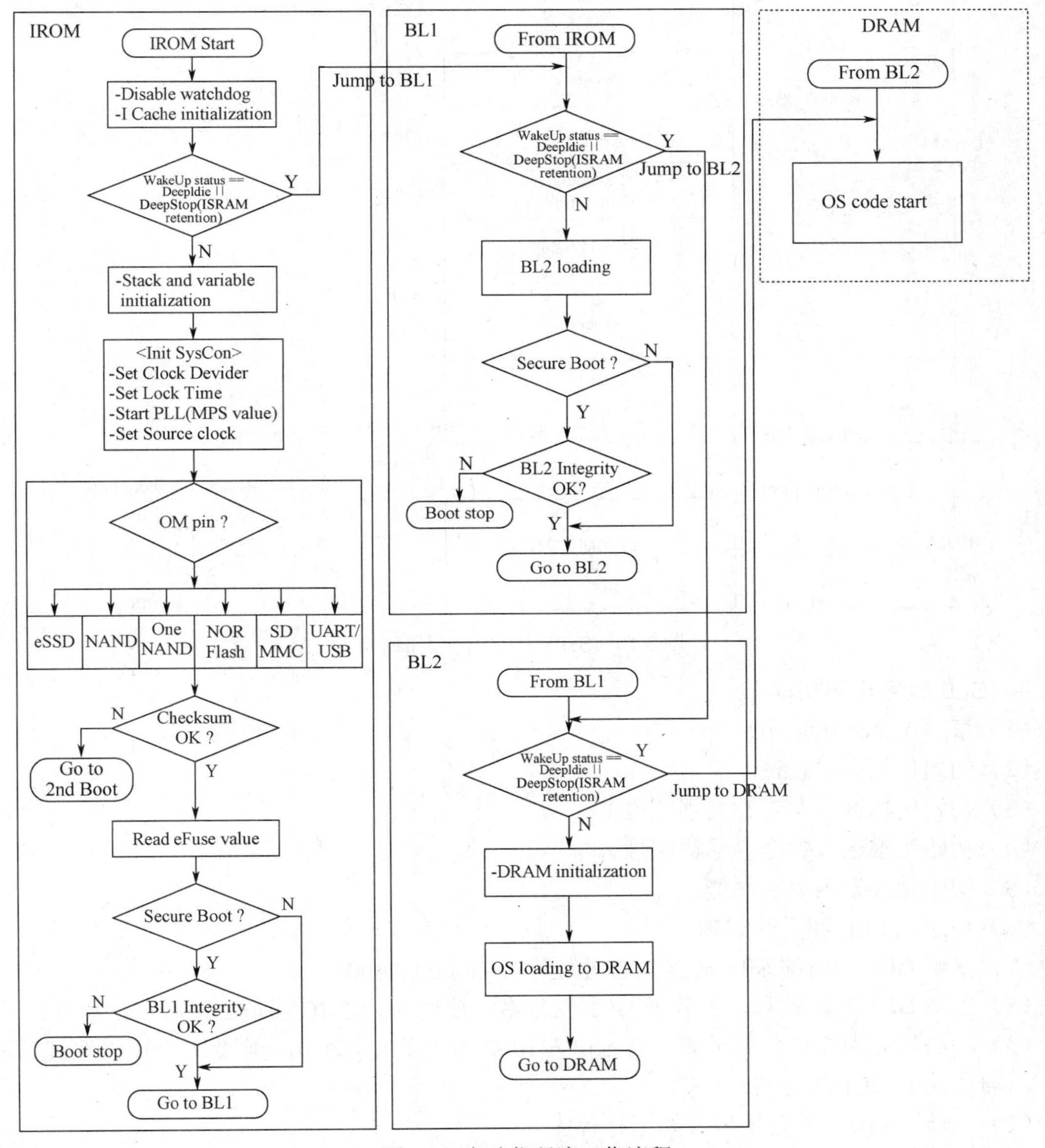

图 3.9　启动代码流工作流程

3.5.2.1 BL0

S5PV210 芯片出厂时，芯片内部 IROM 中已经固化有启动代码（BL0），S5PV210 内部存储结构如图 3.10 所示。从图中可知上电复位后，从 0x00000000 地址处开始执行 BL0 程序代码，启动代码工作流程参见图 3.9。

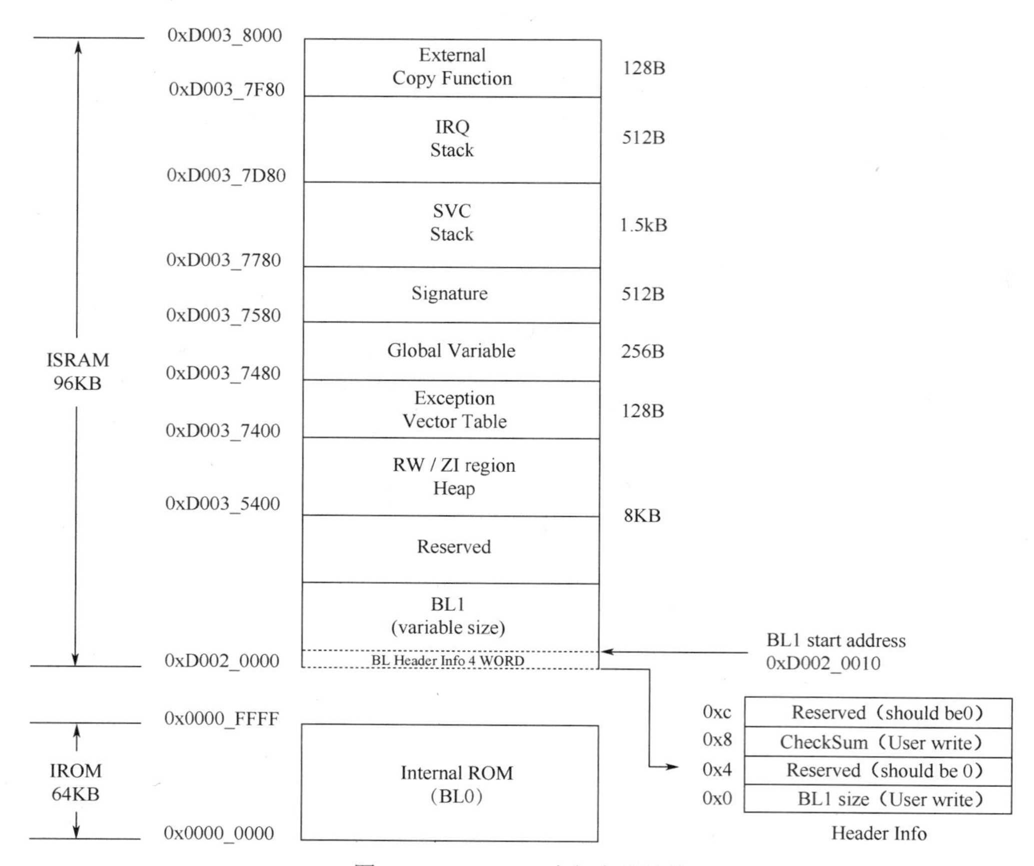

图 3.10　S5PV210 内部存储结构

1．BL0 程序代码功能

（1）禁用 Watch-dog。

（2）初始化指令 Cache。

（3）初始化栈区（参考存储器映像）。

（4）初始化堆区（参考存储器映像）。

（5）初始化块设备复制功能。

（6）初始化 PLL 和系统时钟。

（7）复制 BL1 到内部 SRAM 区（首地址为：0xd00020000）。

（8）验证 BL1 的校验和。若验证 BL1 校验错，使用 SD/MMC 通道 2 进行二次引导。

（9）检测是否为安全引导模式。若 S5PV210 被写入了安全密钥，则为安全引导模式。该模式下，需要验证 BL1 的完整性。

（10）跳转到 BL1 的首地址开始运行程序。

【注意】其中较为关键的是第（7）步和第（10）步。程序代码要依据格式要求存放于指定位置，便于 BL0 找到并复制。注意 BL1 中代码的组成结构，便于 BL0 跳转到正确位置（0xd00020010）执行程序。BL1 需要包括启动代码的校验和且校验和需要存放于 BL1 代码开始部分，供 BL0 验证来自外部启动设备的 BootLoader 程序完整性。

2．S5PV210 内部存储结构

S5PV210 内部含有 64KB 的 IROM 区和 96KB 的 ISRAM 区。每个存储空间在程序代码运行期间都有明确的用途，存储空间的分配情况如图 3.10 所示。

内部程序区（IROM）：存储单元地址范围为0x0000_0000～0x0000_FFFF，共64KB个存储单元。用于存放BL0段代码，这段代码由厂家编写，并在出厂前已经固化到IROM区。

内部SRAM区（ISRAM）：用于存放BL1段代码、异常向量表、堆、栈和变量等。其中，地址范围为0xD002_0000～0xD002_3FFF（16KB）用于存放BL1段代码，规定前16字节个单元需要存放BL1的校验信息，其中前4个存储单元地址号为0xD002_0000～0xD002_0003，存放BL1段代码长度，地址号为0xD002_0008～0xD002_000B 的4个存储单元存放BL1段代码校验和，数据存放格式参见图3.10。

3．IROM内部函数

除了BL0阶段启动代码外，IROM程序区额外预存有用于复制外部设备程序代码的函数，并提供了这些函数的入口地址指针，可供外部程序调用。常用外部设备代码复制函数一览表见表3.28。

表3.28　常用外部设备代码复制函数一览表

入口地址	函数原型
0xD0037F90	/**块复制函数（8位ECC） * @param uint32 block：源块地址 * @param uint32 page：源页地址 * @param uint8 *buffer：目标缓存指针 * @return int32-Success or failure.*/返回复制成功/失败标识*/ #define NF8_ReadPage_Adv (a，b，c) (((int(*)(uint32，uint32，uint8*))(*((uint32 *) 0xD0037F90)))(a，b，c))
0xD0037F94	/**块复制函数（4位ECC） * @param u32 block：源块地址 * @param u32 page：源页地址 * @param u8 *buffer：目标缓存指针 * @return int-返回复制成功/失败标识*/ #define NF16_ReadPage_Adv(a，b，c) (((int(*)(uint32，uint32，uint8*))(*((uint32 *) 0xD0037F94)))(a,b,c))
0xD0037F98	/**复制MMC卡数据函数 * 允许使用EPLL时钟 * 时钟工作于20MHz * @param u32 StartBlkAddress：源块地址 * @param u16 blockSize：需要复制的块数 * @param u32* memoryPtr：目标缓存指针 * @param bool with_init：储存卡初始化 * @return bool(u8)-返回复制成功/失败标识*/ #define CopySDMMCtoMem(z，a，b，c，e)(((bool(*)(int，unsigned int，unsigned short，unsigned int*，bool))(*((unsigned int *)0xD0037F98)))(z，a，b，c，e))

3.5.2.2　BL1

BL1是设计人员需要编写的第一段程序代码，存放于外部存储器中。通过配置S5PV210芯片外部引脚OM[5:0]，指明启动方式即存放BL1代码的设备。在调试阶段，BL1一般存放于SD卡中，便于程序调试和更新，在产品化阶段BL1需要放置到板载NAND Flash中。系统启动时，通过BL0将BL1的前8KB程序代码自动复制到Interal SRAM(ISRAM)区，并开始执行BL1段代码。本节代码均位于U-Boot源码根目录下。

1．程序代码功能

分析 U-Boot 源码根目录下/spl/u-boot-spl.map 文件可以知道存放相同目录下的 Tiny210-spl.bin（BL1段程序代码）依赖以下文件链接而成：

/arch/arm/cpu/armv7/start.o（start.s）
/board/samsung/Tiny210/lowlevel_init.o（lowlevel_init.s）
/board/samsung/Tiny210/mem_setup.o（mem_setup.s）
board_init_f_nand　　（/arch/arm/cpu/armv7/s5pc1xx/nand_cp.c）
board_init_r　　（/board/samsung/Tiny210/mmc_boot.c）
save_boot_params　　（/board/samsung/Tiny210/mmc_boot.c）
copy_uboot_to_ram_nand　　（/arch/arm/cpu/armv7/s5pc1xx/nand_cp.c）

由上述依赖文件可知 BL1 程序代码主要功能是：

（1）完成板级初始化工作；

（2）复制完整启动代码到 SDRAM；

（3）在 SDRAM 中运行启动代码。

2．程序代码格式要求

当设置为 SD 卡启动模式时，BL1 代码需要存放于 SD 卡中。S5PV210 通过运行 BL0 将存放于 SD 卡中的 BL1 复制到内部 ISRAM 的指定空间（0xD002_0000～0xD002_3FFF），并跳转到 0xD002_0010 处执行。为了保证可靠复制，对 BL1 的约束条件是：

（1）BL1 段代码最大长度为 16KB。

（2）BL1 段代码前 16 个字节为特定数据含有规定信息，数据格式如图 3.11 所示。

这 16 个字节头信息仅为 BL0 复制 BL1 用。16 字节头部信息的排列格式如下：

0x0 地址：BL1 程序代码长度字

0x4 地址：0（保留）

0x8 地址：校验字

0xc 地址：0（保留）

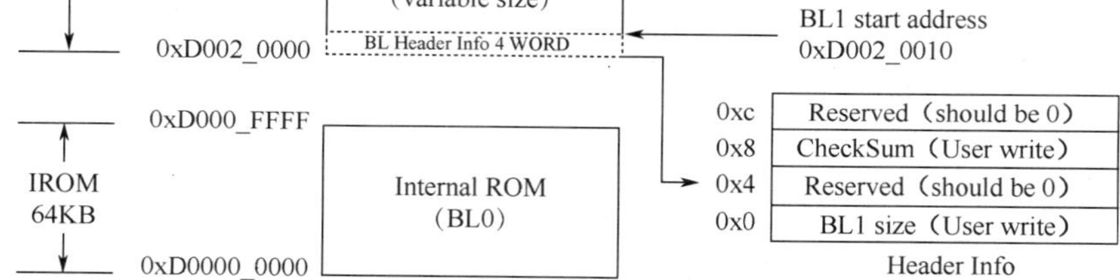

图 3.11　BL1 段代码前 16 个字节

在复制 BL1 过程中，BL0 依据长度字复制 BL1，若长度字超限，将最多复制 16KB 字节到 ISRAM。复制结束后会求出 BL1 的数据和，并与 16 字节中的校验字相比较，如果相同表示校验通过。当成功复制到 ISRAM 后，CPU 将跳过 16 字节，从 0xD002_0010 处运行 BL1；否则尝试其他方式启动。

（3）校验字生成方法。

```
Count:        无符号整形。
dataLength:   无符号整形，BL1程序代码长度。
Buffer:       无符号short形，用于存储从BL1中读出的一个字节。
Checksum:     无符号整形，BL1程序代码累加和。
for(count=0;count< dataLength;count+=1)
{
buffer = (*(volatile u8*)(uBlAddr+count));
```

```
    checkSum = checkSum + buffer;                                  //字节累加和
}
```

分析/spl/Makefile 文件可以知道组成 BL1 阶段的函数代码会先被链接生成.bin 文件，随后经/board/samsung/Tiny210/tools/mkcbt210spl 处理，得到 Tiny210-spl.bin（BL1）。mkcbt210spl 由当前目录下的 mkv210_image.c 文件编译得到。

分析 mkv210_image.c 文件可以看出其功能是将未被处理的.bin 文件内容读到 BUFSIZE 大小的缓冲区，然后对读入数据求算数和（约束条件 2 中校验字生成方法），运算结果存放在对应位置，存盘生成 Tiny210-spl.bin 文件。

```
mkcbt210spl.c
5   #define BUFSIZE              (24*1024)
10  #define SPL_HEADER           "S5PC110 HEADER  "
63  memcpy(&Buf[0], SPL_HEADER,SPL_HEADER_SIZE);        //写S5PC110代表长度字
78  a = Buf + SPL_HEADER_SIZE;
79  for(i=0,checksum=0;i<IMG_SIZE-SPL_HEADER_SIZE;i++)    //计算校验字
80      checksum += (0x000000FF) & *a++;
82      a = Buf + 8;
83      *( (unsigned int *)a ) = checksum;                 //写校验字
```

mkcbt210spl.c 经过编译后运行可完成在指定.bin 文件的文件头追加 16 字节，并将结果存放于 Tiny210-spl.bin 文件。可使用二进制文件编辑工具打开 Tiny210-spl.bin 文件，如图 3.12 所示。

```
00000000h: 53 35 50 43 31 31 30 20 39 67 05 00 45 52 20 20 ; S5PC110 9g..ER
00000010h: 14 00 00 EA 14 F0 9F E5 14 F0 9F E5 14 F0 9F E5 ; ...?馃?馃?馃?
00000020h: 14 F0 9F E5 14 F0 9F E5 14 F0 9F E5 14 F0 9F E5 ; .馃?馃?馃?馃?
00000030h: 20 00 00 00 24 00 00 00 28 00 00 00 2C 00 00 00 ;  ...$...(...,..
00000040h: 30 00 00 00 34 00 00 00 38 00 00 00 78 56 34 12 ; 0...4...8...xV4
00000050h: 00 00 E0 23 30 0D 00 00 30 0D 00 00 30 0D 00 00 ; ..?0...0...0...
00000060h: 30 0D 00 00 DE C0 AD 0B E7 02 00 EB 00 00 0F E1 ; 0...蘩?.?.?..?
00000070h: 1F 00 C0 E3 D3 00 80 E3 00 F0 29 E1 44 00 00 EB ; ..锣?€??釶..?
00000080h: 50 D1 9F E5 07 D0 CD E3 00 00 A0 E3 84 40 4F E2 ; P袾?型?.炣澌O?
```

图 3.12　BL1 文件头数据

由图 3.12 可见，在 Tiny210-spl.bin 文件前 16 个字节中，头 8 个字节被写为“S5PC110”，表示代码长度前 4 个字节数据为 0x53355043，其数值远大于要求的约束条件 1 所述的最大长度 16KB（0x4000），此时的 CPU 会只读入 Tiny210-spl.bin 文件前 16KB 内容，其中包含在原始.bin 文件上所追加 16 字节数据。随后会从复制代码的起始位置处跳过 16 字节执行 BL1 段代码。

（4）兼容 SD 启动模式。

在 NAND Flash 启动模式时会从 0x6000 位置读取 BL2。为了便于将 BL1 和 BL2 烧写到 SD 卡以及在启动过程中将 BL1 和 BL2 代码复制到 SDRAM，可采用以下方法。

首先在 mkcbt210spl.c 程序中将数组缓存 BUFSIZE 长度定义为 24KB，以便在编译过程中实现其有效内容依然是前 8KB，后边采取补 0 的办法，将文件 Tiny210-spl.bin 长度扩展至 24KB，所添加的 0 不影响校验结果。当 Tiny210-spl.bin 文件长度大于 16KB 时仅读前 16KB 内容，依然会得到完整的 BL1。因此，将此时的 Tiny210-spl.bin 文件称为 BL1。

将 BL2 附加到 BL1 之后，组成一个完整的 BL1+BL2 文件。这样便于将 BL1+BL2 文件烧写到 SD 卡（可保证在 SD 卡启动时获得 BL1），也便于将 BL1+BL2 文件复制到 NAND Flash 中（可保证在 NAND Flash 启动时，在 0x6000 位置获得 BL2）。

3．BL1 格式代码生成方法

本书使用的方法是首先编写无 16 字节文件头的启动程序，然后借助工具 mkv210_image.c（来自互联网），在程序头按要求格式追加 16 字节文件，生成 BL1 文件（Tiny210-spl.bin）。

依据 S5PV210 启动模式要求，当设定为 SD 卡启动模式时，要求 BL1 代码存放在 SD 卡的指定扇区，实现方法将在后续内容中介绍。

3.5.2.3 BL2

运行于 SDRAM 中的启动代码，是 Boot Loader 的主要组成部分。BL2 阶段代码（u-boot.bin）主要执行 board.c，最后执行 main.c 中的 main_loop( )函数，完成在控制台中接收输入命令。最后负责加载内核代码，并跳转到操作系统起始地址运行操作系统。

完整的 BL1 和 BL2 代码结构和编译以及代码运行过程，将在下一章介绍。

3.6 案 例

3.6.1 案例 1——LED 裸机程序设计

本案例在 2.4.2 节案例基础上，进一步完善工程文件的结构和下载运行步骤，介绍一个应用工程的完整设计过程。

3.6.1.1 目的

（1）熟悉硬件连接原理，了解与引脚有关的寄存器配置方法。

（2）熟悉汇编语言程序结构。

（3）熟悉程序的链接设置方法。

（4）熟悉可执行文件的编译、下载和运行方法。

3.6.1.2 功能要求

（1）硬件：利用 S5PV210 的 I/O 接口实现 LED 指示灯的控制电路。

（2）软件：完成 I/O 引脚相关寄存器配置和初始化，使用汇编语言编写 LED 指示灯亮/灭的控制程序，了解汇编语言程序结构。

（3）利用 arm-linux-gcc 编译程序，将编译结果复制到 ISRAM 中运行。

3.6.1.3 硬件连接原理

Tiny210 硬件平台上 S5PV210 处理器外接有 4 个 LED，用于状态指示，分别命名为 LED1～LED4。每个 LED 控制线分别连接到 S5PV210 的 GPJ2[n](n =0，1，2，3)引脚，如图 3.13 所示。

图 3.13 LED 显示电路原理图

依照图 3.13 可知，GPJ2[0]引脚接到 LED1 发光管阴极，当 GPJ2[0]引脚输出逻辑 0 时 LED1 亮，引脚输出逻辑 1 时 LED1 灭。4 个 LED 发光管与 4 个 GPJ2[n]控制引脚对应关系，以及 LED 发光管亮/灭状态与 GPJ2[n]引脚输出逻辑的对应关系见表 3.29。

表 3.29　LED 与引脚功能对应表

LED 灯序号	亮/灭状态	引脚号[n]	引脚逻辑电平
LED1	亮/灭	GPJ2[0]	0/1
LED2	亮/灭	GPJ2[1]	0/1
LED3	亮/灭	GPJ2[2]	0/1
LED4	亮/灭	GPJ2[3]	0/1

LED 显示电路原理图参见网络资源文件 Tiny210-1204.pdf。

3.6.1.4　相关寄存器

操作 GPJ2[n]引脚需要涉及 GPJ2CON 和 GPJ2DAT 两个寄存器。

1．GPJ2CON

通过配置 GPJ2CON 寄存器，设定 GPJ2[3:0]4 个引脚为输出功能。4 个 LED 指示灯与 GPJ2CON 寄存器配置内容间的对应关系见表 3.30。

表 3.30　GPJ2CON 配置 LED 引脚

LED 灯	引脚[n]	配　置　位	配　置　内　容
LED1	GPJ2[0]	GPJ2CON[3:0]	0001b（定义为输出）
LED2	GPJ2[1]	GPJ2CON[7:4]	0001b
LED3	GPJ2[2]	GPJ2CON[11:8]	0001b
LED4	GPJ2[3]	GPJ2CON[15:12]	0001b

2．GPJ2DAT

GPJ2DAT 寄存器是 GPJ[n]引脚的数据映射寄存器。当 GPJ2[3:0]4 个引脚定义为输出功能后，向 GPJ2DAT[3:0]4 位写入逻辑 1 或 0 即可实现控制引脚的输出逻辑电平，最终实现控制 LED 指示灯的灭/亮。4 个 LED 指示灯亮/灭控制与 GPJ2DAT 寄存器内容间的对应关系见表 3.31。

表 3.31　LED 与 GPJ2DAT 对照表

LED 灯	亮/灭状态	引脚[n]	引脚逻辑电平	映　射　位	映　射　内　容
LED1	亮/灭	GPJ2[0]	0/1	GPJ2DAT[0]	0/1
LED2	亮/灭	GPJ2[1]	0/1	GPJ2DAT[1]	0/1
LED3	亮/灭	GPJ2[2]	0/1	GPJ2DAT[2]	0/1
LED4	亮/灭	GPJ2[3]	0/1	GPJ2DAT[3]	0/1

3.6.1.5　程序代码分析

由图 3.13 硬件连接原理图可知，实现点亮 4 个 LED 的功能需完成 2 个步骤。

第 1 步：初始化。配置寄存器 GPJ2CON，使 GPJ2[3:0]4 个引脚为输出功能。

第 2 步：往寄存器 GPJ2DAT[3:0]写入逻辑 0，使 GPJ2[3:0]4 个引脚输出低电平，此时会点亮 4 个 LED。相反，往寄存器 GPJ2DAT 写入逻辑 1，使 GPJ2[3:0]4 个引脚输出高电平，LED 熄灭。以上两个步骤即为 start.s 中的核心内容。

本案例工程源码存放于：应用例程\1 No OS(裸机程序)\src\1.leds_s。

1．源文件作用

本案例工程含有 4 个文件：start.s、Makefile、mkv210_image.c、write2sd。

（1）start.s 文件是用汇编语言编写的源程序，完成硬件初始化和实现 LED 指示亮/灭功能。

（2）Makefile 文件是 GNU 编译器（GCC）提供对 ARM 架构的 ARM Linux 增强支持，支持 ARM Cortex-A8 处理器。书中使用的交叉编译器是基于 Linux 的 GCC 和 CC，版本为 arm-linux-gcc-4.5.1。使用 GNU 的编译命令 make 完成对 start.s 文件的编译和链接，生成可执行文件。

make 命令实际是在运行和解析一个文件，该文件就是 Makefile。GNU 规定 Makefile 文件书写过程的语法规则。依照这个规则，可以指定文件编译过程依赖的规则，我们需要自行编写 Makefile 文件。

（3）write2sd 文件是将可执行文件烧写到 SD 卡的脚本文件。

（4）mkv210_image.c 文件用于为启动代码添加 16 字节头文件的一个工具。

2．源文件分析

（1）start.s

```
.global _start                    @指定标号_start为global型，外部可调用
_start:                           @定义_start标号，gnu编译器默认程序入口
ldr r1,=0xE0200280                @将 GPJ2CON寄存器地址号写入r1
//设置CBT-Tiny210板载LED连接到GPJ4端口，需要修改寄存器地址
ldr r1,=0xE02002c0                @GPJ4CON寄存器地址

ldr r0,=0x00001111                @将配置字0x00001111写入r0
str r0,[r1]                       @配置字写入GPJ4CON寄存器
mov r2,#0x1000                    @赋值r2=1000，用于定义循环次数
led_blink:
ldr r1,=0xE0200284                @GPJ2DAT寄存器端口地址
ldr r1,=0xE02002c0                @GPJ4DAT寄存器地址
mov r0,#0
str r0,[r1]                       @写入0，点亮LED
bl delay                          @调用延时函数
ldr r1,=0xE0200284
ldr r1,=0xE02002c0                @GPJ4DAT寄存器地址
mov r0,#0xf
str r0,[r1]                       @写入1，熄灭LED
bl delay                          @调用延时函数
sub r2,r2,#1                      @r2 = r2-1
cmp r2,#0                         @亮/灭过程执行了1000次
bne led_blink                     @少于1000次，跳转到led_blink处继续执行
halt:                             @定义标号
b halt                            @跳转到halt，死循环
delay:                            @定义延时函数
mov r0,#0x100000                  @延时时间，可尝试改为0x400000
delay_loop:
cmp r0,#0
sub r0,r0,#1
bne delay_loop
mov pc,lr                         @函数返回，适用于bl指令调用。lr存有调用处的断点
```

（2）Makefile

```
1 led.bin: start.o
2 arm-linux-ld -Ttext 0x0 -o led.elf $^
3 arm-linux-objcopy -O binary led.elf led.bin
```

```
4 arm-linux-objdump -D led.elf > led_elf.dis
5 gcc mkv210_image.c -o mkmini210
6 ./mkmini210 led.bin 210.bin
7 %.o : %.s
8 arm-linux-gcc -o $@ $< -c
9 %.o : %.c
10 arm-linux-gcc -o $@ $< -c
11 clean:
12 rm *.o *.elf *.bin *.dis mkmini210 -f
```

在 1.leds_s 目录下执行 make 命令，编译系统按以下顺序执行编译链接操作：

① 不执行行号 1～4：此时无.o 文件。

② 执行行号 5：使用 GCC 编译 gcc mkv210_image.c 文件，生成可执行文件 mkmini210。

③ 不执行号 6：此时无 led.bin 文件。

④ 执行行号 7，8：使用 arm-linux-gcc 将当前目录下的汇编文件(.s)编译成.o 文件。

⑤ 执行行号 9，10：使用 arm-linux-gcc 将当前目录下的 C 文件(.c)编译成.o 文件。

⑥ 执行行号 2：将所有.o 文件链接成 elf 格式文件。由于程序代码与位置无关，能在任何一个地址上运行。这里通过-Ttext 0x0 指定程序运行地址是 0x0。

⑦ 执行行号 3：将 led.elf 文件抽取为可在 ARM 开发板上运行的 led.bin 文件。

⑧ 执行行号 4：将 led.elf 文件反汇编后保存在 led_elf dis 文件中，供调试程序时用。

⑨ 执行行号 6：运行 mkmini210 处理 led.bin 文件，处理结果是在 led.bin 中添加 16 字节头文件后生成 210.bin 文件。

⑩ 执行行号 11，12：清除编译过程文件。

（3）mkv210_image.c

上电复位开始，S5PV210 会先运行内部 IROM 中的固化代码进行一些必要的初始化。执行完后依赖硬件上设置的启动条件，会自动读取 NAND Flash 或 SD 卡等启动设备存储 BL1 的前 16KB 程序代码并复制到 ISRAM 中，这 16KB 代码的前 16 字节中保存了一个校验和的值。在复制代码过程中，S5PV210 会用同样方法生成一个校验和，并与 add_data 比较，如果相等，认为复制结果正确，才可在 ISRAM 中运行所复制的代码，否则 S5PV210 将停止运行程序代码。

所有在 S5PV210 上运行的 BL1 文件都必须具有一个 16 字节的文件头，该 16 字节中需包含校验和信息。mkv210_image.c 文件的作用是给经过编译的原始 BL1 文件添加头信息。

mkv210_image.c 的核心工作如下：

第 1 步：分配 16KB 的缓存；

第 2 步：将 led.bin 读到缓存的第 16 字节开始的地方；

第 3 步：计算校验和，并将校验和保存在缓存第 8～11 存储位置中；

第 4 步：将 16KB 的缓存中内容复制到 210.bin 中。

16 字节头文件格式及校验方法详见本章 3.5.2 节。

（4）write2sd

SD 卡起始扇区为 0，一个扇区的大小为 512 字节。当设定为 SD 卡启动模式后，IROM 里的固化程序代码从扇区 1 开始复制代码，所以将可执行文件 210.bin 事先烧写到 SD 卡起始为 1 扇区的位置。write2sd 是一个脚本文件，用于将指定文件烧写到 SD 卡。

write2sd 文件内容如下：

```
#!/bin/sh
sudo dd iflag=dsync oflag=dsync if=210.bin of=/dev/sdb seek=1
```

dd：读/写命令。

210.bin：指定烧写的文件名。

if：输入。

of：输出。

/seek=1：表示从扇区 1 开始读/写。

/dev/sdb：SD 卡设备在宿主机 Linux 环境下的挂载点。只有当系统识别出 SD 卡设备并成功挂载后，才可以使用 write2sd 脚本文件进行烧写工作。可以通过 fdisk 命令查看 SD 卡的挂载点。一般情况下，SD 卡设备会挂载到 Linux 环境/dev/sdb 下，若是挂载到 Linux 环境下的其他位置，需要调整 write2sd 文件内容：

```
[root@localhost 1.leds_s]# fdisk -l
Device Boot      Start       End      Blocks      Id   System
/dev/sdb1        20          240      1766400     b    W95 FAT32
Partition 1 has different physical/logical endings:
    phys=(238,254,63) logical=(239,39,56)
```

3.6.1.6 运行程序

1．获得工程源码

LED 裸机程序位于应用例程\1 No OS(裸机程序)\src\1.leds_s 目录下，将 1.leds_s 文件夹复制到虚拟机的 Linux 环境的/jy-cbt/work/目录下。

2．编译

在宿主机的 Linux 环境下打开终端窗口，依次执行以下命令完成编译过程：

```
[root@localhost CBT-SuperIOT]# cd 1.leds_s        //进入工程目录
[root@localhost 1.leds_s]# ls                     //查看当前目录
Makefile  mkv210_image.c  start.s  write2sd
[root@localhost 1.leds_s]# make                   //编译命令
[root@localhost 1.leds_s]# ls                     //查看当前目录下的编译结果
210.bin  led.elf      Makefile  mkv210_image.c  start.s
led.bin  led_elf.dis  mkmini210  start.o        write2sd
```

3．烧写程序到 SD 卡

（1）宿主机 Linux 环境下，将 SD 卡插入 PC。

（2）使用 fdisk 命令查看 SD 卡设备挂载点，确认挂载于/dev/sdb。

（3）使用 chmo 命令，使得 write2sd 脚本文件获得管理员权限。

```
[root@localhost 1.leds_s]# chmod 777 write2sd
```

（4）执行以下命令，完成将 210.bin 烧写到 SD 卡中的指定位置：

```
[root@localhost 1.leds_s]# ./write2sd
32+0 records in
32+0 records out
16384 bytes (16kB) copied,0.652445 s,25.1 kB/s
```

4．运行功能程序

将 SD 卡取出后插入 Tiny210 硬件平台中，设置硬件平台为 SD 卡启动模式。上电后可以看到 Tiny210 硬件上的 LED 正常闪烁，这说明汇编程序点亮所有 LED 已经成功运行。

3.6.2 案例 2——重定位代码到 ISRAM+0x4000

本案例的目的是实现程序代码在 ISRAM 中重定位和运行。

3.6.2.1 重定位

1. BL0 工作过程

上电复位后，S5PV210 微处理器首先运行片内 IROM 中的固化代码（BL0），进行一些通用初始化，包含：

（1）关闭看门狗、初始化指令 Cache、初始化堆栈、设置时钟。

（2）判断启动设备（NAND/SD/OneNAND 等），将启动设备中所存有程序代码的前 16KB 复制到 ISRAM 的 0xD0020000 处，计算并核对 16KB 代码校验和。

（3）跳转到 ISRAM 的 0xD0020010 地址处继续运行程序代码。

2. 地址重定位概念

对于程序而言，需要理解两个地址概念。

运行地址：程序运行过程中当前指令代码所在的存储单元地址。

链接地址：编译程序时所指定的程序运行时应该位于的运行地址。

对于 S5PV210 而言，启动时只会从 NAND Flash/SD 等启动设备中复制前 16KB 代码到 ISRAM 中，并在 ISRAM 中运行所复制的程序。当程序代码长度超过 16KB 时，可以借助 BL0 首先将 BL1 代码的前 16KB 复制到 ISRAM，在 ISRAM 中通过运行 BL1 程序，将整个程序代码（BL1+BL2）完整复制到 SDRAM 等其他更大存储空间，然后再跳转到 SDRAM 中继续运行程序代码。通过 BL1 将 BL1+BL2 复制到 SDRAM，然后跳转到 SDRAM 中的 BL1+BL2 程序代码入口位置的过程就称作重定位。

本节仅讨论代码在 ISRAM 重定位方法。使用 BL1 实现将代码从 ISRAM 的 0xD0020010 处复制到 ISRAM 的 0xD0024000 处，然后跳转到 0xD0024000 处继续重新运行程序代码。

3.6.2.2 程序代码分析

工程代码存放于：应用例程\1 No OS(裸机程序)\src\5.link_0x4000。

本案例工程含有 6 个文件：link.lds、start.s、Makefile、write2sd、mkv210_image.c、main.c。

link.lds：链接脚本。链接脚本就是程序链接时的参考文件，其主要是描述如何把输入文件中的段（SECTION）映射到输出文件中，并控制输出文件的存储布局。链接脚本的基本命令是 SECTIONS 命令，一个 SECTIONS 命令内部包含一个或多个段，段是链接脚本的基本单元，它表示输入文件中的某个段是如何放置的。

1. link.lds

（1）代码分析

```
1 SECTIONS
2 {
3       .= 0xD0024000;
4       .text:  {
5           start.o
6           * (.text)
7 }
8                 .data:  {
9                 * (.data)
10                }
11                bss_start = .;
12                .bss:  {
13                    * (.bss)
```

```
14                }
15                bss_end  = .;
16 }
```

3 行中“.”代表当前地址，“.= 0xD0024000;”表示程序的链接地址是 0xD0024000。

4～14 行中“.text”、“.data”、“.bss”分别是 text 段、data 段、bss 段的段名，这些段名并不是固定的，可以随便定义。

5～6 行中，说明“.text”段包含的内容是 start.o 和其余代码中所有的 text 段；“.data”段包含的内容是代码中所有的 data 段；“.bss”段包含的内容是代码中所有的 bss 段。

11 和 15 行中，说明 bss_start 和 bss_end 中保存的是 bss 段的起始地址和结束地址，在 start.s 中会被引用到。

1 行 SECTIONS 中声明的 3 个段存放位置首尾相连，链接首地址是 0xD0024000。

（2）汇编语言程序结构

汇编语言程序采用段结构，分为 data、text、bss 段。

data 段：数据段通常是指用来存放程序中已初始化的全局变量的一块内存区域。数据段属于静态内存分配。

text 段：代码段通常是指用来存放程序执行代码的一块内存区域。这部分区域的大小在程序运行前就已经确定，并且内存区域通常属于只读，某些架构也允许代码段为可写，即允许动态修改程序。在代码段中也有可能包含一些只读的常数变量，如字符串常量等。

bss（Block Started by Symbol）段：用来存放程序中未初始化的全局变量的一块内存区域。当程序有全局变量时，该全局变量放在 bss 段。由于全局变量默认初始值都是 0，所以在初始时需要编写程序将 bss 段存储内容清零。

2. start.s

```
.global _start
_start:
    ldr    r0,=0xE2700000  @关闭看门狗
    mov    r1,#0
    str    r1,[r0]
    ldr    sp,=0xD0037D80  @设置栈,以便调用c函数
// 重定位
    adr r0,_start          @获取程序当前运行地址BL0决定_start=0xd0020010
    ldr r1,=_start         @获取link.lds中定义的_start的链接地址为0xd0024000
    ldr r2,=bss_start      @获取bss_start链接地址,具体值在编译过程结束得到
    cmp r0,r1              @比较
    beq clean_bss          @相等跳转,表示已在链接地址0xd0024000运行
copy_loop:                 @复制代码到_start的链接地址处
    ldr r3,[r0],#4         @源
    str r3,[r1],#4         @目的
    cmp r1,r2              @比较bss_start,表示复制代码段和数据段
    bne copy_loop          @不等转,转到copy_loop处,继续复制
clean_bss:                 //
    ldr r0,=bss_start      //清零bss段后,跳转到标号为run_on_dram的指令处
    ldr r1,=bss_end
    cmp r0,r1
    beq run_on_dram
    mov r2,#0
```

```
clear_loop:                    //清bss段
    str r2,[r0],#4
    cmp r0,r1
    bne clear_loop             //
run_on_dram:                   //运行
    ldr pc,=main               //赋值PC,跳转到main函数处执行,不返回
halt:
    b halt
```

功能：

（1）代码重定位，将程序由0xD0020010复制到0xD0024000。

（2）清bss段代码。

（3）跳转，代码如下：

```
run_on_dram: ldr pc,=main
```

ldr指令获取的是main函数的链接地址，所以执行ldr pc,=main后，程序就跳转到0xD002400+main函数的偏移地址处，开始运行main函数。

main函数在Makefile文件中，定义为连接到start代码后，其链接地址经过编译后可获得。链接地址也是main函数偏移_start地址的偏移量。当已知_start地址后，加上偏移量可获得main函数入口的运行地址。

通过start.s将代码整体（main函数代码也包含在内）复制到0xD0024000开始的区间，就可以运行main函数了。

3. main.c

```
#define GPJ2CON (*(volatile unsigned long *) 0xE0200280)    //定义寄存器,
                                                             与地址关联
#define GPJ2DAT (*(volatile unsigned long *) 0xE02002c4)
#define GPJ4CON (*(volatile unsigned long *) 0xE0200280)
#define GPJ4DAT (*(volatile unsigned long *) 0xE02002c4)

void delay(unsigned long count)  //延时函数
{
    volatile unsigned long i = count;
    while (i--)    ;}
void main()                      //LED闪烁功能程序，由start.s跳转而来
{
    GPJ2CON = 0x00001111;        //配置引脚
    GPJ4CON = 0x00001111;        //配置引脚
    while(1)                     //闪烁
    {
        GPJ2DAT = 0;             // LED on
        GPJ4DAT = 0;             // LED on

        delay(0x200000);
        GPJ2DAT = 0xf;           // LED off
        GPJ4DAT = 0xf;           // LED off
        delay(0x100000);}
}
```

4．Makefile

由于本节增加了 main.c 函数，需要对上一节中的 Makefile 文件做适当修改，将 main.c 编译并连接到.bin 文件中。在本例工程的 Makefile 文件添加编译 main 函数部分内容，其余部分保持不变。在 Makefile 文件中增加的代码如下：

```
link.bin: start.o main.o
```

3.6.2.3 编译运行

（1）执行 make 命令编译生成 210.bin 文件。

（2）执行./write2sd 后将 210.bin 文件烧写到 SD 卡的扇区 1 中。

（3）将 SD 卡插入 Tiny210 硬件平台中选择 SD 卡启动模式，上电后可以看到 LED 正常闪烁。

该现象与 3.6.1 节案例的运行效果相同，但是程序运行过程却有了很大的区别。通过本案例的学习，实现了在 ISRAM 中对代码进行重定位的过程。

3.6.3 案例 3——重定位代码到 SDRAM

本案例的目的是实现在 SDRAM 中的代码重定位和运行。

3.6.3.1 关于 SDRAM

S5PV210 芯片内部有两个独立的 SDRAM 控制器，分别称作 DMC0 和 DMC1。DMC0 支持最大 512MB 的 SDRAM，DMC1 支持最大 1GB 的 SDRAM。它们都支持 DDR/DDR2，支持 128MB、256MB、512MB、1GB、2GB、4GB 的内存设备，支持 16/32bit 的数据总线宽度。

由表 3.1 可知，SDRAM0 分配的地址空间是 0x2000_0000～0x3FFF_FFFF 共 512MB，SDRAM1 分配的地址空间是 0x4000_0000～0x7FFF_FFFF 共 1GB。

Tiny210 板使用了 4 片 K4T1G084QQ-HCE6 连接到 SDRAM0，组成 512MB 内存（SDRAM）。存储芯片 K4T1G084QQ-HCE6 (DDR2，大小为 128MB)与 S5PV210 的连接原理图参见网络资源 Tiny210-1204.pdf。在使用 SDRAM 前，需要对 S5PV210 处理器内部的 DMC0 控制器和 DDR2 SDRAM 芯片初始化。

3.6.3.2 程序代码分析

工程代码存放于：应用例程\1 No OS(裸机程序)\src\6.sdram。

在 6.sdram 目录下，整个工程分为 BL1 和 BL2 两个目录，目录 BL1 下代码会被编译链接成一个名为 BL1.bin 的文件，目录 BL2 下代码会被编译链接成一个名为 BL2.bin 的文件。

其中 BL1.bin 文件的链接地址是 0，BL2.bin 文件的链接地址是 0x23E00000(程序代码必须位于该地址处才能正常运行)。

BL1.bin 需被烧写到 SD 卡的扇区 1，BL2.bin 需被烧写到 SD 卡的扇区 49 处。

整个程序运行过程如下：系统上电后，首先 S5PV210 将 SD 卡扇区 1 处 BL1.bin 文件复制到 ISRAM 的 0xD0020000 地址处，然后运行该部分代码，该部分代码首先会初始化 SDRAM，然后把位于 SD 卡中扇区 49 处 BL2.bin 文件复制到 SDRAM 的 0x23E00000 地址处，最后跳转到该地址处继续运行。

1．BL1/start.s

```
.global _start
_start:
    ldr    r0,=0xE2700000            //关闭看门狗
```

```
    mov    r1,#0
    str    r1,[r0]
    ldr    sp,=0xD0037D80          //设置栈，以便调用c函数
    bl mem_init                    //初始化内存
    bl copy_code_to_dram           //重定位，并跳到SDRAM中运行
halt:
    b halt
```

功能释义：

（1）调用 mem_init 函数初始化内存，函数定义于 memory.s 文件中。

（2）调用 copy_code_to_dram( )函数将 BL2.bin 从 SD 卡复制到 SDRAM 的 0x23E00000 处，copy_code_to_dram 函数定义于文件 mmc_relocate.c 中。

2．BL1/memory.s

memory.s 文件来自 U-Boot 工程源码（U-Boot 将在下一章中介绍），主要功能是通过文件中定义的 mem_init 函数完成内存初始化过程（PHY DLL、DMC 和 DDR2 SDRAM）。

（1）设置 SDRAM Driver Strength(内存访问信号的强度)

SDRAM Driver Strength 数值越大，则内存访问信号的强度也越大。内存对工作频率是比较敏感的，当工作频率高于内存的标称频率时，将该选项的数值调高，可以提高计算机在超频状态下的稳定性，在这里使用默认值即可。

（2）初始化 PHY DLL

DDR 类型的 SDRAM，需要使用 DLL（Delay Locked Loop，延时锁定回路，提供一个数据滤波信号）技术，当数据有效时，存储控制器可使用这个数据滤波信号来精确定位数据。

（3）初始化 DMC0。

（4）初始化 DDR2 SDRAM。

详细内容参读本例工程代码。

寄存器配置参阅芯片手册 S5PV210_Usermanual_Rev1.0.pdf。

3．BL1/mmc_relocate.c

当初始化 SDRAM 后，就可以拷贝代码到 SDRAM 中，然后跳转到 SDRAM 中继续运行了。mmc_relocate.c 的主要功能是将代码在 SDRAM 中重定位。

（1）IROM 内部固化函数。在 IROM 内部固化的代码含有拷贝函数，其中就包括从 SD 卡拷贝内容到 SDRAM 的函数，这类函数入口地址参见图 3.10。

由图 3.10 可知 External Copy Function 位于 0xD003_7F80～0xD003_8000 处，其中 SD 卡拷贝内容到 SDRAM 的函数就位于地址 0xD0037F98，其函数原型参见表 3.28。其参数意义说明如下：

StartBlkAddress：从第几个扇区开始拷贝，一个扇区为 512 字节

blockSize：　　拷贝多少个扇区

memoryPtr：　　拷贝到 SDRAM 的哪个地址上

with_init：　　是否需要初始化 SD 卡

（2）BL1/mmc_relocate.c 主要代码。

```
void copy_code_to_dram(void)
{
unsigned long ch;
void (*BL2)(void);
ch = *(volatile unsigned int *)(0xD0037488);
```

```
    // 函数指针
    copy_sd_mmc_to_mem copy_bl2=(copy_sd_mmc_to_mem) (*(unsigned int *)
   (0xD0037F98));
    unsigned int ret;
    // 通道0
    if (ch==0xEB000000)
    { // 0: channel 0
    // 49: 源，BL2代码位于扇区49，1sector=512字节
    // 32: 长度，拷贝32sector，即16KB
    // 0x23E00000: 目的，链接地址0x23E00000
    ret=copy_bl2(0,49,32,(unsigned int *)0x23E00000,0);
    }
    // 通道2
    else if(ch==0xEB200000)
    {ret = copy_bl2(2,49,32,(unsigned int *)0x23E00000,0);
    }
    else
    return;
       BL2 = (void *)0x23E00000;              // 跳转到SDRAM入口
       (*BL2)();
    }
```

功能释义：

首先定义一个函数指针 copy_bl2，将其赋值为 0xD0037F98。

有了上面这些知识，也就很容易看懂 copy_code_to_dram 函数了。通过读地址 0xD0037488 的值来确定是使用通道 0 还是通道 2，S5PV210 芯片手册上明确指出“SD/MMC/eMMC boot - MMC Channel 0 作为第 1 引导区，Channel 2 作为第 2 引导区”，文中 BL1.bin 就是 first boot，所以会使用通道 0，调用 CopysdMMCtoMem 函数将 BL2.bin 从 SD 卡的 49 扇区拷贝到 SDRAM 的 0x23E00000 处，拷贝长度是 16KB。最后给 BL2 这个函数指针赋值 0x23E0000，随后调用 BL2 函数即可跳转到 0x23E0000 处运行 BL2.bin 里的代码。

4. BL2/sdram.lds

BL2.bin 的链接脚本 sdram.lds 代码如下：

```
SECTIONS
{   .= 0x23E00000;
    .text:{ start.o* (.text)}
    .bss:{ * (.bss)  }
    .data:{ * (.data)}
}
```

代码段最开始存放的是 start.o，所以 BL1.bin 跳转到 0x23E00000 后，实际上运行的就是 BL2 目录下 start.s 文件里的代码。

5. BL2/start.s

```
.global _start
_start:
    ldr pc,=main
halt:
    b halt
```

使用一条位置相关的指令：ldr PC,=main 来调用 main 函数，main( )函数位于 BL2/main.c 文件。

6．BL2/main.c

与 3.6.2.2 中 main.c 程序代码相同。

7．Makefile

（1）顶层\Makefile 代码。

```
all:
    make -C./BL1
    make -C./BL2
clean:
    make clean-C./BL1
    make clean-C./BL2
```

功能释义：依次执行/BL1 和/BL2 目录下的 Makefile 文件。

（2）\BL1\Makefile 代码。

```
sdram.bin: start.o memory.o mmc_relocate.o
    arm-linux-ld -Tsdram.lds -o sdram.elf $^
    arm-linux-objcopy -O binary sdram.elf sdram.bin
    arm-linux-objdump -D sdram.elf > sdram_elf.dis
    gcc mkv210_image.c -o mkmini210
    ./mkmini210 sdram.bin BL1.bin
%.o: %.s
    arm-linux-gcc -o $@ $< -c
%.o: %.c
    arm-linux-gcc -o $@ $< -c
clean:
    rm *.o *.elf *.bin *.dis mkmini210 -f
```

功能释义：编译生成 sdram.bin 文件（start.o memory.o mmc_relocate.o），添加 16 字节头文件后生成 BL1.bin 文件。

（3）\BL2\Makefile 代码如下：

```
BL2.bin: start.o main.o
        arm-linux-ld -Tsdram.lds -o BL2.elf $^
        arm-linux-objcopy -O binary BL2.elf BL2.bin
        arm-linux-objdump -D BL2.elf > BL2_elf.dis
%.o: %.s
        arm-linux-gcc -o $@ $< -c
%.o: %.c
       arm-linux-gcc -o $@ $< -c
clean:
       rm *.o *.elf *.bin *.dis -f
```

功能释义：编译生成 BL2.bin 文件（start.o main.o）。

3.6.3.3 编译运行

（1）执行顶层 make 编译生成 BL1.bin 和 BL2.bin 文件。

（2）执行./write2sd 后将两个文件烧写到 SD 卡的扇区 1 中。

（3）将 SD 卡插入 Tiny210 硬件平台中选择 SD 卡启动模式，上电后可以看到 LED 正常闪烁。

本案例实现了在 SDRAM 中对代码进行重定位。

3.6.4 案例4——串行接口：裸机程序设计1

3.6.4.1 目的

（1）熟悉硬件连接原理，了解与UART有关的寄存器配制方法。

（2）熟悉汇编语言、C语言混合编程方法。

（3）了解串行通信模式初始化方法。

（4）熟悉程序的链接地址设置方法。

（5）组建串口程序调试环境。

3.6.4.2 功能要求

（1）利用S5PV210的COM0接口实现串行通信功能。

（2）通信模式：8（8个数据位），N（无校验位），1（1个停止位），115200bps（波特率）。

（3）利用arm-linux-gcc编译程序，将编译结果复制到ISRAM中运行。

（4）参考工程代码：应用例程\No OS(裸机程序)\src\12.uart_putchar。

3.6.4.3 程序代码分析

在12.uart_putchar目录下，整个工程分为BL1和BL2两个目录，其中目录BL1下文件与案例3.5.1相同。

1. BL2/main.c

```
void uart_init(void);
char getc(void);
void putc(char c);
void clock_init();
int main()
{   char c;
    clock_init();       //初始化系统时钟
    uart_init();        //初始化串口
    putc('? ');         //测使用，首先发送字符“？”
    while (1)
     {c = getc();       //Tiny210板接收字符
      putc(c+1);        //发送字符=接收到的字符加1
     }
    return 0;
}
```

2. BL2/start.s

与案例3.6.1相同。

3. BL2/uart.c

```
#define GPA0CON     ( *((volatile unsigned long *)0xE0200000))
#define GPA1CON     ( *((volatile unsigned long *)0xE0200020))
//UART相关寄存器（略）
#define UART_UBRDIV_VAL        35
#define UART_UDIVSLOT_VAL    0x1
void uart_init()                            //定义函数：初始化串口
{   GPA0CON = 0x22222222;                   //配置引脚用于RX/TX功能
    GPA1CON = 0x2222;
    UFCON0 = 0x1;                           //设置数据格式，使能FIFO
```

```
    UMCON0 = 0x0;                                //无流控
    ULCON0 = 0x3;                                //数据位：8，校验：无，停止位：1
    UCON0  = 0x5;                                //时钟：PCLK，禁止中断，使能收/发
    UBRDIV0 = UART_UBRDIV_VAL;                   //设置波特率115200
    UDIVSLOT0 = UART_UDIVSLOT_VAL;}
char getc(void)                                  //定义函数：接收一个字符
{   while (!(UTRSTAT0 & (1<<0)));               //查询RX FIFO，若空，等待（查询方式）
    return URXH0; }                              //返回接收数据
void putc(char c)                                //定义函数：发送一个字符
{   while (!(UTRSTAT0 & (1<<2)));               //如果TX FIFO满，等待
    UTXH0 = c; }                                 //写数据
```

4．BL2/clock.c

```
// 时钟相关寄存器(略)
#define CLK_DIV0_MASK      0x7fffffff
#define APLL_MDIV          0x7d
#define APLL_PDIV          0x3
#define APLL_SDIV          0x1
#define MPLL_MDIV          0x29b
#define MPLL_PDIV          0xc
#define MPLL_SDIV          0x1
#define set_pll(mdiv,pdiv,sdiv)     (1<<31|mdiv<<16|pdiv<<8|sdiv)
#define APLL_VAL    et_pll(APLL_MDIV,APLL_PDIV,APLL_SDIV)     //0x807d0301
#define MPLL_VAL    set_pll(MPLL_MDIV,MPLL_PDIV,MPLL_SDIV)    //0x829b0c01

void clock_init()
{
  CLK_SRC0 = 0x0; //1设置各种时钟开关，暂时不使用PLL
                  //2设置锁定时间，使用默认值即可
                  //设置PLL后，时钟从Fin提升到目标频率时，需要一定的时间，即锁定时间
APLL_LOCK = 0x0000FFFF;
MPLL_LOCK = 0x0000FFFF;
CLK_DIV0 = 0x14131440; //3 设置分频
// 4 设置PLL
// FOUT= MDIV * FIN /(PDIV*2^(SDIV-1)) = 0x7d*24/(0x3*2^(1-1))=1000MHz
APLL_CON0 = APLL_VAL;
// FOUT= MDIV * FIN /(PDIV*2^SDIV)=0x29b*24/(0xc*2^1)= 667MHz
MPLL_CON= MPLL_VAL;
CLK_SRC0= 0x10001111; //5 设置各种时钟开关，使用PLL
}
```

5．BL2/Makefile

```
BL2.bin: start.o main.o main.o uart.o clock.o#需要编译成.o的文件
arm-linux-ld -Tsdram.lds -o BL2.elf $^          #依赖sdram.lds定义的连接地址连接
arm-linux-objcopy -O binary BL2.elf BL2.bin     #复制到BL2.bin
arm-linux-objdump -D BL2.elf > BL2_elf.dis      #反汇编文件BL2_elf.dis
%.o: %.s
    arm-linux-gcc -o $@ $< -c
%.o: %.c
    arm-linux-gcc -o $@ $< -c
clean:
    rm *.o *.elf *.bin *.dis -f
```

6．BL2/sdram.lds

与案例 3.6.1 相同。

3.6.4.4 编译运行

（1）执行顶层 make 编译生成 BL1.bin 和 BL2.bin 文件。
（2）执行./write2sd 后将两个文件烧写到 SD 卡的扇区 1 中。
（3）将 SD 卡插入 Tiny210 硬件平台中选择 SD 卡启动模式。
（4）使用串行通信电缆将 Tiny210 板的 COM0 口与计算机相连。
（5）在计算机上打开串行通信调试软件，本案例使用的是 Windows 7+超级终端。
（6）在超级终端中设置好数据传输模式为 8、n、1、115200。
（7）Tiny210 板上电后可以在超级终端中看到 Tiny210 板发来的字符“1”。
（8）在超级终端中发送字符，可以看到数值加 1 的返回值。

3.6.5 案例 5——串行接口：裸机程序设计 2

3.6.5.1 目的

（1）熟悉串行通信程序工程文件的管理方法。
（2）熟悉工程文件中常用函数的定义方法。
（3）熟悉基于工程文件的 Makefile 文件编写方法。

3.6.5.2 功能要求

（1）编写 printf 和 scanf 函数。
（2）调用上述函数实现基于显示器的输入和输出程序。

3.6.5.3 程序代码分析

在 13.uart_stdio 目录下，含有应用程序文件以及包含定义有函数的库文件。

1．/start.s

```
.global _start
_start:
    ldr  r0,=0xE2700000                 //关闭看门狗
    mov  r1,#0
    str  r1,[r0]
    ldr  sp,=0x40000000                 //设置栈，以便调用c函数
    bl clock_init                       //汇编初始化时钟
    bl main                             //调用main函数
halt:
    b halt
```

2．/main.c

```
include "stdio.h"
void uart_init(void);
int main()
{
    int a=0;
    int b=0;
    char *str="hello world";
    uart_init();
```

```
    printf("%s\r\n",str);
    while(1)
    {
        printf("please enter two number:  \r\n"); //输出字符
        scanf("%d %d",&a,&b);                      //按键输入字符
        printf("\r\n");
        printf("the sum is: %d\r\n",a+b);          //将按键输入字符在屏幕显示
    }
    return 0;
}
```

3. /Makefile

```
CC      = arm-linux-gcc
LD      = arm-linux-ld
AR      = arm-linux-ar
OBJCOPY = arm-linux-objcopy
OBJDUMP = arm-linux-objdump
INCLUDEDIR:= $(shell pwd)/include                       #添加编译路径
CFLAGS:= -Wall -O2 -fno-builtin
CPPFLAGS:= -nostdinc -I$(INCLUDEDIR)
export CC AR LD OBJCOPY OBJDUMP INCLUDEDIR CFLAGS CPPFLAGS
objs : = start.o main.o uart.o clock.o lib/libc.a       #指定库文件存放路径
stdio.bin: $(objs)
           ${LD} -Tstdio.lds -o stdio.elf $^
           ${OBJCOPY} -O binary -S stdio.elf $@
           ${OBJDUMP} -D stdio.elf > stdio.dis
.PHONY:lib/libc.a
lib/libc.a:
    cd lib; make; cd ..
%.o:%.c
    ${CC} $(CPPFLAGS) $(CFLAGS) -c -o $@ $<
%.o:%.s
    ${CC} $(CPPFLAGS) $(CFLAGS) -c -o $@ $<
clean:
    make  clean -C lib
    rm -f *.bin *.elf *.dis *.o
```

4. 函数定义

（1）void clock_init( )：

定义文件：./clock.c

功能：定义与时钟相关的寄存器端口地址。
　　　定义了与时钟有关的初始化函数。

（2）void uart_init( )

定义文件：./uart.c

功能：定义与时钟相关的寄存器端口地址。
　　　定义了与串行通信有关的初始化函数。

（3）int printf(const char *fmt,...)，int scanf(const char * fmt,...)

定义文件：./lib/printf.c

功能：实现了应用层的标准输入和输出功能。

习　题　3

3.1 简述 S5PV210 芯片功能。

3.2 简述 S5PV210 上电复位后的启动过程。

3.3 S5PV210 设置为 SD 卡启动模式时，对 BL1 段代码格式如何要求？

3.4 依据本章 LED 裸机程序设计案例，编写跑马灯程序。

3.5 依据本章重定位代码到 SDRAM 设计案例，编写跑马灯程序。

3.6 依据本章串行接口裸机程序设计 1 设计案例，编写串行通信程序，使用串口助手程序完成与 PC 通信的调试过程。

第4章　U–Boot

基于 Cortex-A8 硬件平台上运行的嵌入式 Linux 系统软件平台可以分为 4 个部分：

（1）引导加载程序（BootLoader），依赖于所运行的硬件平台；

（2）Linux 内核，依据应用需求，需要通过裁剪和移植完成内核的定制；

（3）文件系统，包括根文件系统和 Yaffs 文件系统；

（4）嵌入式 GUI 和用户应用程序。

嵌入式应用系统中，BootLoader 是操作系统内核运行之前需要执行的一段程序代码，主要完成硬件平台环境设置以及加载和运行操作系统代码。在一个基于 Cortex-A8 的嵌入式应用系统中，上电或复位后首先将 BootLoader 程序加载到 SDRAM 中运行。

U-Boot 是一种常用的 BootLoader，其全称是 Universal Boot Loader。由 DENX 小组开发，遵循 GPL 条款的开放源码项目。U-Boot 支持多种嵌入式操作系统内核，如 Linux、NetBSD、VxWorks、QNX、RTEMS、ARTOS 和 LynxOS，支持 PowerPC、ARM、x86、MIPS、XScale 等诸多常用系列处理器。U-Boot 提供有丰富的设备驱动源码，如串口、以太网、SDRAM、Flash、LCD、NVRAM、EEPROM、RTC、键盘等常用外设。

U-Boot 提供一个控制台及一个命令集，可以在操作系统运行前操控目标板上的硬件设备，借助命令实现系统版本的更新，加载并运行操作系统代码。U-Boot 在运行过程中可以实现以下主要功能：

（1）支持 NFS 挂载、Yaffs2 文件系统、从 Flash 中引导压缩或非压缩系统内核。

（2）强大的操作系统接口功能，可灵活设置、传递多个关键参数给操作系统；提供交互命令接口，适合应用系统在不同开发阶段的调试要求与产品发布；支持目标板环境参数的多种存储方式，如 Flash、NVRAM、EEPROM。

（3）CRC32 校验可校验 Flash 中内核、RAMDISK 镜像文件是否完好。

（4）提供设备驱动，完成硬件设备初始化。如串口、SDRAM、Flash、以太网、LCD、NVRAM、EEPROM、键盘、USB、PCMCIA、PCI、RTC 等常用设备驱动。

（5）上电自检功能，SDRAM、Flash 大小自动检测，SDRAM 故障检测，识别 CPU 型号。

（6）支持应用程序直接在 NOR Flash 闪存内运行。

本章在基于 S5PV210 微处理器的硬件平台上，分析了 U-Boot 启动流程。在使用 U-Boot 引导嵌入式 Linux 操作系统过程中，通过工程案例详细介绍了在指定硬件和软件平台条件下，完成 U-Boot 的定制过程。

宿主机环境：PC+Red Enterprise Linux 6 + VMware Workstation。

硬件平台：Tiny210 硬件平台。

本书所用 U-Boot 文件是 opencsbc-u-boot.tar，读者可从网络资源中下载。

4.1　U-Boot 构成

将 opencsbc-u-boot.tar.gz 压缩文件复制到宿主机的 Linux 环境目录中。解压缩后在当前目录下生成 opencsbc-u-boot 文件夹，U-Boot 源码文件存于该文件夹中。本章中所引用的 U-Boot 源码相关文件均位于宿主机 Linux 环境中的/opencsbc-u-boot/目录下。随后章节将该目录简称 U-Boot 根目录。

4.1.1 目录结构

本章使用的 U-Boot 版本是 u-boot-mini210_linaro-2011.10。U-Boot 根目录下含有 18 个子目录，目录中文件主要涉及与硬件平台有关文件、U-Boot 所提供函数或驱动程序以及 U-Boot 的应用程序、工具和文档。U-Boot 根目录下源码目录结构参见表 4.1。对这些目录的功能以及所含文件了解，可以熟悉 U-Boot 的整体架构。

表 4.1　U-Boot 源码目录结构

序　号	目 录 名	描　　述
1	api	定义的系统调用,供 U-Boot 扩展应用程序
2	arch	当前版本所支持的体系架构和 CPU 类型，书中使用的是 U-Boot 根目录/arch/arm/cpu/armv7 目录
3	board	板级相关文件。书中使用的是 U-Boot 根目录/board/samsung/tiny210 目录
4	common	当前 U-Boot 版本所支持的命令集源码
5	disk	硬盘接口程序
6	doc	文档目录
7	drivers	U-Boot 所支持设备的驱动程序
8	example	U-Boot 支持的测试程序
9	fs	支持的文件系统，书中使用的是/fs/yaffs2
10	include	U-Boot 使用的头文件，还有各种硬件平台支持的汇编文件、系统配置文件和文件系统支持的文件
11	lib	通用函数库
12	mmc_spl	BL1 阶段 SD 卡启动板级包
13	nand_spl	BL1 阶段 NAND Flash 启动板级包
14	net	与网络协议相关的代码，可实现 bootp 协议、TFTP 协议、NFS 文件系统
15	onenand_ipl	OneNAND 启动方式相关代码
16	spl	存放编译后 BL1 阶段的过程文件
17	tools	U-Boot 工具
18	post	一些特殊构架需要的启动代码和上电自检程序代码

4.1.2 启动文件

U-Boot 启动过程中涉及的代码分布在 start.s、low_level_init.s、mem_setup.s、board.c 和 main.c 文件中，这些文件存放路径见表 4.2。表中罗列了后续分析过程中所涉及的一些重要文件，给出了这些文件在 U-Boot 根目录下的存放路径。

表 4.2　U-Boot 重要文件

类　别	目　　录	文 件 名 称	功 能 描 述
板级相关文件	/board/samsung/tiny210/	/tools/mkv210_image.c	BL1 文件头 16 字节生成工具
		tiny210.c	定义板级初始化函数
		lowlevel_init.s	板上外围芯片源初始化
		Makefile	板级源文件编译环境配置文件
		mem_setup.s	与 DDR2，MMU 有关代码

续表

类　别	目　录	文件名称	功能描述
板级相关文件		mmc_boot.c	定义 SD 启动过程所需函数
	/	system.map	编译后生成的 BL2 标号索引文件
	/	boards.cfg	板级配置信息：定义了 tiny210
	/	config.mk	定义具体的编译规则
	/include/configs/	tiny210.h	板级头文件
	/include/	version_autogenerated.h	U-Boot 版本信息
	/include/asm/	mach-types.h	定义了处理器 ID 为 2456
CPU 级文件	/arch/arm/cpu/armv7/	u-boot.lds	U-Boot 编译过程的链接脚本文件中指明 U-Boot 入口位置
		start.s	U-Boot 入口位置文件
	/arch/arm/lib/	board.c	声明函数 board_init_r( )
			board_init_f( )BL2 阶段
	/common/	main.c	声明函数 main_loop()
函数	/arch/arm/cpu/armv7/s5pc1xx/	nand_cp.c	board_init_f_nand( )
		nand_cp.c	copy_u-boot_to_ram_nand
		mmc_boot.c	board_init_f( ) BL1 阶段
	/arch/arm/cpu/armv7/	cpu.c	save_boot_params( )
编译过程文件	/	mksdboot.sh	自定义脚本文件，将编译后的 U-Boot 文件烧写到 SD 卡
	/	cat2boot1.sh	自定义脚本文件，生成 BL1+BL2
	/spl/	tiny210-spl.bin	编译后的 BL1
		u-boot-spl.map	编译后生成的 BL1 标号索引文件
	/	u-boot.bin	编译后的 BL2
		jiang-uboot.bin	利用 cat2boot1.sh 脚本生成 U-Boot 的执行文件

U-Boot 运行过程分为 BL0、BL1(tiny210-spl.bin)、BL2(u-boot.bin)三个阶段。

1．BL0 阶段

芯片厂家编写的启动代码，出厂前已固化于芯片内部 IROM 中。S5PV210 上电复位后自动开始执行 BL0 代码，完成对片上资源如看门狗、中断控制器、系统时钟等初始化，再通过读取 OM 引脚设置的逻辑电平状态判断当前的启动设备，进而调用固化于 IROM 中的函数从启动设备中复制 BL1 段程序代码（最大 16KB）到芯片内部 ISRAM 中，并对所读取的 BL1 进行校验，校验通过后跳转到 BL1 段代码开始执行。

2．BL1 阶段

U-Boot 源码在编译后生成两个重要的文件：tiny210-spl.bin 和 u-boot.bin，存放于外部存储器（SD 卡或 NAND Flash）中。其中 tiny210-spl.bin 为 BL1 阶段运行的代码。在启动过程中，由 BL0 将 BL1 复制到芯片内部 ISRAM 后运行。BL1 主要完成板级设备如时钟、SDRAM、串口、NAND Flash 等设备的初始化，复制 BL2 到 SDRAM。BL1 段所需代码主要在 start.s、lowlevel_init.s 和 mem_setup.s 等文件中进行定义。

start.s：U-Boot 程序入口，使用汇编语言编写。

lowlevel_init.s：板载设备初始化设置代码，判断启动设备，复制 BL2 代码。

mem_setup.s：与 DDR2，MMU 初始化有关代码。

3．BL2 阶段

u-boot.bin 为 BL2 阶段运行的代码，可以提供完整的 BootLoader 启动过程，最后通过执行

main.c 中的 main_loop( )函数，完成在控制台中接收输入命令，最终加载操作系统内核。

board.c：包含开发板底层设备驱动。

main.c：使用 C 语言编写的一个与硬件平台无关的程序代码，执行 main_loop( )函数实现 U-Boot 命令的下载模式和基于 U-Boot 命令引导操作系统启动的加载模式。

4.1.3 编译配置文件

为了编译出能够在指定硬件平台上运行的可执行文件，U-Boot 目录中含有一些用于编译的配置文件。

1．boards.cfg 文件

文件存放路径：/board.cfg

用途：板级配置信息。

文件源码：

```
35 # Target   ARCH     CPU      Board name  Vendor     SoC          Options
183 tiny210  arm      armv7    tiny210     samsung    s5pc1xx
```

功能释义：

183 行定义硬件平台 CPU 结构类型为 armv7，以此可确定 u-boot.lds 文件存放在 U-Boot 目录中的有效路径。

2．u-boot.lds 文件

文件存放路径：/arch/arm/cpu/armv7/u-boot.lds

用途：链接脚本。定义存储空间的分段结构。使用 ENTRY 伪指令指明 U-Boot 程序入口文件是/arch/arm/cpu/armv7/start.s。

文件源码：

```
27 OUTPUT_FORMAT("elf32-littlearm","elf32-littlearm","elf32-littlearm")
28 OUTPUT_ARCH(arm)
29 ENTRY(_start)        /*指定可执行程序的入口点为标号“_start”*/
30 SECTIONS
31 {
32    .= 0x00000000;
34    .= ALIGN(4);
35    .text    :
36    {
37       arch/arm/cpu/armv7/start.o    (.text)
38       *(.text)
39    }
41    .= ALIGN(4);
42    .rodata: { *(SORT_BY_ALIGNMENT(SORT_BY_NAME(.rodata*))) }
44    .= ALIGN(4);
45    .data : {
46       *(.data)
47       }
49    .= ALIGN(4);
51    .= .;
52    __u_boot_cmd_start = .;
53    .u_boot_cmd: { *(.u_boot_cmd) }
54    __u_boot_cmd_end = .;
```

```
56    .= ALIGN(4);
58    __image_copy_end = .;
60    .rel.dyn: {
61        __rel_dyn_start = .;
62        *(.rel*)
63        __rel_dyn_end = .;
64    }
66    .dynsym: {
67        __dynsym_start = .;
68        *(.dynsym)
69    }
71    _end = .;
73    .bss __rel_dyn_start(OVERLAY): {
74        __bss_start = .;
75        *(.bss)
76         . = ALIGN(4);
77        __bss_end__ = .;
78    }
```

功能释义：

27 行指定编译输出文件格式为 32 位 ELF 格式，数据在 SDRAM 中存储格式为小端模式。

28 行输出的可执行文件运行于基于 ARM 体系结构的硬件平台上。

29 行指定可执行程序的入口点，这里指定入口点为标号“_start”处。

30 行声明程序中各段的链接位置。

32 行“.”表示当前地址。当前地址设定为 0x00000000，表示后面的 text 段将从地址 0x00000000 处开始存放，所指定的 0x00000000 地址为 text 段的编译地址。

34 行声明 4 字节对齐，ARM 指令集指令每条指令编码定长为 4 字节，为了正确取指，需要对指令代码存放位置做边界对齐数为 4 的处理。

35～39 行声明 text 段(代码段)需要链接的文件。这里把 start.o 文件放在第一位，表示 start.s 文件在编译时放到最开始，即指明 U-Boot 运行的首个文件是 start.s，同时指明该文件存放在 /arch/arm/cpu/armv7/路径下。随后的*.text{}表示工程中所定义的其他目标文件程序代码，顺序连接到 start.o 文件后。

42 行声明只读数据段，存放所有目标文件的只读数据段，存放地址要求 4 字节对齐。

45 行声明数据段，存放所有目标文件的数据段，存放地址要求 4 字节对齐。

52～54 行义符号“_u_boot_cmd_start”的值，用于表示 u_boot_cmd 段首地址。

58 行定义符号“__image_copy_end”的值，用于表示复制 U-Boot 的结束地址。

61～63 行声明动态重定位表链接位置，用于存放动态连接的重定位信息。

66～69 行声明动态符号表链接位置，存放函数地址和代码长度等信息，存放起始地址要求 4 字节对齐。

71 行定义符号“_end”的值，用于表示以上段的结束地址。

73～77 行声明 bss 段，存放所有目标文件的 bss 段。用来存放目标文件未初始化的全局符号，存放起始地址要求 4 字节对齐。

3．u-boot-spl.map

文件存放路径：/spl/u-boot-spl.map

用途：该文件需要对 U-Boot 源码进行一次编译之后才能生成。文件中存储了 BL1 阶段代码在编译后的地址分配（Memory Map）信息，可以找到各函数入口的编译地址，为分析 U-Boot 启动过程提供有效帮助。

文件内容：

```
3   board/samsung/tiny210/libtiny210.o(lowlevel_init.o)
4   arch/arm/cpu/armv7/start.o (lowlevel_init)
5   board/samsung/tiny210/libtiny210.o(mem_setup.o)
82  .text  0x00000000  0x1e0  arch/arm/cpu/armv7/start.o
93  .text  0x000001e0  x42c board/samsung/tiny210/libtiny210.o(lowlevel_init.o)
94         0x000001e4         lowlevel_init
95  *fill* 0x0000060c 0x14   00
96  .text  0x00000620  0x560 board/samsung/tiny210/libtiny210.o(mem_setup.o)
97         0x00000620         mem_ctrl_asm_init
98         0x00000998         cleanDCache
```

功能释义：

3～5 行描述了 start.o、lowlevel_init.o 和 mem_setup.o 等函数代码会被最先链接生成.bin 文件，再经过 mkv210_image 文件处理得到添加了 16 字节头文件的 tiny210-spl.bin。

82 行描述了 start.o 的编译链接地址为 0x00000000。

94 行描述了 lowlevel_init.o 的编译链接地址为 0x000001e4。

93 行 lowlevel_init 函数声明于 lowlevel_init.s 文件及文件存放路径。函数的链接地址为 0x000001e4，使用偏移地址表示，表示偏移代码段基地址的偏移量为 0x000001e4。

96 行描述了 mem_ctrl_asm_init 和 cleanDCache 函数声明于 lowlevel_init.s 文件。

97 行描述了 mem_ctrl_asm_init 函数的编译链接地址为 0x00000620。

98 行描述了 cleanDCache 函数的编译链接地址为 0x00000998。

4.1.4 U-Boot 编译

U-Boot 源码需要编译后生成.bin 文件，将文件下载到硬件平台运行。编译前需要确认与板级配置有关的文件已经完成修改。

1．编译

在宿主机 Linux 环境中建立好 GCC 编译环境，在终端窗口进入 U-Boot 根目录后执行以下命令完成 U-Boot 编译过程：

```
[root@localhost opencsbc-u-boot]# make distclear
[root@localhost opencsbc-u-boot]# make tiny210_config
```

执行上述命令后，会导出 CONFIG_SPL_BUILD = y，供下层 Makefile 使用。

```
[root@localhost opencsbc-u-boot]# make
```

执行 make 命令，完成对 U-Boot 的编译过程，生成两个 bin 文件：在/opencsbc-u-boot/spl/目录下生成 tiny210-spl.bin（BL1）；在/opencsbc-u-boot/目录下生成 u-boot.bin（BL2）。

S5PV210 可以设置为 SD 卡启动方式，需要事先将 U-Boot 烧写到 SD 卡上的指定位置，再将 SD 卡插入 S5PV210 的硬件平台，上电后完成 U-Boot 的启动过程。为了便于将 BL1 和 BL2 文件烧写到 SD 卡，可执行以下步骤：

（1）修改/tools/mkv210_image.c 文件，将编译后生成的 tiny210-spl.bin（BL1）文件大小扩展为 24KB。

（2）在/opencsbc-u-boot/目录下编写脚本 cat2boot1.sh，用以将 tiny210-spl.bin（BL1）和 u-boot.bin（BL2）两个文件合二为一，方便随后进行的烧写工作。

cat2boot1.sh 脚本文件内容为：

```
cat /spl/tiny210-spl.bin/jy-cbt/opencsbc-u-boot/u-boot.bin >
/jy-cbt/opencsbc-u-boot/jiang-uboot.bin
```

U-Boot 根目录下执行以下命令：

```
[root@localhost opencsbc-u-boot]# ./cat2boot1.sh
```

cat2boot1.sh 脚本文件完成将 BL1 和 BL2 两个文件合并过程，在当前目录下生成 U-Boot 的执行文件 jiang-uboot.bin（BL1+BL2）。

在本章案例一节中，详细介绍了 U-Boot 编译环境的搭建过程、U-Boot 的定制、编译、下载和运行过程。

2．反汇编

在阅读 U-Boot 源码过程中，需要了解函数的编译地址，此时可以使用 arm-linux 工具链（需要自行下载安装）里面的 arm-linux-objdump 工具，将 jiang-uboot.bin 等二进制代码文件进行反汇编处理。本书所用 GCC 工具链安装后，文件路径为：/opt/Cyb-Bot/toolschain/4.5.1/bin。

arm-linux-objdump 工具的反汇编命令格式：

```
arm-linux-objdump -D -b binary -m arm xxx.bin > xxx.asm
```

参数说明：

-D　反编译所有代码。

-m　源码运行平台的 CPU 类型是 arm。

-b　文件格式为 binary。

对于 ELF 格式的文件只要一个-D 参数，就可以把 xxx.bin 反汇编到 xxx.asm 文件。

在/opencsbc-u-boot/目录下输入以下命令，可将 u-boot.bin 反汇编，反汇编结果保存在当前目录下的 u-boot.asm 文件。

```
[root@localhost bin]# arm-linux-objdump -D -b binary -m arm u-boot.bin >
u-boot.asm
```

4.1.5　U-Boot 工作模式

U-Boot 包含两种不同的工作模式：启动加载（Boot loading）模式和下载（Down Loading）模式。在基于 S5PV210 的嵌入式应用系统上电复位初始，U-Boot 默认为启动加载模式，启动过程中允许用户切换到下载模式。

1．启动加载模式

应用系统正常工作模式。嵌入式系统启动后，运行 U-Boot 程序完成硬件平台的初始化、加载操作系统和运行操作系统。在操作系统启动初始，U-Boot 生命周期即告结束，操作系统启动之后，开始实现任务调度和对硬件平台进行管理。

启动加载模式运行过程无须用户介入，这种模式是 Boot Loader 的正常工作模式。在嵌入式产品发布时，需要将 U-Boot 设置为启动加载模式。

在调试阶段，需要搭建好交叉编译开发环境。其中宿主机与目标板之间通过串口相连，宿主机在 Windows 环境运行串口调试助手工具软件如超级终端，Tiny210 硬件平台应该已经正确预装 U-Boot。当 Tiny210 硬件平台（随后称为目标机）通过上电/复位开始启动 U-Boot 后的 5s 时间内（延时时间可在 tiny210.h 文件中修改），此时在宿主机超级终端内按下空格键会被目标机上的 U-Boot 检测到，随后 U-Boot 进入下载模式。此时 U-Boot 通过串口提供控制台调试界面，在宿主机的超级终端窗口上会显示控制台界面信息，研发人员可以在超级终端展示的 U-Boot 控制台操作界面环境中输入 U-Boot 命令。

2. 下载模式

运行于目标机上的嵌入式应用系统软件平台，需要借助 U-Boot 所提供的命令完成系统文件的下载或更新，此时 U-Boot 需要工作在下载模式。下载模式常用于第一次安装内核文件和根文件系统、系统更新和嵌入式系统调试。

当 U-Boot 工作于下载模式时，宿主机借助串行通信接口和网络通信接口连接到目标机，此时宿主机成为目标机的一个终端用户，目标机中的 U-Boot 会向终端提供一个简单的人机交互（UI）命令行接口。随后借助 U-Boot 提供的命令，可将内核映像和根文件系统映像等系统文件下载到目标机的 SDRAM 中，再使用相关命令将 SDRAM 中的下载文件写入目标机的 NAND Flash 存储设备中。

4.2 start.s 文件分析

start.s 文件是 U-Boot 的重要组成部分。在 u-boot.lds 文件中，29 行定义了 U-Boot 启动程序入口点为“_start”，全局符号“_start”声明于 start.s 文件。37 行说明最先链接到代码段的文件是 arch/arm/cpu/armv7/start.o。通过 u-boot.lds 链接脚本的定义，U-Boot 首先运行 start.s 文件。

start.s 文件使用汇编语言编写，满足 ARM 汇编指令和 GNU ARM 汇编器汇编命令的语法格式，通过对该文件了解有助于分析 U-Boot 的启动过程。在 start.s 文件描述过程中，对涉及的汇编语言语法问题做了初步注释，未提之处还需要参见本书第 2 章和相关书籍。

4.2.1 初始化异常向量表

start.s 开始首先定义中断向量表，声明程序链接地址，其工作流程如图 4.1 所示。图中显示代码段链接首地址是 0x23E0_0000。在中断向量表中定义了各种异常处理程序入口，程序结构所依赖的各个段占用地址范围也在 start.s 文件开始部分完成定义。

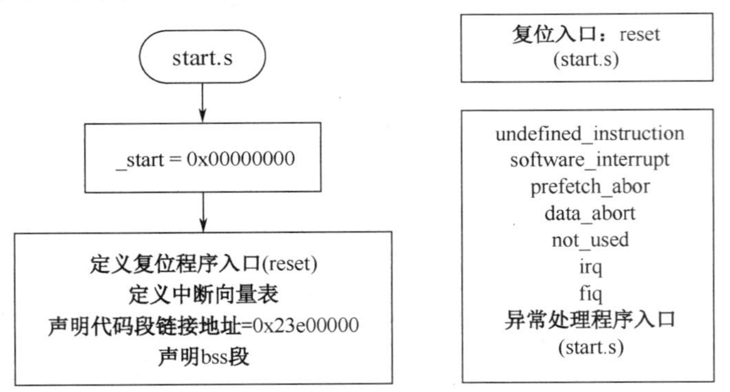

图 4.1　入口地址及中断向量表

异常处理程序均在 start.s 文件中声明，当异常发生时微处理器会通过查找中断向量表，跳转到各自的处理程序执行相应程序代码。其中复位异常入口将执行 reset 程序，表示系统上电/复位时跳转到标号“reset”处开始执行指令。

1. 定义中断向量表

start.s 文件存放路径：/arch/arm/cpu/armv7/start.s

start.s 文件 39～56 行。

用途：代码用于定义中断向量表。

（1）文件源码

```
行号 指令（伪指令）                              /*注释*/
39  .global _start                         /*声明全局符号，表示代码段入口基地址*/
40  _start: b    reset                     /*程序入口跳转到复位程序执行*/
41  ldr    pc,_undefined_instruction /*未定义指令异常处理入口*/
42  ldr    pc,_software_interrupt      /*软件中断异常处理入口*/
43  ldr    pc,_prefetch_abort          /*预取指终止异常处理入口*/
44  ldr    pc,_data_abort              /*数据终止异常处理入口*/
45  ldr    pc,_not_used                /*保留*/
46  ldr    pc,_irq                     /*中断模式异常处理入口*/
47  ldr    pc,_fiq                     /*快速中断异常处理入口*/
48  #ifdef CONFIG_SPL_BUILD            /*是BL1段代码*/
49  _undefined_instruction: .word _undefined_instruction /*填写中断向量表*/
50  _software_interrupt:    .word _software_interrupt
51  _prefetch_abort:        .word _prefetch_abort
52  _data_abort:            .word _data_abort
53  _not_used:              .word _not_used
54  _irq:                   .word _irq
55  _fiq:                   .word _fiq
56  _pad:                   .word 0x12345678     /*16×4=64 4字节对齐*/
```

功能释义：

39 行声明全局符号“_start”，该符号是系统保留字。其值由 u-boot.lds 文件定义的代码段链接地址决定，值默认为 U-Boot 程序入口地址，表示代码段基地址。

40 行在_start 指明的地址处，放置一条无条件跳转指令，跳转到 reset 子程序处。

41～47 行定义中断向量散转表，在表 4.3 中规定了每类异常事件所对应的中断向量在散转表中的存放位置，该位置也称处理异常事件的入口地址。入口地址处存放了一条跳转指令，当异常发生时，ARM 微处理器会自动通过查找异常向量表，得到对应的中断向量，跳转到相应异常处理程序入口处，执行指令处理异常事件。

表 4.3　ARM 异常向量表

入口地址	异　常	进入模式	进入异常条件
0x00000000	复位 reset	超级用户	复位条件有效时，可以是硬/软复位
0x00000004	未定义指令 undefined_instruction	未定义	遇到不能处理的指令
0x00000008	软件中断 software_interrupt	超级用户	执行 SWI 指令
0x0000000c	预存指令中止 prefetch_abort	中止	处理器预取指令的地址不存在，或该地址不允许当前指令访问
0x00000010	数据操作中止 data_abort	中止	处理器数据访问指令的地址不存在，或该地址不允许当前指令访问
0x00000014	未使用 not_used	未使用	未使用
0x00000018	外部中断请求 IRQ	IRQ	外部中断请求有效，且 CPSR 中的 I 位为 0
0x0000001c	快速中断请求 FIQ	FIQ	快速中断请求引脚有效，且 CPSR 中 F 位为 0

表 4.3 入口地址一栏表示的是以向量表地址为基地址的偏移地址。上电初始时向量表定义在 0x00000000，随着 U-Boot 代码的重定位，向量表位置将由 tiny210.h 文件中所定义的宏“CONFIG_SYS_TEXT_BASE”来决定。

48 行“CONFIG_SPL_BUILD”在文件/spl/Makefile 中有定义，定义内容如下：

```
18 CONFIG_SPL_BUILD := y
19 export CONFIG_SPL_BUILD
```

上述 Makefile 文件中定义内容用于在 start.s 文件中声明现在是 BL1 阶段，需要执行 start.s 文件中的 49～56 行代码。

49～55 行定义各个异常事件处理程序的入口地址。

49 行在当前地址处为“_undefined_instruction”符号分配一个字型存储空间（占用地址连续 4 个存储单元），用于存放符号的数值。该符号的值代表未定义异常处理函数入口地址，由编译器在编译过程中生成。

（2）u-boot.bin 文件反汇编后的 BL1 代码。

```
;编译地址 地址内容    反汇编指令                    ;与start.s文件中对应指令
.global _start
_start:
   0:    ea000014   b    0x58                    ;b    reset
   4:    e59ff014   ldr  pc,[pc,#20]             ;ldr  pc,_undefined_instruction
   8:    e59ff014   ldr  pc,[pc,#20]             ;ldr  pc,_software_interrupt
   c:    e59ff014   ldr  pc,[pc,#20]             ;ldr  pc,_prefetch_abort
   10:   e59ff014   ldr  pc,[pc,#20]             ;ldr  pc,_data_abort
   14:   e59ff014   ldr  pc,[pc,#20]             ;ldr  pc,_not_used
   18:   e59ff014   ldr  pc,[pc,#20]             ;ldr  pc,_irq
   1c:   e59ff014   ldr  pc,[pc,#20]             ;dr   pc,_fiq
   20:   23e00260 ;_undefined_instruction:        .word _undefined_instruction
   24:   23e002c0 ;_software_interrupt:           .word _software_interrupt
   28:   23e00320 ;_prefetch_abort:               .word _prefetch_abort
   2c:   23e00380 ;_data_abort:                   .word _data_abort
   30:   23e003e0 ;_not_used:                     .word _not_used
   34:   23e00440 ;_irq:                          .word _irq
   38:   23e004a0 ;_fiq:                          .word _fiq
   3c:   12345678 ;_pad:                          .word 0x12345678
```

编译地址为十六进制格式，用于指明每条指令代码的存放位置，一条指令占用 4 个存储单元。由上述反汇编内容可以看出，编译器为“_undefined_instruction”符号分配了一个存储单元，存储单元的地址为 0x00000020，可以用来存放标号的内容。该存储单元当前存储的内容为 0x23e001e0，即符号“_undefined_instruction”的值表示未定义异常处理程序的入口地址。

在地址为 0x00000004 的位置存放一条“LDR”指令，将内存单元中的数据读取到寄存器 PC 中。内存单元地址的计算方法如下：

存放当前“LDR”指令的地址为 0x04

由于 ARM 的流水线机制，当前 PC 值为当前指令地址+8，即 PC=0x04+8

当前指令中指明向前偏移量为 20

“[pc, #20]”所表明的内存单元地址为：0x4+8+20=32=0x20

“ldrpc, [pc, #20]”指令完整含义是将地址号为 0x20 的内存单元中存放的数据 0x23e00260 读取到寄存器 PC 中。当未定义异常事件发生时，ARM 微处理器会自动跳转到中断向量表基地址+4 的位置取指令代码执行，通过为 PC 赋值的方法得到未定义异常事件处理程序入口地址，从而跳转到异常处理程序来执行指令。

2. 声明全局符号存储地址

start.s 文件 68～133 行，下文仅显示其中主要代码。

用途：代码用于声明段。

（1）文件源码：

```
68   .global _end_vect              /*声明全局符号，表示向量表结束地址/*
69   _end_vect:                     /*为符号的值分配存储地址,长度16字节*/
71 .balignl 16,0xdeadbeef           /*16字节对齐*/
83  .global _TEXT_BASE              /*声明全局符号，表示代码段基地址*/
84  _TEXT_BASE:
85 .word  CONFIG_SYS_TEXT_BASE
102 .global _bss_start_ofs          /*声明全局符号，表示bss段首的偏移量*/
103 _bss_start_ofs:
104 .word __bss_start - _start
106 .global _image_copy_end_ofs  /*声明全局符号，表示存储块复制结束地址的偏移量*/
107 _image_copy_end_ofs:
108 .word __image_copy_end - _start
111 .global _bss_end_ofs            /*声明全局符号，表示bss段结束位置的偏移量*/
112  _bss_end_ofs:
113 .word __bss_end__ - _start
114 .global _end_ofs                /*声明全局符号，表示代码段结束位置的偏移量*/
115  _end_ofs:
116 .word _end - _start
129 /* IRQ stack memory (calculated at run-time) + 8 bytes */
131 .global IRQ_STACK_START_IN    /*声明全局符号，用于存储堆栈开始地址*/
132 IRQ_STACK_START_IN:
133 .word 0x0badc0de                /*全局符号初值*/
```

功能释义：

68、69 行声明全局符号“_end_vect”，并分配一个字型存储空间，用于存储符号的数值。该符号的值用来表示向量表的结束地址。定义符号的值为 0x12345678。

83～133 行声明多个全局符号，为每个符号分配一个字型存储空间用于存储符号的值。

83 行声明一个全局用符号“_TEXT_BASE”，表示代码段链接地址基地址。符号的值由 tiny210.h 文件中定义的宏 CONFIG_SYS_TEXT_BASE 决定。tiny210.h 文件中有：

```
64 #define CONFIG_SYS_TEXT_BASE      0x23e00000
77 #undef CONFIG_USE_IRQ              /* 禁用IRQ 中断*/
```

该处定义 CONFIG_USE_IRQ（= =0），表示 start.s 文件中的 117～127 行不执行。

83～132 行代码用于声明段。下面通过例 4.1 解读代码段的定义过程。

（2）反汇编代码

```
;编译地址  地址内容     ;与 start.s文件中对应指令
  40:     23e00000     ;_TEXT_BASE:             .word CONFIG_SYS_TEXT_BASE
  44:     00030d1c     ;_bss_start_ofs:         .word __bss_start - _start
  48:     00030d1c     ;_image_copy_end_ofs:    .word __image_copy_end - _start
  4c:     000665cc     ;_bss_end_ofs:           .word __bss_end__ - _start
  50:     0003608c     ;_end_ofs:               .word _end - _start
  54:     0badc0de     ;IRQ_STACK_START_IN:     .word   0x0badc0de
```

功能释义：编译地址为 0x40 的内容为 0x23e00000。

【例 4.1】解读 u-boot-spl.map 文件中的“_TEXT_BASE”。

文件存放路径：/opencsbc-u-boot/spl/u-boot-spl.map

用途：经过编译后生成的链接脚本文件。需要分配一个存储空间来存储源程序中所定义符号（标号或变量）的值，u-boot-spl.map 文件中记录了这些符号的地址。

u-boot-spl.map 文件 78～88 行。

文件内容：

```
78  arch/arm/cpu/armv7/start.o(.text)
79 .text          0x00000000      0x160 arch/arm/cpu/armv7/start.o
80              0x00000000                    _start
81              0x00000040                    _end_vect
82              0x00000040                    _TEXT_BASE
83              0x00000044                    _bss_start_ofs
84              0x00000048                    _image_copy_end_ofs
85              0x0000004c                    _bss_end_ofs
86              0x00000050                    _end_ofs
87              0x00000054                    IRQ_STACK_START_IN
88              0x00000080                    relocate_code
```

功能释义：

78 行表示 u-boot-spl.bin 文件中第一个被链接进来的代码段为 start.o，链接地址为 0x00000000。

82 行显示全局符号“_TEXT_BASE”编译后被分配的存储地址是 0x00000040。在程序中使用该符号的值表示代码段的首地址。这里的 0x00000040 不是绝对地址，而是一个偏移量，表示偏移符号“_start”的相对位置。因此当确定“_start”的位置后，微处理器可自行换算出存储符号“_TEXT_BASE”数值的存储单元地址。

结合 u-boot-spl.map 文件中 80 行内容分析可知，start.s 文件 84～85 行的用意是将基地址为“_start”，偏移长度为 0x00000040 的 4 个连续存储单元内容赋值为 0x23e00000，即为全局符号“_TEXT_BASE”赋值为 0x23e00000。因此在 u-boot.bin（BL2）文件中地址是 0x00000040 的存储单元内容应该为 0x23e00000。

验证方法 1：由上述 u-boot.bin（BL2）文件反汇编后的内容可以验证。可参见上述反汇编代码部分的内容。

验证方法 2：可以使用 UltraEdit 等二进制文件编辑器软件来查看 tiny210-spl.bin（BL1）文件内容。图 4.2 中显示的是 tiny210-spl.bin（BL1）文件的二进制数据内容。

```
00000000h: 53 35 50 43 31 31 30 20 39 67 05 00 45 52 20 20 ; S5PC110 9g..ER
00000010h: 14 00 00 EA 14 F0 9F E5 14 F0 9F E5 14 F0 9F E5 ; ...?馃?馃?馃?
00000020h: 14 F0 9F E5 14 F0 9F E5 14 F0 9F E5 14 F0 9F E5 ; .馃?馃?馃?馃?
00000030h: 20 00 00 00 24 00 00 00 28 00 00 00 2C 00 00 00 ;  ...$...(...,..
00000040h: 30 00 00 00 34 00 00 00 38 00 00 00 78 56 34 12 ; 0...4...8...xV4
00000050h: 00 00 E0 23 30 0D 00 00 30 0D 00 00 30 0D 00 00 ; ..?0...0...0...
00000060h: 30 0D 00 00 DE C0 AD 0B E7 02 00 EB 00 00 0F E1 ; 0...蘩?.?.?..?
00000070h: 1F 00 C0 E3 D3 00 80 E3 00 F0 29 E1 44 00 00 EB ; ..楞?€??酓..?
00000080h: 50 D1 9F E5 07 D0 CD E3 00 00 A0 E3 84 40 4F E2 ; P襁?型?.发嘶O?
```

图 4.2　tiny210-spl.bin 文件二进制编码

图 4.2 中 0x00000050 单元开始处存有数据的内容是 0x23e00000（依据 u-boot.lds 文件中 27 行可知，编译时声明数据存储模式为小端模式）。图中显示的地址与上述分析相差 0x10 个单元，是因为 tiny210-spl.bin 作为系统的 BL1 段代码，需要添加额外 16 个字节的文件头，用于 BL0 复制代码时使用。

通过例 4.1 可以知道 start.s 文件 83～85 行声明一个全局属性的符号。

符号名：_TEXT_BASE

符号值：0x23E00000（由 CONFIG_SYS_TEXT_BASE 定义）

为符号值分配的存储单元地址：_start（基址）+ 0x00000040（偏移量）。

符号值的用途：符号值表示 U-Boot 程序代码段在 SDRAM 中的链接基地址。

4.2.2 复位入口

微处理器复位后，首先跳转到标号 reset 处执行代码，该段代码需要完成 BL2 段代码的复制和运行，完成板级初始化过程、启动 U-Boot 进入控制台接收命令。Reset 程序代码流程如图 4.3 所示。

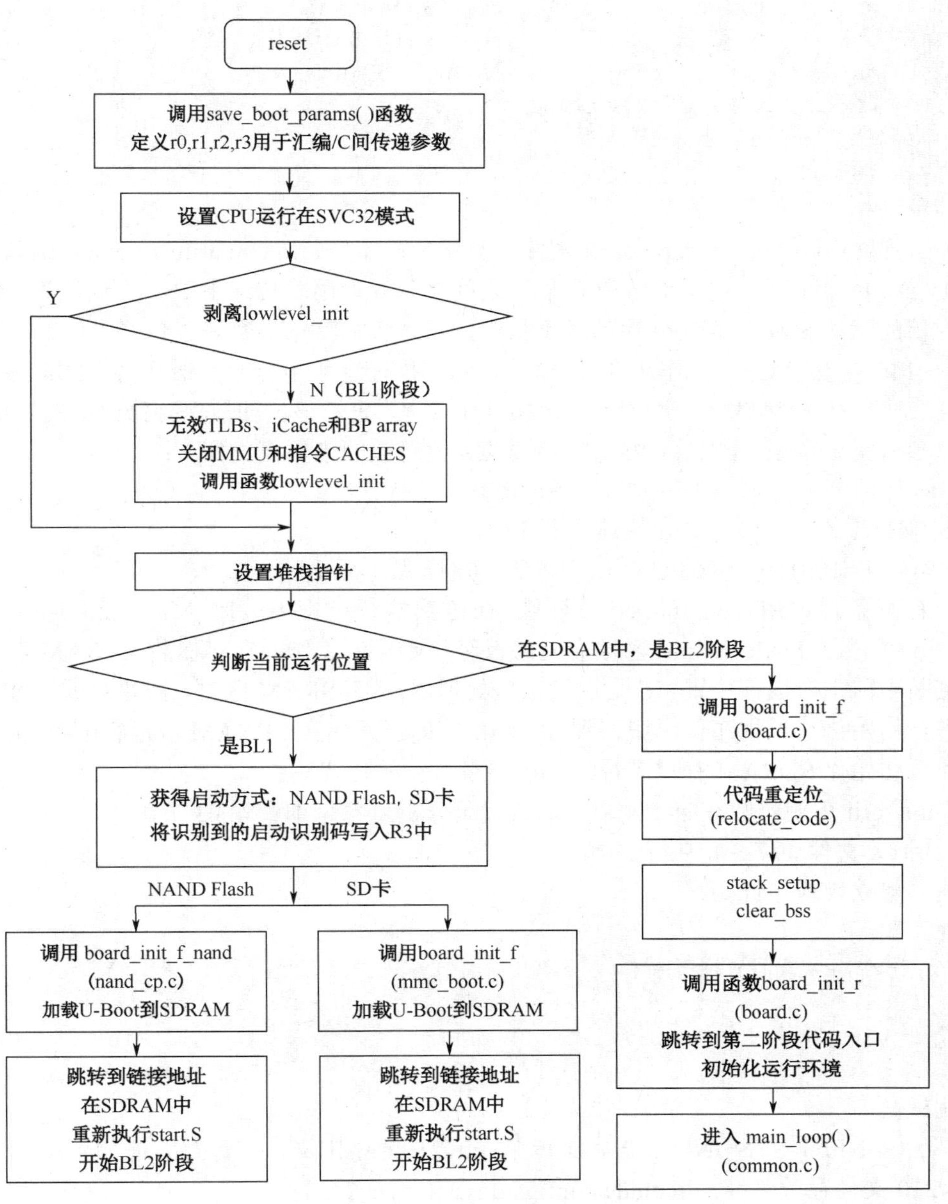

图 4.3　Reset 程序代码流程图

由于 S5PV210 微处理器的特点，可以有多种条件产生复位。如：系统上电或复位引脚上的复位信号所产生的硬复位，运行过程休眠的唤醒产生的软复位等。在 U-Boot 启动过程中，依据不同阶段，reset 段代码可能处于 NAND Flash、ISRAM 或 SDRAM 等不同位置，需要对代码段进行重新定位。因此，在代码运行过程中需要对上述情况进行判断并作出相应处理。

1．start.s 文件 138～174 行

用途：定义复位后的执行代码。

文件源码：

```
138 reset:                        /*reset函数入口，复位后首先执行该程序*/
139 bl  save_boot_params          /*可通过u-boot-spl.map文件找到该函数的定义出处*/
143 mrs r0,cpsr                   /*读CPSR状态寄存器，r0=cpsr */
144 bic r0,r0,#0x1f               /*r0=r0&(!#0x1f) */
145 orr r0,r0,#0xd3               /*r0=r0|(#0xd3) */
146 msr cpsr,r0                   /*写CPSR状态寄存器*/
172 #ifndef CONFIG_SKIP_LOWLEVEL_INIT
    bl  cpu_init_crit             //goto 321
174 #endif
```

功能释义：

139 行函数 save_boot_params 定义文件存放路径：/arch/arm/cpu/armv7/cpu.c。函数中定义使用 r0、r1、r2、r3 寄存器，用于汇编和 C 程序之间在相互调用时传递参数。这里用来存储 U-Boot 传递给内核的默认参数，U-Boot 启动时不指定，后续添加默认参数。

143～146 行设置 CPU 工作在 SVC 模式。通过执行这 4 条指令，最终将 CPSR 寄存器的值修改为：******** ******** ******** 11*10011b。“*”表示该位的值保持修改前的原值。CPSR 内容可以参考第 1 章 1.3.4 节。CPSR 寄存器低 8 位对应的工作模式如下：

CPSR[7] =1　　　　禁止外部中断(IRQ)

CPSR[6] =1　　　　禁止快速中断(FIR)

CPSR[4:0] =10011b　　CPU 工作于超级用户模式

172 行有条件调用 cpu_init_crit 函数。在函数执行过程中关闭 MMU 和 I-Cache，调用 lowlevel_init 函数。lowlevel_init 函数会完成板级初始化的工作，在对板载 SDRAM 芯片初始化之前会判断当前指令运行位置。若是运行在微处理器内部 ISRAM 区时，需要对板载 SDRAM 存储芯片进行初始化。当程序代码搬移到 SDRAM，即已开始在 SDRAM 区运行 U-Boot（BL2），此时不能再初始化 SDRAM 存储芯片了，需要跳过初始化代码。

cpu_init_crit 声明函数在 start.s 中，函数代码分析可参见本章 4.3.3 节。

2．start.s 文件 177～179 行

用途：建立堆栈指针。

文件源码：

```
/* 在内部RAM区设置堆栈指针，用于调用board_init_f函数*/
177 call_board_init_f:
178 ldr sp,=(CONFIG_SYS_INIT_SP_ADDR)
179 bic sp,sp,#7       /*8字节对齐*/
```

功能释义：

178 行 CONFIG_SYS_INIT_SP_ADDR 在 tiny210.h 中定义，其计算方法如下。

Tiny210.文件存放路经：/include/configs/tiny210.h

主要功能源码：

```
63 #define CONFIG_SYS_SDRAM_BASE        0x20000000
66 #define MEMORY_BASE_ADDRESS          CONFIG_SYS_SDRAM_BASE
144 #define CONFIG_SYS_LOAD_ADDR (PHYS_SDRAM_1+0x1000000)    //default load
162 #define CONFIG_SYS_INIT_SP_ADDR
(CONFIG_SYS_LOAD_ADDR-GENERATED_GBL_DATA_SIZE)
```

```
/* MINI210 has 4 bank of DRAM */
165 #define CONFIG_NR_DRAM_BANKS 1
166 #define SDRAM_BANK_SIZE       0x20000000          //256MB，一块长度
167 #define PHYS_SDRAM_1          MEMORY_BASE_ADDRESS
168 #define PHYS_SDRAM_1_SIZE     SDRAM_BANK_SIZE
```

功能释义：

63 行定义配置系统板载 SDRAM 基地址=0x20000000

66 行定义系统存储单元基地址=0x20000000

144 行配置系统加载地址=0x20000000+0x01000000=0x21000000

162 行定义堆栈基址=CONFIG_SYS_INIT_SP_ADDR

CONFIG_SYS_INIT_SP_ADDR=0x20000000+0x1000000-GENERATED_GBL_DATA_SIZE

GENERATED_GBL_DATA_SIZE 的值在编译结束后确定。

165 行定义板载 SDRAM 块数量=1

166 定义板载 SDRAM 块容量=0x20000000（256MB）

167 行定义板载第一块 SDRAM 首地址=0x20000000

168 行定义板载第一块 SDRAM 容量=0x20000000（256MB）

上述内容完成定义堆栈基址=0x20000000+0x1000000-GENERATED_GBL_DATA_SIZE。

3．start.s 文件 180～187 行

用途：判断当前代码运行位置。

文件源码：

```
180 ldr r0,=0x00000000
183 #if defined(CONFIG_K)||defined(CONFIG_MINI210)
184 adr r4,_start                       //判断代码运行位置
185 ldr r5,_TEXT_BASE
186 cmp r5,r4
187 beq board_init_in_ram
```

功能释义：

（1）当 U-Boot 完成编译连接后，对符号“_start”的值有相应声明。

BL1 段在文件/spl/u-boot-spl.map 中有：0x00000000 _start

BL2 段在文件/u-boot.map 中有：　　　0x23e00000　　_start

（2）在 start.s 文件 84 行定义符号“_TEXT_BASE”的值为“CONFIG_SYS_TEXT_BASE”，在/include/configs/tiny210.h 文件中，有宏定义：

```
64 #define CONFIG_SYS_TEXT_BASE       0x23e00000
```

187 行比较两个符号的数值，相等表示当前代码已运行于 SDRAM 中，需要跳转到标号 board_init_in_ram 处，调用 board_init_f 函数。函数调用无返回，函数分析可见本章 4.3.4 节中的 board_init_f（BL2）。

4．start.s 文件 189～234 行

用途：判断当前启动设备，将 BL1+BL2 读入 SDRAM。

文件源码：

```
189  ldr r0,=PRO_ID_BASE           /*PRO_ID_BASE+OMR_OFFSET：启动方式寄存器*/
190  ldr r1,[r0,#OMR_OFFSET]       /*读OM引脚的配置状态*/
191  bic r2,r1, #0xffffffc1        /*得到OM[4:0]状态，存入r2*/
194~219 略
221 ldr r0,=INF_REG_BASE
```

```
222 str r3,[r0,#INF_REG3_OFFSET]        /*将启动信息代码存放于INFORM3寄存器*/
224 ldr r1,[r0,#INF_REG3_OFFSET]        /*判断启动方式*/
225 cmp r1,#BOOT_NAND                   /* 0x0 => boot device is nand */
beq nand_boot_210
cmp    r1,#BOOT_MMCSD
beq    mmcsd_boot_210
 nand_boot_210:
231 bl     board_init_f_nand            /* nand启动 */
mmcsd_boot_210:
234 bl     board_init_f                 /* SD启动 */
```

功能释义：

189～191 行得到 OM 引脚电平的配置信息。

194～219 行获得启动方式，将启动方式存入 INFORM3 寄存器，INFORM3 可供用户使用。

221～234 行依据启动方式，SD 卡启动调用 board_init_f 函数，NAND Flash 启动调用 board_init_f_nand 函数，将启动设备中的 U-Boot 代码复制到 SDRAM 中，在 SDRAM 中开始运行 BL1+BL2。

5．执行顺序

上述内容将 reset 段代码分为 4 个部分。上电/复位开始代码位于 ISRAM 中，此时仅有 BL1 阶段代码，会依次执行 reset 段的 1、2、3、4 等 4 部分。第 4 部分代码会将 uboot.bin（BL1+BL2）完整复制到 SDRAM 中，在 SDRAM 中重新开始执行 reset 段的第 1，2 部分，在代码的第 3 部分判断出代码运行于 SDRAM 中，调转到标号“board_init_in_ram”，开始执行指令，调用函数 bl　board_init_f。

6．start.s 文件 189～234 行

用途：调用 board_init_f(BL2)函数，完成板级初始化。

文件源码：

```
235  board_init_in_ram:
236  #endif
238  bl board_init_f
```

功能释义：

238 行函数调用，不返回调用处。

4.2.3　定义的函数

在 start.s 文件中定义有若干个函数，供内部和外部调用。

4.2.3.1　cpu_init_crit

start.s 文件 369～414 行。

功能：禁用 CPU 内部的 L1 Catch。调用 lowlevel_init 完成关闭 MMU、配置时钟域和板级初始化工作。函数工作流程如图 4.4 所示。

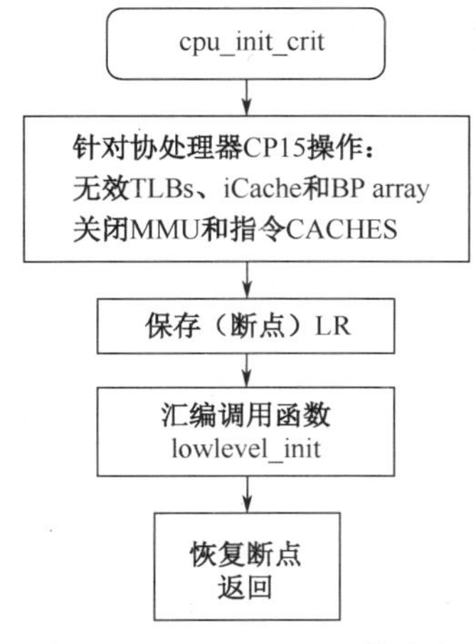

图 4.4　cpu_init_crit 函数流程

文件源码：

```
369 #ifndef CONFIG_SKIP_LOWLEVEL_INIT
/* CPU_init_critical registers,setup important
registers, setup memory timing*/
378 cpu_init_crit:
```

```
380 /* Invalidate L1 I/D */
382  mov   r0,#0                       @ set up for MCR
     mcr   p15,0,r0,c8,c7,0            @ invalidate TLBs
     mcr   p15,0,r0,c7,c5,0            @ invalidate icache
     mcr   p15,0,r0,c7,c5,6            @ invalidate BP array
     mcr   p15,0,r0,c7,c10,4           @ DSB
387  mcr   p15,0,r0,c7,c5,4            @ ISB
/* disable MMU stuff and caches*/
392  mrc   p15,0,r0,c1,c0,0
     bic   r0,r0,#0x00002000           @ clear bits 13 (--V-)
     bic   r0,r0,#0x00000007           @ clear bits 2:0 (-CAM)
     orr   r0,r0,#0x00000002           @ set bit 1 (--A-) Align
     orr   r0,r0,#0x00000800           @ set bit 11 (Z---) BTB
397  #ifdef CONFIG_SYS_ICACHE_OFF
398  bic r0,r0,#0x00001000             @ clear bit 12 (I) I-cache
   #else
400  orr r0,r0,#0x00001000             @ set bit 12 (I) I-cache
   #endif
402  mcr p15,0,r0,c1,c0,0
/* Jump to board specific initialization... The Mask ROM will have already
initialized basic memory. Go here to bump up clock rate and handle wake up
conditions. */
410  mov ip,lr                     @ persevere link reg across call
411  bl  lowlevel_init             @ go setup pll, mux, memory
412  mov lr,ip                     @ restore link
413  mov pc,lr                     @ back to my caller  got 174
414  #endif
```

功能释义：

369 行判断调用条件。

382～387 行无效 TLBs、指令缓存和 BP 队列。

392～402 行关闭 MMU 和指令缓存。其中 397 行如果没有定义 CONFIG_SYS_ICACHE_OFF，则会打开指令缓存、关掉 MMU 以及 TLB。配置方法可另行参考 CP15 寄存器的定义说明。

410 行保存 lr 以便正常返回。注意前面是通过 BL 跳到函数 cpu_init_crit，因此需要保存返回地址,用于函数执行完之后返回。

413 行调用函数 lowlevel_init，重定位代码之前，初始化 SDRAM 时序。

414 行恢复 lr，函数调用返回。

ARM 微处理器通常使用系统控制协处理器（System Control Coprocessor）CP15 完成对存储系统的管理，管理内容涉及处理器的 MMU、Cache 和 TLB。CP15 包含 16 个 32 位寄存器，其编号为 0～15。CP15 的寄存器只可以在特权模式下通过 MRC 和 MCR 指令进行访问，寄存器名称和作用见表 4.4。

表 4.4　CP15 协处理器中的寄存器

寄 存 器	读 描 述	写 描 述
C0	ID 码	—
C1	控制	控制

续表

寄存器	读描述	写描述
C2	地址转换表基地址	地址转换表基地址（Translation Table Base）
C3	域访问控制	域访问控制（Domain Access Control）
C4	—	—
C5	错误	错误状态（Fault Status）
C6	错误地址	错误地址（Fault Address）
C7	—	Cache 操作
C8	—	TLB 操作
C9	Cache 锁定	Cache 锁定
C10	TLB 锁定	TLB 锁定
C11	—	—
C12	—	—
C13	进程 ID	进程 ID
C14	—	—
C15	芯片生产厂商用于测试	芯片生产厂商用于测试

4.2.3.2 relocate_code

start.s 文件 240～366 行。

功能：将 U-Boot 在 SDRAM 中重新定位，清 BSS 段，调用 board_init_r 函数。

文件源码：

```
240  /* void relocate_code (addr_sp,gd,addr_moni). * This "function" does not
return,instead it continues in RAM after relocating the monitor code. 函数
不返回*/
250   .global relocate_code           /*定义全局符号 */
251   relocate_code:
      mov      r4,r0                  /*函数入口参数r0=save addr_sp      */
      mov      r5,r1                  /*r1=save addr of gd                */
      mov      r6,r2                  /*r2=addr of destination (addr_moni) */
      /* Set up the stack*/
      stack_setup:
      mov      sp,r4                  /*设置堆栈
      adr      r0,_start              /*r0源首地址                       */
      cmp      r0,r6                  /*比较当前运行地址和目标地址          */
      moveq    r9,#0                  /*no relocation. relocation offset(r9)=0*/
263  beq  clear_bss                   /*相等表示重定位结束,跳转,清bss段     */
      mov      r1,r6                  /* r1目的首地址                     */
265  ldr       r3,_image_copy_end_ofs
      add      r2,r0,r3               /*r2计算源结束地址                   */
268   copy_loop:
      Ldmia    r0!,{r9-r10}           /*r0源首地址 copy from source address [r0] */
      Stmia    r1!,{r9-r10}           /*r1目的首地址copy to target address[r1]*/
      cmp      r0,r2                  /*r2源结束地址until source end address[r2]*/
272   blo copy_loop                   /*复制代码数据块*/
274   #ifndef CONFIG_SPL_BUILD        /*是BL2段代码                  */
      /* fix .rel.dyn relocations */
278   ldr      r0,_TEXT_BASE          /* r0 <- Text base */
279   sub      r9,r6,r0               /* r9 <- relocation offset */
```

```
    ldr     r10,_dynsym_start_ofs   /* r10 <- sym table ofs */
    add     r10,r10,r0              /* r10 <- sym table in Flash */
    ldr     r2,_rel_dyn_start_ofs   /* r2 <- rel dyn start ofs */
    add     r2,r2,r0                /* r2 <- rel dyn start in Flash */
    ldr     r3,_rel_dyn_end_ofs     /* r3 <- rel dyn end ofs */
    add     r3,r3,r0                /* r3 <- rel dyn end in Flash */
    fixloop:
    ldr     r0,[r2]                 /* r0 <- location to fix up,IN Flash! */
    add     r0,r0,r9                /* r0 <- location to fix up in RAM */
    ldr     r1,[r2,#4]
    and     r7,r1,#0xff
    cmp     r7,#23                  /* relative fixup? */
    beq     fixrel
    cmp     r7,#2                   /* absolute fixup? */
    beq     fixabs
    /* ignore unknown type of fixup */
    b   fixnext
    fixabs:
    /* absolute fix: set location to (offset) symbol value */
    mov     r1,r1,LSR #4            /* r1 <- symbol index in.dynsym */
    add     r1,r10,r1               /* r1 <- address of symbol in table */
    ldr     r1,[r1,#4]              /* r1 <- symbol value */
    add r1,r1,r9                    /* r1 <- relocated sym addr */
    b   fixnext
    fixrel:
    /* relative fix: increase location by offset */
    ldr r1,[r0]
    add r1,r1,r9
    fixnext:
    str r1,[r0]
    add r2,r2,#8                    /* each rel.dyn entry is 8 bytes */
    cmp r2,r3
312 blo fixloop
313 b   clear_bss
    _rel_dyn_start_ofs:
    .word __rel_dyn_start - _start  /* 计算__rel_dyn_start的偏移地址*/
    _rel_dyn_end_ofs:
    .word __rel_dyn_end - _start    /* 计算__rel_dyn_end的偏移地址*/
    _dynsym_start_ofs:
    .word __dynsym_start - _start   /* 计算__dynsym_start的偏移地址*/
    #endif                          /* #ifndef CONFIG_SPL_BUILD */
```

start.s 文件 323～340 行。

```
323 clear_bss:
#ifdef CONFIG_SPL_BUILD                 /* No relocation for SPL */
    ldr     r0,=__bss_start
    ldr     r1,=__bss_end__
271 #else
    ldr     r0,_bss_start_ofs
    ldr     r1,_bss_end_ofs
```

```
        mov     r4,r6                          /* reloc addr */
        add     r0,r0,r4
        add     r1,r1,r4
    #endif
    335 mov     r2,#0x00000000                 /* clear */
        clbss_l:
        str     r2,[r0]                        /* clear loop... */
        add     r0,r0,#4
        cmp     r0,r1
    340 bne     clbss_l
    /* We are done. Do not return,instead branch to second part of board
       * initialization,now running from RAM. */
```

start.s 文件 346～366 行。

```
    346 jump_2_ram:
    /* If I-cache is enabled invalidate it */
    #ifndef CONFIG_SYS_ICACHE_OFF
        mcr     p15,0,r0,c7,c5,0               @ invalidate icache
        mcr     p15,0,r0,c7,c10,4              @ DSB
        mcr     p15,0,r0,c7,c5,4               @ ISB
    #endif
    355 ldr     r0,_board_init_r_ofs
    356 adr     r1,_start
    357 add     lr,r0,r1
    358 add     lr,lr,r9
      /* setup parameters for board_init_r 为board_init_r 准备参数 */
    360 mov     r0,r5                          /* gd_t */
    361 mov     r1,r6                          /* dest_addr */
    262 mov     pc,lr                          /* jump to it ... */
    365 board_init_r_ofs:
    366 .word  board_init_r - _start
```

功能释义：

（1）重定位。

263 行函数 relocate_code 的条件出口，当休眠后的唤醒等非上电/复位因素导致 U-Boot 重新启动（软重启），此时 U-Boot 代码在 SDRAM 中已完成重新定位，此时跳转到 323 行的 clear_bss 处运行。

265 行在/arch/arm/cpu/armv7/u-boot.lds 文件声明“__image_copy_end”为当前地址，该地址与程序入口“_start”之间含有代码段（.text）、数据段（.data）、U-Boot 命令段（__u_boot_cmd_start）。

start.s 中定义“_image_copy_end_ofs”，表示上述三个段的长度（偏移“_start”的长度）。计算方法为：_image_copy_end_ofs =__image_copy_end - _start。

268～272 行将代码段（.text）、数据段（.data）和 U-Boot 命令段等三个段的内容复制到入口参数 addr of destination 指定的首地址处，完成上述三段代码的重定位过程。

278～312 行将 u-boot.lds 文件中定义的.rel.dyn（动态重定位表）和.dynsym（动态符号表）两个段内容重定位，并遍历.rel.dyn，根据重定位表中的信息将符号表中存储的函数地址等进行重定位。

（2）清 BSS 段

在 u-boot.lds 文件中定义的 BSS 段不参与重定位，由于 BSS 段内保存的是全局符号或变量等，其值在初始阶段需要清零。

323～340 行完成 BSS 段内容的清零工作。

（3）跳转到 board_init_r

board_init_r 函数在/arch/arm/lib/board.c 文件中声明，该文件随代码段在 SDRAM 中被重定位。355～358 行用于找到重定位后的函数入口。

355 行获得在编译时 board_init_r 相对于_start 的偏移量，存入 r0。

356 行将当前运行在 SDRAM 中的代码段入口地址，存入 r1。

357～358 行由 279 行可知：r9=目的首地址-源首地址，通过计算可以获得当前运行的代码中 board_init_r 函数入口位置。

360～366 行准备入口参数，跳转到 board_init_r 函数处运行。

4.2.3.3 中断处理函数

本节将对中断处理函数主要代码进行注释和功能说明。

1．中断程序预处理宏定义，位于 start.s 文件 416～538 行

```
416 #ifndef CONFIG_SPL_BUILD
417 /*中断处理（Interrupt handling）*/
418 @ 定义IRQ堆栈帧
427 #define S_FRAME_SIZE 72
428 #define S_OLD_R0     68
429 #define S_PSR        64
430 #define S_PC         60
431 #define S_LR         56
432 #define S_SP         52
433 #define S_IP         48
434 #define S_FP         44
435 #define S_R10        40
436 #define S_R9         36
437 #define S_R8         32
438 #define S_R7         28
439 #define S_R6         24
440 #define S_R5         20
441 #define S_R4         16
442 #define S_R3         12
443 #define S_R2         8
444 #define S_R1         4
445 #define S_R0         0
446 #define MODE_SVC 0x13
447 #define I_BIT        0x80
448 /* abort/prefetch/undef/swi ...等异常处理，使用bad_save_user_regs */
449 /* IRQ/FIQ 等异常处理，使用 irq_save_user_regs / irq_restore_user_regs*/
```

（1）bad_save_user_regs，位于 start.s 文件 457～473 行。

```
457 .macro   bad_save_user_regs
458 sub      sp,sp,#S_FRAME_SIZE      @保存断点信息
460 stmia    sp,{r0-r12}
462 ldr      r2,IRQ_STACK_START_IN
464 ldmia    r2,{r2-r3}
465
```

```
466 add      r0,sp,#S_FRAME_SIZE      @保存sp_SVC，lr_SVC，pc，cpsr
468 add      r5,sp,#S_SP
469 mov      r1,lr
470 stmia    r5,{r0-r3}
471 mov      r0,sp                    @保存当前堆栈指针
473 .endm
```

功能释义：当出现 abort、prefetch、undef 和 swi 等异常时，保存主程序寄存器值。受保护的寄存器有：r0～r12、sp、lr、pc 和 cpsr。

457 行定义宏名。

458 行需要保护的数据长度为 S_FRAME_SIZE（start.s 的 372 行定义 S_FRAME_SIZE=72），建立堆栈指针 sp。

460 行将 r0～r12 寄存器中的数值依次压入堆栈。该行指令助记符 stmia 中的“ia”表示每次传送后 sp 值增加 4，r0～r12 共 13 个寄存器被从下到上保存在堆栈区划出大小为 S_FRAME_SIZE 的这段空间。

462 行 r2 指向 IRQ_STACK_START_IN（IRQ 保护栈首地址）。

在文件 u-boot-spl.文件中有为全局符号分配的地址，其中有：

```
111 0x00000054                IRQ_STACK_START_IN
```

464 行将 r2 指向单元的内容取出，存入 r2、r3（需要保护的数据）。当发生异常时，可以将 IRQ_STACK_START_IN 保存的 pc 和 cpsr 寄存器的值加载到 r2，r3 寄存器中。

466 行 r0=sp+S_FRAME_SIZE，需要保护的数据，宏入口的 sp。

468 行 r5=sp+S_SP（start.s 的 429 行定义=52），指定存放保护数据的存储位置。

469 行 r1=lr，需要保护的数据，宏入口的 lr。

470 行 save sp_SVC，lr_SVC，pc，cpsr，存储顺序为：

[SP+52]存 r0，即原来的 sp 值，就是 sp_SVC，即被中断时的 sp 值。

[SP+56]存 r1，即 lr，就是 lr_SVC，即被中断时的 lr 值。

[SP+60]存 r2，即 pc，就是使用 IRQ_STACK_START_IN 保存被中断时的 pc 值

[SP+64]存 r3，即 cpsr，就是使用 IRQ_STACK_START_IN 保存被中断时的 cpsr 值。

471 r0=sp。

473 宏定义结束。

（2）irq_save_user_regs。位于 start.s 文件 475～487 行。

```
475 .macro   irq_save_user_regs
…
```

功能释义：

475 行定义宏名。

后续代码与宏 bad_save_user_regs 定义过程相同，此处略。

（3）irq_restore_user_regs。位于 start.s 文件 489～496 行。

```
489 .macro   irq_restore_user_regs
…
```

功能释义：

489 行定义宏名。

后续代码与宏 bad_save_user_regs 定义过程相同，此处略。

（4）get_bad_stack。位于 start.s 文件 498～515 行。

```
498 .macro   get_bad_stack
```

```
499 ldr       r13,IRQ_STACK_START_IN
500
502 str       lr,[r13]
503
504 mrs       lr,spsr
505 str       lr,[r13,#4]
506
508 mov       r13,#MODE_SVC
510 msr       spsr,r13
511
512 mov       lr,pc                    @ 恢复断点信息
513 movs      pc,lr                    @ 返回
514
515 .endm
```

功能释义：

499 行建立堆栈指针。

502 行程序断点入栈保护。

504～505 行 spsr 入栈保护。

508 行 r13=MODE_SVC（start.s 的 445 行定义=0x13）。

510 行 spsr=0x13。

512～513 行宏 get_bad_stack 结束，执行宏 get_bad_stack 后续第一条指令。

（5）get_bad_stack_swi。位于 start.s 文件 517～530 行。

```
517.macro get_bad_stack_swi
…
```

功能释义：

517 行定义宏名。

后续代码与宏 get_bad_stack 定义过程相同，此处略。

（6）get_irq_stack。位于 start.s 文件 532～534 行。

```
532 .macro get_irq_stack
…
```

功能释义：

532 行定义宏名。

后续代码与宏 get_bad_stack 定义过程相同，此处略。

（7）get_fiq_stack。位于 start.s 文件 537～538 行。

```
537 .macro get_fiq_stack
…
```

功能释义：

537 行定义宏名。

后续代码与宏 get_bad_stack 定义过程相同，此处略。

2．中断处理程序

（1）start.s 文件 541～547 行。

```
541 /* exception handlers */
543 .align   5
544 undefined_instruction:
545 get_bad_stack
```

```
546 bad_save_user_regs
547 bl do_undefined_instruction
```

功能释义：

543 行为未定义异常处理程序代码分配 32 字节空间。

544 行 undefined_instruction 异常处理程序标号。

545 行调用 get_bad_stack 宏，分配堆栈区。

546 行调用 bad_save_user_regs 宏，保护用户寄存器内容。

547 行调用 do_undefined_instruction 函数处理 undefined_instruction 事件。

do_undefined_instruction 声明函数文件路径：/arch/arm/lib/interrupts.c。

（2）start.s 文件 549～602 行。

分别定义了 software_interrupt、prefetch_abort、data_abort、not_used、irq 和 fiq 等异常发生时处理程序。

4.2.4 调用的函数

4.2.4.1 lowlevel_init

lowlevel_init 函数是 U-Boot 的重要组成部分，其工作流程可参见图 4.5。

函数声明文件存放路径：/board/samsung/tiny210/lowlevel_init.s

用途：完成板载设备初始化设置，判断当前代码运行位置是微处理器的内部 ISRAM 还是片外的 SDRAM，复制 BL2 代码。

当 U-Boot 完成编译链接后，对符号_start 的值有相应声明。

BL1 段在文件/spl/u-boot-spl.map 中有：0x00000000　_start

BL2 段在文件/u-boot.map 中有：0x23e00000　_start

在 lowlevel_init 函数中通过判断_start 的值，来获知当前程序运行的是 BL1 还是 BL1+BL2，以此来决定是否需要初始化 SDRAM 存储芯片。

函数源码：源码内容可参见 lowlevel_init 函数文件。

4.2.4.2 board_init_f_nand

功能：将 NAND Flash 中存放的启动代码复制到 SDRAM 中。

声明函数文件存放路径：/arch/arm/cpu/armv7/s5pc1xx/nand_cp.c

```
135 void board_init_f_nand(unsigned long bootflag)
{       __attribute__((noreturn)) void (*U-Boot)(void);
137     copy_u-boot_to_ram_nand();    //复制U-Boot，随后跳转到U-Boot入口
139     U-Boot = (void *)CONFIG_SYS_TEXT_BASE; //重定位于SDRAM中的U-Boot入口
140    (*U-Boot)();                        /* 函数调用无返回*/ }
```

功能释义：

137 行在 copy_u-boot_to_ram_nand( )函数中调用 IROM(BL0)内部定义的函数 CopysdMMCtoMem，完成复制 BL1+BL2 代码。CopysdMMCtoMem 函数是 S5PV210 微处理器内部自带函数，出厂时已经固化到芯片 IROM 中，在第 3 章的表 3.28 中给出了该函数入口地址为 0xD0037F98。

139 行 U-Boot（BL2）函数指针赋值 0x23e00000。

在本章 4.2.1 节中介绍到，在/include/configs/tiny210.h 文件中，有宏定义：#define CONFIG_SYS_TEXT_BASE 0x23e00000。

140 行跳转到 0x23e00000 处运行完整 U-Boot 代码。

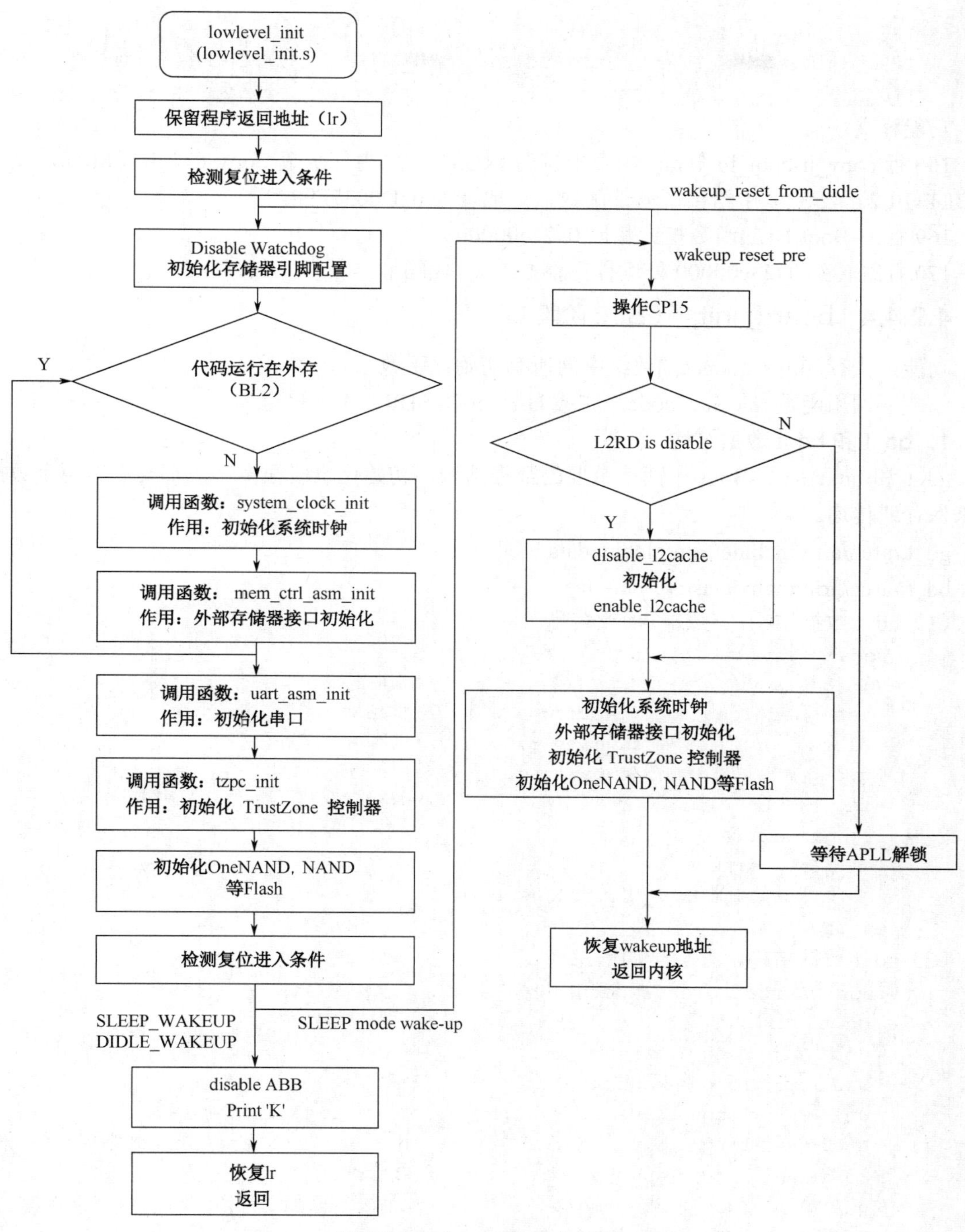

图 4.5　lowlevel_init 工作流程

4.2.4.3　board_init_f（BL1 阶段）

函数声明文件存放路径：/arch/arm/cpu/armv7/s5pc1xx/mmc_boot.c

功能：将存放在 SD 卡中的 U-Boot 启动代码复制到 SDRAM 中。

函数源码：

```
163 void board_init_f(unsigned long bootflag)
164  {
        __attribute__((noreturn)) void (*U-Boot)(void);
```

```
166     copy_u-boot_to_ram();
169     U-Boot = (void *)CONFIG_SYS_TEXT_BASE;       /*跳转到链接地址执行*/
170     (*U-Boot)();                                 /*无返回 */}
```

功能释义：

166 行 copy_u-boot_to_ram( )函数中调用 IROM(BL0)内部函数 CopysdMMCtoMem，完成复制 BL1+BL2。表 3.28 中给出了内部函数入口地址为 0xD0037F98。

169 行 U-Boot(BL2)函数指针赋值 0x23e00000。

170 行跳转到 0x23e00000 处运行完整 U-Boot 代码。

4.2.4.4 board_init_f（BL2 阶段）

功能：执行 init_sequence[ ]数组中的所有初始化函数。

调用函数 relocate_code，完成 U-Boot 在 SDRAM 中重定位。

1. gd_t 和 bd_t 数据结构

gd_t 和 bd_t 是 U-Boot 中两个重要的数据结构，初始化阶段很多参数都要靠这两个数据结构来保存或传递。

gd_t:/arch/arm/include/asm/global_data.h

bd_t:/arch/arm/include/asm/u-boot.h

（1）bd_t 数据结构，存放目标板信息。

```
typedef struct bd_info {
    int             bi_baudrate;         /*波特率              */
    unsigned long  bi_ip_addr;          /*IP地址              */
    ulong          bi_arch_number;      /*机器码              */
    ulong          bi_boot_params;      /*内核启动参数         */
    struct                              /*RAM配置信息          */
{ ulong start;
      ulong size;
    }  bi_dram[CONFIG_NR_DRAM_BANKS];
} bd_t;
```

（2）gd_t 数据结构，存放全局信息。

```
typedef struct global_data {
    bd_t  *bd;                           //目标板信息
    unsigned long   flags;
    unsigned long   baudrate;            //
    unsigned long   have_console;        /*用于serial_init()函数        */
    unsigned long   env_addr;            /*用于 Environment struct结构体  */
    unsigned long   env_valid;           /*校验和                      */
    unsigned long   fb_base;             /* 帧缓存基地址                */
    #ifdef CONFIG_ARM
    /* "static data" needed by most of timer.c on ARM platforms */
    unsigned long    timer_rate_hz;
    unsigned long    tbl;
    unsigned long    tbu;
    unsigned long    timer_reset_value;
    unsigned long    lastinc;
    #endif
    unsigned long    relocaddr;          /* U-Boot在RAM中重定位的首地址 */
```

```
    phys_size_t      ram_size            /* RAM空间大小                  */
    unsigned long    mon_len;            /* 监视长度                     */
    unsigned long    irq_sp;             /* irq用堆栈指针                */
    unsigned long    start_addr_sp;      /*存放堆栈指针的首地址          */
    unsigned long    reloc_off;
    #if !(defined(CONFIG_SYS_ICACHE_OFF) && defined(CONFIG_SYS_DCACHE_OFF))
    unsigned long    tlb_addr;
    #endif
    void        *jt;
    char        env_buf[32];             /*重定位后getenv()使用缓存 */
  } gd_t;
```

2．board_init_f 函数体

声明函数文件存放路径：/arch/arm/cpu/armv7/lib/board.c

函数源码：

```
1  void board_init_f(ulong bootflag)
{   bd_t *bd;

    init_fnc_t **init_fnc_ptr;
4   gd_t *id;
    ulong addr, addr_sp;

    /* Pointer is writable since we allocated a register for it */
    gd = (gd_t *) ((CONFIG_SYS_INIT_SP_ADDR) & ~0x07);
    /* compiler optimization barrier needed for GCC >= 3.4 */
    __asm__ __volatile__("": : :"memory");
    memset((void *)gd, 0, sizeof(gd_t));
12  gd->mon_len = _bss_end_ofs;
13  for (init_fnc_ptr = init_sequence; *init_fnc_ptr; ++init_fnc_ptr) {
    if ((*init_fnc_ptr)() != 0)
      {hang ();        }
16        ……
17  gd->relocaddr = addr;
    gd->start_addr_sp = addr_sp;
19  gd->reloc_off = addr - _TEXT_BASE;
20  debug("relocation Offset is: %08lx\n", gd->reloc_off);
    memcpy(id, (void *)gd,sizeof(gd_t));

23  relocate_code(addr_sp,id,addr);}
```

功能释义：

4 行定义一个全局数据结构体指针 id。

12 行在 start.s 文件 111 行定义有_bss_end_ofs =__bss_end__- _start。

13 行执行 init_sequence[ ]数组中的所有初始化函数。

16 行省略若干行代码，用于分配 SDRAM 空间，分配方案如图 4.6 所示。

17～19 行代码声明用于重定位函数 relocate_code（见本章 4.2.3.2 节）的三个参数，三个参数分别表示用户栈地址、全局数据结构体地址和代码重定位的起始地址，通过寄存器 R0，R1，R2 传递给汇编程序。

20 行在控制台输出调试信息。

23 行调用重定位函数 relocate_code，函数调用后不返回此处。

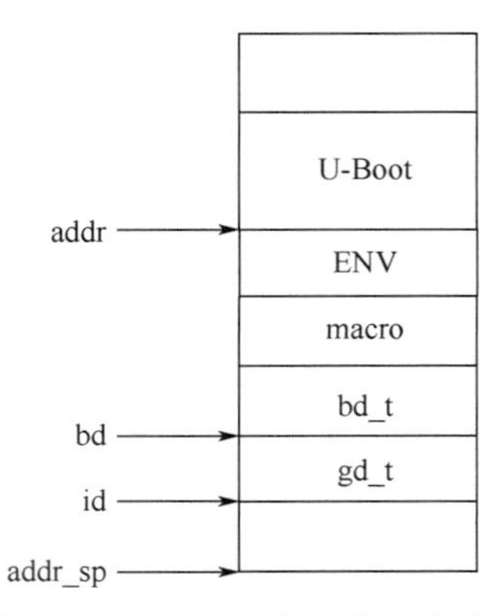

图 4.6　SDRAM 空间分配方案

3. init_sequence[ ]数组中的初始化函数

```
arch_cpu_init          /*获得CPU ID          */
timer_init             /*初始化定时器         */
env_init               /*初始化环境变量        */
serial_init            /*初始化串行通信接口     */
console_init_f         /*配置控制台           */
display_banner         /*版本号，段地址        */
print_cpuinfo          /*CPU-ID，主频         */
checkboard             /*显示板级信息          */
dram_init              /*配置有效的RAM块信息    */
```

依赖 u-boot.map 文件可以了解函数是否被引用以及检索到声明函数的文件，具体涉及以下函数：

```
init_fnc_t *init_sequence[]: /arch/arm/cpu/armv7/lib/board.c
int arch_cpu_init(void):     /arch/arm/cpu/armv7/s5p-common/cpu_info.c
int timer_init(void):        /arch/arm/cpu/armv7/s5p-common/timer.c
env_init:                    /common/env_nand.c
int serial_init(void):       /common/serial.c
int console_init_f(void):    /common/console.c
static int display_banner(void): /arch/arm/cpu/armv7/lib/board.c（没被编辑）
int print_cpuinfo(void):     /arch/arm/cpu/armv7/s5p-common/cpu_info.c
int checkboard(void):        /board/samsung/tiny210/tiny210.c
int dram_init(void):         /board/Samsung/tiny210/tiny210.c
```

4.2.4.5　board_init_r

功能：调用初始化函数完成板级初始化。进入 main_loop( )，准备引导操作系统。

文件路径：/arch/arm/lib/board.c

调用函数：

```
enable_caches();       /*使能缓存                  */
board_init();          /*板级初始化，片选信号有效      */
serial_initialize();
mem_malloc_init (malloc_start,TOTAL_MALLOC_LEN);     //分配堆空间
nand_init();           /*NAND初始化 */
mmc_initialize(bd);
env_relocate();        //初始化env_ptr，获取ethmac地址和IP地址
stdio_init();          /*get the devices list going.   */
jumptable_init();      //初始化全局数据结构体gd_t中跳转表项
console_init_r();      /*初始化控制台                */
interrupt_init();
enable_interrupts();
simple_strtoul(s,NULL,16);
board_late_init();
pram = simple_strtoul(s,NULL,10);
main_loop();           //等待确认环境变量，启动操作系统
```

依赖 u-boot.map 文件可以检测函数是否被引用以及检索到声明函数的文件。

```
enable_caches():           /arch/arm/cpu/armv7/s5pc1xx/libs5pc1xx.o
board_init():              /arch/arm/lib/libarm.o
serial_initialize():       /ommon/libcommon.o
mem_malloc_init (malloc_start, TOTAL_MALLOC_LEN):/common/libcommon.o
nand_init():               /drivers/mtd/nand/libnand.o
mmc_initialize(bd):        /drivers/mmc/libmmc.o
env_relocate():            /arch/arm/lib/libarm.o
stdio_init():              /common/libcommon.o
jumptable_init():          /common/libcommon.o
console_init_r():          /common/libcommon.o
interrupt_init():          /arch/arm/lib/libarm.o
enable_interrupts():       /arch/arm/lib/libarm.o
simple_strtoul(s,NULL,16):             /lib/libgeneric.o
board_late_init():         /board/samsung/tiny210/libtiny210.o(tiny210.o)
pram = simple_strtoul(s,NULL,10):      /lib/libgeneric.o
main_loop():                           /common/libcommon.o
```

4.3 U-Boot 启动流程

系统上电复位后，首先运行 U-Boot。依据启动设备不同完成 U-Boot 代码的加载，程序运行环境的设置，等待交互命令和引导操作系统的启动。本节已将 BL1 和 BL2 合二为一 jiang-uboot.bin，合并方法参考本章 4.1.4 节。

4.3.1 U-Boot 启动过程

初始阶段在宿主机 Linux 环境将 jiang-uboot.bin 文件复制到 SD 卡，把 SD 卡插入目标机，设置目标机为 SD 卡启动方式启动 U-Boot，使用命令将 U-Boot 烧写到目标机的 NAND Flash 中，且 U-Boot 可以在 NAND Flash 中正常启动。以下将介绍从 NAND Flash 中启动 U-Boot，从上电初始到执行 run_command (s,0)函数引导操作系统的过程。

参考文件：

BL1：　/opencsbc-u-boot/spl/tiny210-spl.bin

BL2：　/opencsbc-u-boot/u-boot.bin

BL1+BL2:　/opencsbc-u-boot/jiang-uboot.bin

BL1 反汇编文件：/opencsbc-u-boot/spl/u-boot-spl.asm（未添加 16 字校验字节头）

BL1 反汇编文件：/opencsbc-u-boot/spl/tiny210-spl.asm（添加 16 字校验字节头）

BL2 反汇编文件：/opencsbc-u-boot/spl/u-boot.asm

链接脚本文件：　/spl/u-boot-spl.lds

符号表文件：　/spl/u-boot-spl.map

链接脚本文件：　/u-boot.lds

符号表文件：　/u-boot.map

U-Boot 启动代码分布在 start.s、lowlevel_init.s、mem_setup.s、board.c 和 main.c 文件中。依据上节内容可知 U-Boot 启动入口文件是 start.s。通过执行该文件，开始 U-Boot 启动过程，U-Boot 启动工作流程如图 4.7 所示。依图所示 U-Boot 主要完成以下任务：

（1）系统初始化，定义中断向量表，声明代码段、bss 段；

（2）reset 入口，切换到 SVC 模式；

（3）关闭 TLB，MMU，Cache；

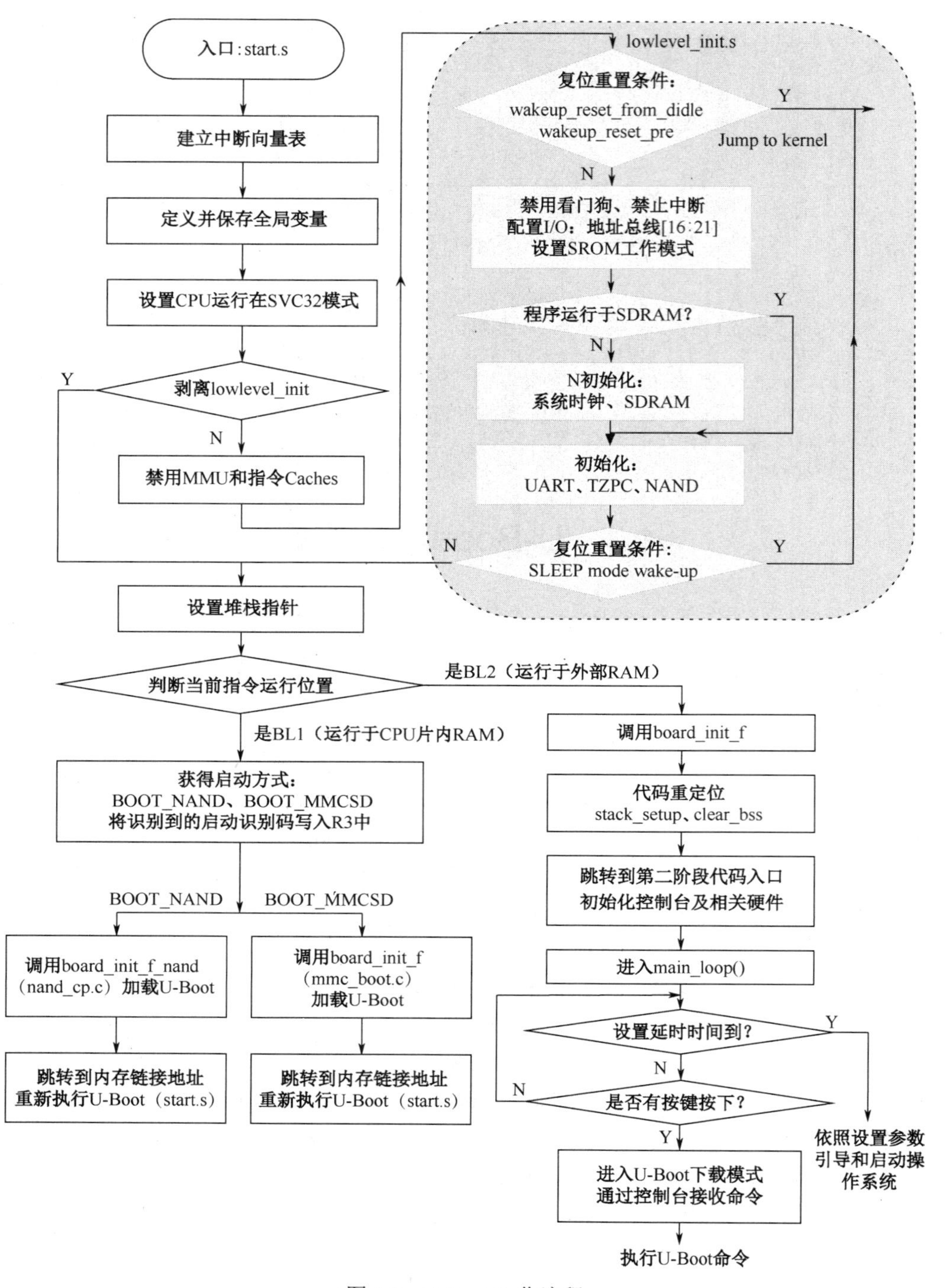

图 4.7　U-Boot 工作流程

（4）关闭内部看门狗，禁止所有的中断；

（5）串口初始化；

（6）配置 TZPC（Trust Zone Protection Controller）安全区保护控制；

（7）配置系统时钟频率和总线频率；

（8）设置 SDRAM 区的控制寄存器；

（9）将 U-Boot 程序代码复制到 SDRAM，跳到 C 代码部分执行；

（10）提供控制台，完成命令交互；

（11）依据设置参数，引导启动操作系统。

4.3.1.1 IROM 阶段

在 IROM 阶段运行 BL0。上电初始运行固化在 IROM 中的 BL0，将指定启动设备（SD 卡/NAND Flash）中存储的 tiny210-spl.bin 前 8KB 代码（BL1）复制到 ISRAM 后，跳转到 BL1 的入口，在内部 ISRAM 开始运行 SPL1。u-boot.bin 是 U-Boot 源码的编译文件，可以将该文件进行反汇编，来分析 U-Boot 的启动流程。

4.3.1.2 ISRAM 阶段

在 ISRAM 阶段运行 BL1。由 u-boot-spl.lds 文件可知，BL1 入口地址为标号“_start”的值，该标号定义文件是：/arch/arm/cpu/armv7/start.s。

（1）运行于 ISRAM 中 u-boot-spl.bin 文件反汇编后 BL1 代码。

```
;编译地址 指令代码    反汇编指令                ;与 start.s文件中对应指令
.global _start
_start:
反汇编地址 指令代码   反汇编指令                ;反汇编指令注释
   0:     ea000014   b    0x58             ;b   reset
   4:     e59ff014   ldr  pc,[pc,#20]      ;ldr  pc,_undefined_instruction
   8:     e59ff014   ldr  pc,[pc,#20]      ;ldr  pc,_software_interrupt
   c:     e59ff014   ldr  pc,[pc,#20]      ;ldr  pc,_prefetch_abort
  10:     e59ff014   ldr  pc,[pc,#20]      ;ldr  pc,_data_abort
  14:     e59ff014   ldr  pc,[pc,#20]      ;ldr  pc,_not_used
  18:     e59ff014   ldr  pc,[pc,#20]      ;ldr  pc,_irq
  1c:     e59ff014   ldr  pc,[pc,#20]      ;dr   pc,_fiq
  20:     23e00260    ;_undefined_instruction:.word _undefined_instruction
  24:     23e002c0    ;_software_interrupt:   .word _software_interrupt
  28:     23e00320    ;_prefetch_abort:       .word _prefetch_abort
  2c:     23e00380    ;_data_abort:           .word _data_abort
  30:     23e003e0    ;_not_used:             .word _not_used
  34:     23e00440    ;_irq:                  .word _irq
  38:     23e004a0    ;_fiq:                  .word _fiq
  3c:     12345678    ;_pad:                  .word 0x12345678
  40:     23e00000    ;_TEXT_BASE:            .word CONFIG_SYS_TEXT_BASE
  44:     00030d1c    ;_bss_start_ofs:        .word __bss_start - _start
  48      00030d1c    ;_image_copy_end_ofs:   .word __image_copy_end - _start
  4c:     000665cc    ;_bss_end_ofs:          .word __bss_end__ - _start
  50:     0003608c    ;_end_ofs:              .word _end - _start
  54:     0badc0de    ;IRQ_STACK_START_IN:    .word   0x0badc0de
reset:
  58:     eb00013a   bl   0x548            ;bl   save_boot_params   1
  5c:     e10f0000   mrs  r0,CPSR
  60:     e3c0001f   bic  r0,r0,#31
  64:     e38000d3   orr  r0,r0,#211
  68:     e129f000   msr  CPSR_fc,r0       ;msr  CPSR_fc,r0
  6c:     eb000067   bl   0x210            ;bl   cpu_init_crit
  70:     e59fd470   ldr  sp,[pc,#1136]  ;ldr  sp,=(CONFIG_SYS_INIT_SP_ADDR)
  74:     e3cdd007   bic  sp,sp,#7
```

```
78:    e3a00000   mov  r0,#0
7c:    e24f4084   sub  r4,pc,#132       ;adr    r4,_start
80:    e51f5048   ldr  r5,[pc,#-72]     ;ldr    r5,_TEXT_BASE
84:    e1550004   cmp  r5,r4
88:    0a00001b   beq  0xfc
           ;beq board_init_in_ram  @代码已经搬运到SDRAM，跳转到0xfc处
8c:    e3a0020e   mov  r0,#-536870912   ;ldr    r0,=PRO_ID_BASE
90:    e5901004   ldr  r1,[r0,#4]       ;ldr    r1,[r0,#OMR_OFFSET]
94:    e201203e   and  r2,r1,#62        ;bic    r2,r1,#0xffffffc1
98~e0:  ;与start.s文件代码相同，用于获得启动设备代码，并保存于r1
e4:    e3510002   cmp  r1,#2            ;cmp    r1,#BOOT_NAND
e8:    0a000001   beq  0xf4             ;beq    nand_boot_210
ec:    e3510003   cmp  r1,#3            ;cmp    r1,#BOOT_MMCSD
f0:    0a000000   beq  0xf8             ;beq    mmcsd_boot_210
f4:    eb00038d   bl   0xf30            ;bl     board_init_f_nand
f8:    eb0003d6   bl   0x1058           ;bl     board_init_f
```

NAND Flash 启动时调用 board_init_f_nand 函数，SD 卡启动时调用 board_init_f 函数，这两个函数的功能均是将存于启动设备中的 BL1+BL2 复制到 SDRAM，且不返回此处的调用，函数的返回值重新定位于 U-Boot 在 SDRAM 的入口地址处。

（2）启动顺序。

第 1 步：初始化中断向量表。

第 2 步：执行函数 save_boot_params。

第 3 步：执行函数 cpu_init_crit。关闭 MMU 和指令 Caches。调用 lowlevel_init 函数完成板级初始化工作。lowlevel_init 函数会完成板级初始化的工作，在对 SDRAM 芯片初始化之前，会判断当前程序代码的运行位置。若当前运行的是 BL1 段代码即当前程序运行于 CPU 内部 ISRAM 区时，需要对板载 SDRAM 存储芯片进行初始化。当程序代码搬移到 SDRAM，即已开始在 SDRAM 区运行 U-Boot，此时跳过初始化代码不再初始化 SDRAM 存储芯片。

第 4 步：判断启动方式，NAND Flash 启动时执行函数 board_init_f_nand，SD 卡启动时执行函数 board_init_f。将存放在各自启动设备中的 U-Boot 代码复制到 SDRAM 中。执行 uboot=(void *) CONFIG_SYS_TEXT_BASE;指令，跳转到 U-Boot 在 SDRAM 的入口地址 0x23e00000 处，开始重新运行 U-Boot。

4.3.1.3 SDRAM 阶段

此时复制到 SDRAM 中的是完整的 U-Boot 代码 BL1+BL2，从 start.s 开始执行。

（1） 运行于 SDRAM 中 u-boot.bin 反汇编后 BL1 代码。

```
反汇编地址 指令代码    反汇编指令               ;反汇编指令注释
  0~78:                                      ;与运行于ISRAM 中代码相同
  7c:    e24f4084   sub  r4,pc,#132          ;adr    r4, _start
  80:    e51f5048   ldr  r5,[pc,#-72]        ;ldr    r5,_TEXT_BASE
  84:    e1550004   cmp  r5,r4
  88:    0a00001b   beq  0xfc
                    ;beq board_init_in_ram  @代码已经搬运到SDRAM，跳转到0xfc处
 fc: eb0003d5       bl   0x1058   ;bl board_init_f
                   ;bl board_init_f通过调用relocate_code返回start.s
                   relocate_code:
100: e1a04000   mov  r4,r0
```

```
104    ;本行之后反汇编代码略
```

（2）启动顺序。

第 1 步：初始化中断向量表。

第 2 步：执行函数 save_boot_params。

第 3 步：执行函数 cpu_init_crit。关闭 MMU 和指令 Caches。调用 lowlevel_init 函数完成板级初始化工作。lowlevel_init 函数会完成板级初始化的工作，在对 SDRAM 芯片初始化之前，会判断当前程序代码的运行位置。当前运行的是 BL2 阶段代码即当前程序在 SDRAM 区运行 U-Boot，此时不再初始化 SDRAM 存储芯片。

第 4 步：调用 board_init_f 函数，注意此时的函数与 4.3.1.2 节调用的函数虽然函数名相同，但被调用函数定义位置不同，定义功能也不相同。此处函数主要完成设置全局变量 gd 空间，并清零和设置各个功能块长度空间，初始化 bd_t*bd 板级数据结构信息。

第 5 步：调用函数 relocate_code(addr_sp,id,addr)，实现代码在 SDRAM 中的重定位。其中的参数：addr_sp 指向栈顶（最大地址），id 指向全局数据结构 gd_t，addr 指向代码段重定位处的首地址。

第 6 步：调用 board_init_r 函数，执行一系列初始化函数完成板级初始化。

第 7 步：最后进入 main_loop( )，准备引导操作系统。

4.3.1.4 启动过程调用函数

start.s 为 U-Boot 执行的第一段代码，找到 start.s 文件并对该文件进行阅读和分析帮助了解 U-Boot 的启动流程和其完成的功能。表 4.5 给出了 start.s 文件中所调用函数的定义文件名称及其存放路径。

start.s 存放路径：/arch/arm/cpu/armv7/start.s

表 4.5 start.s 中调用的函数列表

函数名称	存放路径
save_boot_params	/arch/arm/cpu/armv7/cpu.c
cpu_init_crit	/arch/arm/cpu/armv7/start.s
lowlevel_init.s	/board/samsung/tiny210/lowlevel_init.s
board_init_f_nand	/arch/arm/cpu/armv7/s5pc1xx/nand_cp.c
board_init_f（BL1 阶段）	/arch/arm/cpu/armv7/s5pc1xx/mmc_boot.c
board_init_f（BL2 阶段）	/arch/arm/lib/board.c
board_init_r	/arch/arm/lib/board.c
main_loop( )	/common/main.c
do_undefined_instruction	/arch/arm/lib/interrupts.c
do_software_interrupt	
do_prefetch_abort	
do_data_abort	
do_not_used	
do_irq	
do_fiq	

4.3.2 main_loop( )函数

U-Boot 正常启动后会进入到函数 main_loop( )，等待进一步的命令。

4.3.2.1 Makefile 的拓扑

以下内容将依据 Makefile 文件存放路径分别进行说明。通过分析各个目录下的 Makefile 文件内容，可以在理解 Makefile 文件语法规则的同时，了解在编译 U-Boot 过程中所需函数以及各个声明函数文件的位置。通过分析 Makefile 的拓扑结构内容，可溯源到 main.c 存放路径是/common/。

（1）/Makefile

```
18 CONFIG_SPL_BUILD := y
19 export CONFIG_SPL_BUILD
```

功能释义：定义 CONFIG_SPL_BUILD 标识，用于生成 tiny210-spl.bin（BL1）文件。

（2）/board/samsung/tiny210/Makefile

```
28 ifndef CONFIG_SPL_BUILD
   COBJS := tiny210.o
   endif
  ifdef CONFIG_SPL_BUILD
   ALL    += tools/mk$(BOARD)spl.exe
   endif
  ifdef CONFIG_SPL_BUILD
   tools/mk$(BOARD)spl.exe:  tools/mkv210_image.c
            $(HOSTCC) tools/mkv210_image.c -o tools/mk$(BOARD)spl.exe
   endif
```

功能释义：编译 tiny210 和 mkv210_image。在 tiny210.o 文件中加 16 个字节头文件。

（3）/arch/arm/lib/Makefile

```
29 ifndef CONFIG_SPL_BUILD
40 COBJS-y    += board.o
41 COBJS-y    += bootm.o
```

（4）/common/Makefile

```
ifndef CONFIG_SPL_BUILD
COBJS-y += main.o
```

4.3.2.2 函数入口位置

系统上电后，程序开始执行的是 start.s 文件（/arch/arm/cpu/armv7/start.s）。在/include/configs/tiny210.h 中定义了代码加载运行地址为 0x21000000。在 start.s 中会跳转到 board_init_r( )函数处运行。执行 board_init_r 函数后会调用 main_loop，函数在/common/main.c 文件中声明。

U-Boot 在 main_loop( )函数中获取用户控制台输入，通过 getenv 函数获得所要执行的命令，然后调用 run_command 函数完成命令解析和执行。

4.3.2.3 引导内核

在引导内核启动过程中，U-Boot 需要完成内核文件的加载和运行内核文件，同时需要向内核传递一些重要参数。U-Boot 使用三个通用寄存器 R0，R1，R2 完成参数传递。传递的内容是：R0 赋值为 0，R1 赋值为机器码，R2 赋值为参数链表在内存中的物理地址。

1. 机器码

操作系统内核在编译链接过程中，将各种处理器内核描述符组合成表。在 U-Boot 引导系统内核启动过程中，会从机器描述符表中查询通过 R1 寄存器传递过来的机器码，如果查询失败将退出启动过程，导致引导内核失败。正常引导内核启动的条件之一就是 R1 寄存器传递过来的 U-Boot 中机器码一定要和内核中定义的机器码一致。

U-Boot 机器码定义于 U-Boot 文件：

```
/opencsbc-u-boot/arch/arm/include/asm/mach-types.h
2439 #define  MACH_TYPE_SMDKV210    2456
```

Linux 机器码定义于内核文件：

```
/Linux-2.6.35.7/arch/arm/tools/mach-types
2442 smdkv210  MACH_SMDKV210  SMDKV210   2456
```

2．自动引导内核条件

在 U-Boot 根目录/doc/README.autoboot 帮助文档中可以知道，实现 U-Boot 自动引导内核需要设置两个配置参数：CONFIG_BOOTDELAY 和 CONFIG_BOOTCOMMAND。

（1）CONFIG_BOOTDELAY 用于设置等待引导内核文件的延时时间。U-Boot 启动后，在这个延时时间内会处于等待状态，此时若在控制台有一个按键动作发生，则 U-Boot 将进入下载工作模式。否则当延时时间到了之后，将开始引导内核启动过程。延时时间参数定义于 tiny210.h 文件。

```
127 #define CONFIG_BOOTDELAY      3    //U-Boot启动后，内核延时启动等待时间为3s
```

（2）CONFIG_BOOTCOMMAND 用于设置启动内核的环境变量。在 U-Boot 下载工作模式时，通过 setenv 命令设置环境变量。

```
#setenv bootargs root=/dev/mtdblock4 console=ttySAC0,115200 init=linuxrc
 lcd=S70
#setenv bootcmd nand read 21000000 600000 500000/;bootm
#saveenv
```

功能释义：

使用 setenv 命令：借助 bootargs 参数设置启动操作系统所需环境变量，文件系统位于 NAND Flash 的第四个分区，控制台使用目标板的串口 0。参见表 4.6 可了解 NAND Flash 分区情况。

使用 setenv 命令：借助 bootcmd 参数设置内核代码的加载方式。将存于 NAND Flash 0x600000 处，长度为 0x500000 的内核镜像文件（uImage）复制到 SDRAM 开始地址 0x21000000 处。设置使用 bootm 命令，从 SDRAM 的 0x21000000 地址处开始运行代码（uImage 内核文件）。

使用 saveenv 命令：保存设置。

进入 U-Boot 下载模式，在控制台可以使用 printenv 命令打印出环境变量配置内容。

4.3.2.4 main_loop( )函数体

main_loop( )函数运行中在设定时间内通过控制台检测到按键动作，进入下载模式，接收并响应 U-Boot 命令。在设定时间内通过控制台没有检测到按键动作，将进入启动加载模式。依据所设置的环境变量，通过调用以下函数，完成引导操作系统启动的过程。

main_loop( )：函数声明于/common/main.c。

S = getenv('bootcmd')：取得环境变量中的启动命令行。

run_command(s,0)：在规定的时间内没有任何按键，运行引导内核的命令。

do_bootm( )：common/cmd_bootm.c，解压缩内核。

do_bootm_linux( )：lib_mips/mips_linux.c，引导内核启动。

4.4 U-Boot 命令

当 U-Boot 工作于下载模式时，在控制台可以借助 U-Boot 提供的人机交互接口界面使用 U-Boot 提供的命令。

4.4.1 U-Boot 命令文件结构

1. 源码位置

U-Boot 所提供的命令源码文件存于/common/目录，所有命令类文件均以“cmd_”开头，如 cmd_version.c。

2. 源码的编译

执行/common/Makefile 完成编译过程。完成对 cmd_version.c 文件编译的命令是 Makefile 文件中的：

```
45 COBJS-y += cmd_version.o
```

3. 定义 u_boot_cmd 段

链接文件 u-boot.lds 定义了 u_boot_cmd 段的编译链接位置。

```
52 __u_boot_cmd_start = .;
53 .u_boot_cmd: { *(.u_boot_cmd) }
54 __u_boot_cmd_end = .;
55 . = ALIGN(4);
```

__u_boot_cmd_start 与__u_boot_cmd_end 两个符号用来标识 u_boot_cmd 段在 SDRAM 中首尾边界地址。

4. 命令的解析程序入口地址

编译后 U-Boot 所支持的命令列表可在/system.map 文件中检索到。

```
900 0x23e2f46c   __u_boot_cmd_version
```

上述内容表示：

（1）U-Boot 已经支持 cmd_version 命令；

（2）cmd_version 命令的解析代码入口地址是 0x23e2f46c。

5. 获得执行命令的入口

U-Boot 提供的人机交互（UI）命令行接口是通过运行/common/main.c 文件中的 main_loop( ) 函数完成的。当 U-Boot 启动后，最终会运行到 main.c 文件中的 main_loop( )函数。在 main_loop( ) 函数中获取用户控制台输入，通过执行 getenv 函数，获得 U-Boot 所要执行命令，然后调用 run_command 函数完成命令解析和执行。

4.4.2 cmd_version.c 命令源码分析

1. cmd_version.c

源码文件目录：/common/cmd_version.c

功能：显示版本号。

源码：

```
24 #include <common.h>
   #include <command.h>
   #include <version.h>
27 #include <linux/compiler.h>
28 const char __weak version_string[] = U_BOOT_VERSION_STRING;
31 int do_version(cmd_tbl_t *cmdtp,int flag,int argc,char * const argv[])
  {         printf("/n%s/n",version_string);
      #ifdef CC_VERSION_STRING
            puts(CC_VERSION_STRING "/n");
```

```
        #endif
        #ifdef LD_VERSION_STRING
            puts(LD_VERSION_STRING "/n");
        #endif
            return 0;  }
    44 U_BOOT_CMD(version,1,1,do_version,"print monitor,compiler and linker
    version","");
```

2. version.h

cmd_version.c 源文件 28 行的 U_BOOT_VERSION_STRING 在/include/version.h 文件中声明：

```
    34 #define CONFIG_IDENT_STRING ""
    37 #define U_BOOT_VERSION_STRING U_BOOT_VERSION " (" U_BOOT_DATE " - " /
    38          U_BOOT_TIME ")" CONFIG_IDENT_STRING
```

3. 版本时间戳溯源

（1）时间戳溯源

在/include/version.h 中有：

```
    27 #include <timestamp.h>
```

在/include/timestamp.h 中有：

```
    27 #include "timestamp_autogenerated.h"
```

文件/include/timestamp_autogenerated.h 在编译一次后产生，文件内容为

```
    1 #define U_BOOT_DATE "Feb 05 2014"
    2 #define U_BOOT_TIME "16:52:35"
```

该时间为 U_BOOT 版本编译时的时间戳，在/include/version.h 中有定义。

（2）版本号溯源

文件/include/version_autogenerated.h 在编译一次后产生，文件内容为

```
    1 #define PLAIN_VERSION "2011.06"
    2 #define U_BOOT_VERSION "U-Boot 2011.06"
    3 #define CC_VERSION_STRING "arm-linux-gcc (ctng-1.8.1-FA) 4.5.1"
    4 #define LD_VERSION_STRING "GNU ld (GNU Binutils) 2.20.1.20100303"
```

上述内容为 U_BOOT 版本编译时的版本记录文档。由/common/Makefile 文件完成将 cmd_version 命令编译进 U-Boot 命令集。

Makefile 文件中关键代码：COBJS-y += cmd_version.o

4.4.3 U-Boot 命令添加方法

U-Boot 命令集为用户提供了交互功能，并且已经实现了几十个常用命令。如果在目标板 U-Boot 下载模式环境需要特殊操作，可以添加新的 U-Boot 命令。U-Boot 每一个命令都是通过 U_Boot_CMD 宏定义的。U_Boot_CMD 宏定义在/include/command.h 文件。

```
    142 #define U_BOOT_CMD_COMPLETE(name,maxargs,rep,cmd,usage,help,comp) \
                cmd_tbl_t __u_boot_cmd_##name Struct_Section = \
                U_BOOT_CMD_MKENT_COMPLETE(name,maxargs,rep,cmd,usage,help,comp)
    146 #define U_BOOT_CMD(name,maxargs,rep,cmd,usage,help) \
                U_BOOT_CMD_COMPLETE(name,maxargs,rep,cmd,usage,help,NULL)
```

每一个命令定义一个 cmd_tbl_t 结构体，而 cmd_tbl_t 是 cmd_tbl_s 的一个 typedef。

```
    63 typedef struct cmd_tbl_s    cmd_tbl_t;
```

cmd_tbl_s 则在同一文件下有定义。

```
46 struct cmd_tbl_s {
   char       *name;           /* 命令名          */
   int        maxargs;         /* 使用参数个数    */
   int        repeatable;      /*自动重复允许     */
   int        (*cmd)(struct cmd_tbl_s *,int,int,char *[]); /*函数指针  */
   char       *usage;          /* 命令描述信息    */
#ifdef   CFG_LONGHELP
   char       *help;           /* 帮助提示信息    */
#endif
#ifdef   CONFIG_AUTO_COMPLETE
                               /* 不实现参数上的自动编译    */
   int   (*complete)(int argc,char *argv[],char last_char,int maxv,char
*cmdv[]);
#endif};
```

每一个 U-Boot 命令使用一个结构体来描述。结构体成员变量包含：命令名称、最大参数个数、重复数、命令执行函数、用法及帮助等。从控制台输入的命令是由 common/command.c 中的程序解释执行的。find_cmd( )负责匹配输入的命令，从列表中找出对应的命令结构体并返回指向这一结构体的指针。

按照上述 U-Boot 命令结构体，可以定义 U-Boot 命令。以 hello 命令为例实现的 U-Boot 命令添加过程参见本章 4.6 节。

4.4.4 Mkimage

由于本书依赖的 ARM 平台上 BootLoader 使用的是 U-Boot，U-Boot 默认引导内核的格式为 uImage，引导过程中通过 R0，R1，R2 三个通用寄存器将参数传递给内核。Linux 内核编译后会生成 zImage 格式文件，还需使用 U-Boot 提供的工具 Mkimage 将 zImage 转化为 uImage（Linux 内核编译过程将在随后章节介绍）。

在宿主机的 Linux 环境中，ARM-Linux 内核经过配置和编译后生成的镜像文件 zImage 存放于/linux-2.6.35.7/arch/arm/boot/zImage。

U-Boot 自带的工具软件 Mkimage，存放于 U-Boot 根目录下的/tools/mkimage。需要在宿主机的 Linux 环境下使用 Mkimage 将 zImage 转换成 uImage。此时可以通过设定 Linux 环境变量的方法来锁定 Mkimage 的路径或将 Mkimage 复制到/linux-2.6.35.7/目录下。

1. Mkimage 命令格式

```
./mkimage [-x] -A arch -T type -C comp -O os -a addr -e ep -d data_file -n
name
```

2. Mkimage 命令格式参数

在使用 Mkimage 时，需要提供附加参数完成辅助说明。书中介绍的环境所使用的完整 Mkimage 命令如下：

```
./mkimage -A arm -T kernel -C none -O linux -a 0x21000000 -e 0x21000040 -d
arch/arm/boot/zImage -n 'Linux-2.6.35.7' uImage
```

-A：用于指定嵌入式操作系统运行的 CPU 架构，这里为 arm。

-T：用于指定被压缩文件类型，可以取以下值：standalone、kernel、ramdisk、multi、firmware、script、filesystem，这里为 kernel，指明 zImage 为操作系统内核文件。

-C：指定压缩类型，指定映像压缩方式，可以取以下值：None（不压缩）、gzip（使用 gzip

压缩方式)、bzip2(使用 bzip2 压缩方式)。这里为 none,表示不对 zImage 压缩。

-O:指定操作系统类型。这里为 Linux。

-a:指定 uImage 映像在 SDRAM 中的加载地址。这里指定为 0x21000000。

-e:指定内核运行的入口地址。这里指定为 0x21000040。这个地址就是-a 参数指定的值加上 0x40(0x40 个字节是 Mkimage 添加的文件头数据)。

-d:指定制作映像的源文件。这里指定为 arch/arm/boot/zImage,表示源文件是 zImage 及其存放的路径。

-n:指定运行 Mkimage 后生成的映像名。这里指定生成的文件名为 uImage。

./mkimage:Linux 基本命令,表示在当前目录下运行 mkimage。执行该命令后,在内核源码根目录 arch/arm/boot 下生成内核镜像文件 uImage。

3. 下载 uImage

当获得内核镜像文件 uImage 后,可以借助 U-Boot 提供的命令将 uImage 下载到目标板中,完场操作系统内核的下载或更新。

(1)在目标板 U-Boot 控制台环境下,使用以下命令下载 uImage 文件,该命令将 uImage 文件从宿主机端下载至 ARM 系统 SDRAM 的 0x21000000 地址处。

```
[FriendlyLEG-TINY210]# tftp 0x21000000 uImage
```

(2)将 SDRAM 中的 uImage 烧写到 NAND Flash,同时指定启动加载地址。目标板 U-Boot 环境下使用以下命令将 NAND Flash 起始地址为 0x600000 开始处大小为 0x500000 的空间擦除,擦除大小根据实际烧写情况设置

```
[FRIENDLYLEG-TINY210]# nand erase 0x600000 0x500000
```

目标板 U-Boot 环境下使用以下命令从 SDRAM 的 0x21000000 地址处,向 NAND Flash 起始地址为 0x600000 写入大小为 0x500000 的数据块。

```
[FRIENDLYLEG-TINY210]# nand write 0x21000000 0x600000 0x500000
```

使用以下命令配置环境变量。指定 uImage 加载地址为 0x21000000。

```
[FRIENDLYLEG-TINY210]# setenv bootargs root=/dev/mtdblock4
console=ttySAC0,115200 init=linuxrc lcd=S70
[FRIENDLYLEG-TINY210]#setenv bootcmd nand read 21000000 600000
500000/;bootm
[FRIENDLYLEG-TINY210]#saveenv
```

4.4.5 bootm

源码文件目录:/common/cmd_bootm.c

执行内核代码命令,U-Boot 有两种方式可以运行 bootm 命令。

(1)U-Boot 工作于下载模式时,手动执行 bootm 命令。将 uImage 文件下载(uImage 文件下载方法参见本章 4.6 节)到内存的 0x21000000 地址处。

```
[FRIENDLYLEG-TINY210]# Bootm  0x21000000
```

(2)自动引导内核。U-Boot 启动后,在规定时间内未检测到有键按下,此时将满足自动引导内核条件。按照 setenv 命令设置的内核代码加载方式将存于 NAND Flash 0x600000 处,长度为 0x500000 的内核镜像文件 uImage 复制到 SDRAM 起始地址为 0x21000000 处,执行 bootm 命令从 0x21000000 地址处开始运行该段代码,也就是 uImage 内核文件。

4.4.6 setenv

设置环境变量命令,可设置 U-Boot 启动参数。借助 U-Boot 命令烧写 BootLoader、内核 Kernel

和 Yaffs 文件系统的方法见本章 4.6 节。系统烧写成功之后，输入下列命令后，完成启动参数的设置。bootargs 和 bootcmd 参数需要额外说明。

```
#setenv bootargs root=/dev/mtdblock4 console=ttySAC0,115200 init=linuxrc
 lcd=S70
#setenv bootcmd nand read 21000000 600000 500000/;bootm
#saveenv
```

1. bootargs 参数

bootargs 参数是启动时传递给 Linux 操作系统的信息，其配置语句为：

root=/dev/mtdblock4 表示从 NAND Flash 第 4 个分区启动文件系统，Linux 启动后会自动搜索 NAND Flash 分区信息。由表 4.6 可知，第 4 个分区首地址为 0xe00000，因此在烧写文件系统 rootfs.img 文件时，存放在 NAND Flash 中的首地址应设置为 0xe00000。

console：表示 Linux 操作系统使用的控制台，使用第一个串口，因此是 ttySAC0，后面跟的参数 115200 表示串口使用波特率。

2. bootcmd 参数

bootcmd 参数表示开发板上电，延时参数 bootdelay（该参数声明于 tiny210.h 文件，参见 4.3.2.3 一节）规定时间后执行的指令。

read：将程序代码从 NAND Flash 中读到 SDRAM。

21000000：写到 SDRAM 的首地址。

600000：读 NAND Flash 首地址。

500000：数据块的长度。

bootm：从 0x21000000 处启动内核。

3. 分区

在 Linux 系统文件/drivers/mtd/nand/s3c_nand.c 中 struct mtd_partition s3c_partition_info[ ]定义了分区结构。

```
38 #if defined(CONFIG_ARCH_S5PV210)
struct mtd_partition s3c_partition_info[] = {
            {   .name         = "misc",
                .offset       = (768*SZ_1K),          /* for bootloader */
                .size         = (256*SZ_1K),
                .mask_flags   = MTD_CAP_NANDFlash, },
            {   .name         = "recovery",
                .offset       = MTDPART_OFS_APPEND,
                .size         = (5*SZ_1M),     },
            {   .name         = "kernel",
                .offset       = MTDPART_OFS_APPEND,
                .size         = (5*SZ_1M),     },
            {   .name         = "ramdisk",
                .offset       = MTDPART_OFS_APPEND,
                .size         = (3*SZ_1M),     },
62 #ifdef CONFIG_MACH_MINI210
            {   .name         = "system",
                .offset       = MTDPART_OFS_APPEND,
                .size         = MTDPART_SIZ_FULL,}
68 #else  {   .name         = "system",
                .offset       = MTDPART_OFS_APPEND,
```

```
                .size        = (110*SZ_1M),  },
            {   .name        = "cache",
                .offset      = MTDPART_OFS_APPEND,
                .size        = (80*SZ_1M),   },
            {   .name        = "userdata",
                .offset      = MTDPART_OFS_APPEND,
                .size        = MTDPART_SIZ_FULL,}
  84 #endif };
```

由内核文件 s3c_nand.c 可知系统在 NAND Flash 上定义了 5 个分区，同时为每个分区划分了具体地址，明确了各个分区功能。分区的详细信息可参见表 4.6。

表 4.6　NAND Flash 分区表

分　区	首　地　址	长　度	存储的系统文件
mtdblock0	0x0	768KB	BootLoader(jiang-uboot.bin)
	0xc0000	256KB	
mtdblock1	0x100000	5MB	Recovery
mtdblock2	0x600000	5MB	Kernel(uImage)
mtdblock3	0xb00000	3MB	Ramdisk
mtdblock4	0xe00000	1GB-14MB	file system(rootfs.img)

由表 4.6 可知，在 NAND Flash 中 BootLoader（jiang-uboot.bin 文件）存放的首地址为 0x0，最大代码长度为 768KB。Kernel（uImage 文件）存放的首地址为 0x600000，最大代码长度为 4MB。文件系统（rootfs.img）存放的首地址为 0xe00000，最大代码长度为 1GB-14MB。在本章 4.6 节，将介绍上述文件在 U-Boot 环境的下载和系统文件更新的过程。

4.4.7　U-Boot 常用命令

U-Boot 为用户提供了丰富命令。当进入 U-Boot 的下载模式后，可以通过控制台输入 U-Boot 命令。输入“?”可以在控制台上打印出命令列表，通过 help+CommandName 命令还可以查看每个命令的参数说明。

（1）help：使用 help 命令可以查看当前 U-Boot 版本支持的所有命令。

```
[FRIENDLYLEG-TINY210]# help
[FRIENDLYLEG-TINY210]# help bootm
```

（2）bdinfo：可在控制台打印目标板配置信息。

（3）cmp：存储区比较命令。执行以下命令将比较首地址分别为 0x0 和 0x21000000，长度为 0x40000 的两块存储单元内容，比较会停于第一个存在差异的地址。

```
[FRIENDLYLEG-TINY210]# cmp 0x0 0x21000000 0x40000
```

（4）tftp：使用 TFTP 协议经由网络下载映像文件。

```
[FriendlyLEG-TINY210]# tftp 0x21000000 uImage
```

（5）printenv：打印当前所配置的环境变量。

（6）saveenv：保存环境变量到 NAND Flash 存储器中。

（7）setenv：设置环境变量。

```
[FRIENDLYLEG-TINY210]#setenv bootargs root=/dev/mtdblock4
 console=ttySAC0, 115200   init=linuxrc lcd=S70
[FRIENDLYLEG-TINY210]#setenv bootcmd nand read 21000000 600000
 500000/;bootm
[FRIENDLYLEG-TINY210]#saveenv
```

（8）nand info：NAND Flash 信息查看命令。

（9）nand erase：NAND Flash 擦除命令。执行以下命令会擦除 NAND Flash 上 0 地址开始大小为 0x40000 的空间。

```
[FRIENDLYLEG-TINY210]# nand erase 0 0x40000
```

（10）nand write：NAND Flash 写命令。执行以下命令会向 NAND Flash 写入二进制文件。其中源文件存于 SDRAM，首地址是 0x21000000，复制长度是 0x40000，复制到 NAND Flash 上的首地址是 0。

```
[FRIENDLYLEG-TINY210]# nand write 0x21000000 0 0x40000
```

（11）version：查询当前 U-Boot 版本信息。

```
[FriendlyLEG-TINY210]# version
U-Boot 2011.06 (Jun 24 2015 - 01:39:47) for FriendlyLEG-TINY210
arm-linux-gcc (ctng-1.8.1-FA) 4.5.1
GNU ld (GNU Binutils) 2.20.1.20100303
```

其他命令可通过打印出命令列表了解命令及相应参数设置。

4.5 顶层 Makefile

Makefile 文件位于 U-Boot 源码的根目录下，定义了 U-Boot 源码目录结构和基本编译规则。可以通过记事本或其他文字编辑软件打开。

1. 定义版本信息

在 Makefile 文件中可以定义 U-Boot 的版本信息，相关内容如下：

```
24 VERSION = 2011
25 PATCHLEVEL = 06
26 SUBLEVEL =
27 EXTRAVERSION =
28 ifneq "$(SUBLEVEL)" ""
29 U_BOOT_VERSION = $(VERSION).$(PATCHLEVEL).$(SUBLEVEL)$(EXTRAVERSION)
30 else
31 U_BOOT_VERSION = $(VERSION).$(PATCHLEVEL)$(EXTRAVERSION)
32 endif
33 TIMESTAMP_FILE = $(obj)include/timestamp_autogenerated.h
34 VERSION_FILE = $(obj)include/version_autogenerated.h
```

功能释义：

VERSION、PATCHLEVEL、SUBLEVEL、EXTRAVERSION 均为版本序列号变量。

24 赋值语句。

28 关键字 ifneq 用来判断参数是否不相等，不相等结果为真。

29 $(VERSION)解析为“2011”。

33 $(obj)：若 make 没有目标参数和路径，解析为源码根目录，指明时间戳文件位置。编译之后 timestamp_autogenerated.h 文件位于/include/。

34 指明 U-Boot 版本文件位置。编译之后 version_autogenerated.h 文件位于/ include/。

2. 使用 make 命令编译

当 U-Boot 源文件经过适当的配置和修改后，需要经过编译获得能够在目标板运行的可执行文件。在虚拟机的 Linux 环境中执行以下命令完成 U-Boot 编译过程。编译过程和编译结果可参见本章 4.1.4 节。

```
[root@localhost opencsbc-u-boot]# make distclear
[root@localhost opencsbc-u-boot]# make tiny210_config
[root@localhost opencsbc-u-boot]# make
```

使用 make all 或者 make 命令编译，编译过程结束后在根目录下会生成 U-Boot.srec、U-Boot.bin 和 System.map 三个文件。

U-Boot.srec 是 Motorola 的 S-Record 格式的 U-Boot 映像，该映像来自于 ELF 格式的 U-Boot 映像文件。

U-Boot.bin 表示原始二进制格式的镜像文件，是最后需要下载到板子上的二进制文件，该映像也是通过 objcopy 命令对 ELF 映像 U-Boot 转化而成的，只是转化参数不同而已。

System.map 是索引文件，是 U-Boot 的符号表，即该文件中给出 SDRAM 地址和相应的符号的映射关系，通过 System.map 文件可以知道函数、全局变量和静态变量的编译地址。

4.6 案　　例

4.6.1 案例 1——定制 U-Boot

为了能够得到硬件平台正确引导程序，完成个性化的定制，需要对官方提供的源码文件内容进行适当修改。以下给出相关文件中修改位置和修改内容。

4.6.1.1 目的

（1）熟悉基于 VMware Workstation 的 Linux 环境。

（2）搭建交叉编译环境。

（3）了解 U-Boot 源码结构。

（4）完成 U-Boot 移植、编译过程。

4.6.1.2 环境

（1）Red Enterprise Linux 6+VMware Workstation。

（2）U-Boot-2011.10。

（3）Tiny210 硬件平台。

（4）交叉编译器 arm-linux-gcc-4.5.1。

注：提示符[root@localhost opencsbc-u-boot]表示在宿主机 Linux 环境下操作。
　　提示符[FRIENDLYLEG-TINY210]表示在目标机（Tiny210 板）上的操作。

4.6.1.3 步骤

1．获得 U-Boot 源码

将文 opencsbc-u-boot.tar.gz 件复制到虚拟机 Linux 环境的/jy-cbt/目录下，执行以下命令将压缩文件解压。

```
[root@localhost jy-cbt]# tar zxvf opencsbc-u-boot.tar.gz
[root@localhost jy-cbt]# ls
opencsbc-u-boot  opencsbc-u-boot.tar.gz
```

解压缩后，在当前目录下生成 opencsbc-u-boot 文件夹，U-Boot 源码存于该文件夹中。本章所引用的 U-Boot 相关源码文件均位于/opencsbc-u-boot/目录下。

2．进入 U-Boot 源码目录

```
[root@localhost jy-cbt]# cd ..
```

```
[root@localhost /]# cd jy-cbt
[root@localhost jy-cbt]# cd opencsbc-u-boot
[root@localhost opencsbc-u-boot]#
```

3．关注与平台有关的文件

（1）/Makefile

（2）/arch/arm/cpu/armv7/start.s

（3）/board/samsung/tiny210/tiny210.c

（4）/board/samsung/tiny210/Makefile

```
28 ifndef CONFIG_SPL_BUILD                     /*是在编译第2阶段代码*/
29 COBJS  := tiny210.o                         /*添加编译当前目录下的tiny.c*/
30 endif
36 SOBJS  := lowlevel_init.o mem_setup.o  /*添加编译当前目录下的.c文件*/
```

（5）/boards.cfg

```
35 #Target   ARCH    CPU     Board name  Vendor      SoC      Options
183 tiny210  arm     armv7   tiny210     samsung     s5pc1xx
```

183 行定义了 Board 名字为 tiny210，在编译 U-Boot 时输入编译对象要与该名称一致。

（6）/include/configs.h

```
2 #define CONFIG_BOARDDIR board/samsung/tiny210  /*定义板级支持包文件路径*/
3 #include <config_cmd_defaults.h>
4 #include <config_defaults.h>
5 #include <configs/tiny210.h>                       /*定义板级头文件路径*/
6 #include <asm/config.h>
```

（7）/board/samsung/tiny210/lowlevel_init.s

```
31 #include <s5pc110.h>
32 #include "tiny210_val.h"
```

（8）/board/samsung/tiny210/tiny210.c

```
200 void dram_init_banksize(void)
{
    gd->bd->bi_dram[0].start = PHYS_SDRAM_1;     //仅定义一块SDRAM
    gd->bd->bi_dram[0].size = get_ram_size((long *)PHYS_SDRAM_1,
    PHYS_SDRAM_1_SIZE);
206 //gd->bd->bi_dram[1].start = PHYS_SDRAM_2;   //定义两块时需要开启
207 //gd->bd->bi_dram[1].size = get_ram_size((long *)PHYS_SDRAM_2,
    PHYS_SDRAM_2_SIZE);
}
```

4．定制 tiny210.h 文件内容

在定制 U-Boot 过程中，需要添加和修改 tiny210.h 内容。

tiny210.h 源文件存放路径：/include/configs/tiny210.h

（1）定义宏

```
36 #define CONFIG_TINY210            1    /*定义ARM板名称为tiny210*/
92 #define MACH_TYPE_TINY210      2456    /*机器码,要与操作系统中定义一致*/
93 #define CONFIG_MACH_TYPE       MACH_TYPE_SMDKV210
```

（2）修改目标机命令行提示符（个性化处理）

```
134 #define CONFIG_SYS_PROMPT          "[tiny210-JYX]# "
```

经过编译下载后，U-Boot 在下载模式控制台上提示符将被设置为“[tiny210-JYX]#”。

（3）设置网络参数

```
437 #define CONFIG_ETHADDR          22:40:5c:26:0a:5b
438 #define CONFIG_NETMASK          255.255.255.0
439 #define CONFIG_IPADDR           192.168.1.15        /*依据使用环境调整* /
440 #define CONFIG_SERVERIP         192.168.1.40
441 #define CONFIG_GATEWAYIP        192.168.1.1
```

（4）定义内核加载地址

```
142 #define CONFIG_SYS_LOAD_ADDR      (PHYS_SDRAM_1+0x1000000)
165 #define PHYS_SDRAM_1              MEMORY_BASE_ADDRESS
66 #define MEMORY_BASE_ADDRESS        CONFIG_SYS_SDRAM_BASE
63 #define CONFIG_SYS_SDRAM_BASE      0x20000000
```

此处定义内核加载地址为 0x21000000。在随后更新系统过程中，该地址也用于下载程序的 SDRAM 的首地址。

（5）定义 NAND Flash 设备

```
426 #define CONFIG_CMD_NAND                         /*定义NAND Flash */
427 #if defined(CONFIG_CMD_NAND)
428 #define CONFIG_CMD_NAND_YAFFS                   /*定义文件格式为Yaffs*/
429 #define CONFIG_CMD_MTDPARTS
430 #define CONFIG_SYS_MAX_NAND_DEVICE 1
431 #define CONFIG_SYS_NAND_BASE      (0xB0E000000)
```

（6）定义启动设备参数

```
176 #define CONFIG_ENV_IS_IN_MMC      1             /*此版本仅支持SD卡启动*/
177 #define CONFIG_SYS_MMC_ENV_DEV    0
178 #define CONFIG_ENV_SIZE           0x4000        /*16KB */
179 #define RESERVE_BLOCK_SIZE        (512)
180 #define BL1_SIZE                  (8<<10)       /*用于 BL1的8KB保留字节*/
181#define CONFIG_ENV_OFFSET(RESERVE_BLOCK_SIZE+BL1_SIZE+((16+512)*1024))
182 #define CONFIG_DOS_PARTITION      1
```

（7）和硬件平台 SDRM 资源有关配置

```
143 #define CONFIG_SYS_LOAD_ADDR (PHYS_SDRAM_1+0x1000000)//加载程序首地址
163 #define CONFIG_NR_DRAM_BANKS      1             // 2    //有1块DRAM
164 #define SDRAM_BANK_SIZE       0x20000000                //DRAM容量为512MB
316 #define DMC0_MEMCONTROL       0x00202400  /* SDRAM控制字*/
317 #define DMC0_MEMCONFIG_0      0x20E00323  /* SDRAM配置字1*/
318 #define DMC0_MEMCONFIG_1      0x00E00323  /* SDRAM配置字2*/
```

功能释义：

316～318 行声明 SDRAM 区使用 4 片 DDR2/128MB，实现 1 个地址连续的存储空间，存储容量为 512MB。

316 行 DMC0_MEMCONTROL=0x00202400 声明存储器类型为 DDR2 型。

317 行 DMC0_MEMCONFIG_0=0x20E00323 声明存储空间地址，按位解析为：

```
[31:24] = 0x20:      起始首地址为0x2000_0000
[23:16] = 0xE0:      定义上限偏移地址为0x1fff_ffff，表示存储容量为512MB
[15:12] = 0x0:       地址映射方法为线性
[11:8]  = 0x3:       10位列地址
[7:4]   = 0x2:       14位行地址
[3:0]   = 0x3:       8块
```

318 行 DMC0_MEMCONFIG_0=0x00E00323 声明芯片基址是 0x0000_0000，存储空间地址

范围是 0x0000_0000～0x1fff_ffff。

（8）关键设置参数

```
98 /* select serial console configuration    声明控制台使用串口1 */
99 #define CONFIG_SERIAL_MULTI            1
100 #define CONFIG_SERIAL0                1        /* use SERIAL 0 */
101 #define CONFIG_BAUDRATE               115200
102 #define S5PC210_DEFAULT_UART_OFFSET   0x020000
116 #include <config_cmd_default.h>
127 #define CONFIG_BOOTDELAY              3        /* 等待3s开始引导内核代码*/
```

4.6.1.4 编译 U-Boot

至此已完成与板级配置有关文件的确认和修改，宿主机 Linux 环境中需要建立好 GCC 编译环境。

（1）修改/board/samsung/tiny210/tools/mkv210_image.c 文件。

为了便于将 BL1 和 BL2 文件烧写到 SD 卡，将 mkv210_image.c 文件中 BUFSIZE 和 IMG_SIZE 所定义的(8*1024)改为(24*1024)，使得编译后生成的 tiny210-spl.bin（BL1）文件大小扩展为 24KB。实际有效内容为前 8KB，后边用 0 补齐到 24KB。

（2）在 Linux 环境中的 U-Boot 根目录下执行以下命令完成 U-Boot 编译过程。

```
[root@localhost opencsbc-u-boot]# make distclear
[root@localhost opencsbc-u-boot]# make tiny210_config
[root@localhost opencsbc-u-boot]# make
```

执行 make 命令后，可完成对 U-Boot 的编译过程。

在/opencsbc-u-boot/spl/目录下生成 tiny210-spl.bin（BL1），在/opencsbc-u-boot/目录下生成 u-boot.bin（BL2）。

（3）在/opencsbc-u-boot/目录下编写脚本 cat2boot1.sh，用以将 tiny210-spl.bin（BL1）和 u-boot.bin（BL2）两个文件合二为一，方便随后的代码烧写工作。cat2boot1.sh 脚本文件内容为：

```
cat /spl/tiny210-spl.bin /jy-cbt/opencsbc-u-boot/u-boot.bin  >
/jy-cbt/opencsbc-u-boot/jiang-uboot.bin。
```

（4）U-Boot 根目录下运行脚本文件。

```
[root@localhost opencsbc-u-boot]# ./cat2boot1.sh
```

cat2boot1.sh 脚本文件完成 BL1 和 BL2 两个文件的合并过程，在当前目录下生成 U-Boot 的执行文件 jiang-uboot.bin（BL1+BL2）。

4.6.2 案例 2——支持 NAND Flash 启动

4.6.2.1 目的

（1）了解 U-Boot 源码结构。

（2）完成与 NAND Flash 有关的 U-Boot 代码移植工作，实现 U-Boot 代码在 NAND Flash 中启动。

4.6.2.2 环境

（1）Red Enterprise Linux 6+VMware Workstation。

（2）U-Boot-2011.10。

（3）Tiny210 硬件平台。

（4）交叉编译器 arm-linux-gcc-4.5.1。

4.6.2.3 步骤

在本节中使用“\”表示 Windows 环境下文件存放的路径，“/”表示 Linux 环境下文件存放的路径。Linux 环境下所涉及文件存放路径的描述均指在 Linux 环境中 U-Boot 源码根目录/opencsbc-u-boot/下。

1. 修改/arch/arm/cpu/armv7/start.s 文件

（1）35～37 行添加所需头文件

```
#include <common.h>
#include <configs/tiny210.h>
#include <s5pc110.h>
```

（2）183～236 行添加以下内容

```
#if defined(CONFIG_TINY210)||defined(CONFIG_MINI210)
adr r4,_start                          /*判断代码运行位置*/
ldr r5,_TEXT_BASE
cmp r5,r4
beq board_init_in_ram                  /*代码已经搬运到SDRAM*/

ldr r0,=PRO_ID_BASE                    /*PRO_ID_BASE+OMR_OFFSET：启动方式寄存器*/
ldr r1,[r0,#OMR_OFFSET]
bic r2,r1,#0xffffffc1                  /*判断启动条件*/
/* NAND BOOT */
cmp r2,#0x0       @ 512B 4-cycle       /*得到启动信息代码，定义于Tiny210.h*/
moveq r3,#BOOT_NAND                    /*将启动信息代码暂存R3*/
cmp r2,#0x2       @ 2KB 5-cycle
moveq r3,#BOOT_NAND
cmp r2,#0x4       @ 4KB 5-cycle 8-bit ECC
moveq r3,#BOOT_NAND
cmp r2,#0x6       @ 4KB 5-cycle 16-bit ECC
moveq r3,#BOOT_NAND
cmp r2,#0x8       @ OneNAND Mux
moveq r3,#BOOT_ONENAND

/* SD/MMC BOOT */
cmp       r2,#0xc
moveq     r3,#BOOT_MMCSD
/* NOR BOOT */
cmp       r2,#0x14
moveq     r3,#BOOT_NOR
/* Uart BOOTONG failed */
cmp       r2,#(0x1<<4)
moveq     r3,#BOOT_SEC_DEV
ldr r0,=INF_REG_BASE
str r3,[r0,#INF_REG3_OFFSET]           /*将启动信息代码存放于INFORM3寄存器*/

ldr r1,[r0,#INF_REG3_OFFSET]           /*判断启动方式*/
cmp r1,#BOOT_NAND                      /* 0x0 => boot device is nand */
beq nand_boot_210
cmp     r1,#BOOT_MMCSD
```

```
beq     mmcsd_boot_210
nand_boot_210:
bl     board_init_f_nand            /* NAND Flash启动 */
mmcsd_boot_210:
bl     board_init_f                 /* SD启动 */
board_init_in_ram:
#endif
```

2. 复制 nand_cp.c

（1）复制文件。

应用例程\nand_cp.c 复制到/arch/arm/cpu/armv7/s5pc1xx/目录下。

将/board/samsung/tiny210/mmc_boot.c 移动到/arch/arm/cpu/armv7/s5pc1xx/目录下。移动cmmc_boot.c文件主要是为了让目录层次更加清晰，减少代码重复。

（2）在 arch/arm/cpu/armv7/s5pc1xx/Makefile 文件添加代码。

36～39 行添加以下内容，完成对文件的编译。

```
ifdef CONFIG_SPL_BUILD
COBJS  += mmc_boot.o                /*编译cmmc_boot.c文件*/
COBJS  += nand_cp.o                 /*编译nand_cp.c文件*/
endif
```

（3）修改 board/samsung/tiny210/Makefile，删除下面代码：

注释掉 32～34 行代码，在需要注释掉的每行起始位置添加“#”。

```
# ifdef CONFIG_SPL_BUILD
# COBJS  += mmc_boot.o
# endif
```

3. 修改 include/common.h

245～247 行添加以下内容：

```
243 /* arch/$(ARCH)/lib/board.c */
244 void    board_init_f  (ulong) __attribute__ ((noreturn));
245 #if defined(CONFIG_TINY210) || defined(CONFIG_MINI210)
246 void    board_init_f_nand  (ulong) __attribute__ ((noreturn));
                     //添加函数定义
247 #endif
248 void    board_init_r  (gd_t *, ulong) __attribute__ ((noreturn));
249 int     checkboard    (void);
```

4. 修改 arch/arm/lib/board.c

261～264 行添加以下内容：

```
261 void board_init_f_nand(ulong bootflag)
262 {
263     while(1);
264 }
```

5. 修改 spl/Makefile

106 行添加以下内容：

```
104 $(TOPDIR)/board/$(BOARDDIR)/tools/mk$(BOARD)spl.exe
105 $(obj)u-boot-spl.bin $(obj)$(BOARD)-spl.bin
107 cat $(obj)$(BOARD)-spl.bin $(TOPDIR)/u-boot.bin > $(TOPDIR)/$(BOARD)
-uboot.bin
```

在 make 过程合并 tiny210-spl.bin u-boot.bin，生成 tiny210-uboot.bin。

若使用案例 1 中介绍的编辑脚本文件的方法来实现 BL1 和 BL2，则可以忽略此处对 spl/Makefile 文件的修改。

6．修改 include/configs/tiny210.h

将 171～182 行用以下内容替换：

```
/* Flash and environment organization */
  #define CONFIG_SYS_NO_Flash          1
  #undef  CONFIG_CMD_IMLS
  #define CONFIG_IDENT_STRING          " for FriendlyLEG-TINY210"
  #define CONFIG_DOS_PARTITION         1

  /*NAND_BOOT & MMCSD_BOOT  by lk  */
  #define CONFIG_S5PC11X
  #define CONFIG_ENV_IS_IN_NAND        1
  #define CONFIG_ENV_SIZE              0x4000  /* 16KB */
  #define RESERVE_BLOCK_SIZE               (2048)
  #define BL1_SIZE                     (8 << 10) /*为BL1段代码分配8KB空间 */
  #define CONFIG_ENV_OFFSET            0x40000
  #define CFG_NAND_HWECC
  #define CONFIG_NAND_BL1_8BIT_ECC
  #define CONFIG_8BIT_HW_ECC_SLC       1
```

4.6.2.4 编译 U-Boot

通过上述步骤，完成与板级配置有关文件的确认和修改。在编译 U-Boot 之前，宿主机 Linux 环境中需要建立好 GCC 编译环境。

（1）修改/opencsbc-u-boot/board/samsung/tiny210/tools/mkv210_image.c 文件。

为了便于将BL1和BL2文件烧写到SD卡，将mkv210_image.c文件中BUFSIZE和IMG_SIZE 所定义的（8*1024）改为（24*1024），使得编译后生成的 tiny210-spl.bin（BL1）文件大小扩展为 24KB。实际有效内容为前 8KB，后边用 0 补齐到 24KB。

（2）在 Linux 环境中的 U-Boot 根目录下执行以下命令完成 U-Boot 编译过程。

```
[root@localhost opencsbc-u-boot]# make distclear
[root@localhost opencsbc-u-boot]# make tiny210_config
[root@localhost opencsbc-u-boot]# make
```

执行 make 命令后，可完成对 U-Boot 的编译过程。

在/opencsbc-u-boot/spl/目录下生成 tiny210-spl.bin（BL1），在/opencsbc-u-boot/目录下生成 u-boot.bin（BL2）。

若实施了步骤 5，在/opencsbc-u-boot/目录下生成 tiny210-boot.bin（BL1+BL2）。

若没有实施步骤 5，则需要参考本章案例 1 所介绍的 U-Boot 编译中使用 cat2boot1.sh 脚本文件的方法完成 BL1 和 BL2 两个文件合并过程，得到 jiang-uboot.bin（BL1+BL2）。

4.6.3 案例 3——添加 hello 操作命令

4.6.3.1 目的

（1）熟悉 U-Boot 命令文件的框架结构。

（2）编写基于 U-Boot 命令基本框架的 hello 操作命令。

（3）完成 U-Boot 编译过程，使得 U-Boot 支持 hello 操作命令。

4.6.3.2 环境

（1）Red Enterprise Linux 6+VMware Workstation。
（2）U-Boot-2011.10。
（3）Tiny210 硬件平台。
（4）交叉编译器 arm-linux-gcc-4.5.1。

4.6.3.3 步骤

1．创建 cmd_hello.c 文件

在/common/目录下创建和编辑 cmd_hello.c 文件。

```
#include<command.h>
#include<common.h>
#ifdef CONFIG_CMD_HELLO
int do_hello(cmd_tbl_t *cmdtp,int flag,int argc,char *argv)
{
        printf("hello ! this is my U-Boot command test \n");
        return 0;}
U_BOOT_CMD(hello,1,0,do_hello,"usage:test\n","help:test\n");
#endif
```

该文件仅用于命令测试，功能是在控制台上打印输出“hello! this is my U-Boot command test”。

2．修改 Makefile

修改/common/Makefile 文件，添加以下内容。在 U-Boot 编译过程中会对 cmd_hello.c 进行编译，在当前目录生成 cmd_hello.o。

```
47 COBJS-y += cmd_hello.o
```

3．修改 config_cmd_default.h

在文件/include/config_cmd_default.h 中添加对 CONFIG_CMD_HELLO 的宏定义。

```
19 #define CONFIG_CMD_HELLO
```

4.6.3.4 运行 hello 命令

完成 U-Boot 编译和更新后，在 U-Boot 下载模式执行 hello 命令，可以在控制台上打印出相应字符串。

```
[FriendlyLEG-TINY210]# hello
hello ! this is my U-Boot command test
[FriendlyLEG-TINY210]#
```

4.6.4 案例 4——制作 U-Boot 启动盘

4.6.4.1 目的

（1）熟悉 Linux 环境下 SD 卡设备的挂载和查询方法。
（2）熟悉将 BL1+BL2（jiang-uboot.bin）文件烧写到 SD 卡的方法。
（3）熟悉基于 SD 卡启动 U-Boot 的方法。

4.6.4.2 环境

同前。

4.6.4.3 步骤

本案例介绍制作U-Boot启动盘的方法，具体步骤如下。

1. 查看SD卡设备挂载点

将SD卡插入宿主机，在Linux环境的终端窗口中使用fdisk命令，得到SD卡的设备节点是/dev/sdb1。

```
[root@localhost jy-cbt]#  fdisk -l
  Device Boot Start   End      Blocks       Id  System
/dev/sdb1     20       952      7484416 b    W95 FAT32
Partition 1 has different physical/logical endings:
     phys=(950,254,63) logical=(951,4,13)
[root@localhost jy-cbt]#
```

此时若没有识别出SD卡，可使用关闭虚拟机电源方式关闭虚拟机。在主机Windows环境重新启动或开启VMware USB Arbitration Service服务。该项服务定义于：右击我的电脑→管理→服务和应用程序→服务→选择VMware USB Arbitration Service（Windows 7），随后再启动虚拟机。

2. 烧写jiang-uboot.bin文件

应用例程\系统文件\实验用\jiang-uboot(不支持NAND启动).bin到虚拟机Linux环境的/jy-cbt/opencsbc-u-boot/目录下，重命名为jiang-uboot.bin。在虚拟机Linux环境使用“dd”命令将文件写入SD卡扇区1开始的位置。

```
[root@localhost arm system]# dd iflag=dsync oflag=dsync if=cbt210-uboot.bin
of=/dev/sdb seek=1
```

jiang-uboot.bin文件被正确写入SD卡后会显示以下内容：

```
479+1 records in
479+1 records out
245736 bytes (246kB) copied, 1.6184s, 152kB/s
[root@localhost arm system]#
```

4.6.4.4 启动系统

将烧写有U-Boot启动代码的SD卡取出并插入Tiny210开发板，设置开发板为SD卡启动模式，连接好开发环境。上电启动开发板后在控制台中按回车键，进入U-Boot下载模式。在控制台界面可以输入U-Boot命令。

为了学习了解U-Boot，书中的jiang-uboot.bin提供了opencsbc-u-boot.tar.gz源码文件。随后的案例将运行在北京赛佰特科技有限公司CBT-SuperIOT型全功能物联网教学科研实验平台的Cortex-A8嵌入式智能终端上。为了保持系统的完整性，ARM-Linux采用赛佰特科技有限公司提供的系统文件。其中uImage和rootfs.img提供了源代码，U-Boot仅提供了编译后的cbt210-uboot.bin。

从下一案例开始，书中案例均采用cbt210-uboot.bin引导内核。

文件存放路径：应用例程\系统文件\CBT实验箱\cbt210-uboot.bin。

4.6.5 案例5——更新系统

嵌入式应用系统的系统文件含有：cbt210-uboot.bin(bootloader)、uImage（kernel）和rootfs.img(fs)三个文件。本案例介绍在基于SD启动U-Boot后，进入U-Boot下载模式，在下载模式完成三个文件的下载更新过程。

4.6.5.1 目的

（1）熟悉组建嵌入式系统硬件开发环境。

（2）熟悉 TFTP32 软件的网络功能下载方法。

（3）熟悉系统文件下载到 SDRAM 的方法。

（4）熟悉系统文件烧写到 NAND Flash 的方法。

4.6.5.2 环境

（1）Tiny210 硬件平台。

（2）SD 卡启动盘。

（3）三个系统文件及下载工具软件存放于应用例程\系统文件\测试文件\。

4.6.5.3 步骤

将烧写有 U-Boot 启动代码的 SD 卡插入 Tiny210 开发板，设置为开发板为 SD 卡启动模式，连接好开发环境。上电启动开发板进入 U-Boot 下载模式，在控制台界面输入 U-Boot 命令。

1. 更新 U-Boot 文件

（谨慎操作，一般无须更新烧写 U-Boot!）

（1）使用 TFTP32 软件的网络功能将 cbt210-uboot.bin 文件下载到 Tiny210 板的 SDRAM 中，地址为 0x21000000。

（2）擦除 NAND Flash 上 0 地址开始大小为 0x40000 的空间。

（3）将 SDRAM 上 0x21000000 地址处开始，代码长度 0x40000 的文件，写入 NAND Flash 上 0 地址开始处。

```
[CBT-210]# tftp 21000000 cbt210-uboot.bin
[CBT-210]# nand erase 0 40000
[CBT-210]# nand write 21000000 0 40000
```

2. 更新内核文件

（1）使用 TFTP32 软件将内核文件 uImage 下载到 SDRAM，地址为 0x21000000。

（2）将 NAND Flash 起始地址为 0x600000 开始处、大小为 0x500000 的空间擦除，擦除大小根据实际烧写大小设置。

（3）将 uImage 文件从 SDRAM 的 0x21000000 地址处，向 NAND Flash 起始地址为 0x600000 写入大小为 0x500000 的文件内容。

```
[CBT-210]# tftp 21000000 uImage
[CBT-210]# nand erase 0 0x600000 0x500000
[CBT-210]# nand write 21000000 0x600000 0x500000
```

注：U-Boot 只能引导 uImage，所以在正常编译完内核之后要 make uImage!生成 uImage 格式文件。

3. 更新文件系统

（1）将文件系统 rootfs.img 下载到 SDRAM 的 0x21000000 地址处。

（2）将 NAND Flash 上 0xe00000 起始地址处 0x10000000 大小的空间擦除。

（3）将 SDRAM 上 0x21000000 地址开始的内容烧写到 NAND Flash 的 0xe00000 起始地址，大小为 0xc7b6cc0。

```
[CBT-210]# tftp 0x21000000 rootfs.img
[CBT-210]# nand erase e00000 0x10000000
[CBT-210]# nand write.yaffs 0x21000000 e00000 0xc7b6cc0
```

注：写入 Yaffs2 文件系统的大小一定要与 TFTP 下载时的一致方可正确写入。

4．设置启动参数

系统烧写成功之后，按照以下内容设置环境变量：

```
[CBT-210]#setenv bootargs root=/dev/mtdblock4 console=ttySAC0,115200
init=linuxrc lcd=S70
[CBT-210]#setenv bootcmd nand read 21000000 600000 500000/;bootm
[CBT-210]#saveenv
```

至此系统文件更新完毕，设置 Tiny210 硬件平台 NAND Flash 方式启动。重新上电后，系统可完成从 NAND Flash 启动 U-Boot，自动引导操作系统的过程。

习　题　4

4.1 搜集和整理常用的 U-Boot 命令。

4.2 依据本章添加 hello 操作命令设计案例，添加显示个性化信息命令。

4.3 查看 U-Boot 源码目录，阅读/arch/arm/cpu/armv7/start.s 文件代码。

4.4 写出 U-Boot 两种工作模式的作用。

4.5 描述 help　bdinfo　cmp　tftp　setenv　version 所列 U-Boot 命令的功能。

4.6 描述 U-Boot 启动盘制作过程。

第 5 章　Linux 内核移植

Linux 内核的起源可追溯到 1991 年芬兰大学生 Linus Torvalds 编写和第一次公布 Linux 的日子。尽管到目前为止，Linux 系统早已远远发展到了 Torvalds 本人之外的范围，但 Torvalds 仍保持着对 Linux 内核的控制权，并且是 Linux 名称的唯一版权所有人。自发布 Linux 0.12 版起，Linux 就一直依照 GPL（通用公共许可协议）自由软件许可协议进行授权。

Linux 内核本身并不是操作系统，它是一个完整操作系统的组成部分。Red Hat、Novell、Debian 和 Gentoo 等 Linux 发行商都采用 Linux 内核，然后加入更多的工具、库和应用程序来构建一个完整的操作系统。

自 1991 年 11 月由芬兰的 Linus Torvalds 推出 Linux 0.1.0 版内核至今，Linux 内核已经升级到 Linux 4.2。其发展速度迅猛，在目前市场上足可挑战 Windows 操作系统。

Linux 内核在其发展过程中得到了分布于全世界的广大开源项目追随者的大力支持。尤其是一些曾经参与 UNIX 开发的人员，他们把应用于 UNIX 上的许多应用程序移植到 Linux 上来，使得 Linux 的功能得到了巨大的扩展。目前比较稳定的版本是 Linux 3.10。在 Linux 的版本号中，第一个数为主版本号，第二个为次版本号，第三个为修订号。次版本号为偶数表明是稳定发行版本，奇数则表明是在开发中的测试用版本。

随着其功能不断加强，灵活多样的实现加上其可定制的特性以及开放源码的优势，Linux 在各个领域的应用正变得越来越广泛。嵌入式领域的兴起，为 Linux 的长足发展提供了无限广阔的空间。目前专门针对嵌入式设备的 Linux 改版就有好几种，包括针对无 MMU 的 μClinux 和针对有 MMU 的标准 Linux 在各个硬件体系结构的移植版本。基于 S5PV210 微处理器这样内核的 ARM-Linux，使用了 MMU 的内存管理，对进程有保护，提高了嵌入式系统中多进程的保护能力，使用户应用程序的可靠性得以提高，降低了用户的开发难度。

嵌入式 Linux 系统主要由 BootLoader、内核（设备驱动程序）、根文件系统以及应用程序等几部分构成，相对应用程序而言，上述其他几个组成部分对学习和开发者要求更加严格，需要对目标硬件接口有深入的了解和掌握，才能移植和开发底层的软件工作。

本章主要介绍嵌入式 Linux 系统的构建过程。其中以在 Cortex-A8 微处理器平台上运行的 Linux 内核与根文件系统为模版，首先着重讲述嵌入式系统中 Linux 内核的定制、裁剪、配置和编译过程，以及如何向内核中加入自定义功能模块。其次介绍嵌入式操作系统中根文件系统的移植过程，以及在文件系统中添加常用系统命令和服务的方法。

通过学习本章的内容，能够对嵌入式 Linux 系统的结构有一个清晰认识，并掌握基于 Tiny210 硬件平台的嵌入式 Linux 操作系统搭建过程。

5.1　Linux 系统开发环境

一个基于微处理器的典型应用系统包含硬件和软件两部分。在开发用于 PC 的应用软件过程中，需要在 PC 上安装一个集成开发环境，随后在该环境下完成程序的录入、编译和调试，最终得到一个需要的应用软件，并在 PC 上运行来满足需求。这个开发过程有两点需要注意：

（1）需要一个集成开发环境（IDE）；

（2）应用程序的开发环境与最终程序的运行环境一致（操作系统不变）。

5.1.1 交叉编译环境

嵌入式应用系统硬件平台资源有限，虽然可以运行应用程序，但是无法满足集成开发环境的资源配置需求。因此在嵌入式应用系统上无法创建开发环境，一般需要借助 PC 组建嵌入式应用系统开发环境。目前嵌入式应用系统开发环境多采用“宿主机+目标机”的组合方式来完成软件平台和应用程序开发过程，嵌入式应用系统开发环境组成如图 5.1 所示。

图 5.1 嵌入式系统开发环境

目标机：量身定制的一个嵌入式专用平台，用于系统内核和应用程序的测试和运行。

宿主机：指 PC 或笔记本电脑。用于搭建交叉编译环境，编译用于目标机的系统内核和应用程序。

本书开发案例中用到的系统开发环境资源配置如下：

宿主机：硬件平台选用标准 PC。
主处理器是 x86 架构 Intel(R)Core(TM)i5-4200。
Windows 7 系统环境，VMware 8.0 虚拟机+RHEL6。

目标机：硬件平台采用 CBT-SuperIOT，兼容 Tiny210。
应用处理器选用 ARM 系列基于 Cortex-A8 架构的 S5PV210。
嵌入式 Linux 操作系统。

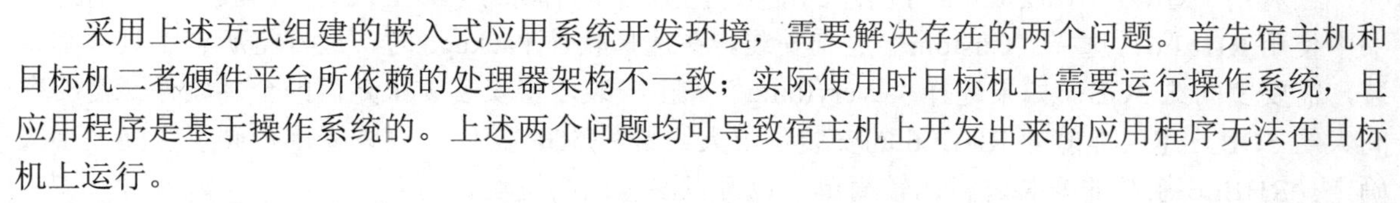

采用上述方式组建的嵌入式应用系统开发环境，需要解决存在的两个问题。首先宿主机和目标机二者硬件平台所依赖的处理器架构不一致；实际使用时目标机上需要运行操作系统，且应用程序是基于操作系统的。上述两个问题均可导致宿主机上开发出来的应用程序无法在目标机上运行。

对上述存在的两个问题，通常采用以下解决方案。

（1）建立 ARM 交叉编译环境，解决处理器架构不一致。书中使用的开发环境由于硬件平台处理器结构不同会导致程序不兼容，宿主机上可以运行的应用程序无法直接在目标机上运行。

方法 1：首先在宿主机上编译得到可运行于 PC 上的应用程序，再将其移植到目标机。优点是编译环境易于搭建，可快速得到数量众多的应用程序，PC 上开展前期的评估和测试工作。其缺点是将应用程序移植到目标机上运行的工作量较大。

方法 2：在宿主机上构建面向目标机硬件平台处理器架构的交叉编译环境。优点是程序编译后可直接得到能在目标机上运行的应用程序，要注意在交叉编译环境下编译出的应用程序已不能在宿主机上运行。其缺点是交叉编译环境搭建复杂，在线调试程序成本过高。

本书使用第二种解决方法，介绍在宿主机上建立 ARM 交叉编译环境的方法。

（2）嵌入式 Linux 开发环境解决方案。宿主机多使用 Windows 系统，目标机一般采用 Linux 或 Android 系统。为了保证二者操作系统环境统一，需要在宿主机上建立基于 Linux 或 Android 操作系统的开发环境，与目标机一致。

宿主机多采用以下解决方案：

方法 1：使用基于 PC 机 Windows 操作系统下的 CYGWIN。

方法 2：在 Windows 下安装虚拟机，在虚拟机中安装 Linux 操作系统。

方法 3：直接安装 Linux 操作系统。

书中选择方法 2，使用 Windows 7 系统运行 VMware 虚拟机软件，在虚拟机中运行 RHEL6 系统。嵌入式应用系统开发过程中，会用到 Windows 系统下很多常用开发工具，如 Xshell、Sourceinsight 等，使用方法 2 可以较为方便地实现在宿主机两个操作系统中相互切换。

5.1.2　安装 Linux 系统开发环境

本书组建的交叉编译环境，需要在宿主机上安装 VMware 8.0 虚拟机和 RHEL6。

5.1.2.1　虚拟机

多启动系统是在 PC 启动过程进行选择，随后仅能运行一个选中的操作系统，系统切换时需要重新启动机器。VMware Workstation 8 是一款基于 Windows 操作系统的工具软件。与多启动系统相比，借助该软件可以在一台 PC 的 Windows 主系统平台上，同时运行 Linux 或其他多个系统，多个操作系统之间可任意切换。虚拟机软件运行主界面如图 5.2 所示。图中显示的虚拟机软件运行主界面中提供的操作功能有：

（1）创建一个新的虚拟机：创建一个虚拟机，并选择性安装操作系统。

（2）打开一个虚拟机：打开已经建立的虚拟机。

（3）连接服务器。

（4）虚拟机网络管理：虚拟机的网络配置管理。

（5）虚拟机资源管理：为虚拟机分配物理资源。

5.1.2.2　安装 RHEL6

在利用 VMware Workstation 8 创建的虚拟机上安装操作系统，与在 PC 上安装过程完全相同，书中使用 RHEL6，选择“Custom”定制安装。在选择软件 Package 时，最好将所有工具包都安装，需要空间约 3GB；如果选择“everything”完全安装，将安装 3 张光盘的全部软件，需要空间大约 5GB。建议提前为 RHEL6 的安装预留大约 5～15GB 空间，具体视用户硬盘空间大小来确定。RHEL6 系统的安装过程比较简单，也可以参考网络资源。

安装完 RHEL6 系统后，还要安装 Linux 编译器和开发库以及 ARM-Linux 的所有源代码，这些包安装后总共需要空间约 800MB。成功安装 RHEL6 后，启动系统界面如图 5.3 所示。

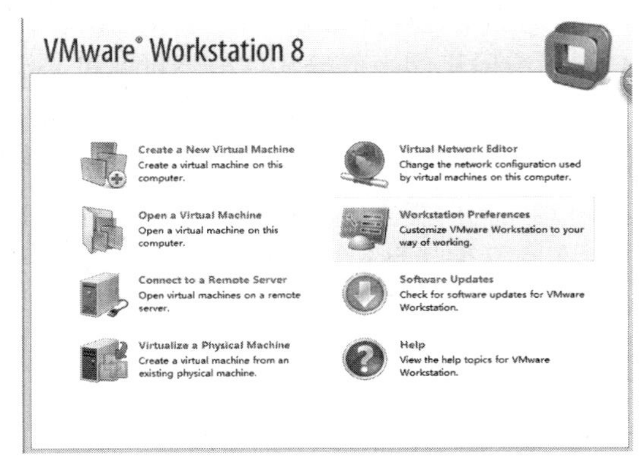

图 5.2　VMware Workstation 8 运行界面

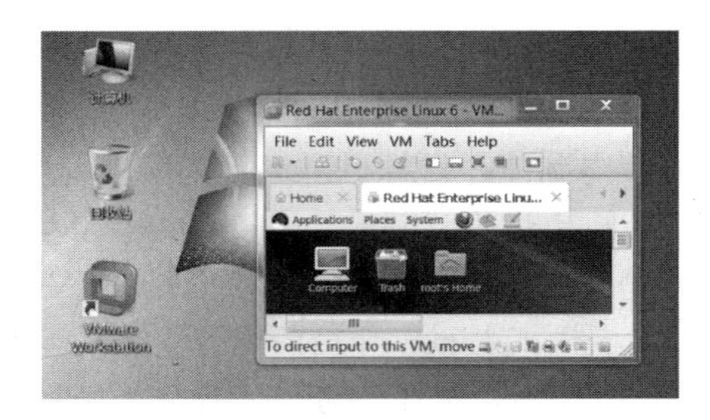

图 5.3　Windows 7+VMware 8.0（Red Hat Enterprise Linux 6）运行环境

在 VMware Workstation 8 软件环境下建立的虚拟机和在虚拟机上安装的操作系统，在

Windows 主系统下统一表现为若干镜像文件。可以使用 VMware Workstation 8 中的 Open A Virtual Machine 功能打开镜像文件。

5.1.2.3　Linux 环境下的操作

运行 VMware Workstation 8，加载并启动已经创建好的虚拟机 RHEL6(cbt)，可进入 Linux 环境，运行主界面如图 5.3 所示。其中背景是 Windows 桌面，在打开的虚拟机窗口中是 Linux 系统。此时将鼠标移动到虚拟机窗口内，单击可以进入 Linux 系统。若需要返回 Windows 系统，仅需要将鼠标移动出虚拟机窗口，单击确认即可。早期的 VMware 版本，在进入虚拟机窗口后无法将鼠标移出窗口，需要通过按下 Ctrl+Alt 组合键返回 Windows 系统。

进入 Linux 后，首先需要熟悉基本环境。Linux 系统环境下有两种操作：基于图标和基于命令行。使用这两种方式，可以完成大部分与文件有关的操作。

1．基于图标

Linux 提供一个友好的桌面交互环境，如图 5.4 所示。在桌面上提供有一些图标，单击图标可弹出相应窗口。在 Linux 桌面单击 Computer 图标弹出一窗口，在窗口上方标有“Computer”，用以表示窗口名称。在 Computer 窗口中单击 Filesystem 图标，弹出“/”窗口，这里的“/”表示 Linux 系统的根目录，如图 5.4 所示。

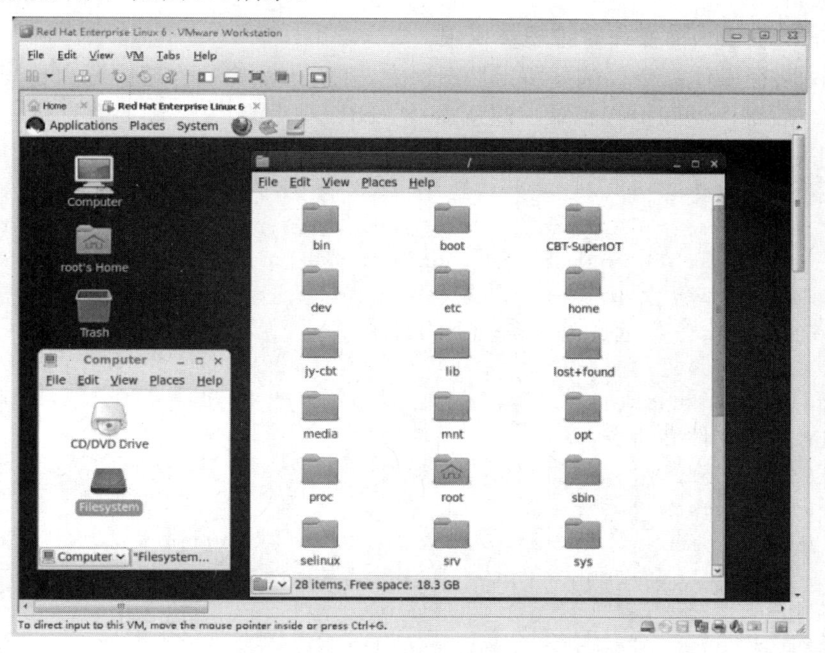

图 5.4　Linux 桌面

在“/”窗口中，显示的是 Linux 系统根目录下存在的一些文件夹和文件。在图标方式下使用鼠标，可以完成系统环境下的所有操作。对于使用 Linux 的专业人士，更倾向于使用命令完成与系统的交互。单击窗口右上角的“×”，关闭图 5.4 中的“Computer”和“/”窗口，在 Linux 桌面单击鼠标右键，会弹出快捷命令窗口，如图 5.5 所示。

在弹出的窗口中，单击 Open in Terminal 选项，打开终端窗口如图 5.6 所示。在终端窗口中，可完成命令输入和系统对命令执行结果的显示。

2．基于命令行

在终端窗口中，可以输入需要系统完成的操作命令。

```
[root@localhost Desktop]# cd ..
[root@localhost ~]# cd ..
[root@localhost /]#
[root@localhost /]#
```

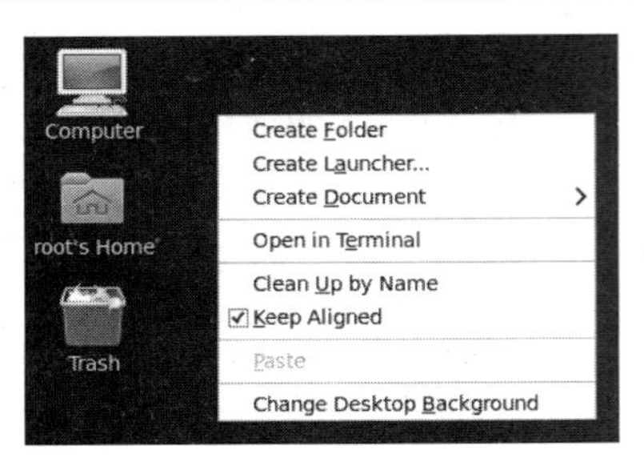

图 5.5　右键属性选项

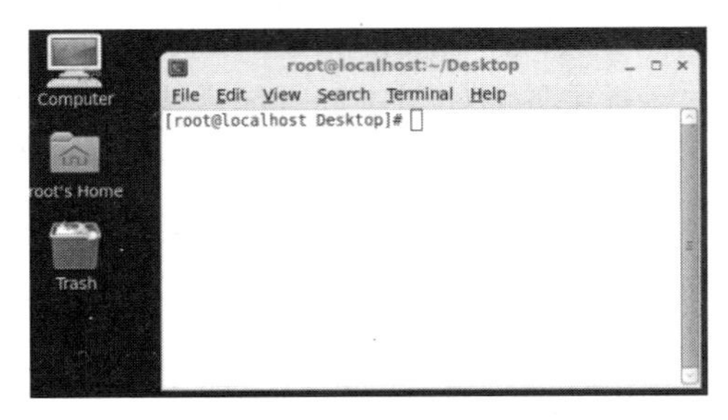

图 5.6　终端窗口

其中：

[ ]：方括号里的内容表示当前路径。

root@localhost ：表示主机名称。

/：表示根目录。

#：提示符，表示当前操作有管理员权限。

cd：Linux 路径操作命令，依据所带后缀决定。Linux 命令操作符区分大小写。

..：cd 命令后缀，返回上级目录，注意命令“cd”与后缀“..”间要有空格。

（1）ls 列表命令。查看当前路径下的文件和目录。

```
[root@localhost /]#ls
bin   dev  home   lib  media  opt   root  selinux  sys   tmp   usr
boot  etc  jy-cbt  lost+found  mnt    proc  sbin  srv      tftpboot
untitled folder  var
```

（2）cd 路径选择命令。选择进入系统下的目录。

```
[root@localhost /]# cd opt
[root@localhost opt]#
```

（3）mkdir 创建文件夹命令。

```
[root@localhost /]# mkdir SuperIOT
[root@localhost /]# ls
bin   etc     lib          mnt  root     srv      tftpboot        usr
boot  home    lost+found  opt   sbin     SuperIOT  tmp             var
dev   jy-cbt  media       proc  selinux  sys      untitled folder
[root@localhost /]#
```

使用 mkdir 命令，在根目录下创建名为 SuperIOT 的文件夹，使用 ls 可以看到 SuperIOT 文件夹已经创建完毕。

Linux 常用命令有很多，可参考网络资源或相应资料。

5.1.3　文件共享

本书中提到的操作系统间是指以下两个系统之间：

- 在宿主机中主系统 Windows 和虚拟机中的 Linux 系统之间；
- 宿主机中使用虚拟机中安装的 Linux 和目标机中安装的嵌入式 Linux 系统之间。

系统间文件共享目的之一是实现系统间的文件传递。在嵌入式系统开发过程中，经常需要将 Windows 环境中的文件复制到 Linux 系统中的指定路径，或将 Linux 系统中的文件上传到 Windows 中，再将文件备份和归档。

本节讨论宿主机中 Windows 和 Linux 系统之间文件共享的方法。实现系统间文件共享的方法很多，常用的有：

- 利用 VMware 所带工具实现虚拟机中的 Linux 系统访问 Windows 7 系统中的文件；
- 使用文件复制功能。

5.1.3.1 VMware tools

使用 VMware 自带的工具，可访问 Windows 7 系统中的共享文件。

系统环境：Windows 7+VMware 8.0（Red Hat Enterprise Linux 6）。

1. 创建 Windows 7 环境下共享文件夹

在 Windows 7 环境创建共享文件夹，设置其属性为共享，将权限设置为“读取/写入”。这里设置的共享文件夹名称和其存放路径为 D:\vmware share。共享文件夹中的文件将与虚拟机中 Linux 系统共享。

2. 安装 VMware tools

双击 VMware Workstation 图标，启动虚拟机，随后启动 Linux 系统，如图 5.3 所示，执行以下步骤安装 VMware tools。

（1）定位 Install VMware Tools。

在 Linux 系统环境下，单击“VMware Tools”一栏（依次单击“VM”→“Install VMware Tools”选项）。若已安装 VMware tools，则会显示 Re install VMware Tools，此时可直接到第 4 步，弹出 VMware Tools 文件窗口，如图 5.7 所示。

（2）解压 VMwareTools-8.8.0-471268.tar.gz 到指定目录。

图 5.7 所示窗口中包含两个文件。其中，VMwareTools-8.8.0-471268.tar.gz 为 VMware tools 安装包，安装前需要将该安装包解压。首先创建一个文件夹（/root/Downloads/tool），随后将安装包解压到该文件夹中。单击压缩包图标，弹出属性对话框，单击“Extract To”选项，选择目标路径如图 5.8 所示。单击“Extract”按钮，完成解压过程。

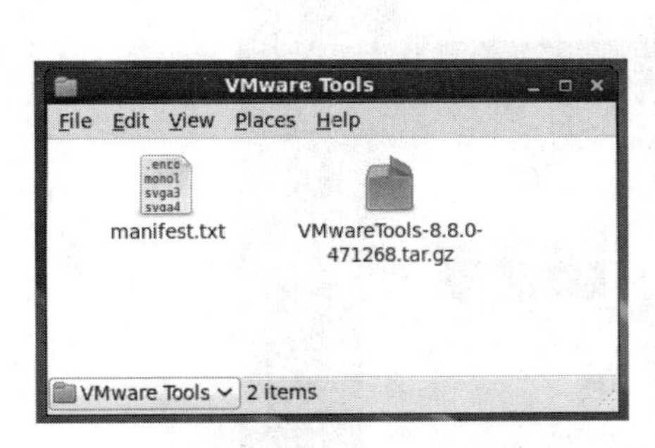

图 5.7　VMware Tools 文件窗口

图 5.8　VMware Tools 解压缩设置

（3）安装 VMware tools。

解压后文件放置在 root/Downloads/tool/vmware-tools-distrib/目录下。进入该目录，双击 vmware-install.pl 文件，在弹出窗口中单击“Run in Terminal”按钮，完成安装过程。

3．设置共享文件夹路径

（1）依次单击“VM”→“Setting”选项，在弹出的虚拟机设置窗口中进入“Option”页面。

（2）成功安装 VMware tools 后，Options 页面中“Shared Folders”项属性已自动更改为 Enabled。单击“Settings”栏中的“Shared Folders”选项后，在随后弹出的右侧“Folder Sharing”栏中启用“Always enabled”（始终启用）选项；在“Folders”栏中单击“Add…”按钮，在弹出的窗口中添加主机中共享文件夹路径（这里设置的路径与第 1 步设置相同 D:\vmware share），在随后提示中单击“Next”和“Finish”按钮，完成路径设置过程。如图 5.9 所示，单击“OK”按钮完成设置过程。

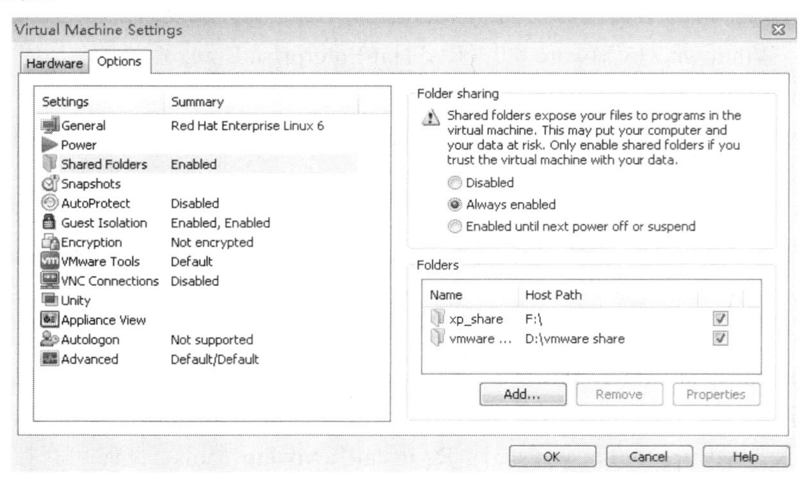

图 5.9　设置虚拟机下 Linux 文件共享

4．访问共享文件

在 Linux 中可通过图形界面方式或命令行方式访问 Windows 7 中的共享文件夹 vmware share。

（1）图形界面方式。在 Linux 桌面，单击“Computer”→“Filesystem”→“mnt”→“hgfs”选项。在最终弹出的 hgfs 窗口中可看到 Windows 7 环境设置的共享文件夹 vmware share，如图 5.10 所示。单击 VMware share 图标进入后，可对其中文件进行常规操作。

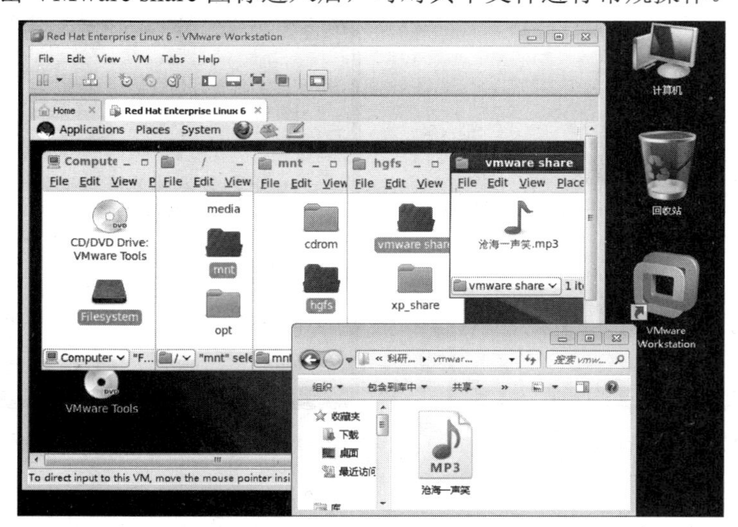

图 5.10　Linux 访问 Windows 7 共享文件

（2）命令行方式。在 Linux 桌面打开终端窗口，依次输入命令，可进入共享目录：

```
[root@localhost Desktop]# cd ..
[root@localhost ~]# cd ..
[root@localhost /]# cd mnt
[root@localhost mnt]# cd hgfs
[root@localhost hgfs]# cd vmware\ share/
[root@localhost vmware share]# ls
沧海一声笑.mp3
[root@localhost vmware share]#
```

通过以上两种方式，可实现在 Linux 环境下均可访问 Windows 7 共享文件夹。随后可实现将 Linux 中的文件复制到 Windows 7 共享文件夹或将共享文件夹中文件复制到 Linux 环境下。

【注意】利用 VMware tools 实现文件共享是一个单向过程，即仅可以实现在 Linux 环境下访问 Windows 7 的共享文件夹，反之不可以。

5.1.3.2 文件复制

目前 VMware Workstation 8 和随后发布的高版本已支持了文件复制功能。可以将虚拟机中 Linux 系统认为是 Windows 的一个应用软件，使用熟知的组合键 Ctrl+C 和 Ctrl+V 在两个系统间完成文件或文字的复制和粘贴。

5.1.4 建立交叉编译环境

不同目标硬件平台使用的交叉编译器有严格的版本环境要求，配合 CBT-SuperIOT 平台硬件，需要在宿主机正确安装交叉编译环境。交叉编译器安装在宿主机 Linux 系统中用户指定的位置，并需要向系统指明安装路径，在对程序编译时能够找到交叉编译器位置。之后利用该环境完成针对在目标机上运行的操作系统代码的编译和链接过程。

在第 2 章 2.4.1 节介绍了搭建交叉编译环境的详细过程。

5.2 Linux 内核配置和编译

本书基于 CBT 物联网实验平台的内核源代码压缩包：Linux-2.6.35.7.tar.bz2。初学者建议先从该文件入手，熟悉内核的结构及其定制过程。熟练后可从官网下载内核源代码压缩包 linux-2.6.34.14.tar（或目前最新版本），自行完成该版本内核的裁剪和编译过程。

5.2.1 获取内核文件

内核代码：应用例程\系统文件\CBT 实验箱\系统环境文件\Linux-2.6.35.7.tar.bz2。

Linux 官网资源：http://www.kernel.org/

将 linux-2.6.35.7.tar.bz2 复制到/JY-CBT/目录。在终端窗口进入到/JY-CBT/目录下输入解压命令，完成内核源码文件的解压过程。解压过程结束后，在/JY-CBT/目录下建立 Linux-2.6.35.7 文件夹，内含内核源码文件。随后书中将/JY-CBT/Linux-2.6.35.7/目录称为内核源码根目录。

```
[root@/jy-cbt]# tar -jxvf Linux-2.6.35.7.tar.bz2
[root@/jy-cbt]# ls
Linux-2.6.34.14  Linux-2.6.35.7  yaffs2
```

5.2.2 内核目录结构

本章使用的 Linux 内核版本是 Linux-2.6.37。Linux 内核根目录下含有 18 个子目录，目录中文件主要涉及与硬件平台有关文件、内核提供函数或驱动程序以及内核应用程序、工具或者文档，主要的目录功能说明见表 5.1。

表 5.1 Linux 源码目录结构

序 号	目 录 名	描 述
1	arch	与体系结构相关的代码全部放在这里，书中使用其中的 arm 目录
2	Documentation	这里存放着内核所有开发文档，其中的文件会随版本演变发生变化。通过阅读这里的文件可获得内核最新开发资料
3	Drivers	包括所有驱动程序，下面又包含多个子目录，分别存放各个分类驱动程序源码
4	Drivers/char	包含大量与驱动程序有关代码。第 6 章中所用到的一些驱动程序源码也放在该目录下
5	Driver/block	存放所有的块设备驱动程序，也保存了一些设备无关的代码
6	Drives/ide	专门存放针对 IDE 设备的驱动
7	Drivers/scsi	存放 SCSI 设备驱动程序，当前扫描仪、U 盘等设备都依赖这个通用设备
8	Drivers/net	存放网络接口适配器的驱动程序，还包括一些线路规程的实现，但不实现实际的通信协议，这部分在顶层目录的 net 目录中实现
9	Drivers/video	保存所有帧缓冲区视频设备驱动，整个目录实现了一个单独的字符设备驱动
10	Drivers/video	针对无线电和视频输入设备的代码，如目前流行的 USB 摄像头
11	ipc	System V 的进程间通信的原语实现，包括信号量、共享内存
12	kernel	存放了除网络、文件系统、内存管理之外的所有其他基础设施，包括进程调度 sched.c、进程建立 fork.c、定时器的管理 timer.c、中断处理、信号处理等
13	lib	包括一些通用支持函数，类似于标准 C 的库函数，如：vsprintf 等函数
14	mm	内存管理代码，包括所有与内存管理相关的数据结构的实现代码
15	net	包含套接字抽象和网络协议的实现，每一种协议都建立了一个对应目录
16	fs	所支持的文件系统源文件，随后将使用 Yaffs2 文件系统
17	script	存放脚本文件，主要用于配置内核

5.2.3 内核配置

Linux 内核的裁剪过程，也就是配置内核参数的过程，通过对配置内容菜单的选择，完成内核配置过程。书中内核存放于宿主机 Linux 环境的/JY-CBT/Linux-2.6.35.7/目录，在该目录下，可以运行以下三个命令中的一个，生成相应的配置文件(.config)。

（1）make config　　　　//使用命令行，逐行完成配置过程

（2）make menuconfig　　//使用 menuconfig 菜单，完成配置过程

（3）make xconfig　　　　//2.6.x 版本以上，采用基于内核用 Qt 图形库界面

以下将通过 menuconfig 菜单方式介绍内核的配置过程。

使用 make menuconfig 命令进入内核配置菜单进行配置工作，配置过程结束会产生一个用于内核编译的.config 文件。由于菜单选项繁多，初学者不易入手，这里先使用内核中附带的配置文件 CBT210-20121115_deconfig_3g_zc301.config。通过这个文件可以在配置菜单中了解一个实用 Linux 内核所定义的配置选项内容。

由于 make menuconfig 命令默认打开的是当前目录下的.config 配置文件，所以在终端窗口中执行 cp 命令，将已配置好的文件复制到.config 文件。

```
[root@/jy-cbt/Linux-2.6.35.7]# cp
cbt210_20121115_deconfig_3g_zc301 ./.config
cp: overwrite `./.config'? y
[root@/jy-cbt/Linux-2.6.35.7]# make menuconfig
```

5.2.3.1 内核配置操作

运行 make menuconfig 命令进入内核配置菜单，Linux 内核（Kernel）配置界面如图 5.11 所示。在配置单中提供了 Kernel 的配置选项，通过对这些选项的取舍操作，完成 Linux 内核的定制过程。基本操作方法如下：

（1）通过“↓”和“↑”按键可以指定当前菜单中的选项（选中项的背景变为蓝色）。图 5.11 中当前选项为：General Setup→。

（2）General Setup→选项含有“→”后缀，表示 General Setup 选项还有自己的子选项。当 General Setup→选项被选中后，通过按 Enter 键可进入子选项。通过按 Esc 键或者选择底栏的“<Exit>”选项，再按 Enter 键，返回上级选项菜单。

（3）每个选项中高亮字母表示该选项热键，通过热键可快速定位菜单中选项。

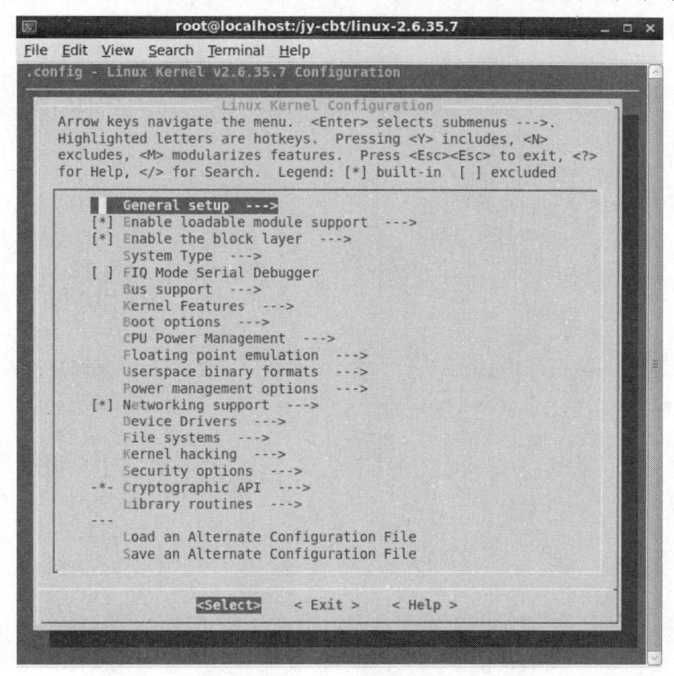

图 5.11　Linux 内核配置界面

（4）[*] Networking support →选项含有“[*]”前缀，表示该选项是否有效。当[ ] Networking support →选项被选中后，通过按 Space 键可循环设置前缀属性。前缀有如下属性：

[M]——功能有效，对应代码以模块化方式加载进入内核；

[*]——功能有效，对应代码将被加载进入内核；

[ ]——功能无效，对应代码不被加载进入内核

（5）图 5.11 显示的 Kernel 配置选项主菜单中，通过“→”和“←”按键可在“<Select>”“<Exit>”“<Help>”选项间切换（选中项的背景变为蓝色），当前选项为“<Select>”。

<Select>：选择主窗口中 Kernel 配置选项。

<Exit>：退出。若配置有变化会提示存盘，默认存盘文件为.config 文件。

<Help>：配置帮助。

（6）书中在介绍一个单独选项如<*> AFFS2 file system suppor 过程中，默认是在终端窗口中运行 make menuconfig 命令进入 Kernel 内核配置菜单，通过以下方式来描述该选项在配置选项菜单中的位置：File systems → [*] Miscellaneous filesystems → <*> AFFS2 file system support。

5.2.3.2 内核配置选项

在 Kernel 的配置选项过程中，具有“[*]”前缀的选项，其对应功能代码将被编译进内核，最终内核将支持该功能，由于该代码的加入内核代码尺寸将变大。将无用选项去掉的过程，也称为内核的裁剪过程。在 Kernel 的配置选项过程中，针对内核功能代码的添加和裁剪过程被称为内核的定制过程。

Linux 的 Kernel 配置选项涉及的项目繁多，主要涉及两类：板级设备的管理和使用；应用系统应具有的功能，以及为应用程序提供的运行环境。

以下将以 cbt210_20121115_deconfig_3g_zc301.config 配置文件为例，说明内核中被选中项的功能。

（1）内核配置选项主菜单

图 5.11 显示的 Kernel 配置选项主菜单主列表提供了选项目录以及存盘和退出等功能。配置目录说明如下：

```
    General setup →                               //常规的配置
[*] Enable loadable module support →              //定制加载模块支持
[*] Enable the block layer →                      //允许大块设备和大文件
    System Type →                                 //系统类型
[ ] FIQ Mode Serial Debugger                      //基于FIQ模式串口调试
    Bus support →                                 //总线定制
    Kernel Features →                             //内核特性
    Boot options →                                //内核引导操作
    CPU Power Management →                        //CPU电源管理
    Floating point emulation →                    //浮点操作模拟
    Userspace binary formats →                    //支持文件类型
    Power management options →                    //电源管理操作
[*] Networking support →                          //网络支持
    Device Drivers →                              //定制用户需要加载的设备驱动
    File systems →                                //文件系统的设置
    Kernel hacking →                              //内核黑客设置
    Security options →                            //安全机制选项
-*- Cryptographic API →                           //密码编译机制
    Library routines →                            //库例程
    Load an Alternate Configuration File          //加载配置文件
    Save an Alternate Configuration File          //当前配置另存为
```

以上所有选项均需要进入对应子目录，进行详细的配置选项设置。

（2）General setup（通用配置选项）

```
[*] Prompt for development and/or incomplete code/drivers
   (arm-Linux-) Cross-compiler tool prefix  //提示还在开发或未完成的代码和驱动
[*] Automatically append version information to the version string
    Kernel compression mode (Gzip) →          //自动添加版本信息，可不选
[*] System V IPC                              //支持进程间通信
(17) Kernel log buffer size (16 => 64KB,17 => 128KB) //有较大log
[*] Control Group support →                   //控制组支持
[*] Initial RAM filesystem and RAM disk (initramfs/initrd) support
   (scripts/Cyb-Bot.cpio) Initramfs source file(s) //初始化RAM文件系统源文件
(0)     User ID to map to 0 (user root)
(0)     Group ID to map to 0 (group root)
```

```
[*] Support initial ramdisks compressed using gzip
                                                    //虚拟磁盘所支持gzip压缩格式
[*] Optimize for size                               //允许代码优化
(5) Default panic timeout                           //设置违约超时
[*] Configure standard kernel features (for small systems) →
                                                    //配置标准内核特性
[*] Enable the Anonymous Shared Memory Subsystem //启用匿名共享内存子系统
[*] Enable VM event counters for /proc/vmstat       //允许VM事件计数器
[*] Disable heap randomization                      //禁用堆随机堆
```

（3）Enable loadable module support（允许加载模块支持选项）

```
[*]  Forced module loading                          //强制加载模块驱动
[*]  Module unloading                               //允许卸载已加载模块
[*]  Forced module unloading                        //强制卸载模块
```

（4）Enable the block layer（允许大块设备和文件）

```
[*]  Support for large (2TB+) block devices and files    //支持大块设备和文件
```

（5）System Type（系统类型）

```
[*]  MMU-based Paged Memory Management Support      //支持MMU基于页方式存储管理
     ARM system type (Samsung S5PV210/S5PC110) →
     *** Boot options ***
[*]  Force UART FIFO on during boot process         //启动过程允许使用串口的FIFO
(0) S3C UART to use for low-level messages
(0) Number of additional GPIO pins
(0) Space between gpio banks
[ ]  ADC common driver support              //不使用ADC
     *** Power management ***
[*]  HRtimer and Dynamic Tick support       //高精度定时器，支持动态时钟节拍
      Board selection (MINI210) →           //默认MINI210评估板
      *** Processor Type ***
      *** Processor Features ***
[*] Support Thumb user binaries             //支持Thumb指令集
[*] Enable ThumbEE CPU extension            //支持Thumb扩展指令集
[*] ARM errata: Stale prediction on replaced interworking branch
                                            //勘误表：取代互通分支预测
[*] ARM errata: Processor deadlock when a false hazard is created
                                            //勘误表：一个错误危险至处理器死锁预测
[*] ARM errata: Data written to the L2 cache can be overwritten with stale
data
                                            //勘误表：L2缓存可以覆盖
```

（6）FIQ Mode Serial Debugger（基于 FIQ 模式串口调试，默认不选）

（7）Bus support（总线定制，默认不选）

（8）Kernel Features（内核特性）

```
-*-  Tickless System (Dynamic Ticks)             //动态时钟节拍，默认选项
-*-  High Resolution Timer Support               //支持高分辨率时钟，默认选项
Memory split (3G/1G user/kernel split) →         //内存使用分配方案
[*]  Use the ARM EABI to compile the kernel      //使用ARM EABI规范编译内核
[*]  Allow old ABI binaries to run with this kernel (EXPERIMENTAL)
//支持旧版ABI 程序
```

（9）Boot options →（内核引导操作）

```
(0)  Compressed ROM boot loader base address //xImage存放在ROM的基地址
(0)  Compressed ROM boot loader BSS address  //内核启动参数
   ( root=/dev/mtdblock4 rootfstype=yaffs2 init=/linuxrc console= ttySAC0,
115200
androidboot.console=s3c2410_serial0)
[ ]  Kernel Execute-In-Place from ROM         //不选ROM中运行Kernel项
```

（10）CPU Power Management →（CPU 电源管理）

```
[*] CPU idle PM support                       //支持CPU空闲电源管理
```

（11）Floating point emulation →（浮点操作模拟）

（12）Userspace binary formats →（支持文件类型：ELF，MISC）

（13）Power management options →（电源管理操作）

（14）Networking support →（网络支持）

```
    Networking options →                      //网络协议选项，选用默认值
<*>  Bluetooth subsystem support →            //支持Bluetooth
-*-   Wireless →                              //支持无线
```

（15）Device Drivers（设备驱动）

```
    Generic Driver Options →
< > Connector - unified userspace <-> kernelspace linker →
//用户空间和内核空间连接器
<*> Memory Technology Device (MTD) support →    //支持MTD设备
[*] Block devices →                             //支持块设备
[*] Misc devices →                              //支持语音设备
    SCSI device support →                       //支持SCSI接口设备
[*] Multiple devices driver support (RAID and LVM) →    //支持Multiple设备
[*] Network device support →                    //支持Multiple设备
    Input device support →                      //输入设备
    Character devices →                         //字符型设备，含有自定义设备
<*> I2C support →                               //I²C
-*- GPIO Support →                              //GPIO
<M> Dallas's 1-wire support →                   //Dallas's 1-wire
<*> Power supply class support →                //供电情况分类
[*] Multifunction device drivers →              //多功能设备驱动
[*] Voltage and Current Regulator Support →     //支持电压和电流调整
<*> Multimedia support →                        //支持多媒体
    Graphics support →                          //支持图像处理
<*> Sound card support →                        //支持声卡
[*] HID Devices →                               //HID设备
[*] USB support →                               //支持USB
<*> MMC/SD/SDIO card support →                  //支持SD卡
[*] LED Support →                               //支持LED
<*> Switch class support →                      //
<*> Real Time Clock →                           //系统实时时钟
```

（16）File systems →（文件系统）

```
<*> Second extended fs support                  //支持Ext2文件系统
[ ]  Ext2 extended attributes
```

```
    [ ]   Ext2 execute in place support
    <>    Ext3 journalling file system support
    <*> The Extended 4 (ext4) filesystem         //支持Ext4文件系统
    [*]   Use ext4 for ext2/ext3 file systems
    [ ]   Ext4 extended attributes
    [ ]   EXT4 debugging suppor
    [ ] JBD2 (ext4) debugging support
    <> Reiserfs support
    <> JFS filesystem support
    <> XFS filesystem support
    <> GFS2 file system support
    <> OCFS2 file system support
    <> Btrfs filesystem (EXPERIMENTAL) Unstable disk format
    <> NILFS2 file system support (EXPERIMENTAL)
    [*] Enable POSIX file locking API            //支持POSIX文件锁定
    [ ] Dnotify support
    [*] Inotify file change notification support //支持Inotify文件系统监控机制
    [*] Inotify support for userspace            //支持Inotify用户空间监控机制
    [ ] Quota support
    <> Kernel automounter support
    <> Kernel automounter version 4 support (also supports v3)
    <> FUSE (Filesystem in Userspace) support
       Caches  →
       CD-ROM/DVD Filesystems  →
       DOS/FAT/NT Filesystems  →                 //支持DOS和FAT文件系统
       Pseudo filesystems  →                     //伪文件系统选项
    [*] Miscellaneous filesystems  →             //选择支持Yaffs文件系统
    [*] Network File Systems  →                  //选择NFS客户端，支持NFS启动系统
       Partition Types  →                        //分区选项
    -*- Native language support  →               //本地语言支持
    <> Distributed Lock Manager (DLM)  →
```

（17）Kernel hacking →（内核黑客设置选项）

（18）Security options →（安全选项）

（19）Cryptographic API →（密码编译机制）

（20）Library routines →（库例程）

至此已经介绍了内核的大部分常用选项配置，更多内核选项的功能需要在学习中逐步实践和摸索。当所需要的功能选项在配置菜单中没有提供，这时首先需要添加内核选项，再通过选项添加到内核，内核选项添加方法将在后续章节介绍。

5.2.4 内核中的 Kconfig 和 Makefile 文件

Kconfig 文件分布在 2.6 内核源码根目录下的多个子目录中。通过 Kconfig 文件可以将内核配置菜单中的选项和其对应的源文件相互关联。使用 make menuconfig 会打开依赖于 Kconfig 文件的内核配置菜单，随后完成内核参数选项配置过程，结束时将配置参数保存到.config 文件中，该文件是隐藏文件，存放于内核源码根目录下。

在内核编译时，内核源码根目录下的主 Makefile 调用这个.config，了解内核的配置情况，

通过 Kconfig 访问到配置选项对应的源文件存放目录，依照当前目录下 Makefile 文件定义规则将源文件编译链接到内核，使内核能够支持该功能选项。

当要在目标机的操作系统中添加设备驱动时，需完成 3 部分工作：依据设备类型在对应的内核目录下编写驱动程序源文件；在当前目录下的 Konfig 文件中添加代码，以便在内核配置菜单中添加该设备驱动的选项；在当前目录下的 Makefile 文件中添加代码，指定驱动程序的编译规则。

【例 5.1】在内核中添加 ADC 驱动程序。

（1）编写 s5pv210_adc 文件源代码。

驱动程序源文件命名为 s5pv210_adc.c。由于将 ADC 设备定义为字符类设备，所以驱动程序源文件存放路径为：/JY-CBT/Linux-2.6.35.7/drivers/char/s5pv210_adc.c。该文件已存放于内核文件中，可用编辑软件自行打开浏览。Linux 驱动程序的编写方法将在第 7 章中进行介绍。

（2）修改 Kconfig 配置文件。

配置文件存放路径：/JY-CBT/Linux-2.6.35.7/drivers/char/Kconfig

在 Kconfig 文件中添加以下内容：

```
135 config S5PV210_ADC
136    tristate "ADC driver for Cyb-Bot S5PV210 Development Boards"
137    depends on CPU_S5PV210
138    default y
139    help
140    this is ADC driver for Cyb-Bot CBT210 development boards
```

功能释义：

135：与选项关联的驱动程序文件名，上一步已经定义了驱动程序源文件是 s5pv210_adc.c。这里定义的内容要与文件名一致。

136：在配置菜单中添加“ADC driver for Cyb-Bot S5PV210 Development Boards”选项，该选项在配置菜单中的位置由当前 Kconfig 文件位置决定。依据 Kconfig 的当前位置路径是 /drivers/char，可以在配置选项主菜单中对应位置见到所添加的选项内容。

```
Device Drivers  →
 Character devices→
                  <*> ADC driver for Cyb-Bot S5PV210 Development Boards
```

137：这个配置选项仅对 CPU_S5PV210 处理器有效，在.config 文件中定义。

138：默认选项有效，编译链接到内核。

Kconfig 语法可参考内核源码根目录/Documentation/kbuild/kconfig-language.txt 文档。

（3）修改 Makefile 文件

编译规则文件存放路径/JY-CBT/Linux-2.6.35.7/drivers/char/Makefile

在 Makefile 文件中添加以下内容：

```
obj-$(CONFIG_S5PV210_ADC)     += s5pv210_adc.o
```

功能释义：条件编译 s5pv210_adc.c 文件，编译条件将依赖于.config 文件中的参数定义。

（4）.config 文件

配置参数文件存放路径/JY-CBT/Linux-2.6.35.7/.config

由于.config 是隐藏文件，可以在终端窗口使用 gedi 编辑软件打开。经过一次配置内核过程且保存文件后，.config 文件内容如下：

```
290     # Power management
302     CONFIG_CPU_S5PV210=y  #定义CPU_S5PV210，用于Kconfig定义选项的依赖
```

```
1174  # Character devices
1186  CONFIG_S5PV210_ADC=y
#定义  CONFIG_S5PV210_ADC，用于Makefile编译s5pv210_adc
```

5.2.5 开机画面的 logo 文件

ARM-Linux 启动时会先在 LCD 左上角显示一个小企鹅图案，也就是我们所说的 bootlogo。Linux 默认启动的 Logo 文件是：/jy-cbt/Linux-2.6.35.7/drivers/video/logo/logo_Linux_clut224.ppm。

与 logo_Linux_clut224.ppm 文件相关联的还有同一路径下的两个文件：logo_Linux_clut224.c 和 logo_Linux_clut224.o 文件。

5.2.5.1 制作 logo_Linux_clut224.ppm 文件

1．建立 fblogo 环境

fblogo 是制作 Linux 开机 logo 的常用工具。在 Linux 的终端窗口中运行以下命令，将 fblogo-0.5.2.tar.gz 压缩包文件解压到/jy-cbt/目录下：

```
[root@/jy-cbt]# tar xvf fblogo-0.5.2.tar.gz
[root@/jy-cbt]# ls
fblogo-0.5.2  fblogo-0.5.2.tar.gz  Linux-2.6.34.14  Linux-2.6.35.7
yaffs2
```

2．编辑文件

准备好 mylogo.JPG 文件需要存放到/jy-cbt/fblogo-0.5.2/路径下，运行 Linux 下的图像编辑工具，将 mylogo.JPG 文件参数按以下条件进行修改：

（1）颜色数改为 224。

（2）图片修改尺寸为 320*240（横屏）。

（3）另存为 mylogo1.png（修改文件后缀）。

完成参数修改后输入以下命令(for png)：

```
[root@/ fblogo-0.5.2]# pngtopnm linuxlogo.png > linuxlogo.pnm
[root@/ fblogo-0.5.2]# pnmquant 224 linuxlogo.pnm > linuxlogo224.pnm
[root@/ fblogo-0.5.2]# pnmtoplainpnm linuxlogo224.pnm > linuxlogo224.ppm
```

5.2.5.2 让内核支持启动 Logo

1．复制文件

复制制作好的 Logo 文件，替换/drivers/video/logo/ogo_Linux_clut224.ppm 文件，删除该文件夹下的 logo_Linux_clut224.o

2．添加 Logo 选项

在配置选项主菜单中，添加 Logo 选项。配置选项在菜单中的位置：Device Drivers → Graphics support → [*] Boot logo → [*] Standard 224-color Linux logo。

3．重新编译内核

下载并启动内核后可看到所设计的系统图标。

5.2.6 内核编译（uImage）

使用 menuconfig 菜单方式完成内核的配置过程后，在退出时系统会提示保存，如图 5.12 所示。保存后新的配置即生效。

Do you wish to save your new configuration? <ESC><ESC>
to continue.

< Yes >　　< No >

图 5.12　保存配置文件

1．生成内核镜像文件 zImage

Linux 在 2.6 之后的内核中只需使用 make 命令，即可完成内核的编译，最终在内核源码根目录的/arch/arm/boot 目录下生成内核的镜像文件 zImage。

```
[root@localhost Linux-2.6.35.7]# make
[root@localhost Linux-2.6.35.7]# ls arch/arm/boot/zImage
arch/arm/boot/zImage
[root@localhost Linux-2.6.35.7]#
```

2．生成 uImage 格式的内核镜像

在第 4 章中介绍了 ARM 平台 BootLoader 使用的是 U-Boot，U-Boot 默认引导内核文件格式为 uImage。因此，内核编译过程结束且生成 zImage 格式的内核文件后，还需使用 U-Boot 提供的工具 mkimage 将 zImage 内核文件转化为 uImage 格式。

（1）mkimage 命令格式。工具软件 Mkimage 的使用方法和配置参数的注释可参见第 4 章 4.4.4 节。使用如下命令完成格式转化，在内核源码根目录下生成 uImage 格式的内核镜像 uImage 内核文件：

```
[root@localhost Linux-2.6.35.7]# ./mkimage -A arm -T kernel -C none -O linux
 -a 0x21000000 -e 0x21000040 -d arch/arm/boot/zImage -n 'Linux-2.6.35.7
' uImage
Image Name:
Linux-2.6.35.7
Created:
Wed Jul 11 20:42:41 2012
Image Type:
ARM Linux Kernel Image (uncompressed)
Data Size:
4313468 Bytes = 4212.37 KB = 4.11 MB
Load Address: 21000000
Entry Point:
21000040
[root@localhost Linux-2.6.35.7]#
```

（2）Mkimage 命令参数说明如下。

-A：指定嵌入式操作系统运行的 CPU 架构 ARM 微处理器。

-T：指定被压缩文件 zImage 为操作系统内核文件（Kernel）。

-C：指定不对 zImage 压缩。

-O：指定操作系统类型为 Linux。

-a：指定压缩后的 uImage 在 SDRAM 中的加载地址为 0x21000000。

-e：指定内核运行地址为 0x21000040。该地址就是-a 参数指定的值加上 0x40（这之间的 0x40 个字节是 mkimage 添加的文件头信息，信息格式参见相关文件资料）。

-d：指定制作映像的源文件为 arch/arm/boot/zImage。

-n：指定运行 mkimage 后生成的映像文件名为 uImage。

5.3 建立 Yaffs 文件系统

Yaffs/Yaffs2（Yet Another Flash File System）是一种专为嵌入式应用系统使用 NAND Flash 型存储器而设计的日志型文件系统。与其他常用文件系统相比，Yaffs 减少了一些专用功能（如不支持数据压缩），突出了速度更快、挂载时间很短和对内存的占用较小等优点。另外，它还是一个跨平台的文件系统，除了 Linux 和 eCos，还支持 WinCE、ThreadX 和 pSOS 等操作系统。

Yaffs/Yaffs2 自带 NAND Flash 芯片驱动，并且为嵌入式系统提供了直接访问文件系统的 API，用户可以不使用 Linux 中的 MTD 与 VFS，直接对文件系统操作。当然，Yaffs 也可与 MTD 驱动程序配合使用。

Yaffs 与 Yaffs2 的主要区别在于，前者仅支持小页（512B）NAND Flash 闪存，后者则可支持大页（2KB）NAND Flash 闪存。同时 Yaffs2 在读/写速度、内存空间占用和垃圾回收速度等方面均有大幅提升。

为了获得系统所需要的 rootfs.img 文件，需要完成以下三步：

（1）添加 Yaffs2 文件补丁；

（2）向内核中添加文件系统格式的支持；

（3）构建 Yaffs2 格式根系统文件。

5.3.1 在内核源码中添加 Yaffs2 补丁

在官方提供的 linux-2.6.35.7/fs/目录下没有 Yaffs2 文件夹，即 Linux 默认不支持 Yaffs2 文件系统，因此需要为内核添加 Yaffs2 文件补丁，具体步骤如下。

1. 获取 Yaffs2 源码

Yaffs2 源码：应用例程\系统文件\CBT 实验箱\系统环境文件\Yaffs2.tar.bz2

Yaffs2 官网：http://www.Yaffs.net

将 Yaffs2.tar.bz2 复制到/JY-CBT/目录下。在终端窗口中进入到/JY-CBT/目录下，执行解压命令完成 Yaffs2 源码文件的解压过程，在/JY-CBT/目录下建有 Yaffs2 文件夹，内含源码文件。随后书中将/JY-CBT/Yaffs2/目录称为文件系统源码根目录。

```
[root@/jy-cbt]# tar -jxvf Yaffs2.tar.bz2
[root@/jy-cbt]# ls
Linux-2.6.34.14  Linux-2.6.35.7  Yaffs2
```

2. 获得操作权限

进入文件系统源码根目录。执行 chmod 命令获取文件权限，为了后续操作，需要获取 patch-ker.sh 文件的读、写和运行三项权限。

```
[root@/jy-cbt]# cd Yaffs2
[root@localhost Yaffs2]# chmod 777 patch-ker.sh
[root@localhost Yaffs2]# ls -l patch-ker.sh
-rwxrwxrwx. 1 root root 3013 Jan 21  2009 patch-ker.sh
```

3. 添加补丁

当前路径下运行 patch-ker.sh 文件。

[root@localhost Yaffs2]# ./patch-ker.sh c /jy-cbt/linux-2.6.35.7/

Updating /jy-cbt/ linux-2.6.35.7/fs/Kconfig

Updating /jy-cbt/ linux-2.6.35.7/fs/Makefile

运行 patch-ker.sh 文件，附加参数“c”且指定内核根目录后，会自动完成以下三件事情，实现在内核文件中添加 Yaffs2 补丁过程。

（1）更新 Linux-2.6.35.7/fs/Kconfig 配置文件。

在 Kconfig 文件中添加以下内容：

```
menuconfig MISC_FILESYSTEMS
if MISC_FILESYSTEMS
# Patched by YAFFS
source "fs/Yaffs2/Kconfig"
```

功能释义：

在/Linux-2.6.35.7/fs/Kconfig 配置文件中新增加一行，使得 Kconfig 树包含子目录 Yaffs2 下的 Kconfig 文件。

在 fs/Yaffs2/Kconfig 配置文件中定义了 Yaffs2 文件系统“YAFFS2 file system support”选项。该选项在配置菜单中的位置由当前 Kconfig 位置决定。依据 Kconfig 的当前位置路径，可以在配置选项主菜单中的对应位置看到所添加的选项内容。

```
File systems → [*] Miscellaneous filesystems→ <*>YAFFS2 file system support
```

（2）更新/Linux-2.6.35.7/fs/Makefile 文件。

在 Makefile 文件中添加以下内容：

```
:ojb-$(CONFIG_YAFFS_FS) +=Yaffs2/
```

功能释义：Makefile 递归遍历到 Yaffs2 目录。

（3）在/Linux-2.6.35.7/fs/目录下创建 Yaffs2 目录。

将 Yaffs2 源码目录下面的 Makefile.kernel 文件修改文件名为 Makefile，并复制到内核 fs/yaffs2/目录下。

将 Yaffs2 源码目录的 Kconfig 文件复制到内核 fs/Yaffs2 目录下。

将 Yaffs2 源码目录下的*.c 和 *.h 文件复制到内核 fs/Yaffs2 目录下。

此时进入/Linux-2.6.35.7/fs 目录，可以看到已经多了一个 Yaffs2 目录。

```
[root@localhost fs]# cd Yaffs2/
[root@localhost Yaffs2]# ls
devextras.h          Yaffsinterface.h      Yaffs_packedtags1.h
Kconfig              Yaffs_Linux.h         Yaffs_packedtags2.c
Makefile             Yaffs_mtdif1.c        Yaffs_packedtags2.h
moduleconfig.h       Yaffs_mtdif1.h        Yaffs_qsort.c
Yaffs_checkptrw.c    Yaffs_mtdif2.c        Yaffs_qsort.h
Yaffs_checkptrw.h    Yaffs_mtdif2.h        Yaffs_tagscompat.c
Yaffs_ecc.c          Yaffs_mtdif.c         Yaffs_tagscompat.h
Yaffs_ecc.h          Yaffs_mtdif.h         Yaffs_tagsvalidity.c
Yaffs_fs.c           Yaffs_nand.c          Yaffs_tagsvalidity.h
Yaffs_getblockinfo.h Yaffs_nandemul2k.h    Yaffs_trace.h
Yaffs_guts.c         Yaffs_nand.h          yportenv.h
Yaffs_guts.h         Yaffs_packedtags1.c
```

4. 查看内核配置菜单

在内核根目录下执行 make menuconfig：

```
[root@localhost Linux-2.6.34.14]# make menuconfig
```

可以看到在“File systems”下新添加的 Yaffs2 文件系统配置选项。

```
File systems → [*] Miscellaneous filesystems → <> YAFFS2 file system support
```

5.3.2　配置内核支持 Yaffs2 文件系统

在编译系统内核之前，需要借助内核配置菜单选取合适的文件系统。

1．在宿主机 Linux 环境进入内核配置菜单

```
[root@localhost /]# cd ..
[root@localhost /]# cd jy-cbt/Linux-2.6.34.14/
[root@localhost Linux-2.6.34.14]#
[root@localhost Linux-2.6.34.14]# make menuconfig
```

2．有效 Yaffs2 文件系统选项

进入 File systems →[*] Miscellaneous filesystems→< > Yaffs2 file system support，通过空格键选中“<*> Yaffs2 file system support”，配置内核来支持 Yaffs2 文件系统，配置如图 5.13 所示。

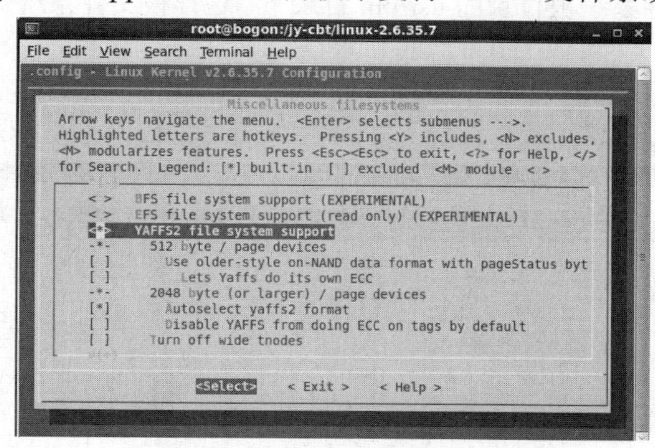

图 5.13　有效 Yaffs2 文件系统选项

3．保存配置

完成修改后保存配置并退出，此时完成在内核中添加 Yaffs2 文件系统的过程。

4．编译内核

Linux2.6 以后的版本内核中只需使用 make 命令，即可完成内核编译过程。利用本章介绍的方法最终可在内核源码根目录生成支持 Yaffs2 文件系统的内核镜像文件 uImage。

5.3.3　定制 Yaffs2 格式文件系统（rootfs.img）

在宿主机的 Linux 环境，利用 busybox 工具可以制作根文件系统所需的工具及命令。

1．获取源代码

busybox 源码：应用例程\系统文件\CBT 实验箱\系统环境文件\rootfs.tar.bz2\busybox-1.17.2.tar.bz2

mkYaffs2image 源码：应用例程\系统文件\CBT 实验箱\系统环境文件\rootfs.tar.bz2\mkYaffs2image

将 busybox-1.17.2.tgz 复制到/JY-CBT/目录下。在终端窗口中进入/JY-CBT/目录下，执行解压命令完成 busybox 文件源码文件的解压过程，在/JY-CBT/目录下建有 busybox-1.17.2 文件夹，内含源码文件。

```
[root@/jy-cbt]# tar xzvf busybox-1.17.2.tgz
[root@/jy-cbt]# ls
busybox-1.17.2  Linux-2.6.34.14  netpbm-10.35.81
fblogo-0.5.2    Linux-2.6.35.7   Yaffs2
```

2. 修改编译选项

进入 busybox-1.17.2 目录修改 root@/jy-cbt/busybox-1.17.2/Makefile 文件中的 ARCH ?和 CROSS_COMPILE ?=两项宏定义后退出保存。

Makefile 文件修改内容：

```
# 164 #CROSS_COMPILE ?  =
164 CROSS_COMPILE ?= arm-Linux-
# 190 #ARCH ?= $(SUBARCH)
190 ARCH ?= arm
```

3. 定制文件系统

利用 busybox 工具可以制作文件系统所需的工具及命令。如可以借助 busybox 生成 which 命令，并将其复制到文件系统根目录的 usr/bin 目录下，这样根文件系统就可以支持 which 命令。使用 busybox 过程如下：

（1）运行 make menuconifg，弹出 busybox 选项菜单，如图 5.14 所示。

```
[root@/jy-cbt/busybox-1.17.2]# make menuconfig
```

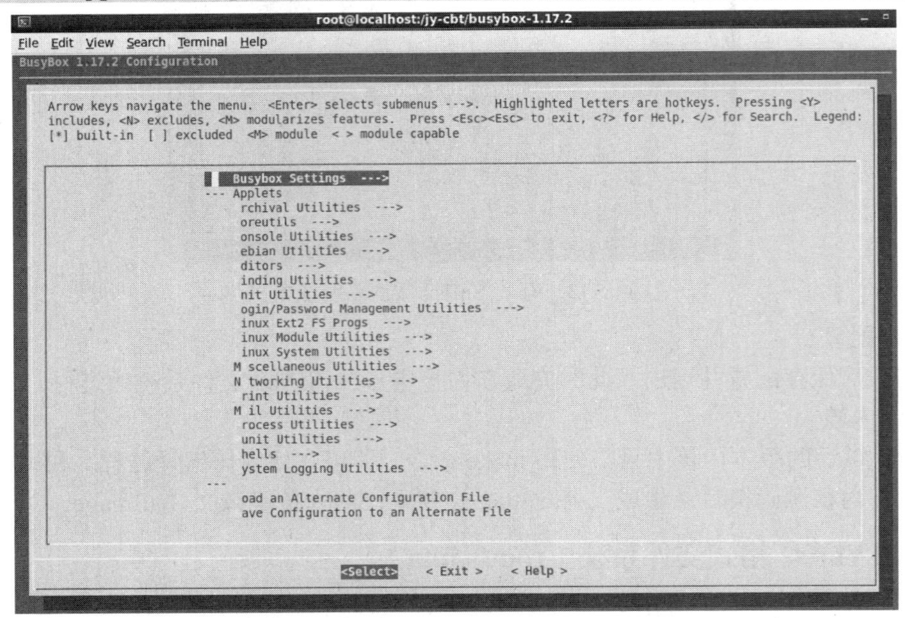

图 5.14 busybox 选项菜单

（2）定制。

添加以下选项：Busybox Settings→Busybox Library Tuning→[*] Fancy shell prompts

去除以下选项：Miscellaneous Utilities→[ ] inotifyd（NEW）

（3）退出保存设置。

（4）编译 busybox。

```
[root@/jy-cbt/busybox-1.17.2]# make
```

（5）安装 busybox。

```
[root@/jy-cbt/busybox-1.17.2]# make installs
```

在当前目录下生成默认的安装目录_install，里面存放着制作好的工具集和命令。

```
[root@/jy-cbt/busybox-1.17.2]# ls _install/
bin  Linux  rc  sbin  usr
[root@localhost busybox-1.17.2]#
```

可以看到_install 目录下生成了根文件系统常用的命令及工具，接下来可以根据需要将_install 目录下生成的命令复制到文件系统根目录下。

（6）制作 Yaffs2 格式的根文件系统镜像。

将 mkYaffs2image 工具软件复制到/jy-cbt/目录下，利用 mkYaffs2image 工具将根文件系统目录 Yaffs2 打包制作成 Yaffs2 格式的根文件系统镜像，得到 rootfs.img 文件。

```
[root@localhost jy-cbt]# ./mkYaffs2image Yaffs2/ rootfs.img
```

5.3.4 下载 Linux 根文件系统

系统文件存放路径：应用例程\系统文件\CBT 实验箱\。本节下载方法基于宿主机 RHEL6 的环境完成。

1．准备系统文件

将生成的根文件系统 rootfs.img 复制到宿主机 tftpboot 下载目录。

```
[root@localhost rootfs]# cp rootfs.img /tftpboot/
```

确保宿主机 Linux 系统使用网卡为桥接方式或物理网卡，这样才能和外部 ARM 设备进行网络通信和文件传输。

2．进入 U-Boot 下载模式

启动目标板，打开 U-Boot 控制台进入下载模式。

```
U-Boot 2011.06 (Jul 04 2012 - 23:55:59) for CBT-210
CPU: S5PC110@1000MHz
Board: CBT210
DRAM: 512 MiB
WARNING: Caches not enabled
NAND: 1024 MiB
MMC: SAMSUNG SD/MMC: 0,SAMSUNG SD/MMC: 1
In: serial
Out: serial
Err: serial
Net: dm9000
Hit any key to stop autoboot: 0
[CBT-210]#
```

3．设置目标板网络环境

在 U-Boot 控制台，使用命令配置宿主机和目标机的网络 IP。

```
[CBT-210]# setenv serverip 192.168.1.7
[CBT-210]# setenv ipaddr 192.168.1.199
[CBT-210]# saveenv
Saving Environment to NAND...
Erasing Nand...
Erasing at 0x40000 -- 100% complete.
Writing to Nand... done
[CBT-210]#
```

宿主机（Linux 环境）IP：192.168.1.7，作为 TFTP 服务器端。

目标机（U-Boot 环境）IP：192.168.1.199，作为 TFTP 客户端，需要设置成与宿主机同一个网段的 IP 即可。

4．下载根文件系统镜像文件至内存

```
[CBT-210]# tftp 0x21000000 rootfs.img
```

上述命令将 rootfs.img 文件从宿主机端下载至 ARM 系统内存 SDRAM 的 0x21000000 地址处。

5．烧写文件系统到 NAND Flash

```
[CBT-210]# nand erase 0xe00000 0x10000000
[CBT-210]# nand write.Yaffs 0x21000000 0xe00000 0x********
```

向 NAND Flash 烧写 Yaffs2 格式的文件，其中“0x********”参数由 TFTP 下载的 Yaffs2 格式文件实际大小指定，用户可以根据下载根文件系统镜像文件至内存后提示大小输入该参数即可。上述命令将文件系统固化到系统的 NAND Flash 设备中。

5.4　案　　例

5.4.1　案例 1——常见的软件工具

5.4.1.1　Samba 文件共享

在使用 VMware 虚拟机中的 Linux 系统时，经常需要在 Linux 系统与 Windows 系统之间实现文件共享。Samba 共享服务就是 Linux 系统提供的基于网络共享方式的服务。可以将 Linux 系统中的一个目录或文件夹设置成 Samba 共享，在 Windows 系统中通过合法的 Linux 用户名和密码实现访问。以下将为 root 用户添加 Samba 共享服务。

1．设置 root 用户 Samba 共享及密码

```
[root@localhost ~]# smbpasswd -a root
New SMB password:输入密码，无回显。（123456）
Retype new SMB password:确认密码，无回显。（123456）
[root@localhost ~]#
```

上述命令是将已存在的 root 用户，设置成 Samba 共享用户，系统默认将 root 用户的工作目录“/root”设置成 Samba 共享目录。

2．修改 Samba 共享目录权限（可选）

可以通过如 chmod 命令为普通用户的 Samba 共享设置共享目录访问权限。如果是 root 用户的 Samba 共享，无须设置目录权限。

```
[root@localhost ~]# chmod 777 /root/
```

3．关闭系统防火墙

```
[root@localhost ~]# /etc/init.d/iptables stop
iptables：清除防火墙规则：[确定]
iptables：设置ACCEPT：filter [确定]
iptables：正在卸载模块：[确定]
[root@localhost ~]#
```

4．启动 Samba 共享服务

```
[root@localhost ~]# /etc/init.d/smb restart
关闭SMB 服务：  [失败]
启动SMB 服务：  [确定]
[root@localhost ~]#
```

在访问 Samba 共享目录前，需要确保系统开启了该服务。

5. 在 Windows 系统下访问 Samba 共享

使用 Windows 系统中“开始”→“运行”命令，打开运行窗口，如图 5.15 所示。

（1）在图 5.15 所示窗口中输入宿主机 Linux 系统的 IP 地址，即可访问 Samba 共享。本章中在虚拟机中建立的 Linux 操作系统的 IP 地址为：192.168.1.7。

（2）输入正确 IP 地址后，弹出的登录窗口如图 5.16 所示。在图 5.16 中，输入上面设置的 root 用户和 Samba 共享密码。

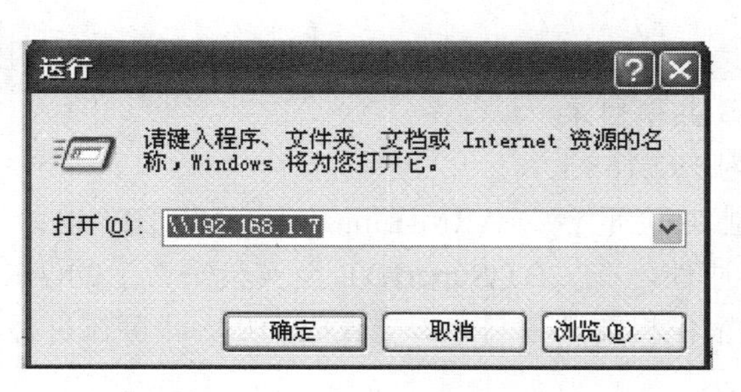

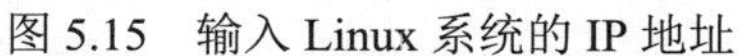
图 5.15 输入 Linux 系统的 IP 地址

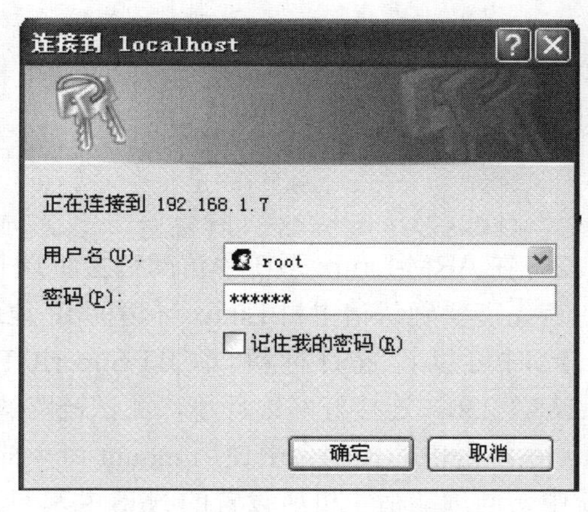

图 5.16 输入用户名和密码

（3）正确输入 root 用户名和 Samba 共享密码后，可以看到 Linux 系统下 Samba 共享目录，之后便可以访问 root samba 共享文件夹了。

高版本的 VMware 8.0 软件，已经支持用复制和粘贴的方式来实现 Windows 系统与虚拟机 Linux 系统间的文件复制。实现两个系统间文件共享的方式和方法有很多，这里不再一一介绍，可以参考相关书籍和资料。

【注意】在搭建 Samba 共享服务时，需要确保实验网络环境设置正确，如 RHEL6 宿主机的 IP 地址和 Windows 系统的 IP 地址，以及两者的防火墙设置等，建议在后续实验中将两者的防火墙关闭掉。

5.4.1.2 NFS 文件共享

NFS（Network File System）共享也是基于网络方式实现文件共享的。在后续实验环境中，主要采用这种方式在宿主机 RHEL6 系统与目标机中嵌入式 Linux 系统之间实现文件共享。NFS 共享实现了将宿主机 RHEL6 系统的目录设置成共享目录，在目标板 Linux 系统中使用 mount 挂载的方式进行访问和执行目标程序。使用 NFS 下载时，需要先关掉主机的 WiFi 连接。

1. 在宿主机中设置共享环境

（1）添加 NFS 共享目录并设置权限。

```
[root@localhost ~]# vi /etc/exports
```

修改内容如下：

```
/CBT-SuperIOT *(rw)
```

退出并保存。该行语句将系统的/CBT-SuperIOT 目录设置成共享，*代表任意机器都可以访问，rw 表示具有读/写权限。

（2）关闭系统防火墙。

```
[root@localhost ~]# /etc/init.d/iptables stop
iptables：清除防火墙规则：  [确定]
```

```
iptables：接受清除防火墙规则请求： [确定]
iptables：正在卸载模块： [确定]
[root@localhost ~]#
```

（3）启动 NFS 共享服务。

```
[root@localhost ~]# /etc/init.d/nfs restart
关闭NFS mountd： [失败]
关闭NFS 守护进程： [失败]
关闭NFS quotas： [失败]
启动NFS 服务： [确定]
关掉NFS 配额： [确定]
启动NFS 守护进程： [确定]
启动NFS mountd： [确定]
[root@localhost ~]#
```

2．在 ARM-Linux 系统中访问宿主机端 NFS 共享目录

首先需要确认宿主机 Linux 环境的 IP 地址为 192.168.1.7。

此时可以设置目标机（CBT-SuperIOT 型实验平台）ARM-Linux 环境的 IP 地址为 192.168.1.230。连接好网络环境，测试链路的连通性。在 CBT-SuperIOT 型实验平台上的 ARM Linux 系统提供的控制台中使用 mount 命令挂载宿主机端共享目录。挂载成功后，即可在目标机系统中访问远端宿主机所设置的 NFS 共享目录了。

```
[root@Cyb-Bot /]# mount -t nfs -o nolock 192.168.1.7:/CBT-SuperIOT /mnt/nfs/
```

5.4.1.3　TFTP 下载

TFTP 服务主要是基于网络的文件传输，此处的下载是指将文件从宿主机传递到目标机的过程。下载环境的搭建分两种情况：基于 Windows 环境建立 TFTP 服务下载系统文件；基于 Linux 环境建立 TFTP 服务用于下载应用调试程序。

1．下载系统文件

宿主机：Windows 环境，启动 tftp32.exe。IP 地址：192.168.1.40。

目标机：Tin210 板，U-Boot 下载模式。IP 地址：192.168.1.140。

连接方式：网线互连。

下载目的：下载系统文件。

源文件存放路径：宿主机 Windows 环境与 tftp32.exe 处于同一个文件夹。

工具软件：tftp32.exe。

下载文件存放路径：在 U-Boot 下载模式将系统文件下载到目标机内存，用于更新目标机的系统。

（1）设置 IP 地址。确认目标机启动 U-Boot 后进入下载模式，在 U-Boot 控制台中执行 setenv 命令，设置双方的 IP 地址。

设置宿主机为 TFTP 服务器端，其 IP 地址：192.168.1.40。

```
[CBT-210]# setenv serverip 192.168.1.40
```

设置目标板为 TFTP 客户端，其 IP 地址：192.168.1.140。

```
[CBT-210]# setenv ipaddr 192.168.1.140
```

保存设置。

```
[CBT-210]# saveenv
```

（2）启动 tftpd32 服务。

ping 宿主机，此时显示服务器端未启动：

```
[CBT-210]# ping 192.168.1.40
dm9000 i/o: 0x88001000, id: 0x90000a46  DM9000: running in 16 bit mode
MAC: 00:40:5c:26:0a:5b operating at 100M full duplex mode  Using dm9000 device
ping failed; host 192.168.1.40 is not alive
```

在宿主机 Windows 环境运行 tftpd32，启动 TFTP 服务器，界面环境中参数的选项均可选用默认值，运行界面如图 5.17 所示。

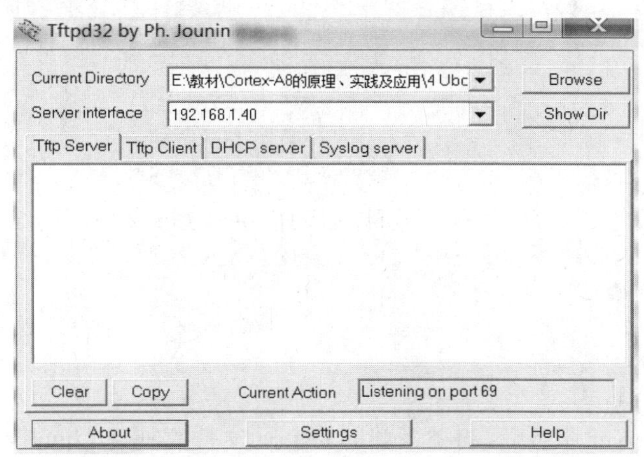

图 5.17　tftpd32 运行主界面

再 ping 宿主机，此时显示服务器端启动：

```
[CBT-210]# ping 192.168.1.40
dm9000 i/o: 0x88001000, id: 0x90000a46 DM9000: running in 16 bit mode
MAC: 00:40:5c:26:0a:5b operating at 100M full duplex mode  Using dm9000 device
host 192.168.1.40 is alive
```

（3）下载系统文件

将 cbt210-uboot.bin（bootloader）、uImage（kernel）和 rootfs.img（fs）三个文件复制到宿主机的 tftp32.exe 软件所在文件夹，依照第 4 章案例 5 更新系统中介绍的方法完成以上三个文件的下载更新过程。

2. 下载应用程序文件

宿主机：虚拟机 Linux 环境，启动 tftp-server 服务。IP 地址：192.168.1.7。

目标机：Tin210 板，ARM-Linux 运行环境。IP 地址：192.168.1.140。

连接方式：网线互连。

下载目的：下载用户程序。

源文件存放路径：宿主机 Linux 系统环境/tftpboot/目录下的文件。

下载文件存放路径：目标机 ARM-Linux 环境中当前位置，用于应用程序的调试。

（1）安装 tftp-server。通常需要在宿主机 RHEL6 中安装 tftp-server，之后即可以使用 ARM Linux 系统的 tftp 命令从宿主机端下载文件。如果宿主机 Linux 环境没有安装 tftp-server 软件，需要利用网络进行下载安装，安装前要确保宿主机系统已经可以上网，且 yum 仓库源也设置好。关于 yum 仓库的使用，请读者自行参考相关书籍和资料。使用“yum”命令安装 tftp-server 环境。

```
[root@localhost ~]# yum install tftp-server
```

（2）配置 TFTP。修改 Linux 环境中的/etc/xinetd.d/tftp 文件，更改 TFTP 下载目录和开启服务。

修改后 TFTP 文件内容如下：

```
{
socket_type = dgram
protocol = udp
wait = yes
user = root
server = /usr/sbin/in.tftpd
server_args = -s /tftpboot            /* 更改默认下载目录为/tftpboot */
disable = no /* 开启服务*/
per_source = 11
cps = 100 2
flags = IPv4
}
```

（3）启动 TFTP 服务。执行以下命令可以启动宿主机 Linux 环境的 TFTP 服务：

```
[root@localhost ~]# service xinetd restart
停止xinetd：  [确定]
正在启动xinetd：  [确定]
[root@localhost ~]#
```

（4）下载文件命令格式。

宿主机启动 tftp-server 服务后，将要下载的 test.txt 文件复制到 Linux 环境的/tftpboot 目录下，此时载宿主机 Linux 环境 IP 地址为：192.168.1.7。在目标机的 ARM-Linux 环境中使用 tftp 命令下载 test.txt 文件。成功下载 test.txt 文件后，文件存放于目标机 ARM-Linux 环境的当前目录下。

```
[root@Cyb-Bot /]# tftp -r test.txt -g 192.168.1.7
```

5.4.2 案例 2——更新系统文件

5.4.2.1 目的

熟悉嵌入式平台系统文件的更新方法和过程。更新系统文件：

（1）BootLoader 文件 cbt210-uboot.bin（一般用户无须更新，此步骤可略过）。

（2）内核映像文件 uImage。

（3）文件系统文件 rootfs.img。

文件存放位置：应用例程\系统文件\测试文件\。

5.4.2.2 环境

（1）Windows 7+VMware 8.0（Red Hat Enterprise Linux 6）。

（2）烧写工具

软件：Xshell 或其他串口终端助手、TFTP32.exe。

硬件：Cortex-A8 平台、5V 电源线、串口线、网线。

5.4.2.3 更新步骤

1. 连接设备

（1）将串口线一端连接到 PC 端串口，另一端连接到 Cortex-A8 开发板串口 0（即开发板上侧的串口）上。

（2）将网线连接 PC 与 Cortex-A8 开发板上端网口。

2. 运行串口助手

（1）在 Windows 7 系统中打开 Xshell 软件，新建串口终端，如图 5.18 所示。

（2）串口终端参数设置。

通信方式设置：“Method”选项中选择“SERIAL”方式。

通信端口选择：在“Port”中配置用于通信串口为“COM1”（根据主机具体情况决定）。

串口配置参数：115200、8、1、None。波特率设为115200，数据位为8位，停止位为1位，校验位设置为None表示无校验。串口参数设置如图5.19所示。

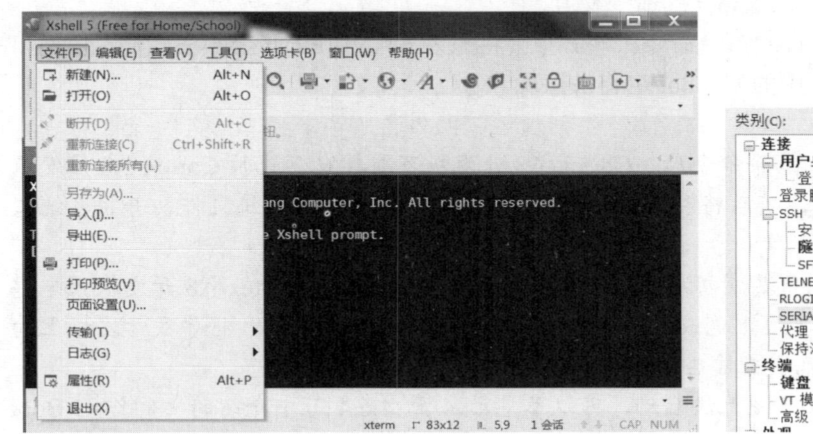

图 5.18　Xshell 窗口

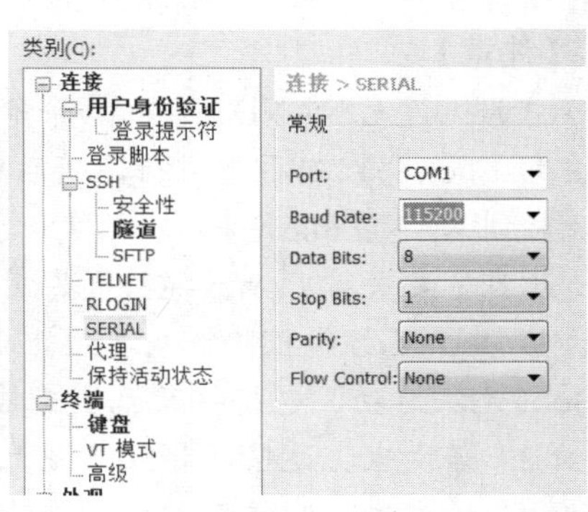

图 5.19　Xshell 配置窗口

（3）确定Cortex-A8开发板与PC之间通信电缆已正确连接后，按下Cortex-A8开发板右上角的“POWER”电源键，为Cortex-A8开发板上电。此时在Xshell终端上可以看到开发板的U-Boot启动过程的信息界面，按下主机键盘上的回车键，可以进入U-Boot下载模式，在Xshell终端上显示U-Boot控制台信息，显示内容如下所示：

```
Board: CBT210
DRAM:  1 GiB
WARNING: Caches not enabled
NAND:  1024 MiB
MMC:   SAMSUNG SD/MMC: 0, SAMSUNG SD/MMC: 1
In:    serial
Out:   serial
Err:   serial
Net:   dm9000
Hit any key to stop autoboot:  0
[CBT-210]#
```

3. 启动 TFTP 服务器

本书使用Cortex-A8开发板，在开发板上运行的BootLoader选用U-Boot。在PC端一侧打开TFTP32.exe软件，使用TFTP模式下载cbt210-uboot.bin文件。

TFTP模式环境配置以及下载方法详见本书5.4.1.3节，注意TFTP32.exe软件和cbt210-uboot.bin文件应存放在同一路径下才可保证正确下载。

4. 擦除 NAND Flash

由于NAND Flash类型存储器在写入新数据之前，需要将存储器上已存在的内容擦除，因此将下载的cbt210-uboot.bin文件写入Cortex-A8开发板上的NAND Flash存储器前，需要执行擦除NAND Flash命令，命令执行过程如下所示：

```
[CBT-210]# nand erase.chip
NAND erase.chip: device 0 whole chip
```

```
Erasing at 0x3ffe0000 -- 100% complete.
OK
[CBT-210]#
```

NAND Flash 型存储器擦除命令中的信息解释如下。

[CBT-210]#：是在 Xshell 窗口中显示 U-Boot 控制台的提示符。在提示符后面可以通过主机键盘输入 U-Boot 命令，完成与 U-Boot 的命令交互。

nand erase.chip：NAND Flash 擦除命令。该命令会将系统 NAND Flash 全部格式化，包括出厂时预先烧写到 NAND Flash 中的 U-Boot 也将被擦除。

【注意】

（1）执行完 NAND Flash 擦除命令后，Cortex-A8 开发板不要掉电，此时 Cortex-A8 开发板上的 U-Boot 仍在内存中运行，随后将利用 U-Boot 中的 TFTP 命令下载系统文件，并将系统文件烧写到 NAND Flash 中。

此时不要关掉 Cortex-A8 开发板电源或复位重新启动开发板，由于 Cortex-A8 开发板预先存储的 U-Boot 已经被擦除，当再次上电或复位重新启动 Cortex-A8 开发板时，将导致开发板上的 U-Boot 无法启动，也将导致无法正常启动操作系统。

（2）若发生上述情况导致系统无法启动，可以参见第 4 章 4.6.4 节中介绍的“制作 U-Boot 启动盘”的方法，制作 U-Boot 启动盘。利用 U-Boot 启动盘引导 Cortex-A8 开发板进入 U-Boot 下载模式，再执行后续步骤完成系统文件的更新。

5．设置网络环境

为了能够与 TFTP 服务器可靠地连接，需要设置 U-Boot 运行环境的网络参数。

宿主机（需要设置）：Windows 环境，TFTP32 服务器，IP：192.168.1.40。

目标机（出厂时设置）：Tin210 板，U-Boot 下载模式，IP：192.168.1.140。

在 U-Boot 控制台中设置 U-Boot 的网络参数命令及过程如下所示：

```
[CBT-210]# setenv serverip 192.168.1.40
[CBT-210]# setenv ipaddr 192.168.1.140
[CBT-210]# saveenv
Saving Environment to NAND...
Erasing Nand...
Erasing at 0x40000 -- 100% complete.
Writing to Nand... done
[CBT-210]#
```

设置 U-Boot 网络参数命令中的信息解释如下。

设置宿主机 IP 地址命令：setenv serverip 192.168.1.40。serverip 指明后续内容为运行 TFTP32 软件系统 IP 地址，通常为宿主机 IP 地址。

设置目标板 IP 地址命令：setenv ipaddr 192.168.1.140。ipaddr 指明后续内容为 Cortex-A8 开发板的 IP 地址（此地址只在 U-Boot 中有效）。

保存 IP 地址命令：saveenv。当执行 saveenv 命令保存所设置 IP 地址后系统重启，U-Boot 中设置的网络 IP 仍保留。

6．更新 BootLoader 文件

需要借助 U-Boot 命令将 uboot.bin 文件下载到 Cortex-A8 开发板的 SDRAM 中，并使用 U-Boot 命令，将 uboot.bin 重新烧写进 NAND Flash 中。在使用 TFTP 命令下载之前，需要确保：宿主机上的 TFTP 服务器已运行；u-boot.bin 文件与 TFTP32 软件文件位于相同路径下；目标机已启动 U-Boot 并进入 U-Boot 的下载模式，在宿主机上运行的串口助手软件上可以正确显示 U-Boot

控制台的提示符。NAND Flash 分区信息参见表 4.5。

（1）下载 u-boot.bin 文件。使用 TFTP 命令下载 u-boot.bin 文件过程如下所示：

```
[CBT-210]# tftp 21000000 cbt210-uboot.bin
dm9000 i/o: 0x88001000, id: 0x90000a46
DM9000: running in 16 bit mode
MAC: 22:40:5c:26:0a:8b
operating at 100M full duplex mode
Using dm9000 device
TFTP from server 192.168.1.40; our IP address is 192.168.1.140
Filename 'cbt210-uboot.bin'.
Load address: 0x21000000
Loading: T T T T T T T T T T #################
done
Bytes transferred = 245736 (3bfe8 hex)
[CBT-210]#
```

以上使用 TFTP 命令下载 u-boot.bin 文件过程为 U-Boot 控制台所显示内容，其中所含命令信息解释如下。

命令格式：tftp 0x21000000 cbt210-uboot.bin

命令功能：在 U-Boot 控制台使用 TFTP 下载命令将 cbt210-uboot.bin 文件下载到 Cortex-A8 开发板上 SDRAM 存储器，其首地址为 0x21000000 的存储单元中。

下载过程中显示的数字 245736 为 cbt210-uboot.bin 文件长度。

执行完该命令后，cbt210-uboot.bin 文件将从宿主机下载到目标机的内存中。

（2）擦除 NAND Flash 的 U-Boot 存储空间。使用 erase 命令擦除 NAND Flash 存储空间的过程如下所示：

```
[CBT-210]# nand erase 0 40000
NAND erase: device 0 offset 0x0, size 0x40000
Erasing at 0x20000 -- 100% complete.
OK
[CBT-210]#
```

上述为 U-Boot 控制台所显示的擦除 NAND Flash 的 U-Boot 存储空间命令执行过程，其中所含信息解释如下。

命令格式：#nand erase 0 0x40000

命令功能：nand erase 为 NAND Flash 内容擦除命令，0 为需要擦除的存储单元首地址，0x40000 为需要擦除的存储单元空间长度。NAND Flash 中该段存储空间用于存储 BootLoader 文件。执行该命令后，NAND Flash 中该段存储空间被擦除，为写入 cbt210-uboot.bin 文件做前期准备。

（3）烧写 u-boot.bin 文件。使用 write 命令烧写 u-boot.bin 文件过程如下所示：

```
[CBT-210]# nand write 21000000 0 40000
NAND write: device 0 offset 0x0, size 0x40000
 262144 bytes written: OK
[CBT-210]#
```

上述内容为 U-Boot 控制台所显示的内容，其中所含命令信息解释如下。

命令格式：nand write 0x21000000　0　0x40000

命令功能：nand write 为将内存中数据块写入 NAND Flash 命令。源数据块在内存中，数据块被复制到 NAND Flash 存储器中。0x21000000 为源数据块在内存中的首地址，0 为需要写入

NAND Flash 的首地址，0x40000 为需要写入数据块的长度。

由表 4.6 所描述的 NAND Flash 分区信息可知，BootLoader 文件在 NAND Flash 中存放位置的首地址为 0x0。执行该命令后，u-boot.bin 文件将烧写到 NAND Flash 中，U-Boot 更新完毕。

设置 Cortex-A8 开发板的启动方式为 NAND Flash 启动。当上电或复位启动开发板后，Cortex-A8 处理器即可自动将存放在 NAND Flash 中的 U-Boot 代码复制到内存并在内存中开始运行 U-Boot 代码。

7. 更新 Kernel 文件

需要借助 U-Boot 命令将 uImage 文件下载到 Cortex-A8 开发板的 SDRAM 中，并使用 U-Boot 命令，将 uImage 文件烧写进 NAND Flash 中。在使用 TFTP 命令下载之前，需要确保：宿主机上的 TFTP 服务器已运行；uImage 文件与 TFTP32 软件文件位于相同路径下；目标机已启动 U-Boot 并进入 U-Boot 的下载模式，在宿主机上运行的串口助手软件上可以正确显示 U-Boot 控制台的提示符。

（1）下载 uImage 文件。使用 TFTP 命令下载 uImage 文件过程如下所示：

```
[CBT-210]# tftp 21000000 uImage dm9000 i/o: 0x88001000, id: 0x90000a46 DM9000:
running in 16 bit mode MAC: 22:40:5c:26:0a:8b operating at 100M full duplex
mode Using dm9000 device TFTP from server 192.168.1.40; our IP address is
192.168.1.140 Filename 'uImage'.Load address: 0x21000000Loading: T T T T T
T T T T T T T T T T T T T T T
##########################################################################
#################################################################
done
Bytes transferred = 4847100 (49f5fc hex)
[CBT-210]#
```

上述内容为 U-Boot 控制台所显示内容，其中所含命令信息解释如下。

命令格式：tftp 0x21000000 uImage

命令功能：在 U-Boot 控制台使用 TFTP 下载命令将 uImage 文件下载到 Cortex-A8 开发板上 SDRAM 存储器，其首地址为 0x21000000 的存储单元中。

执行完该命令后，uImage 文件将从宿主机下载到目标机的内存中。

（2）擦除 NAND Flash 的内核文件存储空间。使用 erase 命令擦除 NAND Flash 存储空间的过程如下所示：

```
[CBT-210]# nand erase 600000 500000NAND erase: device 0 offset 0x600000, size
0x500000Erasing at 0x600000 --   100% complete.
OK[CBT-210]#
```

上述内容为 U-Boot 控制台所显示内容，其中所含命令信息解释如下。

命令格式：#nand erase 0x600000 0x500000

命令功能：nand erase 为 NAND Flash 内容擦除命令，0x600000 为需要擦除的存储单元首地址，0x500000 为需要擦除的存储单元空间长度。NAND Flash 中该段存储空间用于存储 uImage 文件。执行该命令后，NAND Flash 中该段存储空间被擦除，为写入 uImage 文件做前期准备。

（3）烧写 uImage 文件。使用 write 命令烧写 uImage 文件过程如下所示：

```
[CBT-210]# nand write 21000000 600000 500000NAND write: device 0 offset
0x600000, size 0x5000005242880 bytes written: OK[CBT-210]#
```

上述内容为 U-Boot 控制台所显示内容，其中所含命令信息解释如下。

命令格式：nand write 0x21000000 0x600000 0x500000

命令功能：nand write 将内存中数据块写入 NAND Flash 命令。数据块源在内存中，数据块被复制到 NAND Flash 存储器中。0x21000000 为源数据块在内存中的首地址，0x600000 为需要写入 NAND Flash 的目的首地址，0x500000 为需要写入数据块的长度。

由表 4.6 所描述的 NAND Flash 分区信息可知，uImage 文件在 NAND Flash 中存放位置的首地址为 0x600000。执行该命令后，uImage 文件将烧写到 NAND Flash 中，内核文件更新完毕。

8．更新文件系统文件

需要借助 U-Boot 命令将 rootfs.img 文件下载到 Cortex-A8 开发板的 SDRAM 中，并使用 U-Boot 命令，将 rootfs.img 文件烧写进 NAND Flash 中。在使用 TFTP 命令下载之前，需要确保：宿主机上的 TFTP 服务器已运行；rootfs.img 文件与 TFTP32 软件文件位于相同路径下；目标机已启动 U-Boot 并进入 U-Boot 的下载模式，在宿主机上运行的串口助手软件上可以正确显示 U-Boot 控制台的提示符。

（1）下载 rootfs.img 文件。使用 TFTP 命令下载 rootfs.img 文件过程如下所示：

```
[CBT-210]# tftp 0x21000000 rootfs.img
dm9000 i/o: 0x88001000, id: 0x90000a46
DM9000: running in 16 bit mode
MAC: 22:40:5c:26:0a:8b
operating at 100M full duplex mode
Using dm9000 device
TFTP from server 192.168.1.40; our IP address is 192.168.1.140
Filename 'rootfs.img'.
Load address: 0x21000000
Loading: T T T T T T T T T T T T T T T T T T T T T
#################################################################
#################################################################
done
Bytes transferred = 92404224 (581fa00 hex)
[CBT-210]#
```

上述内容为 U-Boot 控制台所显示内容，其中所含命令信息解释如下。

命令格式：tftp 0x21000000 rootfs.img

命令功能：在 U-Boot 控制台使用 TFTP 下载命令将 rootfs.img 文件下载到 Cortex-A8 开发板上的 SDRAM 存储器，其首地址为 0x21000000 的存储单元中。

执行完该命令后，rootfs.img 文件将从宿主机下载到目标机的内存中。上述内容中显示了在下载 rootfs.img 文件过程中总共下载了 92404224（581fa00 hex）个字节。该长度字（以十六进制数表示为 0x0581fa00）将用于配置随后烧写 rootfs.img 文件的命令参数。

（2）擦除 NAND Flash 的文件系统文件存储空间。使用 erase 命令擦除 NAND Flash 存储空间的过程如下所示：

```
[CBT-210]# nand erase e00000 10000000
NAND erase: device 0 offset 0xe00000, size 0x10000000
Erasing at 0xe00000 --100% complete.
OK
[CBT-210]#
```

上述内容为 U-Boot 控制台所显示内容，其中所含命令信息解释如下。

命令格式：#nand erase 0xe00000 0x10000000

命令功能：nand erase 为 NAND Flash 内容擦除命令，0xe00000 为需要擦除的存储单元首地址，0x10000000 为需要擦除的存储单元空间长度。NAND Flash 中该段存储空间用于存储 rootfs.img 文件。执行该命令后，NAND Flash 中该段存储空间被擦除，为写入 rootfs.img 文件做前期准备。

（3）烧写 rootfs.img 文件。使用 write 命令烧写 rootfs.img 文件过程如下所示：

```
[CBT-210]# nand write.Yaffs 21000000 e00000 0x581fa00
NAND write: device 0 offset 0xe00000, size 0x581fa00
 92404224 bytes written: OK
[CBT-210]#
```

上述内容为 U-Boot 控制台所显示内容，其中所含命令信息解释如下。

命令格式：nand write.Yaffs　0x21000000　0xe00000　0x581fa00

命令功能：nand write.Yaffs 为将内存中数据块写入 NAND Flash 的命令。数据块源在内存中，数据块被复制到 NAND Flash 存储器中。0x21000000 为源数据块在内存中的首地址，0xe00000 为需要写入 NAND Flash 的目的首地址，0x581fa00 为需要写入数据块的长度。

由表 4.6 所描述的 NAND Flash 分区信息可知，rootfs.img 文件在 NAND Flash 中存放位置的首地址为 0xe00000。0x581fa00 是在下载 rootfs.img 文件过程中得到的文件长度字，此处二者所表示长度的数值必须保持一致。执行该命令后，rootfs.img 文件将烧写到 NAND Flash 中，内核文件更新完毕。

9．设置启动参数

三个系统文件烧写成功之后，还需要在 U-Boot 控制台输入下列指令：

```
#setenvbootargsroot=/dev/mtdblock4console=ttySAC0，115200
init=linuxrclcd=S70
#setenv bootcmd nand read 21000000 600000500000\;bootm
#saveenv
```

执行完上述指令后，系统烧写过程完毕！可以重新启动 Cortex-A8 开发板平台。

5.4.2.4　更新命令快速检索

（1）烧写 U-Boot 文件

```
tftp 21000000 cbt210-uboot.bin
nand erase 0 40000
nand write 21000000 0 40000
```

（2）烧写内核文件

```
tftp 21000000 uImage
nand erase 600000 500000
nand write 21000000 600000 500000
```

（3）烧写文件系统

```
tftp 21000000 rootfs.img
nand erase e00000 10000000
nand write.Yaffs 21000000 e00000 ********(大小根据TFTP下载实际大小决定)
```

（4）设置启动参数

```
setenv bootargs root=/dev/mtdblock4 console=ttySAC0,115200 init=/linuxrc
lcd=S70
setenv bootcmd nand read 21000000 600000 500000\;bootm
saveenv
```

（5）SD 卡烧写 U-Boot，运行文件内容

```
dd iflag=dsync oflag=dsync if=cbt210-uboot.bin of=/dev/sdb seek=1
```

注：本节部分内容来源于北京赛佰特科技有限公司的 Cortex-A8 出厂程序烧写说明文档，在此表示感谢。

5.4.3 案例 3——在配置内容菜单中添加配置选项

对于自定义的驱动程序，若要编译进内核，首先需要将其添加到配置内容菜单中。在内核定制过程中，通过内核配置过程选中该项，在随后的内核编译过程将该驱动编入操作系统内核。

驱动程序的编写过程以及添加到配置内容菜单中的方法详见第 6 章 6.5 节。

在配置内容菜单中添加配置选项的方法可参见本章 5.2.4 节。

习　题　5

5.1 自行安装虚拟机，并安装 RHEL6。

5.2 嵌入式系统开发环境主要由哪两部分构成？

5.3 熟悉以下 Linux 常用命令及其所带后缀参数的使用方法。

```
ls  cd  mkdir  rm  cp
```

5.4 使用 menuconfig 命令，完成嵌入式 Linux 内核的配置过程。

5.5 基于习题 5.4 所配制的内核，完成编译过程。

5.6 依据本章在配置内容菜单中添加配置选项设计案例，完成将驱动程序添加到内核配置菜单中的过程。

第 6 章　嵌入式 Linux 程序设计

嵌入式硬件设备需要专用的驱动程序，驱动程序需要通过特定的方法和步骤添加到嵌入式操作系统中，应用层需要编写程序调用驱动程序才能完成对系统硬件的操作。因此在嵌入式应用领域中驱动程序开发占有重要的地位。

本章主要内容:

（1）基于 ARM-Linux 驱动程序的开发;

（2）驱动程序的加载方法;

（3）基于驱动程序的应用程序开发。

6.1　Linux 设备驱动概述

Linux 操作系统中文件类型分为普通文件、目录文件、链接文件和设备文件。Linux 把设备定义为设备文件，可以把设备当作文件一样来进行操作。在使用系统所含设备之前需要事先编写好两类程序：驱动程序和应用程序。

针对系统中一个硬件设备编写驱动程序，实际就是实现设备文件操作方法的过程。设备驱动程序是系统内核的重要组成部分，为了实现对设备的正常操作，驱动程序应具有以下功能：设备申请和释放、设备初始化、实现系统内核和硬件设备之间的数据交互、检测和处理设备的异常以及响应用户程序提出的申请。

设备驱动程序为应用程序屏蔽了硬件的细节，这样在应用程序看来硬件设备只是一个设备文件。设备驱动程序实现了系统内核与硬件设备之间的接口，基于操作系统的应用程序可以像操作普通文件一样实现对硬件设备进行操作。操作嵌入式 Linux 系统中硬件设备的过程，就是在应用程序中调用驱动程序来完成一个文件操作的过程。

本章所介绍的驱动程序存放在内核源码根目录/drivers/char/目录下。

6.1.1　驱动程序特征

1．有别于应用程序

使用 C 语言编写的应用程序使用一个 main 函数来指明程序的入口位置。应用程序作为一个整体，总是处于一个运行状态。应用程序可以和 GLIBC 库连接，因此可以包含标准的头文件，如 stdio.h，stdlib.h 等。

驱动程序本身是一个函数集合体，没有 main 函数。驱动程序需要完成在内核中的加载和注册，才可以被应用程序调用。加载方式分为内核启动时加载和内核运行过程中按需要动态加载两种方式。在驱动程序中不使用标准 C 库，因此不能调用所有的 C 库函数。如输出打印函数只能使用内核 printk 函数，驱动程序包含的头文件也只能是内核的头文件，如/include/linux/module.h。

2．区别内核版本与编译器的版本依赖

当驱动程序以模块方式与内核链接时，insmod 会检查模块和当前内核版本是否匹配，每个模块都定义有版本符号_module_kernel_version，这个符号位于模块文件 ELF 头的 modinfo 段中。

只要在模块中包含/include/linux/module.h，编译器就会自动定义这个符号。每个内核版本都需要特定版本的编译器支持，高版本编译器并不适合低版本内核。比如 CBT-SuperIOT 教学平台中 Linux-2.6.35 内核使用的是 arm-linux-gcc-4.5.1 版本交叉编译器，此时只有使用该版本的交叉编译器编译出的驱动程序模块才可以加载到内核系统中运行。

3. 主设备号和次设备号

传统方式中操作系统对设备管理除了需要定义设备类型外,内核还需要一对称作主次设备号的参数来标识一个设备。主设备号用来标识设备对应的驱动程序，次设备号用来标识唯一的设备。主设备号相同的设备调用相同的驱动程序。

可以使用以下命令查看目标机/dev/目录下已挂载设备的主次设备号。

```
[root@Cyb-Bot /dev]# ls -l
crw-rw----    1 root     root     10, 242  Aug 10  2012  CEC
crw-rw----    1 root     root     10, 243  Aug 10  2012  HPD
crw-rw----    1 root     root     10,  59  Aug 10  2012  adc
crw-rw----    1 root     root     10,  54  Aug 10  2012  alarm
crw-rw----    1 root     root     10,  58  Aug 10  2012  android_adb
crw-rw----    1 root     root     10,  57  Aug 10  2012  ndroid_adb_enable
crw-rw----    1 root     root     10, 134  Aug 10  2012  apm_bios
crw-rw----    1 root     root     10,  63  Aug 10  2012  ashmem
crw-rw----    1 root     root     10,  55  Aug 10  2012  backlight-1wire
crw-rw----    1 root     root      5,   1  Aug 10  2012  console
crw-rw-rw-    1 root     tty     204,  64  Aug 10  08:00 ttySAC0
crw-rw-rw-    1 root     tty     204,  65  Aug 10  2012  ttySAC1
crw-rw-rw-    1 root     tty     204,  66  Aug 10  2012  ttySAC2
crw-rw-rw-    1 root     tty     204,  67  Aug 10  2012  ttySAC3
```

[root@Cyb-Bot /dev]#是目标机启动操作系统完成后，通过目标板上串口输出的控制台上显示的提示符。目标板上用于输出控制台信息的串口可以连接到宿主机，在宿主机上借助串口调试助手来显示控制台信息，并可以通过串口调试助手在目标板的控制台上发布命令来操作目标板上的应用系统。

由上述显示结果中可知，目标板上串口设备的主设备号为 204。因为都是串口设备，可以使用相同的串口驱动程序，所以拥有相同主设备号。在目标板上设计有 4 个串口设备，分别命名为 ttySAC0～ttySAC3，对应的次设备号为 64～67。

在使用过程中，应用程序通过设备名称 ttySAC1 来指明所用设备。内核通过主设备号 204 来获得当前访问的设备类型为串行通信设备，通过次设备号 65 落实在 4 个串口设备中用户使用的是 ttySAC1。

设备操作宏 MAJOR( )和 MINOR( )可分别用于获取主、次设备号，宏 MKDEV( )用于将主设备号和次设备号合并为设备号，这些宏定义在内核源码根目录/include/linux/kdev_t.h 中。关于 Linux 对设备号的分配原则可以参考内核源码根目录/Documentation/devices.txt。

6.1.2 设备驱动程序接口

通常所说的设备驱动程序接口是指 file_operations{}结构。file_operations 结构体声明在内核源码根目录/include/linux/fs.h 文件中。

6.1.2.1 file_operations 结构体

在 ARM-Linux 操作系统的 fs.h 文件中声明了 file_operations 结构体。

```
struct file_operations {
    struct module *owner;
    loff_t (*llseek) (struct file *, loff_t, int);
    ssize_t (*read) (struct file *, char *, size_t, loff_t *);
    ssize_t (*write) (struct file *, const char *, size_t, loff_t *);
    int (*readdir) (struct file *, void *, filldir_t);
    unsigned int (*poll) (struct file *, struct poll_table_struct *);
    int (*ioctl) (struct inode *, struct file *, unsigned int, unsigned long);
    int (*mmap) (struct file *, struct vm_area_struct *);
    int (*open) (struct inode *, struct file *);
    int (*flush) (struct file *);
    int (*release) (struct inode *, struct file *);
    int (*fsync) (struct file *, struct dentry *, int datasync);
    int (*fasync) (int, struct file *, int);
    int (*lock) (struct file *, int, struct file_lock *);
    ssize_t (*readv) (struct file *, const struct iovec *, unsigned long, loff_t
    *);
    ssize_t (*writev) (struct file *, const struct iovec *, unsigned long,
    loff_t *);
    ssize_t (*sendpage) (struct file *, struct page *, int, size_t, loff_t *,
    int);
    unsigned long (*get_unmapped_area)(struct file *, unsigned long,
    unsigned long, unsigned long, unsigned long);
    #ifdef MAGIC_ROM_PTR
    int (*romptr) (struct file *, struct vm_area_struct *);
    #endif /* MAGIC_ROM_PTR */};
```

表 6.1 描述了 file_operations 结构体中主要成员及其作用。

表 6.1 file_operations 结构体成员变量

0	成 员 名	描 述
1	owner	module 的拥有者
2	llseek	重新定位读/写位置
3	read	从设备中读取数据
4	write	向字符设备中写入数据
5	readdir	只用于文件系统，对设备无用
6	ioctl	控制设备，除读/写操作外的其他控制命令
7	mmap	将设备内存映射到进程地址空间，通常只用于块设备
8	open	打开设备并初始化设备
9	flush	清除内容，一般只用于网络文件系统中
10	release	关闭设备并释放资源
11	fsync	实现内存与设备的同步，如将内存数据写入硬盘
12	fasync	实现内存与设备之间的异步通信
13	lock	文件锁定，用于文件共享时的互斥访问
14	readv	在进行读操作前要验证地址是否可读
15	writev	在进行写操作前要验证地址是否可写

file_operations 结构是 Linux 内核的重要数据结构，也是 file{}、inode{}结构的重要成员。

结构 file{}和 inode{}均定义在/include/linux/fs.h 中。

在 file 结构体中定义成员变量 f_op：

```
struct   file_operations *f_op;
```

在 inode 结构体中定义成员变量 i_fop：

```
const    struct file_operations *i_fop
```

编写设备驱动程序时，需要实现其中几个接口函数：read、write、ioctl、open、release，以完成应用系统需要的功能。

6.1.2.2 open 方法

open 方法提供给驱动程序初始化设备的能力，从而为以后的设备操作做好准备。此外，open 操作一般还会递增使用计数器，用以防止文件关闭前模块被卸载出内核。此工作在 2.6 内核下已经由内核去处理，用户不必关心。

在大多数驱动程序中，open 方法应完成如下工作：

（1）递增使用计数器；

（2）检查特定设备错误；

（3）如果设备是首次打开，则对其进行初始化；

（4）识别次设备号，如有必要修改 f_op 指针；

（5）分配并填写 filp→private_data 中的数据。

6.1.2.3 release 方法

与 open 方法相反，release 方法应完成如下功能：

（1）释放由 open 分配的 filp→private_data 中所有内容；

（2）在最后一次关闭操作时关闭设备；

（3）使用计数器减一。

6.1.2.4 read 和 write 方法

read 方法完成将数据从内核复制到应用程序空间。

write 方法将数据从应用程序空间复制到内核。

```
ssize_t demo_write(struct file *filp,const char * buffer, size_t count,loff_t
*ppos)
ssize_t demo_read(struct file *filp, char *buffer, size_t count, loff_t *ppos)
/*
filp：文件指针
Count：请求传输数据的长度
Buffer：用户空间的数据缓冲区
ppos：文件中进行操作的偏移量，类型为64位整数*/
```

由于用户空间和内核空间的内存映射方式完全不同，所以不能使用像 memcpy 之类的函数，必须使用如下函数：

```
unsigned long copy_to_user (void *to,const void *from,unsigned long count);
unsigned long copy_from_user(void *to,const void *from,unsigned long count);
```

应用程序在使用 read 和 write 方法后均会得到返回值，返回值含义见表 6.2。在阻塞型 io 中，read 和 write 调用会出现阻塞。

表 6.2　read 和 write 方法返回值

返　回　值	read 方法	write 方法
= count[①]	请求数据传输成功	请求数据传输成功
>0 且<count	表明部分数据传输成功，根据设备的不同，导致这个问题的原因也不同，可以再次调用 read	表明部分数据传输成功，根据设备的不同，导致这个问题的原因也不同，可以再次调用 write
= 0	未读出数据	没有写入任何数据
< 0	表示出现错误，错误号定义参见 include/linux/errno.h	

① 系统调用时传递的 count 参数。

6.1.2.5　ioctl 方法

ioctl 方法主要用于实现对设备进行读/写之外的其他控制操作，如配置设备参数、进入或退出某种操作模式，这些操作一般都无法通过 read 或 write 操作来完成。

1．ioctl 函数原型

（1）应用层调用 ioctl 完成设备控制。应用层函数原型为：

```
int ioctl(inf fd,int cmd,…)
/*
fd：文件描述符
cmd：控制命令
…：可选参数，也可为依赖于cmd的数据指针*/
```

（2）驱动程序定义 ioctl 方法的原型为：

```
int (*ioctl) (struct inode *inode, struct file *file,unsigned int cmd,unsigned
long arg)
/*
node、filp：两个指针对应于应用程序传递的文件描述符fd。
cmd：应用程序传递的控制命令，多使用switch语句进行后续处理。
Arg：可选参数，无论用户应用程序使用的是指针还是其他类型值，都以unsigned long的形式传递
给驱动。*/
```

2．cmd 参数

为了防止向不该控制的设备发出命令，Linux 驱动的 ioctl 方法中 cmd 参数推荐使用唯一编号，编号分为 4 个字段。编号定义规则如下：

（1）type：也称为幻数，8 位宽。

（2）number：顺序数，8 位宽。

（3）direction：如果该命令有数据传输，就要定义传输方向。可使用的数值分别有_IOC_NONE、_IOC_READ、_IOC_WRITE。

（4）size：数据大小，宽度与体系结构有关，在 ARM 上为 14 位。

这些定义在/include/linux/ioctl.h 中可以找到。ioctl.h 文件中还定义了一些用于构造命令号的宏：

```
#define _IOC_NRBITS      8
#define _IOC_TYPEBITS    8
#define _IOC_SIZEBITS    14
#define _IOC_DIRBITS     2
#define _IOC_NRMASK      ((1 << _IOC_NRBITS)-1)
#define _IOC_TYPEMASK    ((1 << _IOC_TYPEBITS)-1)
#define _IOC_SIZEMASK    ((1 << _IOC_SIZEBITS)-1)
#define _IOC_DIRMASK     ((1 << _IOC_DIRBITS)-1)
#define _IOC_NRSHIFT     0
#define _IOC_TYPESHIFT   (_IOC_NRSHIFT+_IOC_NRBITS)
```

```
#define _IOC_SIZESHIFT   (_IOC_TYPESHIFT+_IOC_TYPEBITS)
#define _IOC_DIRSHIFT    (_IOC_SIZESHIFT+_IOC_SIZEBITS)
#define _IOC_NONE 0U
#define _IOC_WRITE 1U
#define _IOC_READ 2U
#define _IOC(dir,type,nr,size) (((dir)<< _IOC_DIRSHIFT)|((type)<<
_IOC_TYPESHIFT)| \
                  ((nr) << _IOC_NRSHIFT) | \((size) << _IOC_SIZESHIFT))
/* 用于创建设备号 */
#define _IO(type,nr)          _IOC(_IOC_NONE,(type),(nr),0)
#define _IOR(type,nr,size)    _IOC(_IOC_READ,(type),(nr),sizeof(size))
#define _IOW(type,nr,size)    _IOC(_IOC_WRITE,(type),(nr),sizeof(size))
#define _IOWR(type,nr,size)   _IOC(_IOC_READ|_IOC_WRITE,(type),(nr),
                               sizeof(size))
/*用于设备号解码 */
#define _IOC_DIR(nr)          (((nr) >> _IOC_DIRSHIFT) & _IOC_DIRMASK)
#define _IOC_TYPE(nr)         (((nr) >> _IOC_TYPESHIFT) & _IOC_TYPEMASK)
#define _IOC_NR(nr)           (((nr) >> _IOC_NRSHIFT) & _IOC_NRMASK)
#define _IOC_SIZE(nr)         (((nr) >> _IOC_SIZESHIFT) & _IOC_SIZEMASK)
```

内核目前没有使用 ioctl 的 cmd 参数，可以自定义一个如 1、2、3 这样的命令号。

3．ioctl 方法返回值

ioctl 通常实现一个基于 switch 语句的命令处理过程，当用户程序传递了一个未定义的命名参数时，POSIX 标准规定应返回-ENOTTY。

6.1.3 关于阻塞型 I/O

read 调用经常会出现当前没有数据可读，但是马上就会有数据到达的情况，这时内核就会使用睡眠并等待数据的方法，这就是阻塞型 I/O。write 也使用同样的方法进行处理。在阻塞型 I/O 过程中，一个进程会涉及睡眠、唤醒和在阻塞情况下查看是否有数据等多个状态。

内核通过等待队列机制来处理多个进程的睡眠与唤醒。处理过程中要使用到如下几个函数和结构（函数和结构的定义在/include/linux/wait.h/文件中）：

```
struct __wait_queue_head {wq_lock_t lock;struct list_head task_list;};
typedef struct __wait_queue_head wait_queue_head_t;
static inline void init_waitqueue_head(wait_queue_head_t *q)
```

完成了队列的声明和初始化后，进程就可以睡眠。根据睡眠深浅不同，可调用 sleep_on 的不同变体函数完成睡眠。一般会用到如下几个函数：

```
sleep_on(wait_queue_head_t *queue);
interruptible_sleep_on(wait_queue_head_t *queue);
sleep_on_timeout(wait_queue_head_t *queue, long timeout);
interruptible_sleep_on_timeout(wait_queue_head_t *queue, long timeout);
wait_event(wait_queue_head_t queue,int condition);
wait_event_ interruptible (wait_queue_head_t queue,int condition);
```

大多数情况下，应使用“可中断”的函数，也就是带 interruptible 的函数，允许已被定义的异常事件中断。

【注意】睡眠进程被唤醒并不一定代表有数据，也有可能被其他信号唤醒，所以醒来后需要测试睡眠唤醒条件（condition）。

6.1.4 中断处理

中断是一种事件的处理方法，也是 S5PV210 应用处理器的重要功能之一。Linux 驱动程序需要调用以下两个函数来实现中断处理功能。

（1）请求允许并安装某个中断源的处理程序

函数原型（函数原型定义于/include/linux/interrupt.h）：

```
request_irq(unsigned int irq,void (*handler)(int, void *, struct pt_regs *),
unsigned long flag,const char * dev_name,void *dev_id);
/*
irq：允许中断请求的中断源所对应的中断号。
Handler：指向中断处理程序。
flag：与中断管理相关的位掩码。
dev_name：用于在/proc/interrupts 中显示的中断源设备名。
dev_id：用于标识产生中断的设备号。*/
```

在使用中断方式处理一个中断源的申请之前，必须使用该函数完成中断处理模式的申请工作，允许相应中断源提出的申请。在第一次使用 open 方法打开设备前，需要使用 request_irq 函数完成设置过程。

（2）释放中断

```
extern void free_irq(unsigned int, void *);
```

使用该函数可以释放或禁用一个中断源，在关闭设备时使用 free_irq。

6.1.5 驱动的调试

在嵌入式应用系统的开发过程中，驱动程序的调试过程和调试方法历来是一个突出问题。由于很难模拟系统内核的运行环境，导致搭建一个驱动程序的调试环境很困难。一般会使用系统级的工具，在调用和运行驱动程序过程中，通过记录和输出关键点状态信息来完成驱动程序的调试过程。

1．使用 printk 函数

在驱动程序中使用 printk 函数。printk 函数用于内核打印消息中，可以附加不同的日志级别或消息优先级。如：

```
printk(KERN_DEBUG "Here is :%s: %i \n",__FILE,__LINE__);
```

在/include/linux/kernel.h 文件中定义了 8 种可用日志级别字符串。编译器在编译时会将“KERN_DEBUG”和后面的文本拼接在一起输出到显示设备。

kernel.h 文件中定义了的日志级别字符串：

```
#define  KERN_EMERG     "<0>"    /* 系统不可用          */
#define  KERN_ALERT     "<1>"    /*行为需要立刻处理     */
#define  KERN_CRIT      "<2>"    /* 临界条件            */
#define  KERN_ERR       "<3>"    /* 错误条件            */
#define  KERN_WARNING   "<4>"    /* 警告条件            */
#define  KERN_NOTICE    "<5>"    /* 正常但需要提示条件  */
#define  KERN_INFO      "<6>"    /* 信息                */
#define  KERN_DEBUG     "<7>"    /* 调试级消息          */

extern int console_printk[];
#define console_loglevel (console_printk[0])
#define default_message_loglevel (console_printk[1])
```

```
#define minimum_console_loglevel (console_printk[2])
#define default_console_loglevel (console_printk[3])
```

日志级别为0～7，当优先级小于console_loglevel这个整数时，上述使用printk打印的消息才能被显示到控制台。若 printk 语句没有指定日志级别，默认级别是 DEFAULT_MESSAGE_LOGLEVEL。

在/kernel/printk.c文件中定义有：

```
#define DEFAULT_MESSAGE_LOGLEVEL     4    /* KERN_WARNING */
int console_printk[4] = {
    DEFAULT_CONSOLE_LOGLEVEL,             /* console_loglevel */
    DEFAULT_MESSAGE_LOGLEVEL,             /* default_message_loglevel */
    MINIMUM_CONSOLE_LOGLEVEL,             /* minimum_console_loglevel */
    DEFAULT_CONSOLE_LOGLEVEL, };          /* default_console_loglevel */
```

2．使用/proc文件系统

Linux内核的/fs/proc文件系统是由程序创建的文件系统，内核利用它向外输出信息。/proc/目录下的每一个文件都被绑定到一个内核函数，这个函数在此文件被读取时动态生成文件的内容。例如，进程查看命令ps和进程监视命令top就是通过读取/proc/下的文件来获取命令需要的信息。

3．使用ioctl方法

应用程序通过系统调用可以调用驱动的ioctl方法。在编写驱动程序的同时，可以通过设置多个命名号来编写一些测试函数，使用ioctl系统调用在用户程序中调用这些函数进行调试。

4．使用strace命令进行调试

strace命令是一个功能强大的工具，用于跟踪程序执行时发生的系统调用和显示调用的参数及接收到的返回值，输出到标准输出设备或输出到通过命令参数所指定的文件。

当一段程序代码无法建立起有效的在线调试环境，只能通过运行结果进行分析和判断时，可以使用strace命令。在程序运行过程中，启动strace命令实现跟踪过程并生成跟踪报告，使用跟踪报告的内容来辅助发现驱动程序的异常工作点。

6.1.6 设备驱动加载方式

Linux 驱动程序的加载有两种方法：编入内核和动态加载。

（1）编入内核方式。将驱动程序直接编译到内核，在内核启动过程中完成驱动程序注册和初始化过程。运行过程中驱动程序常驻内存，应用程序可随时调用驱动程序。这种方法的优点是内核处于稳定运行状态，适用于嵌入式产品的发布状态。

（2）动态加载方式。这种方法是将设备驱动程序编译为模块，当嵌入式操作系统启动后再有选择地单独加载运行。这种方法的优点是在操作系统运行过程中可以使用insmod命令将驱动模块插入内核，也可以使用rmmod命令将驱动模块从内核中卸载。由于插入/卸载过程可以动态完成，不需要重新启动内核，可以使驱动程序的调试效率大大提高。适用于嵌入式产品的调试阶段，对功耗要求较高的应用系统，也可以使用这种方式来降低空闲模式的负荷，但要注意由此引发的内核稳定性问题。

6.2 案例1——驱动程序（DEMO）

目的：将虚拟DEMO设备定义为字符设备，编写Linux系统下字符型设备驱动程序。当操作系统启动完成后，完成设备驱动程序动态加载。编写应用程序，调用驱动程序，实现指定应用功能。

设备名称：DEMO。

驱动程序加载方式：动态加载。

源码路径：应用例程\6Linux\driver\01_demo。

驱动程序：

demo.c：DEMO 设备驱动程序源文件，定义与应用层间接口函数，接口函数列表如下。

demo_ioctl( )：实现接口调用的过程。

do_write( )：实现将用户写入的数据逆序排列。

demo_read( )：返回逆序排列后的数据。

应用层程序：

test_demo.c：应用层用户测试程序源码。

Makefile：驱动程序编译配置文件。

应用层功能：在 test_demo.c 中初始化原始数据，调用驱动程序完成数据逆序排序过程，显示排序结果。需要注意的是，驱动程序和测试程序均在同一工程文件夹之下，在编译之前，系统内核应至少被编译过一遍，以生成在编译模块过程中所需要的依赖文件。

6.2.1 demo.c 驱动层程序源码分析

文件路径：应用例程\6Linux\driver\01_demo\demo.c

文件内容：

1. 定义设备名- DEMO

```
#ifdef MODULE                                //需要编译为模块
#include <linux/module.h>
#ifdef CONFIG_DEVFS_FS
#include <linux/devfs_fs_kernel.h>
#endif
#include <linux/init.h>                      //初始化相关头文件
#include <linux/kernel.h>                    //与printk()等函数有关的头文件
#include <linux/slab.h>                      //与kmalloc()等函数有关的头文件
#include <linux/fs.h>                        //与文件系统有关的头文件everything...
#include <linux/errno.h>                     //错误代码处理头文件error codes
#include <linux/types.h>                     //数据类型头文件size_t
#include <linux/proc_fs.h>                   //与进程调度相关的头文件
#include <linux/fcntl.h>                     //O_ACCMODE
#include <linux/poll.h>                      //COPY_TO_USER
#include <asm/system.h>                      //cli(), *_flags
#define DEVICE_NAME "DEMO"                   //定义虚拟设备的名称为DEMO
#define DEMORAW_MINOR 1
#define DEMO_Devfs_path "demo/0"             //定义全局变量
static int demoMajor = 0;
static int MAX_BUF_LEN=1024;                 //定义缓冲区最大长度
static char drv_buf[1024];                   //内核定义一缓冲区
static int WRI_LENGTH=0;
```

2. void do_write

```
/*********************************************************************
名称：do_write()
功能：将数组drv_buf[]内容逆序重排，用于被demo_write()调用。
入口参数：排序前数据存于数组drv_buf[]，数组drv_buf[]为全局变量。
出口参数：排序后数据存于数组drv_buf[]。
*********************************************************************/
static void do_write(void)
{   int   i;
    int   len = WRI_LENGTH;              //WRI_LENGTH值来自demo_write()函数
    char  tmp;
    for(i = 0; i < (len>>1); i++,len--){
    tmp = drv_buf[len-1];
    drv_buf[len-1] = drv_buf[i];         //对drv_buf[]数组进行逆序排列
    drv_buf[i] = tmp;}}
```

3. demo_write

```
/*********************************************************************
名称：demo_write()
功能：对应于应用层write系统调用。将应用层用户定义缓冲区中数据复制到内核缓冲区drv_buf[]。
调用do_write()函数对数组drv_buf[]进行逆序排列。
入口参数：*filp 操作设备文件的ID，指向用户程序test_demo.c中打开的设备。
          *buffer 应用层用户定义缓冲区的起始地址。
          count 应用层用户定义缓冲区的长度。
出口参数：返回排序数组长度。
*********************************************************************/
static ssize_t demo_write(struct file *filp,const char *buffer, size_t count)
{   if(count > MAX_BUF_LEN)                           //数据<1024，越界保护
    count = MAX_BUF_LEN;
    copy_from_user(drv_buf, buffer, count);   //复制用户buffer到内核空间drv_buf
    WRI_LENGTH = count;
    printk("user write data to driver\n");    //输出提示行
    do_write();                                //调用排序函数
    return count;}
```

4. demo_read

```
/*********************************************************************
名称：demo_read()
功能：对应于应用层read系统调用。将内核缓冲区drv_buf[]中的数据复制到应用层用户定义的缓
冲区中。
入口参数：*filp 操作设备文件的ID，指向用户程序test_demo.c中打开的设备。
          *buffer 应用层用户定义缓冲区的起始地址。
          count 应用层用户定义缓冲区的长度。
          *ppos 用户在文件中进行存储操作的位置。
出口参数：返回排序数组长度。
*********************************************************************/
static ssize_t demo_read(struct file *filp, char *buffer, size_t count, loff_t
*ppos)
{   if(count > MAX_BUF_LEN)
    count=MAX_BUF_LEN;
copy_to_user(buffer, drv_buf,count);      //内核排列后的drv_buf传递给用户buffer
```

```
printk("user read data from driver\n");  //输出提示行
return count;}
```

5. demo_ioctl

```
/**********************************************************************
名称：demo_ioctl()
功能：对应于应用层ioctl系统调用。展示对用户空间传递过来的命令的处理过程。
入口参数：  *filp操作设备文件的ID，指向用户程序test_demo.c中打开的设备。
           cmd来自应用层参数。
           arg来自应用传递过来的参数列表。
出口参数：正确返回0，错误命令返回default的提示内容。
**********************************************************************/
static int demo_ioctl(struct inode *inode, struct file *file,unsigned int cmd,
unsigned long arg)
{   switch(cmd){                        //对来自应用层参数的处理
    case 1:printk("runing command 1 \n");break;
    case 2:printk("runing command 2 \n");break;
    default:
    printk("error cmd number\n");break;}
    return 0;}
```

6. demo_open

```
/**********************************************************************
名称：static void demo_open()
功能：定义设备文件打开函数，对应于应用层open系统调用。
入口参数：设备文件节点，可附加参数（如O_RDWR表示以既读也写方式访问被打开文件）。
出口参数：无
**********************************************************************/
static int demo_open(struct inode *inode, struct file *file)
{   printk(KERN_DEBUG" device open sucess!\n");
    return 0;}
```

7. demo_release

```
/**********************************************************************
名称：static void demo_release ()
功能：设备文件释放函数，对应用层close系统调用。
入口参数：设备文件节点。
出口参数：无。
**********************************************************************/
static int demo_release(struct inode *inode, struct file *filp)
{   printk(KERN_DEBUG "device release\n");
    return 0;}
```

8. demo_fops

```
/**********************************************************************
名称：demo_fops {}
功能：设备驱动文件结构体，关联系统操作write、read、ioctl、open、release与实体函数。
**********************************************************************/
static struct file_operations demo_fops = {
owner: THIS_MODULE,
    write: demo_write,
    read:demo_read,
```

```
    ioctl: demo_ioctl,
    open: demo_open,
    release: demo_release}
```

9. demo_init

```
/*************************************************************************
名称：void demo_init ()
功能：设备注册函数，通过register_chrdev向内核字符设备链表注册该字符设备
入口参数：无
出口参数：无
*************************************************************************/
static int __init demo_init(void)
{   int ret;
    ret = register_chrdev(0, DEVICE_NAME, &pxa270_fops);
    if (ret < 0) {
    printk(DEVICE_NAME "can't get major number\n");
    return ret;}
    demoMajor=ret;
    return 0;}
```

10. demo_ exit

```
/************************************************************************
名称：void demo_ exit()
功能：设备注销函数，通过unregister_chrdev向内核字符设备链表注销该字符设备
入口参数：无
出口参数：无
*************************************************************************/
#ifdef MODULE
static void __exit demo_exit(void)
{   unregister_chrdev(demoMajor, DEVICE_NAME);
}
module_exit(demo_exit);
#endif
```

11. Module_

```
module_init(demo_init);                              //模块初始化
MODULE_LICENSE("Dual BSD/GPL");                      //版权信息
#endif //MODULE
```

6.2.2 Makefile 源码分析

文件路径：应用例程\6Linux\driver\01_demo

文件内容：

```
# To build modules outside of the kernel tree, we run "make"
# in the kernel source tree; the Makefile these then includes this
# Makefile once again.
# This conditional selects whether we are being included from the
# kernel Makefile or not.
TARGET = test_demo
CROSS_COMPILE = arm-linux-
CC = $(CROSS_COMPILE)gcc
STRIP = $(CROSS_COMPILE)strip
```

```
#CFLAGS = -O2
ifeq ($(KERNELRELEASE),)
# Assume the source tree is where the running kernel was built
# You should set KERNELDIR in the environment if it's elsewhere
KERNELDIR ?=/CBT-SuperIOT/SRC/kernel/linux-2.6.35.7 //确认系统内核路径
# The current directory is passed to sub-makes as argument
PWD := $(shell pwd)
all: $(TARGET) modules
$(TARGET):
$(CC) -o $(TARGET) $(TARGET).c
modules:
$(MAKE) -C $(KERNELDIR) M=$(PWD) modules
modules_install:
$(MAKE) -C $(KERNELDIR) M=$(PWD) modules_install
clean:
rm -rf *.o *~ core.depend.*.cmd *.ko *.mod.c.tmp_versions $(TARGET)
.PHONY: modules modules_install clean
else
# called from kernel build system: just declare what our modules are
obj-m := demo.o                    //需要编译生成驱动程序模块demo.ko
endif
```

其中，"KERNELDIR ="和"CROSS_COMPILE="用于指定内核目录和编译器，所指定的内核目录/CBT-SuperIOT/SRC/kernel/linux-2.6.35.7 要与宿主机中嵌入式操作系统内核路径一致。编译器使用 arm-linux-gcc-4.5.1，并且需要保证内核源码包编译过一次，因为编译驱动时需要用到内核源码相关头文件及编译内核时所生成的过程文件，否则即便内核目录指定正确也会报错。

6.2.3 test_demo.c 应用层程序源码分析

文件路径：应用例程\6 Linux\driver\01_demo\test_demo.c

1．源码分析

```
#include <stdlib.h>
#include <fcntl.h>
#include <unistd.h>
#include <sys/ioctl.h>
void showbuf(char *buf);             //声明函数，先使用再定义
int MAX_LEN=32;
int main()
{   int fd;
    int i;
    char buf[255];
    for(i=0; i<MAX_LEN; i++){        //初始化数组
    buf[i]=i;}
    fd=open("/dev/demo",O_RDWR);  //系统打开ARM 端设备节点/dev/demo
    if(fd < 0){
        printf("####DEMO device open fail####\n");
        return (-1);}
        printf("write %d bytes data to /dev/demo \n",MAX_LEN);
    showbuf(buf);
    write(fd,buf,MAX_LEN);           //系统向设备节点/dev/demo 写入数组内容
```

```
    printf("Read %d bytes data from /dev/demo \n",MAX_LEN);
    read(fd,buf,MAX_LEN);           //系统从设备节点/dev/demo读回数组内容并显示
    showbuf(buf);
    //ioctl(fd,1,NULL);             //ioctl依据测试情况是否打开
    //ioctl(fd,4,NULL);
    close(fd);                      //驱动程序定义了release，这里使用系统调用
    return 0;
}
//显示数组内容函数
void showbuf(char *buf)
{   int i,j=0;
    for(i=0;i<MAX_LEN;i++){
    if(i%4 ==0)
    printf("\n%4d: ",j++);
    printf("%4d ",buf[i]);}
    printf("\n*****************************************************\n");}
```

2．编译源码

将本例中所用到的工程文件复制到宿主机 Linux 系统中以下路径：/CBT-SuperIOT/SRC/exp/driver/01_demo/。

在宿主机 01_demo 目录下应含有三个文件：Demo.c，Makefile，test_demo.c。

```
[root@localhost /]# cd /CBT-SuperIOT/SRC/exp/driver/01_demo/
[root@localhost 01_demo]# ls
Makefile Module.symvers demo.c demo.ko demo.mod.c demo.mod.o demo.o
test_demo test_demo.c
```

当前目录下含有一些先前编译的结果和一些过程文件，为保证编译结果正确，需要对当前目录进行清理后再编译。依次执行以下命令：

```
[root@localhost 01_demo]# make clean
rm -rf *.o *~ core .depend .*.cmd *.ko *.mod.c .tmp_versions test_demo
[root@localhost 01_demo]# make
arm-linux-gcc -o test_demo test_demo.c
make -C /CBT-SuperIOT/SRC/kernel/linux-2.6.35.7
M=/CBT-SuperIOT/SRC/exp/driver/01_demo modules
make[1]: Entering directory '/CBT-SuperIOT/SRC/kernel/linux-2.6.35.7'
CC [M] /CBT-SuperIOT/SRC/exp/driver/01_demo/demo.o
/CBT-SuperIOT/SRC/exp/driver/01_demo/demo.c: In function 'demo_write':
/CBT-SuperIOT/SRC/exp/driver/01_demo/demo.c:59: warning: ignoring return
 value of 'copy_from_user',
declared with attribute warn_unused_result
/CBT-SuperIOT/SRC/exp/driver/01_demo/demo.c: In function 'demo_read':
/CBT-SuperIOT/SRC/exp/driver/01_demo/demo.c:70: warning: ignoring return
 value of 'copy_to_user',
declared with attribute warn_unused_result
Building modules, stage 2.
MODPOST 1 modules
CC /CBT-SuperIOT/SRC/exp/driver/01_demo/demo.mod.o
LD [M] /CBT-SuperIOT/SRC/exp/driver/01_demo/demo.ko
make[1]: Leaving directory '/CBT-SuperIOT/SRC/kernel/linux-2.6.35.7'
[root@localhost 01_demo]# ls
```

```
Makefile Module.symvers demo.c demo.ko demo.mod.c demo.mod.o demo.o
 test_demo test_demo.c
[root@localhost 01_demo]#chmod 777 test_demo
[root@localhost 01_demo]#
```

当前目录下生成驱动程序模块 demo.ko 和应用测试程序 test_demo。此时 test_demo.o 文件未被加进内核，即内核不支持 demo 设备，需要手动添加。为了从目标机上运行 test_demo 文件，需要使用 chmod 命令提升 test_demo 权限。

6.2.4 下载和运行

1．以 NFS 方式共享宿主机文件

（1）挂载宿主机目录。启动目标板系统，连接好网线、串口线。通过串口终端挂载宿主机文件目录。在目标机的终端环境执行挂载命令：

```
[root@Cyb-Bot /]# mount -t nfs -o nolock 192.168.1.7:/CBT-SuperIOT//mnt/nfs
```

Mount：挂载命令。

192.168.1.7：宿主机 IP。

CBT-SuperIOT：需要共享的宿主机目录。

/mnt/nfs：目标机上的挂载点。

执行上述命令后，可在目标机的/mnt/nfs 路径下访问到宿主机/CBT-SuperIOT 目录。

（2）进入串口终端的 NFS 共享文件目录

```
[root@Cyb-Bot /]# cd /mnt/nfs/SRC/exp/driver/01_demo/
[root@Cyb-Bot 01_demo]# ls
Makefile demo.ko demo.o
Module.symvers demo.mod.c test_demo
demo.c demo.mod.o test_demo.c
[root@Cyb-Bot 01_demo]#
```

2．动态加载驱动程序模块

（1）添加驱动模块。使用 insmod 命令添加驱动模块 demo.ko：

```
[root@Cyb-Bot 01_demo]# insmod demo.ko
demo driver initialized
[root@Cyb-Bot 01_demo]#
```

（2）查看并获得设备号。

使用 cat 命令查看系统挂载设备，得到 demo 驱动设备号为 252。

```
[root@Cyb-Bot 01_demo]# cat /proc/devices
Character devices:
1 mem
5 /dev/tty
……
6 rfcomm
252 DEMO
253 usb_endpoint
254 rtc
```

（3）手动建立设备节点。使用 mknod 命令在目标板手动建立 demo 设备节点：

```
[root@Cyb-Bot 01_demo]# mknod/dev/demo c 252 0
```

c：表示 char 型设备。

252：表示主设备号。

0：表示次设备号。

（4）查看设备节点。使用 ls –l 命令查看建立的 demo 设备属性：

```
[root@Cyb-Bot 01_demo]# ls -l /dev/demo
crw-r--r-- 1 root root 252, 0 Jul 2 13:48 /dev/demo
[root@Cyb-Bot 01_demo]#
```

（5）卸载驱动程序模块。在 test_demo.c 应用程序运行结束后，可使用 rmmod 命令在目标板手动卸载 demo 设备节点。

```
[root@Cyb-Bot 01_demo]# rmmod demo.ko
```

（6）运行 test_demo 应用程序。在目标机上运行 test_demo 用户程序：

```
[root@Cyb-Bot 01_demo]# ./test_demo
write 32 bytes data to /dev/demo
0: 0 1 2 3
1: 4 5 6 7
2: 8 9 10 11
3: 12 13 14 15
4: 16 17 18 19
5: 20 21 22 23
6: 24 25 26 27
7: 28 29 30 31
*****************************************************
Read 32 bytes data from /dev/demo
0: 31 30 29 28
1: 27 26 25 24
2: 23 22 21 20
3: 19 18 17 16
4: 15 14 13 12
5: 11 10 9 8
6: 7 6 5 4
7: 3 2 1 0
*****************************************************
```

6.3 案例 2——驱动程序（LED）

目的：（1）将依赖于 GOIO 的 LEDs 设备定义为字符设备。

（2）编写 Linux 系统字符型设备驱动程序。

（3）将驱动程序编译到内核代码中，每次启动内核自动加载该设备驱动。

（4）编写应用程序，调用驱动程序，实现控制功能。

设备名称：LEDs。

驱动程序加载方式：内核启动加载。

源码存放路径：应用例程\6Linux\driver\leds\

驱动程序：

s5pv210_leds.c：LEDs 设备驱动程序源文件，定义与应用层间接口函数，接口函数如下：

demo_read( )，demo_write( )等：完成驱动读/写功能。

demo_ioctl( )：完成调用接口的实现过程。

do_write( )：实现将用户写入的数据逆序排列，通过读取函数读取转换后的数据。

应用层程序：

led.c：应用层用户测试程序源码。

Makefile：驱动程序编译配置文件。

应用层功能：读入控制台给定参数，调用驱动程序控制目标板上的 LED 指示灯亮/灭。

【注意】本案例驱动采用内核加载方式，在编译内核时将驱动加入内核源码。所以在编译内核前，s5pv210_leds.c 文件需要存放在内核驱动目录中的字符设备目录下。

6.3.1 硬件电路分析

1. 硬件电路原理

Tiny210 硬件平台上 S5PV210 处理器共外接 4 个 LED，用于状态指示，分别命名为 LED1～LED4。每个 LED 控制线分别连接到 S5PV210 的 GPJ2n（n=0，1，2，3）引脚，如图 6.1 所示。GPJ20 引脚接到 LED1 阴极，其输出逻辑 0 时，LED1 灯亮；引脚输出逻辑 1 时，LED1 灯灭。

LED 显示电路原理图参见 Tiny210-1204.pdf 文件。

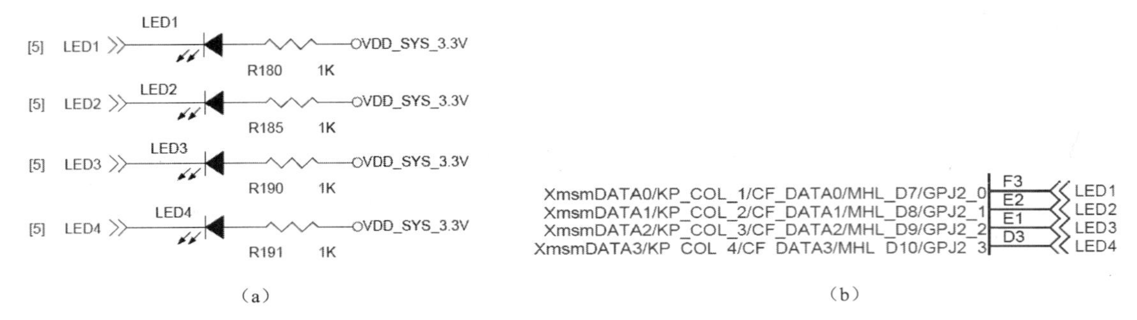

图 6.1 LED 显示电路原理图

2. 相关寄存器

S5PV210 处理器中，GPJ2 组管理 8 个引脚，与引脚有关的寄存器有 4 个（见表 6.3）。

GPJ2CON：控制（配置）寄存器。

GPJ2DAT：数据映射寄存器。

GPJ2PUD：上拉/下拉配置寄存器。

GPJ2DRV：驱动强度配置寄存器。

表 6.3 GPJ2 寄存器组

寄 存 器	地 址	R/W	描 述	初 值
GPJ2CON	0xE020_0280	R/W	控制配置寄存器	0x0
GPJ2DAT	0xE020_0284	R/W	数据映射寄存器	0x0
GPJ2PUD	0xE020_0288	R/W	上拉/下拉配置寄存器	0x5555
GPJ2DRV	0xE020_028c	R/W	驱动强度配置寄存器	0x0

在配置 GPJ2 组引脚功能时，使用 GPJ2CON 寄存器：

LED1 对应 GPJ20 引脚，GPJ20 使用 GPJ2CON 寄存器[3:0]位，配置内容为 0001b（输出）。

LED2 对应 GPJ21 引脚，GPJ21 使用 GPJ2CON 寄存器[7:4]位，配置内容为 0001b。

LED3 对应 GPJ22 引脚，GPJ22 使用 GPJ2CON 寄存器[11:8]位，配置内容为 0001b。

LED4 对应 GPJ23 引脚，GPJ23 使用 GPJ2CON 寄存器[15:12]位，配置内容为 0001b。

通过写 GPJ2DAT 寄存器内容，控制 LED 亮/灭。

LED1 对应的是 GPJ2DAT 寄存器的[0]位，向该位写入 0，LED1 亮。
LED2 对应的是 GPJ2DAT 寄存器的[1]位，向该位写入 0，LED2 亮。
LED3 对应的是 GPJ2DAT 寄存器的[2]位，向该位写入 0，LED3 亮。
LED4 对应的是 GPJ2DAT 寄存器的[3]位，向该位写入 0，LED4 亮。
相关内容可参见 S5PV210_Usermanual_Rev1.0.pdf 文件。

6.3.2 内核 GPIO 使用方法

S5PV210 将 237 个 GPIO 引脚分成若干个组，按组对 GPIO 引脚进行管理。如 GPJ2 组管理 8 个引脚，通过 GPJ2 私有的寄存器组来实现。在寄存器组中：

所有模式均含有的寄存器：GPxCON，GPxDAT，GPxPUD，GPxDRV。

低功耗模式单独含有的寄存器：GPxCONPDN，GPxPUDPDN。

中断模式单独含有的寄存器：EXT_INT_x_CON，EXT_INT_x_FLTCON，EXT_INT_x_MASK，EXT_INT_x_PEND。

对低功耗模式统一管理的寄存器：PDNEN。

在对引脚进行配置和操作时，需要指明归属的组名、引脚号和该组引脚需要配置的寄存器，如 GPJ2_0 和 GPJ2CON。为了便于管理，在 Linux 内核中对 237 个 GPIO 引脚进行线性排序，每个引脚对应一个顺序号。

6.3.2.1 函数分布文件

与 GPIO 操作有关的函数定义，分布在内核根目录下的多个子目录。通过阅读以下文件可详细了解函数的定义内容和使用方法。

Linux 源码根目录/drivers/gpio/gpiolib.c
Linux 源码根目录/arch/arm/mach-s5pv210/gpiolib.c
Linux 源码根目录/arch/arm/mach-s5pv210/include/mach/gpio.h
Linux 源码根目录/arch/arm/plat-s3c/include/plat/gpio-core.h
Linux 源码根目录/documentation/gpio.txt：文档
Linux 源码根目录/arch/arm/mach-s5pv210/include/mach/regs-gpio.h：端口定义
Linux 源码根目录/arch/arm/mach-s5pv210/include/mach/map.h：端口定义
#define S5PV210_GPJ2_BASE (S5P_VA_GPIO + 0x280)

6.3.2.2 引脚声明

文件路径：Linux 源码根目录/arch/arm/mach-s5pv210/include/mach/gpio.h
文件内容：

```
/*GPIO bank sizes */
#define S5PV210_GPIO_A0_NR(8)
#define S5PV210_GPIO_A1_NR(4)
......
#define S5PV210_GPIO_J1_NR(6)
#define S5PV210_GPIO_J2_NR(8)                    //声明GPJ2组有8个引脚
......
#define S5PV210_GPIO_NEXT(__gpio)\               //用于计算引脚对应的顺序号
        ((__gpio##_START) + (__gpio##_NR) + CONFIG_S3C_GPIO_SPACE + 1)
enum s5p_gpio_number {                           //引脚顺序号的枚举方法
 S5PV210_GPIO_A0_START   = 0,
```

```
 S5PV210_GPIO_A1_START   = S5PV210_GPIO_NEXT(S5PV210_GPIO_A0),
 S5PV210_GPIO_B_START    = S5PV210_GPIO_NEXT(S5PV210_GPIO_A1),
......
 S5PV210_GPIO_J1_START   = S5PV210_GPIO_NEXT(S5PV210_GPIO_J0),
 S5PV210_GPIO_J2_START   = S5PV210_GPIO_NEXT(S5PV210_GPIO_J1),
......
};
/*S5PV210 GPIO number definitions */              //得到引脚顺序号
#define S5PV210_GPA0(_nr)     (S5PV210_GPIO_A0_START + (_nr))
#define S5PV210_GPA1(_nr)     (S5PV210_GPIO_A1_START + (_nr))
......
#define S5PV210_GPJ1(_nr)     (S5PV210_GPIO_J1_START + (_nr))
#define S5PV210_GPJ2(_nr)     (S5PV210_GPIO_J2_START + (_nr))
......
//程序代码中，使用S5PV210_GPJ2(0)即可用于描述GPJ2组的第0个引脚
/*Define EXT INT GPIO */
#define S5P_EXT_INT0(x)       S5PV210_GPH0(x)
#define S5P_EXT_INT1(x)       S5PV210_GPH1(x)
#define S5P_EXT_INT2(x)       S5PV210_GPH2(x)
#define S5P_EXT_INT3(x)       S5PV210_GPH3(x)

/*the end of the S5PV210 specific gpios */
#define S5PV210_GPIO_END (S5PV210_ETC4(S5PV210_GPIO_ETC4_NR) + 1)
#define S3C_GPIO_END      S5PV210_GPIO_END

/*define the number of gpios we need to the one after the GPJ4() range */
#define ARCH_NR_GPIOS         (S5PV210_ETC4(S5PV210_GPIO_ETC4_NR) +   \
              CONFIG_SAMSUNG_GPIO_EXTRA + 1)

#include <asm-generic/gpio.h>
#include <plat/gpio-cfg.h>

extern int s3c_gpio_slp_cfgpin(unsigned int pin, unsigned int to);
extern s3c_gpio_pull_t s3c_gpio_get_slp_cfgpin(unsigned int pin);

#define S3C_GPIO_SLP_OUT0       ((__force s3c_gpio_pull_t)0x00)
#define S3C_GPIO_SLP_OUT1       ((__force s3c_gpio_pull_t)0x01)
#define S3C_GPIO_SLP_INPUT      ((__force s3c_gpio_pull_t)0x02)
#define S3C_GPIO_SLP_PREV       ((__force s3c_gpio_pull_t)0x03)

extern int s3c_gpio_set_drvstrength(unsigned int pin, unsigned int config);
extern int s3c_gpio_set_slewrate(unsigned int pin, unsigned int config);

#define S3C_GPIO_DRVSTR_1X      (0)                           //驱动能力
#define S3C_GPIO_DRVSTR_2X      (1)
#define S3C_GPIO_DRVSTR_3X      (2)
#define S3C_GPIO_DRVSTR_4X      (3)

#define S3C_GPIO_SLEWRATE_FAST  (0)
```

```
#define S3C_GPIO_SLEWRATE_SLOW  (1)

extern int s3c_gpio_slp_setpull_updown(unsigned int pin, s3c_gpio_pull_t
pull);
extern int s5pv210_gpiolib_init(void);
```

6.3.2.3 函数定义

文件路径：Linux 源码根目录/drivers/gpio/gpiolib.c

文件内容：

1．结构体 gpio_desc

```
struct gpio_desc {
struct gpio_chip     *chip;
unsigned long    flags;  /*按位定义 */
#define FLAG_REQUESTED   0
#define FLAG_IS_OUT      1
#define FLAG_RESERVED    2
#define FLAG_EXPORT      3       /* 使用sysfs_lock实现保护 */
#define FLAG_SYSFS       4       /* 外部引用路径 /sys/class/gpio/control */
#define FLAG_TRIG_FALL   5       /* 下降沿触发 */
#define FLAG_TRIG_RISE   6       /* 上升沿触发*/
#define FLAG_ACTIVE_LOW  7       /* 低电平有效 */

#define PDESC_ID_SHIFT   16      /*添加新标识*/
#define GPIO_FLAGS_MASK  ((1 << PDESC_ID_SHIFT) - 1)
#define GPIO_TRIGGER_MASK(BIT(FLAG_TRIG_FALL) | BIT(FLAG_TRIG_RISE))

#ifdef CONFIG_DEBUG_FS
   const char        *label;
#endif};
```

2．gpio_request

函数原型：

```
int gpio_request(unsigned gpio, const char *label)
```

用例：

```
ret = gpio_request(S5PV210_GPJ2(0), "LED");
```

GPIO 具有唯一性，不允许多个任务同时占用同一个引脚，系统解决方法是先申请再使用。一个任务在申请使用前，需要检测设备是否已被其他任务占用。返回值为 1，表示已被占用。使用 FLAG_REQUESTED 进行标记，FLAG_REQUESTED 定义在结构体 gpio_desc 中。返回值为 0，表示可以使用该设备，并获得设备使用权，同时标记设备已被占用。

3．gpio_free

函数原型：

```
void gpio_free(unsigned gpio)
```

用例：

```
gpio_free(S5PV210_GPJ2(0));
```

在本次任务结束前，释放 S5PV210_GPJ2(0)引脚，清 FLAG_REQUESTED 标志。

4．gpio_direction_output

函数原型：

```
int gpio_direction_output(unsigned gpio, int value)
```

用例：

```
gpio_direction_output(S5PV210_GPJ2(0),1);     //初始化引脚为输出,且输出1
```

5. gpio_direction_input

函数原型：

```
int gpio_direction_input(unsigned gpio)       //初始化引脚为输入
```

6. gpio_set_value

函数原型：

```
void __gpio_set_value(unsigned gpio, int value)
```

用例：

```
gpio_set_value(S5PV210_GPJ2(0),1);   //S5PV210_GPJ2(0)引脚输出逻辑1（高电平）
```

7. gpio_get_value

函数原型：

```
int __gpio_get_value(unsigned gpio)
```

用例：

```
tmp = gpio_get_value(bdata->gpio);          /*获取键值状态*/
```

8. s3c_gpio_cfgpin

文件路径：Linux 源码根目录/arch/arm/plat-s3c/gpio-config.c

函数原型：

```
int s3c_gpio_cfgpin(unsigned int pin, unsigned int config)
{
    struct s3c_gpio_chip *chip = s3c_gpiolib_getchip(pin);
    unsigned long flags;
    int offset;
    int ret;
    if (!chip)
        return -EINVAL;
    offset = pin - chip->chip.base;
    s3c_gpio_lock(chip, flags);
    ret = s3c_gpio_do_setcfg(chip, offset, config);
    s3c_gpio_unlock(chip, flags);
    return ret;
}
```

用例：

```
s3c_gpio_cfgpin(S5PV210_GPJ2(0),S3C_GPIO_OUTPUT); //配置S5PV210_GPJ2(0)引脚
                                                   为输出
```

文件路径：Linux 源码根目录/arch/arm/plat-s3c/include/plat/gpio-cfg.h

定义内容：

```
#define S3C_GPIO_SPECIAL_MARK     (0xfffffff0)
#define S3C_GPIO_SPECIAL(x)    (S3C_GPIO_SPECIAL_MARK | (x))
#define S3C_GPIO_INPUT         (S3C_GPIO_SPECIAL(0))
#define S3C_GPIO_OUTPUT        (S3C_GPIO_SPECIAL(1))
#define S3C_GPIO_SFN(x)        (S3C_GPIO_SPECIAL(x))
```

9. s3c_gpio_setpull

文件路径：Linux 源码根目录/arch/arm/plat-s3c/gpio-config.c

函数原型：

```
int s3c_gpio_setpull(unsigned int pin,s3c_gpio_pull_t pull)//使用内部上拉/
                                                           下拉电阻
```

用例：

```
s3c_gpio_setpull(S5PV210_GPB(0),S3C_GPIO_PULL_DOWN);
```

10．set_irq_type

文件路径：Linux 源码根目录/arch/arm/plat-s3c/gpio-config.c

函数原型：

```
int s3c_gpio_cfgpin(unsigned int pin,unsigned int config)
```

用例：

```
s3c_gpio_cfgpin(S5PV210_GPH1(5),S3C_GPIO_SFN(0xf));  //GPxCON配置内容为0xf,
                                                        INT功能
set_irq_type(IRQ_EINT13,IRQ_TYPE_EDGE_BOTH);      //GPH1(5)对应中断源为
                                                        EXT_INT[13]
```

具体应用前，还需要用 request_irq 注册对应的中断处理函数。

11．gpio-core.h

文件路径：Linux 源码根目录/arch/arm/plat-s3c/include/plat/gpio-core.h

定义内容：

```
#define GPIOCON_OFF  (0x00)                //声明一组I/O的GPIOCON基地址为0
#define GPIODAT_OFF  (0x04)                //声明一组I/O的GPIODAT基地址为4
#define con_4bit_shift(__off) ((__off) * 4)
                                           //用于计算配置一个引脚所需的4位偏移地址

struct s3c_gpio_chip {
   struct          gpio_chip       chip;
   struct          s3c_gpio_cfg    *config;
   struct          s3c_gpio_pm     *pm;
   void        __iomem             *base;
   int             eint_offset;
   spinlock_t      lock;
   #ifdef    CONFIG_PM
       u32   pm_save[7];
   #endif};
```

6.3.3 s5pv210_leds.c 驱动程序源码分析

存放路径：应用例程\6Linux\driver\leds\drivers\s5pv210_leds.c

虚拟机内核：Linux 源码根目录/drivers/char/s5pv210_leds.c

1．定义设备名

```
...
#define DEVICE_NAME "leds"                         //定义设备名称为leds
```

2．LED 端口列表

```
static int led_gpios[] = {
   S5PV210_GPJ2(0),                                //定义使用的4个GPIO
   S5PV210_GPJ2(1),
   S5PV210_GPJ2(2),
   S5PV210_GPJ2(3),
};
#define LED_NUM    ARRAY_SIZE(led_gpios)  //取数组长度，得到LED的个数 4个
```

3．s5pv210_leds_ioctl

```
/***********************************************************************
名称：demo_ioctl ()
功能：对应于应用层ioctl系统调用。在应用层程序通过ioctl函数向内核传递参数，以控制LED灯
的亮/灭状态。
入口参数：*filp操作设备文件的ID。
        cmd 对应用户空间的LED灯亮/灭命令信息：1亮，0灭。
        arg 对应用户空间传递过来的LED灯的位置参数。
出口参数：正确返回0，错误命令返回default的提示内容。
***********************************************************************/
static long s5pv210_leds_ioctl(struct file *filp, unsigned int cmd,
unsigned long arg)
{
switch(cmd) {
             case 0:
             case 1:
                 if (arg > LED_NUM){      //约束LED个数不大于4个（参数：arg）
                 return -EINVAL;}
//根据应用传递来的参数(取反)，调用gpio_set_value函数设置LED 对应端口寄存器
                 gpio_set_value(led_gpios[arg], !cmd);
             //printk(DEVICE_NAME": %d %d\n", arg, cmd);
             break;
             default:
             return -EINVAL; }
return 0;}
```

4．s5pv210_led_dev_fops

设备函数操作集，在此只有ioctl函数，通常还有read、write、open和close等，因为本LED驱动在下面已经注册为misc设备，因此也可以不用定义open和close。

```
static struct file_operations s5pv210_led_dev_fops = {
    .owner          = THIS_MODULE,
    .unlocked_ioctl= s5pv210_leds_ioctl};
```

5．s5pv210_led_dev

把LED驱动注册为MISC（杂项）设备。这里所定义的杂项设备也是在嵌入式系统中用得比较多的一种设备驱动。在Linux内核的include/linux目录下有miscdevice.h文件，需要把自己的接口设备定义在此。由于这些字符设备不符合预先确定的字符设备范畴，所有这些设备采用主编号10。

misc_register统一使用主标号10调用register_chrdev( )函数。杂项设备是特殊的字符设备。

```
static struct miscdevice s5pv210_led_dev = {
    .minor          = MISC_DYNAMIC_MINOR, //动态设备号
    .name           = DEVICE_NAME,
    .fops           = &s5pv210_led_dev_fops,};
```

6．s5pv210_led_dev_init

设备初始化。

```
static int __init s5pv210_led_dev_init(void) {
    int ret;
    int i;
    for (i = 0; i < LED_NUM; i++) {
```

```
        ret = gpio_request(led_gpios[i], "LED");  //申请4个GPIO
        if (ret) {
            printk("%s: request GPIO %d for LED failed, ret = %d\n", DEVICE_NAME,
                                            led_gpios[i], ret);
            return ret;}
        s3c_gpio_cfgpin(led_gpios[i], S3C_GPIO_OUTPUT);   //配置为输出
        gpio_set_value(led_gpios[i], 1); }     //GPIO初始值定义为1，对应灯灭
    ret = misc_register(&s5pv210_led_dev);     //注册设备
    printk(DEVICE_NAME"\tinitialized\n");      //打印初始化信息
    return ret;}
```

7. s5pv210_led_dev_exit

```
static void __exit s5pv210_led_dev_exit(void) {
    int i;
    for (i = 0; i < LED_NUM; i++) {
        gpio_free(led_gpios[i]);  }        //调用gpio_free
    misc_deregister(&s5pv210_led_dev);}
```

8. Module_

模块初始化，仅当使用 insmod/podprobe 命令加载时有用。如果设备不是通过模块方式加载的，此处将不会被调用。

```
module_init(s5pv210_led_dev_init);
```

卸载模块，当该设备通过模块方式加载后，可通过 rmmod 命令卸载，将调用此函数。

```
module_exit(s5pv210_led_dev_exit);
MODULE_LICENSE("GPL"); /版权信息
//MODULE_AUTHOR("FriendlyARM Inc."); //开发者信息
```

6.3.4 内核加载驱动

1. 添加驱动目标文件

在宿主机上修改内核 Makefile 文件。

文件路径：内核源码根目录/drivers/char/Makefile

使用 gedit 命令编辑 Makefile 文件，在文件中添加以下内容：

```
obj-$(CONFIG_S5PV210_LEDS)+=s5pv210_leds.o
```

上述内容的目的在于执行 Make 命令编译内核过程中，将加载 LED 驱动。s5pv210_leds.c 文件需要存放在与 Makefile 文件相同的目录下。

2. 添加 leds 设备内核配置选项

在宿主机上修改内核 Kconfig 文件。

文件路径：内核源码根目录/drivers/char/Kconfig

使用 gedit 命令编辑 Kconfig 文件，在文件中添加以下内容：

```
config S5PV210_LEDS
    tristate "LED Support for Cyb-Bot CBT210 GPIO LEDs"
    depends on CPU_S5PV210
    default y
    help
    This option enables support for LEDs connected to GPIO lines on CBT210 boards.
```

上述内容将 S5PV210_LEDS 添加到内核配置菜单中。通过 make menuconfig 打开内核配置菜单，在“Character devices→”可看到所添加选项。

3．配置内核支持 leds 设备

在宿主机内核源码根目录路径下，运行 make menuconfig 命令配置内核对按键设备的相关支持，添加完毕后，保存设置。

配置选项位置：

```
Device Drivers →
    Character devices →
<*> LED Support for Cyb-Bot CBT210 GPIO LEDs
```

4．更新内核

当前路径：内核源码根目录

在宿主机当前路径下运行 make 命令编译内核，生成新版内核文件。使用新版内核文件更新目标板系统，目标板系统重启后，系统内核将支持 LEDs 设备。

6.3.5 led.c 应用程序源码解析

文件名称：led.c

文件路径：应用例程\6Linux\driver\leds\led.c

功能：测试程序。用来调用驱动程序中的 ioctl 函数，以实现 LED 灯的亮/灭控制。

1．源码分析

```
#include <stdio.h>
#include <stdlib.h>
#include <unistd.h>
#include <sys/ioctl.h>
#include <sys/types.h>
#include <sys/stat.h>
#include <fcntl.h>
int main(int argc, char **argv)       //传递参数：LED位置序号，控制亮/灭信息
{
  int on;                             //亮/灭信息 1-亮，0-灭
  int led_no;                         //LED位置信息 0-3
  int fd;
  if argc != 3||sscanf(argv[1], "%d", &led_no)!=1|| sscanf(argv[2],"%d", &on)
            != 1 ||on < 0 || on > 1 || led_no < 0 || led_no > 3) {
  fprintf(stderr, "Usage: leds led_no 0|1\n");
  exit(1); }     //将第1个参数赋值给led_no，将第2个参数赋值给on，做边界判断
 fd = open("/dev/leds0", 0);                          //系统open
 if (fd < 0) {  fd = open("/dev/leds", 0);   }        //系统open
 if (fd < 0) {   perror("open device leds");
             exit(1); }
 ioctl(fd, on, led_no);                               //系统ioctl
 close(fd);                                           //系统close
 return 0;
}
```

2．源码编译

在 leds 目录下使用 make 命令对 led.c 编译，将生成可执行目标文件 leds。

```
[root@localhost leds]# make clean
rm -rf *.o led
```

```
[root@localhost leds]# make
arm-linux-gcc -Wall -02 led.c -o led
[root@localhost leds]# ls
led  led.c  Makefile
[root@localhost leds]# chmod 777 led
[root@localhost leds]#
```

6.3.6 运行 led 程序（NFS 方式）

1. 挂载宿主机目录

启动 CBT-SuperIOT 型实验系统，连接好网线、串口线。通过串口终端挂载宿主机实验目录。

```
[root@Cyb-Bot /]# mount -t nfs -o nolock 192.168.1.7:/CBT-SuperIOT//mnt/nfs
```

2. 进入串口终端的 NFS 共享文件目录。

```
[root@Cyb-Bot /]# cd /mnt/nfs/SRC/exp/driver/leds/
[root@Cyb-Bot leds]# ls
Makefile  led  led.c
```

3. 运行程序

```
[root@Cyb-Bot leds]#./led 3 0
```

执行上述命令后，可以看见目标板上的 LED4 指示灯灭。

```
[root@Cyb-Bot leds]#./led 3 1
```

执行上述命令后，可以看见目标板上的 LED4 指示灯亮。

说明：LED 驱动已经被编译到缺省内核中，因此不能再使用 insmod 方式加载。

6.4 案例 3——驱动程序（按键中断驱动及控制）

目的：（1）将依赖于 GOIO 的 keypad_test 设备定义为杂项设备。

（2）编写 Linux 系统杂项设备驱动程序。

（3）编写中断服务子程序。

（4）将驱动程序编译到内核代码中，每次启动内核自动加载该设备驱动。

（5）编写应用程序，调用驱动程序，实现状态信息的打印功能。

设备名称：keypad。

驱动程序加载方式：内核启动加载。

源码存放路径：应用例程\6Linux\driver\02_keypad。

驱动程序：

s5pv210_buttons.c：keypad_test 设备驱动程序源文件。

s5pv210_buttons_timer( )：完成启动定时器功能、唤醒中断。

button_interrupt( )：实现按键中断处理。

s5pv210_buttons_read( )：完成驱动读/写功能。

button_dev_init( )：完成端口资源申请。

应用层程序：

keypad_test.c：应用层用户测试程序源码。

Makefile：驱动程序编译配置文件。

应用层功能：初始化端口资源，设置中断模式检测按键状态，在控制台输出按键状态信息。

6.4.1 硬件电路分析

6.4.1.1 硬件电路原理

Tiny210 硬件平台上 S5PV210 处理器共外接 8 个按键，分别命名为 K1～K8。电路采用独立按键设计，每个按键连接电路原理完全相同。其中，K1 按键一端接地，如图 6.2（a）所示；另一端定义为接有上拉电阻，如图 6.2（b）所示，连接线的 NET 属性命名为 XEINT16/KP_COL0，连接到 S5PV210 的 KP_COL0 引脚。8 个按键 NET 属性命名如图 6.2（c）所示。

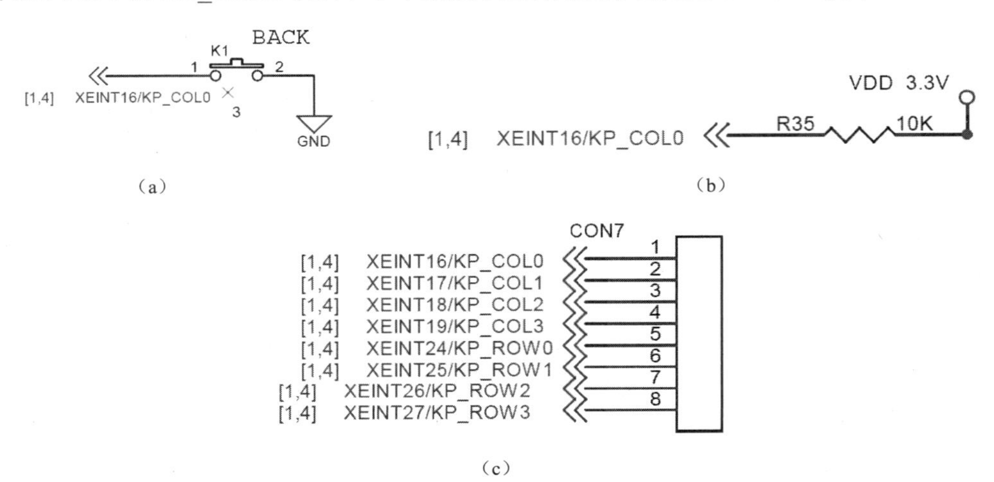

图 6.2 KeyPad 引脚 I/O

按键与 S5PV210 引脚之间连接关系如图 6.3 所示，占用 S5PV210 的 GPIO 引脚 KP_COLn 和 KP_ROWn(n =0，1，2，3)。

原理连接图可参见 TinySDK_V1.1_120920_sch.pdf 文件，图 6.2 可参见 SMDK-V210_ USER'S MANUAL_REV 0.0.pdf 文件。

6.4.1.2 相关寄存器

如图 6.3 所示，按键连到 CPU 的 GPH2 组引脚，与 GPH2 组引脚有关的寄存器有 4 个。

GPH2CON：控制寄存器。

GPH2DAT：数据映射寄存器。

GPH2PUD：上拉/下拉配置寄存器。

GPH2DRV：驱动强度配置寄存器。

S5PV210 处理器内部相关寄存器定义方法见芯片手册。

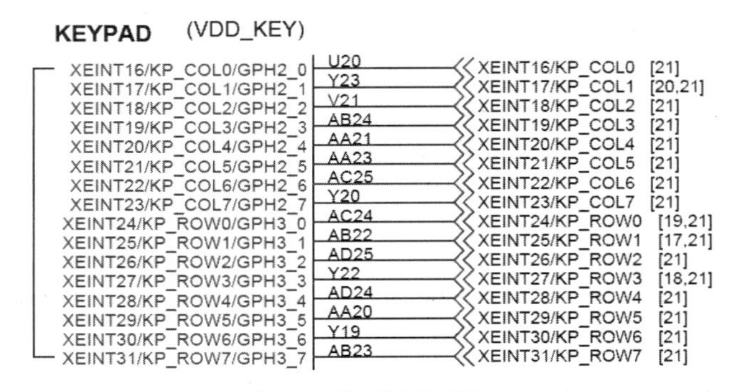

图 6.3 按键连接引脚

1．GPH2CON（见表 6.4）

寄存器名称：GPJ2CON（Port Group GPH2 Control Register，端口配置寄存器）。

寄存器地址：0xE020_0C40。

寄存器功能：配置 GPH2 组引脚功能。

寄存器复位初值：0x00000000。

表 6.4　GPH2CON

GPH2CON	Bit	Description		Initial State
GPH2[7]	[31:28]	0000 = Input 0010 = Reserved 0100～1110 = Reserved	0001 = Output 0011 = KP_COL[7] 1111 = EXT_INT[23]	0000b
GPH2[6]	[27:24]	0000 = Input 0010 = Reserved 0100～1110 =Reserved	0001 = Output 0011 = KP_COL[6] 1111 = EXT_INT[22]	0000b
GPJ2[5]	[23:20]	0000 = Input 0010 = Reserved 0100～1110 =Reserved	0001 = Output 0011 = KP_COL[5] 1111 = EXT_INT[21]	0000b
GPH2[4]	[19:16]	0000 = Input 0010 = Reserved 0100～1110 =Reserved	0001 = Output 0011 = KP_COL[4] 1111 = EXT_INT[20]	0000b
GPH2[3]	[15:12]	0000 = Input 0010 = Reserved 0100～1110 =Reserved	0001 = Output 0011 = KP_COL[3] 1111 = EXT_INT[19]	0000b
GPH2[2]	[11:8]	0000 = Input 0010 = Reserved 0100～1110 =Reserved	0001 = Output 0011 = KP_COL[2] 1111 = EXT_INT[18]	0000b
GPH2[1]	[7:4]	0000 = Input 0010 = Reserved 0100～1110 =Reserved	0001 = Output 0011 = KP_COL[1] 1111 = EXT_INT[17]	0000b
GPH2[0]	[3:0]	0000 = Input 0010 = Reserved 0100～1110 =Reserved	0001 = Output 0011 = KP_COL[0] 1111 = EXT_INT[16]	0000b

表 6.4 标题栏含有 4 项，四项间的依赖关系如下。

GPH2CON：说明 GPH2 组中的引脚号，GPH2CON[0]表明是 GPH2 组第 0 号引脚（GPH2_0）。

Bit：[3:0]表示 GPH2CON 寄存器中第 3～0 位 4 位二进制数。

Description：

（1）位置对应。使用 GPH2CON 寄存器中的第[3:0]4 位二进制数的内容描述 GPH2 组第 0 号引脚的功能。

（2）内容对应。S5PV210 处理器外部引脚大部分为多功能复用，该项中说明了 4 位二进制数的内容与引脚功能之间的对应关系。通过设置 4 位二进制数的内容，可将 GPH2[0]引脚功能分别定义为：输入、输出、KP_COL[0]（按键）、EXT_INT[16]（外部中断源）。

Initial State：复位后 CPU 向 Bit 中指定的 4 位二进制数写入的初始数值。这里的 0000b，参照 Description 内容可知 CPU 复位后默认 GPH2CON[0]引脚为输入功能。

如图 6.2 所示 Tin210 板上设计的按键 K1，结合图 6.3 可知 K1 连接到了 GPH2[0]引脚，即引脚应定义为 KP_COL[0]功能。

依照表 6.4 中 Initial State 可知，GPH2CON[0]引脚上电复位后默认为输入功能，与设计功能不符。通过编程将 GPH2CON[3:0]位的内容设置为 0011b，即可将 GPH2[0]引脚初始化为 KP_COL[0]功能。

【注意】

（1）S5PV210 处理器使用引脚控制寄存器中的 4 位二进制数描述一个引脚功能。GPH2 组共 8 个引脚，每个引脚都有自己独立的 4 位二进制数，表 6.4 中描述了“引脚”和“位”间存在的对应关系。

（2）引脚的功能依赖应用电路确定。

（3）通过向控制寄存器对应的 4 位写入数据来配置引脚功能，这一过程称为引脚配置过程。

2. GPH2DAT（见表 6.5）

寄存器名称：GPH2DAT（数据映射寄存器）。

寄存器地址：0xE020_0C44。

寄存器功能：映射 GPH2 组引脚内容。

寄存器复位初值：0x0。

表 6.5　GPH2DAT

GPH2DAT	Bit	Description	Initial State
GPH2[7:0]	[7:0]	当引脚配置为输入时，通过读入寄存器内容，可以得到相应引脚的逻辑状态信息。当引脚配置为输出时，通过写入寄存器数据，实现将相应引脚逻辑状态置位或清零	0x0

说明：

（1）使用 1 位二进制数描述一个引脚状态。

（2）注意 Bit 中[7:0]描述的 8 位二进制数与 GPH2CON 中 GPH2DAT[7:0]所代表的 8 个引脚位置和内容的对应关系。

（3）读取 GPH2DAT 寄存器中位的内容，可获得对应引脚状态。

（4）通过编程向 GPH2DAT 寄存器中指定位写入数据，实现设置对应引脚状态。

3. GPH2PUD（见表 6.6）

寄存器名称：GPH2PUD。

寄存器地址：0xE020_0C48。

寄存器功能：启动内部 Pull-up/down（上拉/下拉）电阻。

寄存器复位初值：0x5555。

表 6.6　GPH2PUD

GPH2PUD	Bit	Description	Initial State
GPH2PUD[n]	[2n+1:2n] n=0～7	00 = 禁用　　01 = 下拉允许 10 = 上拉允许　　11 = Reserved	0x5555

使用 GPH2PUD 寄存器中两位内容配置一个引脚内部上拉/下拉电阻功能。

说明：

（1）使用 2 位二进制数配置一个引脚内部电阻工作状态。

（2）GPH2UD[n]描述 GPH2UD 组的第 n 个引脚，[2n+1:2n]为第 n 个引脚所需的两个描述位在 GPH2PUD 寄存器中位置的换算方法，如第 2 个引脚的功能描述位是 GPH2PUD 寄存器中的[5:4]两位。

（3）S5PV210 处理器的 I/O 引脚在芯片内部均配有上拉和下拉电阻，表 6.6 中 Description 中描述了 2 位二进制数内容和相应引脚是否启用内部电阻的对应关系。

4．GPH2DRV（见表 6.7）

寄存器名称：GPH2DRV。

寄存器地址：0xE020_0C4C。

寄存器功能：驱动强度配置寄存器。

寄存器复位初值：0x0。

表 6.7　GPH2DRV

GPH2DRV	Bit	Description	Initial State
GPH2DRV[n]	[2n+1:2n] n=0～7	00 = 1x　01 = 2x 10 = 3x　11 = 4x	0x0

使用 GPH2PUD 寄存器中两位内容配置一个引脚内部上拉/下拉电阻功能。

表 6.7 中说明，使用 GPH2DRV 寄存器中第[2n+1:2n]2 位二进制数可以配置 GPH2 组中第 GPH2DRV[n]个引脚的工作电流大小。

S5PV210 处理器 I/O 分为标准 I/O（TypeA）和快速 I/O（TypeB）两类，GPH2 属于 TypeA 类。分类情况可参见 S5PV210_Usermanual_Rev1.0 文件。

每个 I/O 引脚的拉电流（source current）与灌电流（sink current）由芯片工作电压、I/O 分类和寄存器 GPH2DRV 中对应位的配置内容决定。

这里的 I/O 引脚工作电压为 3.3V，当 GPH2DRV 寄存器中对引脚对应的两位设置为 DS0=0、DS1=0 时，TypeA 引脚典型的驱动电流 I_{sink}=11.19mA、I_{source}=10.88mA。若所设计的接口电路需要引脚承担较大的负载电流时，可通过配置 DS0、DS1 内容来实现。

参见表 6.7 中 Description 项，使用倍数方式来描述对应关系。表 6.8 中给出具体数值对应关系，详细的对照内容需要参见手册 S5PV210_Usermanual_Rev1.0 文件。

表 6.8　IO 驱动电流强度设置对照表

参 数 类 型			电流（mA）		
			最差（V_{DD}=3.00V）	典型值（V_{DD}=3.30V）	最好（V_{DD}=3.60V）
3.3V I/O	DS1=0，DS0=0	I_{sink}	7.005	11.19	15.92
		I_{source}	−7.103	−10.88	−15.63
	DS1=0，DS0=1	I_{sink}	11.69	18.67	26.54
		I_{source}	−11.37	−17.42	−25.02
	DS1=1，DS0=0	I_{sink}	16.35	26.12	37.15
		I_{source}	−17.06	−26.14	−37.53
	DS1=1，DS0=1	I_{sink}	30.38	48.52	69.01
		I_{source}	−28.44	−43.56	−62.55

6.4.2　Linux 杂项设备模型

在 Linux 系统中，存在一类字符设备，它们共享一个主设备号（10），但次设备号不同，我们称这类设备为杂项设备。查看/proc/device（起点为虚拟机中 Linux 的根目录）中可以看到一个名为 misc 的字符设备，其主设备号为 10。所有杂项设备形成一个链表，对设备访问时，内核根据次设备号找到对应的杂项设备。

Linux 内核使用 struct miscdeivce 来描述一个杂项设备。

```
struct miscdevice {
    int minor;
    const char *name;
    const struct file_operations *fops;
    struct list_head list;
    struct device *parent;
    struct device *this_device;
    const char *nodename;
    mode_t mode;};
```

参数 minor 是该杂项设备的次设备号，若由系统自动配置，则可以设置为 MISC_DYNANIC_MINOR。

参数 name 是设备名。使用时只需填写 minor 次设备号、*name 设备名、*fops 文件操作函数即可。

Linux 内核使用 misc_register 函数注册一个杂项设备，使用 misc_deregister 移除一个杂项设备。注册成功后，Linux 内核自动为该设备创建设备节点，在/dev/下会产生相应的节点。

注册函数：

```
int misc_register(struct miscdevice *misc)
```

输入参数：struct miscdevice

返回值：0 表示注册成功，负数表示未成功。

卸载函数：

```
int misc_deregister(struct miscdevice *misc)
```

输入参数：struct miscdevice

返回值：0 表示注册成功，负数表示未成功。

6.4.3 s5pv210_buttons.c 驱动层程序源码分析

资料文件路径：应用例程\6Linux\driver\02_keypad\driver\s5pv210_buttons.c

虚拟机中文件路径：内核源码根目录/drivers/char/s5pv210_buttons.c

1. 定义设备名

省略头文件的定义：

```
#define DEVICE_NAME "keypad"                //定义设备名称为keypad
```

2. 按键端口列表

```
struct button_desc {                        //定义按键设备结构
    int gpio;                               //一个按键对应一个GPIO
    int number;                             //按键顺序号
    char *name;                             //按键名称
    struct timer_list timer;                //使用一个定时器
};
//按键组结构初始化，此处与原理图硬件GPIO连接相互关联（见图6.2，图6.3）
static struct button_desc buttons[] = {
    { S5PV210_GPH2(0), 0, "KEY0" },
    { S5PV210_GPH2(1), 1, "KEY1" },
    { S5PV210_GPH2(2), 2, "KEY2" },
    { S5PV210_GPH2(3), 3, "KEY3" },
    { S5PV210_GPH3(0), 4, "KEY4" },
    { S5PV210_GPH3(1), 5, "KEY5" },
```

```
    { S5PV210_GPH3(2), 6, "KEY6" },
    { S5PV210_GPH3(3), 7, "KEY7" },
};
static volatile char key_values[] = {'0', '0', '0', '0', '0', '0', '0', '0'};
                                                        //定义按键返回值数组
static DECLARE_WAIT_QUEUE_HEAD(button_waitq);           //定义等待队列
static volatile int ev_press = 0;
```

3. s5pv210_buttons_timer

```
//定时器溢出处理函数*/
static void s5pv210_buttons_timer(unsigned long _data)
{
    struct button_desc *bdata = (struct button_desc *)_data;
    int down;
    int number;
    unsigned tmp;
    tmp = gpio_get_value(bdata->gpio);          /*获取键值状态*/
    /*active low */
    down = !tmp;
    number = bdata->number;                     /*按键状态计数*/
    if (down != (key_values[number] & 1)) {
    key_values[number] = '0' + down;            /*键值赋值*/
    ev_press = 1;
    wake_up_interruptible(&button_waitq);}     /*唤醒等待队列向用户空间传递键值*/
}
```

4. button_interrupt

```
/*按键中断处理函数*/
static irqreturn_t button_interrupt(int irq, void *dev_id)
{
struct button_desc *bdata = (struct button_desc *)dev_id;
mod_timer(&bdata->timer,jiffies + msecs_to_jiffies(40));      /*重启定时器*/
return IRQ_HANDLED;
}
```

5. s5pv210_buttons_open

```
static int s5pv210_buttons_open(struct inode *inode, struct file *file)
{
int irq;
int i;
int err = 0;
for (i = 0; i < ARRAY_SIZE(buttons); i++){          /*遍历按键组*/
if (!buttons[i].gpio)
continue;
/*初始化内核定时器*/
setup_timer(&buttons[i].timer, s5pv210_buttons_timer,(unsigned long)
&buttons[i]);
/*初始化GPIO IRQ 中断号申请中断，初始化中断处理器函数*/
irq = gpio_to_irq(buttons[i].gpio);
err = request_irq(irq, button_interrupt, IRQ_TYPE_EDGE_BOTH,
buttons[i].name, (void *)&buttons[i]);
if (err)
```

```
break;}
   if (err){                                              /*错误处理*/
i--;
for (; i >= 0; i--) {
if (!buttons[i].gpio)
continue;
irq = gpio_to_irq(buttons[i].gpio);                       /*释放中断资源*/
disable_irq(irq);
free_irq(irq, (void *)&buttons[i]);
del_timer_sync(&buttons[i].timer); }                      /*删除定时器*/
return -EBUSY;}
ev_press = 1;
return 0;
}
```

6. s5pv210_buttons_close

```
static int s5pv210_buttons_close(struct inode *inode, struct file *file)
{
int irq, i;
for (i = 0; i < ARRAY_SIZE(buttons); i++) {
if (!buttons[i].gpio)
continue;
irq = gpio_to_irq(buttons[i].gpio);                       /*释放IRQ中断资源*/
free_irq(irq, (void *)&buttons[i]);
del_timer_sync(&buttons[i].timer);}                       /*删除内核定时器*/
return 0;
}
```

7. s5pv210_buttons_read

```
/*设备按键读函数*/
static int s5pv210_buttons_read(struct file *filp, char __user *buff,size_t
count, loff_t *offp)
{
unsigned long err;
if (!ev_press) {
if (filp->f_flags & O_NONBLOCK)                              /*阻塞处理*/
return -EAGAIN;
else
 wait_event_interruptible(button_waitq, ev_press);}  /*休眠等待队列*/
ev_press = 0;                                                /*恢复按键状态*/
/*向用户空间传递键值*/
err = copy_to_user((void *)buff, (const void *)(&key_values),
min(sizeof(key_values), count));
return err ? -EFAULT : min(sizeof(key_values), count);
}
```

8. file_operations dev_fops

```
/*设备系统调用映射初始化*/
static struct file_operations dev_fops = {
    .owner = THIS_MODULE,
    .open = s5pv210_buttons_open,
```

```
    .release = s5pv210_buttons_close,
    .read = s5pv210_buttons_read,
};
```

9. miscdevice misc

```
/*MISC设备定义，初始化fops 结构成员*/
static struct miscdevice misc = {
    .minor = MISC_DYNAMIC_MINOR,
    .name = DEVICE_NAME,
    .fops = &dev_fops,
};
```

10. button_dev_init

```
static int __init button_dev_init(void)
{
int ret;
ret = misc_register(&misc);                          /*向内核注册MISC字符设备*/
printk(DEVICE_NAME"\tinitialized\n");
return ret;
}
```

11. button_dev_exit

```
static void __exit button_dev_exit(void)
{
misc_deregister(&misc);
}
module_init(button_dev_init);                        /*驱动程序入口*/
module_exit(button_dev_exit);                        /*驱动程序出口*/
```

以上程序主要通过按键中断和内核定时器完成对按键设备驱动程序的设计。配套的应用程序可以通过阅读实验源码自行分析。

6.4.4 内核加载驱动

1. 添加驱动目标文件

在宿主机上修改内核 Makefile 文件。

文件路径：内核源码根目录/drivers/char/Makefile

在宿主机上述文件路径下编辑 Makefile 文件，在文件中添加以下内容：

```
obj-$(CONFIG_S5PV210_LEDS) += s5pv210_buttons.o
```

上述内容的目的在于执行 Make 命令编译内核过程中，将加载 LED 驱动。

s5pv210_buttons.c 需要存放在当前目录下。

2. 添加 LEDs 设备内核配置选项

在宿主机上修改内核 Kconfig 文件。

文件路径：内核源码根目录/drivers/char/Kconfig

在宿主机上述文件路径下，编辑 Kconfig 文件，在文件中添加以下内容：

```
config S5PV210_BUTTONS
   tristate "Buttons driver for Cyb-Bot S5PV210 Development Boards"
   depends on CPU_S5PV210 && !KEYBOARD_GPIO
   default y if !KEYBOARD_GPIO
   help
   this is buttons driver for Cyb-Bot CBT210 development boards
```

上述内容将 S5PV210_BUTTONS 添加到内核配置菜单中。通过 make menuconfig 打开内核配置菜单，在“Character devices→”可看到所添加选项。

3．配置内核支持 leds 设备

当前路径：内核源码根目录

在宿主机当前路径下，运行 make menuconfig 命令配置内核对按键设备的相关支持。

配置选项位置：

```
Device Drivers →
Character devices →
<*> Buttons driver for Cyb-Bot S5PV210 development boards
```

添加完毕后，保存修改。

4．更新内核

当前路径：内核源码根目录

（1）在宿主机当前路径下运行 make 命令编译内核，在内核源码目录的 arch/arm/boot 目录下生成新的 ARM-Linux 内核镜像文件 zImage。

```
[root@localhost linux-2.6.35.7]# ls arch/arm/boot/zImage
arch/arm/boot/zImage
[root@localhost linux-2.6.35.7]#
```

（2）使用配套内核源码下的脚本工具，在当前目录下生成 uImage 格式内核文件镜像。

```
[root@localhost linux-2.6.35.7]# ./make_uImage.sh
Image Name: Linux-2.6.35.7
Created: Tue Jul 10 22:21:44 2012
Image Type: ARM Linux Kernel Image (uncompressed)
Data Size: 4313468 Bytes = 4212.37 kB = 4.11 MB
Load Address: 21000000
Entry Point: 21000040
[root@localhost linux-2.6.35.7]#
```

使用编译后的内核文件更新目标板系统，目标板系统重启后，系统已经支持 LEDs 设备。

6.4.5 keypad_buttons.c 应用程序源码解析

文件名称：keypad_buttons.c

资料文件路径：应用例程\6Linux\driver\02_keypad\keypad_buttons.c

虚拟机中文件路径：内核源码根目录/driver/02_keypad/keypad_buttons.c

功能：按键测试程序。

1．源码分析

```
int main(void)
{
int fd;
char buttons[8] = {'0', '0', '0', '0', '0', '0', '0', '0'};
fd = open("/dev/keypad", 0);                          //系统open
if (fd < 0) {
perror("open device keypad buttons");
exit(1); }
for (;;) {
```

```
                char current_buttons[8];
                int count_of_changed_key;
                int i;
    if (read(fd, current_buttons, sizeof current_buttons) != sizeof
    current_buttons){
    perror("read buttons:");                              //系统read
    exit(1);}
    for (i=0, count_of_changed_key = 0; i<sizeof buttons /sizeof buttons[0]; i++){
    if (buttons[i] != current_buttons[i]) {
    buttons[i] = current_buttons[i];
    printf("%skey %d is %s", count_of_changed_key? ", ": "", i+1,
            buttons[i] == '0' ? "up" : "down");           //显示键值
     count_of_changed_key++;}         }
    if (count_of_changed_key) {  printf("\n");}  }
    close(fd);                                            //系统close
    return 0;
    }
```

2．源码编译

在 02_keypad 目录下使用 make 命令对 led.c 编译，将生成可执行目标文件 keypad_test：

```
[root@localhost leds]# make clean
rm -rf *.o led
[root@localhost leds]# make
arm-linux-gcc -Wall -02 keypad_buttons.c -o keypad_test
[root@localhost leds]# ls
driver keypad_buttons.c keypad_test Makefile
[root@localhost leds]# chmod 777 keypad_test
[root@localhost leds]#
```

当前目录下生成测试程序 keypad_test。

6.4.6 运行 keypad_test 程序（NFS 方式）

1．挂载宿主机目录

启动 CBT-SuperIOT 实验系统，连接好网线、串口线，通过串口终端挂载宿主机实验目录。

```
[root@Cyb-Bot /]# mount -t nfs -o nolock 192.168.1.7:/CBT-SuperIOT//mnt/nfs
```

2．进入串口终端的 NFS 共享文件目录

```
[root@Cyb-Bot /]# cd /mnt/nfs/SRC/exp/driver/02_keypad/
[root@Cyb-Bot 02_keypad]# ls
Makefile driver keypad_buttons.c keypad_test
[root@Cyb-Bot 02_keypad]#
```

3．运行应用程序

```
[root@Cyb-Bot 02_keypad]# ./keypad_test
```

执行上述命令后，当操作目标板上按键后，可在控制台看到输出结果：

```
key 1 is down
key 1 is up
key 2 is down
key 2 is up
......
```

6.5 案例4——驱动程序（ttytest）

目的：（1）熟悉串行通信程序编写方法。

（2）熟悉串行通信测试环境的组建方法。

（3）熟悉串行通信程序测试方法。

设备名称：/dev/tty。

驱动程序加载方式：内核启动加载。

源码存放路径：应用例程\6Linux\basic\ttytest。

驱动程序：系统级资源，系统功能调用。

应用层程序：

main.c：串行通信测试程序源码。

Makefile：应用程序编译配置文件。

应用层功能：调用系统资源，完成串行通信接口数据传输的测试过程。

6.5.1 main.c 应用程序源码解析

文件名称：main.c

资料文件路径：应用例程\6Linux\basic\ttytest\main.c

功能：串行通信测试程序。

源码目录：应用例程\6Linux\basic\ttytest\

1．源码分析

```
#define TRUE 1
#define FALSE -1
int speed_arr[] = {B115200, B38400, B19200, B9600, B4800, B2400, B1200, B300,
                   B38400, B19200, B9600, B4800, B2400, B1200, B300,};
int name_arr[] = {115200, 38400, 19200, 9600, 4800, 2400, 1200, 300,
                   38400, 19200, 9600, 4800, 2400, 1200, 300,};
void set_speed(int fd, int speed)                        //定义设置串口的波特率函数
{ int   i;
  int   status;
  struct termios   Opt;
  tcgetattr(fd, &Opt);
   for ( i=0;  i < sizeof(speed_arr) /sizeof(int);  i++)  {
            if  (speed == name_arr[i])  {
            tcflush(fd, TCIOFLUSH);

            cfsetispeed(&Opt, speed_arr[i]);          /*设置串口的波特率*/
            cfsetospeed(&Opt, speed_arr[i]);
            status = tcsetattr(fd, TCSANOW, &Opt);
            if  (status != 0)
               perror("tcsetattr fd1");
            return;    }
   tcflush(fd,TCIOFLUSH);    }
}
/*****************************************************************************
名称：set_Parity()
```

```
功能：设置串口数据位、停止位和校验位。
入口参数：*filp 操作设备文件的ID。
          fd 打开的串口文件句柄。
          databits  数据位参数。
          stopbits  停止位。
          parity 校验位，取值指定为N,E,O,S。
出口参数：正确返回0,错误参数返回FALSE。
*************************************************************************/
int set_Parity(int fd,int databits,int stopbits,int parity)
{ struct termios options;
  if( tcgetattr( fd,&options)  !=  0) {
         perror("SetupSerial 1");
         return(FALSE); }
    options.c_cflag &= ~CSIZE;
    switch (databits)     {                       /*设置数据位数*/
       case 7:
         options.c_cflag |= CS7;
            break;
         case 8:
            options.c_cflag |= CS8;
            break;
         default:
            fprintf(stderr,"Unsupported data size\n");
            return (FALSE); }
    switch (parity)   {
         case 'n':
         case 'N':
            options.c_cflag &= ~PARENB;     /*Clear parity enable*/
            options.c_iflag &= ~INPCK;      /*Enable parity checking*/
            options.c_iflag &= ~(ICRNL|IGNCR);
            options.c_lflag &= ~(ICANON );
            break;
         case 'o':
         case 'O':
            options.c_cflag |= (PARODD | PARENB);   /*设置为奇校验*/
            options.c_iflag |= INPCK;       /*Disnable parity checking*/
            break;
         case 'e':
         case 'E':
            options.c_cflag |= PARENB;      /*Enable parity*/
            options.c_cflag &= ~PARODD;     /*转换为偶校验*/
            options.c_iflag |= INPCK;       /*Disnable parity checking*/
            break;
         case 'S':
         case 's':  /*as no parity*/
            options.c_cflag &= ~PARENB;
            options.c_cflag &= ~CSTOPB;
            break;
         default:
```

```
                fprintf(stderr,"Unsupported parity\n");
                return (FALSE);}
    switch (stopbits)    {                              /*设置停止位*/
            case 1:
                options.c_cflag &= ~CSTOPB;
                break;
            case 2:
                options.c_cflag |= CSTOPB;
                break;
            default:
                fprintf(stderr,"Unsupported stop bits\n");
                return (FALSE); }
      /* Set input parity option */
      if (parity != 'n')
          options.c_iflag |= INPCK;
      options.c_cc[VTIME] = 150; //15 seconds
      options.c_cc[VMIN] = 0;
     tcflush(fd,TCIFLUSH); /* Update the options and do it NOW */
      if (tcsetattr(fd,TCSANOW,&options) != 0)  {
          perror("SetupSerial 3");
            return (FALSE);}
      return (TRUE); }
/***************************************************************************
名称：OpenDev()
功能：打开指定设备。
入口参数： *Dev设备名（含有绝对路径）。
出口参数： 正确返回0，错误参数返回FALSE。
***************************************************************************/
int OpenDev(char *Dev){
int       fd = open( Dev, O_RDWR );                     //打开指定设备
            if (-1 == fd)  {
            perror("Can't Open Serial Port");
            return -1;}
else
            return fd;}
/***************************************************************************
名称：main()
功能：主程序入口，完成串口通信的测试过程。
入口参数：*Dev设备名（含有绝对路径）。
出口参数：正确返回0，错误参数返回FALSE。
***************************************************************************/
int main(int argc, char **argv)                         //主函数入口
{   int fd;
    int nread;
    char buffer[512];
    //char *dev ="/dev/ttySAC1";                         //程序指定
            int n=0,i=0;
    const char* dev   = NULL;
    dev   = argv[1];                                     //运行程序时通过键盘输入指定
```

```
        if(dev==NULL)  {
            printf("Please input seria device name ,for exmaple
/dev/tty01.\nNote:This is loop test application. Make sure that your serial is
loop\n");
            return 0;  }
    fd = OpenDev(dev);                              /*打开串口 */
    if (fd>0)
            set_speed(fd,115200);                   //设置波特率
              else {
              printf("Can't Open Serial Port!\n");
                  exit(0); }
              if (set_Parity(fd,8,1,'N')== FALSE){           //设置传递参数
                  printf("Set Parity Error\n");
              exit(1);     }
              printf("\nWelcome to TTYtest\n\n");
           memset(buffer,0,sizeof(buffer));
            char test[100]="forlinx am335x uart test......";
            write(fd, test, strlen(test));
            printf("Send test data------%s\n",test);
              while(1) {                                     //应用层测试
              nread = read(fd,&buffer[n],1);
              printf("read char is %c\n",buffer[n]);
                   if (strlen(buffer)==strlen(test))    {
    printf("Read Test Data finished,Read Test Data is----%s\n",buffer);
                   memset(buffer,0,sizeof(buffer));
    printf("Send test data again------%s\n",test);
                   write(fd, test, strlen(test));
                   n=0;
                   sleep(1);
                   continue;}
               n++; }
    }
```

6.5.2 源码编译、下载、运行

利用之前介绍方法，完成程序编译和下载。程序运行结果如下：

```
[root@Cyb-Bot ttytest]# ./ttytest /dev/tty
Welcome to TTYtest
forlinx am335x uart test......Send test data------forlinx am335x uart
  test......
hello jiang^M^Jread char is h
read char is e
read char is l
read char is j
read char is I
```

6.6 案例 5——嵌入式 WebServer

目前嵌入式应用系统的远程访问多采用 B/S（浏览器/服务器）架构。即在嵌入式设备中添

加基于 Web 的管理功能，客户端借助公网通过 Web 浏览器远程访问，实现与嵌入式设备进行有效的数据交互。为此，需要在嵌入式设备中植入嵌入式 WebServer。常见的轻量级 WebServer 有 GoAhead、boa、lighttpd、shttpd、thttpd 等。

GoAhead WebServer 是 GoAhead 公司的 Embedded Management Framework 产品的一部分，该软件包主要用于解决未来嵌入式系统开发的相关问题。它支持 ASP，嵌入的 JavaScript 与内存 CGI 处理，每秒大于 50 次连接请求。GoAhead WebServer 是一种跨平台的服务器软件，可以稳定地运行在 Windows，Linux 和 Mac OS 系统之上。

6.6.1 GoAhead 源码目录

资料源码 webs218.tar.gz 文件。

虚拟机环境源码目录：/CBT-SuperIOT/ws031202/

将 webs218.tar.gz 文件解压到该目录下/CBT-SuperIOT/ws031202/目录：含有各种 OS 移植子目录，分别有 CE、ECOS、Linux、LYNX、MACOSX、NW、QNX4、VXWORKS、Windows，同时包含 main 主函数。

/CBT-SuperIOT/ws031202/web：存放 Web 网页及说明文档。

/CBT-SuperIOT/ws031202/webs.h、webs.c 等文件是服务器源程序文件(C 程序文件)。

从上面可以看到，GoAhead 支持 Linux 系统，通过修改适当文件，经过交叉编译即可生成嵌入式 Linux 系统中的 Web 服务器。

6.6.2 main.c 源码分析

文件目录：/CBT-SuperIOT/ws031202/LINUX/main.c

功能：main.c 源文件是启动 WebServer 的程序入口，负责完成服务器初始化、服务监听及相关接口设置的工作。

文件内容：

```
static char_t    *rootWeb = T("web");          //默认的服务器工作目录
static char_t    *password = T("");            //设置安全密码，此处未设
static int       port = 80;                    //默认服务器端口号
static int       retries = 5;                  /*Server port retries */
//******************************** Code ********************************/
//Main -- entry point from LINUX*/
int main(int argc, char** argv)
{
bopen(NULL, (60 * 1024), B_USE_MALLOC);        /*内存空间分配初始化*/
signal(SIGPIPE, SIG_IGN);
if (initWebs() < 0) {                          //*初始化服务器*/
return -1;}
while (!finished) {                            /*服务器事件监听循环*/
if (socketReady(-1) || socketSelect(-1, 1000)) {
socketProcess(-1);}
        websCgiCleanup();
        emfSchedProcess();}
websCloseServer();                             /*关闭服务器SOCKET*/
socketClose();
bclose();                                      /*释放内存空间*/
```

```
return 0;
}
//*********************************************************************/
/* 初始化服务器函数*/
static int initWebs()
{
socketOpen();                                    /*初始化socket子系统*/
if (gethostname(host, sizeof(host)) < 0) {       /*获取系统IP地址，并初始化*/
error(E_L, E_LOG, T("Can't get hostname"));
return -1;}
printf("hostname=%s\n",host);
if ((hp = gethostbyname(host)) == NULL) {
error(E_L, E_LOG, T("Can't host address"));
return -1;}
memcpy((char *) &intaddr, (char *) hp->h_addr_list[0],(size_t) hp->h_length);
websSetDefaultDir(webdir);                   /*设置服务器工作目录*/
cp = inet_ntoa(intaddr);                     /*转化IP数据字节序、编码格式等*/
ascToUni(wbuf, cp, min(strlen(cp) + 1, sizeof(wbuf)));
websSetIpaddr(wbuf);
ascToUni(wbuf, host, min(strlen(host) + 1, sizeof(wbuf)));
websSetHost(wbuf);
websSetDefaultPage(T("default.asp"));        /*配置服务器默认打开首页及安全密码*/
websSetPassword(password);
websOpenServer(port, retries);               /*通过指定端口打开服务器*/
/*建立相应地址解析处理函数*/
websUrlHandlerDefine(T(""), NULL, 0, websSecurityHandler,WEBS_HANDLER_FIRST);
websUrlHandlerDefine(T("/goform"), NULL, 0, websFormHandler, 0);
websUrlHandlerDefine(T("/cgi-bin"), NULL, 0, websCgiHandler, 0);
websUrlHandlerDefine(T(""), NULL, 0, websDefaultHandler,
WEBS_HANDLER_LAST);
/*定义初始化2个内嵌接口，ASP和CGI测试用*/
websAspDefine(T("aspTest"), aspTest);
websFormDefine(T("formTest"), formTest);
/*建立默认首页地址解析处理*/
websUrlHandlerDefine(T("/"), NULL, 0, websHomePageHandler, 0);
return 0;
}
```

以上仅给出部分代码，读者可以自行分析系统的全部源码。

6.6.3 移植过程

交叉编译环境：Windows 7 + Red Hat6 + arm-linux-gcc

将 webs218.tar.gz 文件解压缩，解压后源码存放目录：/jy-cbt/ws031202/

修改/jy-cbt/ws031202/LINUX/Makefile 文件

修改/jy-cbt/ws031202/misc.c 文件。

1．修改 Makefile

文件路径：/jy-cbt/ws031202/LINUX/Makefile

在当前目录下使用 gedit 打开 Makefile 文件。

（1）找到以下内容：

```
all: compile
ARCH = libwebs.a
NAME = webs
```

在其后添加如下定义来指定编译器：

```
CC = arm-linux-gcc
AR = arm-linux-ar
```

（2）找到以下内容（Makfile 文件最后两行代码）

```
.c.o:
cc -c -o $@ $(DEBUG) $(CFLAGS) $(IFLAGS) $<
```

使用“#”注释掉两行：

```
#.c.o:
# cc -c -o $@ $(DEBUG) $(CFLAGS) $(IFLAGS) $<
```

保存退出 Makefile。

2．修改 misc.c

文件路径：/jy-cbt/ws031202/misc.c

找到以下内容（strnlen( )函数声明）：

```
static int   strnlen(char_t *s, unsigned int n);
```

使用“//”注释掉该行：

```
//static int strnlen(char_t *s, unsigned int n);     //注释掉该函数声明
```

找到以下内容（strnlen( )函数实体）：

```
static int strnlen(char_t *s, unsigned int n)
{
unsigned int len;
len = gstrlen(s);
return min(len, n);
}
```

使用“/* */”注释掉该函数的定义：

```
/*
static int strnlen(char_t *s, unsigned int n)
{
unsigned int len;
len = gstrlen(s);
return min(len, n);
}*/
```

保存退出 misc.c 文件。

3．编译工程

在/jy-cbt/ws031202/LINUX/目录下编译 GoAhead，编译完成之后在当前目录下生成 Web 服务器程序。

```
[root@localhost LINUX]# make
[root@localhost LINUX]# ls
libwebs.a  main.c  main.o  Makefile  Makefile~  webs
```

6.6.4 运行程序（NFS 方式）

1．挂载宿主机目录

启动 CBT-SuperIOT 实验系统，连接好网线、串口线，通过串口终端挂载宿主机实验目录。

```
[root@Cyb-Bot /]# mount -t nfs -o nolock 192.168.1.7:/CBT-SuperIOT//mnt/nfs
```

2．设置主机名

进入串口终端的NFS共享文件目录，设置主机名。

```
[root@Cyb-Bot /]# cd /mnt/nfs/ws031202/
[root@Cyb-Bot ws031202]# hostname -F /etc/hosts
[root@192 ws031202]#
```

3．运行Web服务器

进入NFS共享目录的ws031202/LINUX/目录下：

```
[root@192 06_webserver]# cd ws031202/LINUX/
[root@Cyb-Bot LINUX]# ls
libwebs.a  main.c  main.o  Makefile  Makefile~  webs
[root@Cyb-Bot LINUX]# ./webs
```

4．访问服务器

在宿主机端使用浏览器访问目标板上服务器的IP地址：http://192.168.1.230/home.asp。登录界面如图6.4所示。访问服务器页面前，需要确保宿主机浏览器端IP地址与服务器ARM端IP地址在同一个网段。

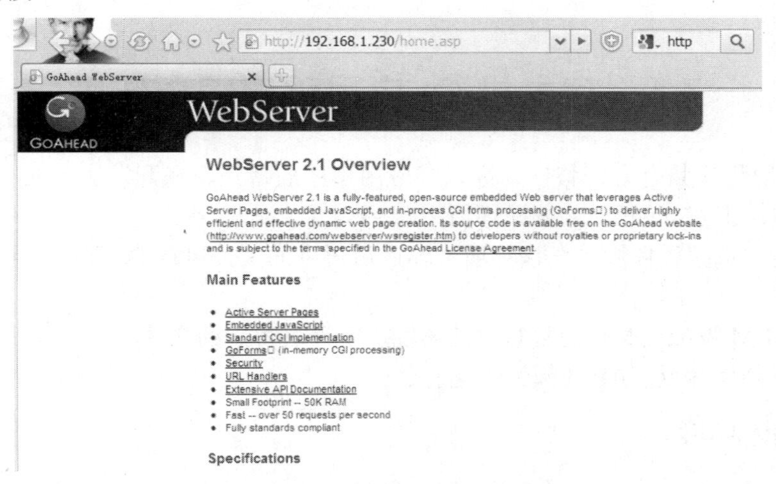

图6.4　嵌入式WebServer登录界面

浏览器默认打开目标板上的文件为：/ws031202/web/home.asp。

习　题　6

6.1 依据本章设计案例1修改驱动程序（demo）程序，完成动态加载过程。

6.2 依据本章设计案例2编写驱动程序（LED），完成静态加载过程。

6.3 依据本章设计案例3编写驱动程序（按键中断驱动及控制），完成静态加载过程。

6.4 依据本章设计案例4编写驱动程序（ttytest），完成静态加载过程。

6.5 依据本书提供应用例程中的基于Linux的驱动程序，编写驱动程序（pwm），完成静态加载过程。

6.6 依据本书提供应用例程中的基于Linux的驱动程序，编写驱动程序（adc），完成静态加载过程。

第7章　图形用户接口 Qt

Qt 是一个基于 C++图形用户界面的应用程序开发框架，1991 年由奇趣科技开发，并逐步完善，目前由 Trolltech 公司提供 Qt 的服务支持。自 1996 年 Qt 进入商业领域，已经成为全世界应用程序基础开发的重要角色。

Qt 支持的平台有 Windows、Mac OS 以及 Linux 等，并支持大部分商业的 UNIX 和 Linux 嵌入式操作系统。Qt 提供给应用程序开发者大部分的功能，来完成建立适合的、高效率的图形界面程序与后台执行的应用程序，它提供的是一种面向对象的可扩展性能和真正基于组件的编程模式。

本章首先介绍 Qt 应用程序的开发环境，随后以案例形式介绍基于嵌入式硬件平台的 Qt 应用程序编写方法。

7.1　宿主机 Qt 应用程序编译环境

由于 Qt 应用程序具有方便移植、嵌入式应用程序的特点，在开发嵌入式 Qt 应用程序过程中，一般在宿主机上建立两个 Qt 编译环境：

（1）建立宿主机编译环境。在该环境下编译后得到的文件可在 PC+Linux（宿主机）环境下运行，便于测试。

（2）建立 ARM 板的交叉编译环境。该环境下编译后得到的文件不可以在宿主机上运行，需要下载（部署）到目标板（ARM 板）上运行。

7.1.1　构建编译环境

宿主机系统环境：Red Enterprise Linux 6+VMware Workstation 8 + Linux。

本节将介绍基于上述系统环境，在宿主机上安装 Qt 应用程序的开发和编译环境 Qt4x11-4.7.0。在介绍开发环境安装和使用方法的同时，介绍 Qt 应用程序的编写和编译，以及在宿主机上运行 Qt 应用程序的过程。

1．建立 Qt4x11-4.7.0 源码目录

在宿主机 Linux 系统的终端窗口中，按以下提示内容进入 home 目录，在宿主机端/home 目录下建立 cbt 目录。在 cbt 目录下创建 Qt4 目录及子目录 Qt4x11-4.7.0。本章所有 Qt 相关工程源文件都放在该目录下完成，后面不再赘述。

```
[root@localhost ~]# cd /home/
[root@localhost home]# mkdir cbt
[root@localhost home]# cd cbt/
[root@localhost cbt]# mkdir Qt4/
[root@localhost cbt]# cd Qt4/
[root@localhost Qt4]# mkdir Qt4x11-4.7.0/
[root@localhost Qt4]# cd Qt4x11-4.7.0/
[root@localhost Qt4x11-4.7.0]#
```

后续所有关于Qt4x11应用程序的环境以及所编写的应用工程源代码都建在宿主机Linux系统目录(/home/cbt/Qt4/Qt4x11-4.7.0)下。

2．复制并解压Qt源码包

```
[root@localhost Qt4x11-4.7.0]#cp
/CBT-SuperIOT/SRC/gui/qt-everywhere-opensource-src-4.7.0.tar.gz ./
[root@localhost Qt4x11-4.7.0]# tar xzvf
qt-everywhere-opensource-src-4.7.0.tar.gz
```

解压后会在当前目录下生成Qt库源码目录qt-everywhere-opensource-src-4.7.0，在该目录下存放Qt库源码。

3．配置Qt x11本机编译环境

进入qt-everywhere-opensource-src-4.7.0源码包目录，执行configure命令，配置Qt本地库环境：

```
[root@localhost Qt4x11-4.7.0]# cd qt-everywhere-opensource-src-4.7.0
[root@localhost qt-everywhere-opensource-src-4.7.0]# ./configure
```

configure命令行参数的配置以及使用方法可以通过附加“-help”命令参数查看：

```
[root@localhost qt-everywhere-opensource-src-4.7.0]#
./configure -help
```

默认指定的环境安装路径为/usr/local/Trolltech/Qt-4.7.0，用户也可以通过命令行参数“-prefix”来指定环境编译好后的安装路径，方便查找和使用编译生成的工具。

执行configure命令后，本机环境可以使用默认参数。当出现选择Qt版本许可时，依次输入“o”表示开源许可，再输入“yes”表示同意协议即可完成。

4．编译Qt本机x11环境

完成上述configure配置后，即可输入make来编译本机Qt环境：

```
[root@localhost qt-everywhere-opensource-src-4.7.0]# make
```

5．安装Qt本机x11环境

上述编译过程成功后，可以执行make install命令来安装Qt本机环境，默认安装路径为/usr/local/Trolltech/Qt-4.7.0，在该目录下生成相应工具（如qmake）和库文件等。

```
[root@localhost qt-everywhere-opensource-src-4.7.0]# make install
```

【注意】 一般情况下，Qt库编译时间较长，根据机器硬件性能的不同，可能几个小时不等。且Qt环境的编译依赖宿主机系统和Qt具体版本。本书Qt工程环境为RHEL6宿主机环境和qt4.7版本库，其他环境及Qt库版本如遇问题，请参阅网络资源来解决。

7.1.2 编译和运行Qt例程

在Qt库环境搭建好的情况下，可以使用Qt环境中提供的相关工具，对Qt的应用程序源码工程进行编译。在对Qt应用程序编译过程中，通常使用qmake工具进行编译。

Qt源码库的路径下自带有一系列的examples例程，方便读者学习和参考。可以取其中一些例程编译后下载，通过运行例程测试上一节搭建的Qt本机环境是否正常。

1．编译生成make文件

以Qt自带的计算器例程为例。进入Qt源码目录examples/widgets/calculator中，通过以下命令可以查看工程文件夹中所含文件：

```
[root@localhost qt-everywhere-opensource-src-4.7.0]#
cd examples/widgets/calculator/
[root@localhost calculator]# ls
```

```
button.cpp button.h calculator.cpp calculator.h calculator.pro
main.cpp
```

（1）使用 qmake 生成.pro 工程文件。

利用编译库环境过程中生成的 qmake 工具编译该工程，在当前路径下使用 qmake 命令对所有源文件进行组织，并生成工程文件。

```
[root@localhost calculator]qmake -project
```

（2）使用 qmake 生成 Makefile 文件。该命令会在当前目录下生成编译规则文件 Makefile。

```
[root@localhost calculator]# /usr/local/Trolltech/Qt-4.7.0/bin/qmake
[root@localhost calculator]# ls
button.cpp button.h calculator.cpp calculator.h calculator.pro
main.cpp Makefile
```

（3）运行 make 编译生成可执行文件。

以上命令使用的 qmake 工具应为配套 Qt 环境下编译生成的，不要使用一些 Linux 桌面系统自带的 qmake 等工具。

因为所使用的计算器工程文件为 Qt 开发环境自带例程，已经生成有 pro 工程文件，因此无须再使用 qmake -project 命令。

```
[root@localhost calculator]make
[root@localhost calculator]# make
[root@localhost calculator]# ls
button.cpp calculator calculator.debug calculator.pro Makefile
button.h calculator.cpp calculator.h main.cpp
[root@localhost calculator]#
```

编译成功后，会在当前目录下生成 Qt 可执行文件 calculator。

2. 运行 Qt 本机应用程序

在宿主机 Linux 环境的终端窗口中，在当前目录下运行 calculator 文件，程序运行结果如图 7.1 所示。

```
[root@localhost calculator]# ./calculator
```

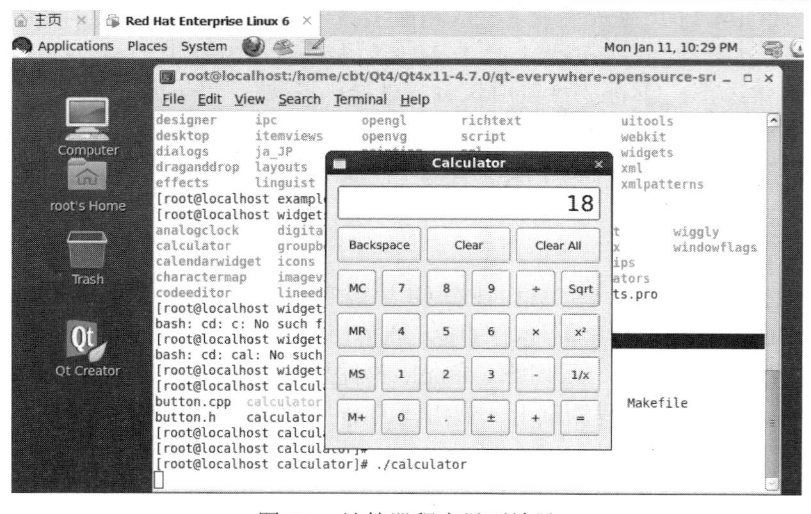

图 7.1　计算器程序界面效果

图 7.1 所示的背景为 Linux 环境终端窗口，窗口中间所显示的为计算器运行界面。计算器源程序属于 Qt 所带例程，在其运行界面中可以使用计算器完成简单运算。计算器中显示的 18 是操作计算器进行 3×6 运算的结果。

7.1.3 基于 Qt Designer 的程序设计

目的：

（1）熟悉在宿主机上安装 Qt Designer 集成开发环境过程。

（2）使用 Qt Designer 设计 Qt 应用程序 UI 界面。

（3）熟悉基于 UI 界面编写 Qt 应用程序的过程。

（4）熟悉在 Qt Designer 集成开发环境上编译和运行 Qt 应用程序。

应用环境：

（1）宿主机环境：Red Enterprise Linux 6 + VMware Workstation 8。

（2）Qt Designer 集成开发环境。

7.1.3.1 Qt Designer

Qt 提供有非常强大的 GUI 编辑工具 Qt Designer，其操作界面类似于 Windows 下的 Visual Studio，而且它还提供了相当多的部件资源。

1. Qt 设计器

Qt 允许程序员可以不通过任何设计工具，以纯粹 C++代码来设计一个程序。但是更多程序员习惯于在一个可视化环境中来设计程序，尤其是在界面设计时。因为这种设计方式更加符合人类思考的习惯，也比书写代码要快速得多。Qt Designer 集成开发环境界面如图 7.2 所示。

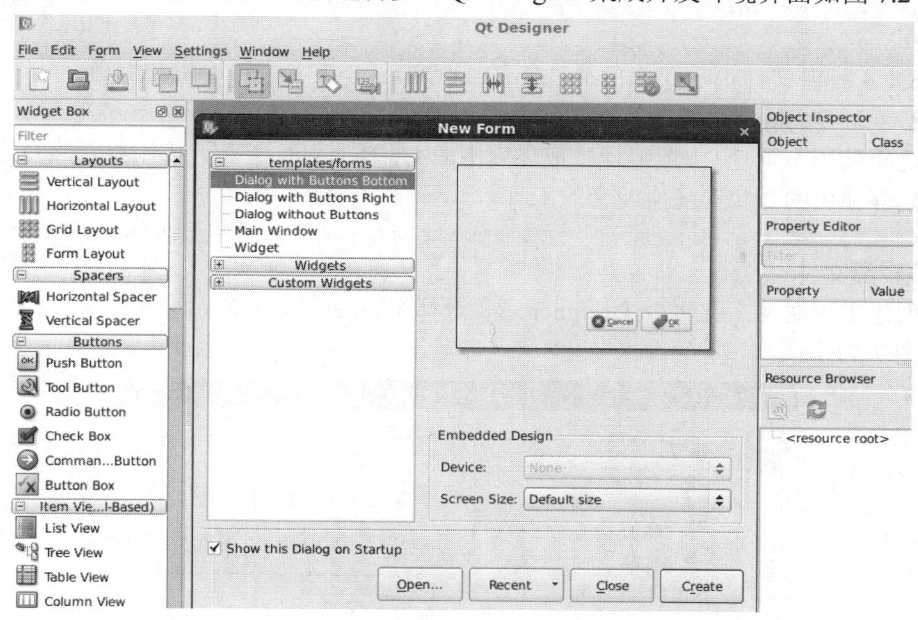

图 7.2 Qt Designer

图 7.2 中显示的是 Qt 设计器（Qt Designer）的工作界面。Qt 设计器可以用来开发一个应用程序全部或者部分的界面组件。以 Qt 设计器生成的界面组件最终被变成 C++代码，因此 Qt 设计器可以被用在一个传统的工具链中，并且它是与编译器无关的。

默认情况下，Qt Designer 的用户界面由几个顶级窗口共同组成。如果程序员习惯于有一个 MDI-style 的编程操作界面（由一个顶级窗口和几个子窗口组成的界面），可以在菜单中单击“Edit”→“User Interface Mode”选项选择 Docked Window 来切换界面。图 7.2 显示的就是 MDI-style 的界面风格。

2. Qt Designer 设计 Qt 应用程序的一般步骤

（1）使用 Qt Designer 完成以下设计工作：设计界面，添加窗口组件；建立信号与槽连接；编写事件处理函数；保存工程为.ui 文件，得到一个主窗口类。

（2）编写 main.cpp 文件进行主窗口类的实例化及显示。

（3）使用 qmake 生成.pro 工程文件。

（4）通过 qmake 自动生成 Makefile 文件。

（5）make 生成可执行文件。

（6）运行应用程序。

7.1.3.2 创建 ui 文件

1. 建立本机 Qt 工程环境目录

进入宿主机系统，建立 QtDemo 工程文件目录，书中建立的 QtDemo 工程文件目录绝对路径为/home/cbt/QtDemo，在 Linux 环境中建立工程文件目录过程如下：

```
[root@localhost ~]# cd /home/
[root@localhost home]# mkdir cbt
[root@localhost home]# cd cbt/
[root@localhost cbt]# mkdir QtDemo
[root@localhost cbt]# cd QtDemo
[root@localhost QtDemo]# ls
[root@localhost QtDemo]#
```

后续 Qt 工程源文件都建在此目录(/home/cbt/QtDemo)下并进行编辑和编译。

2. 启动 Qt Designer

注意这里使用本章 7.1.1 节编译生成环境中的 Qt Designer 工具。使用绝对路径运行该工具软件，以确保使用的是实验环境配套的工具。

```
[root@localhost QtDemo]# /usr/local/Trolltech/Qt-4.7.0/bin/designer
```

3. 编辑源文件

（1）创建工程文件。启动 Qt Designer 后，选择 Widgets 窗口布局，单击“Create”按钮创建工程，如图 7.3 所示。

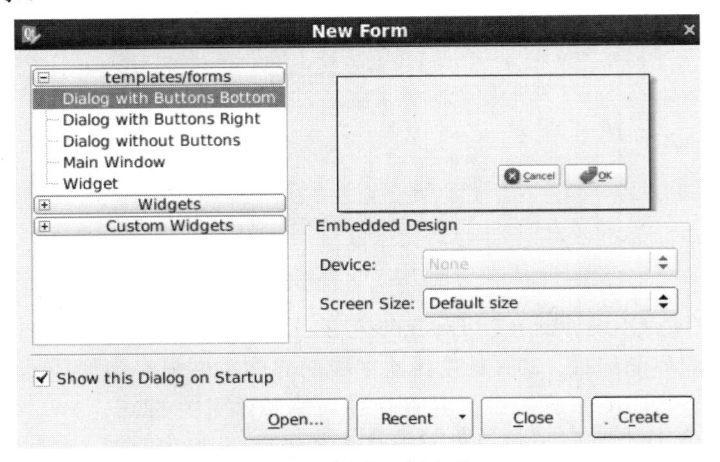

图 7.3 创建工程文件

（2）设计界面。拖拽几个简单控件（label 显示标签、horizontalSlider 水平滑动器、progressBar 进度条）进行界面设计。完成设计后的界面布局如图 7.4 所示。

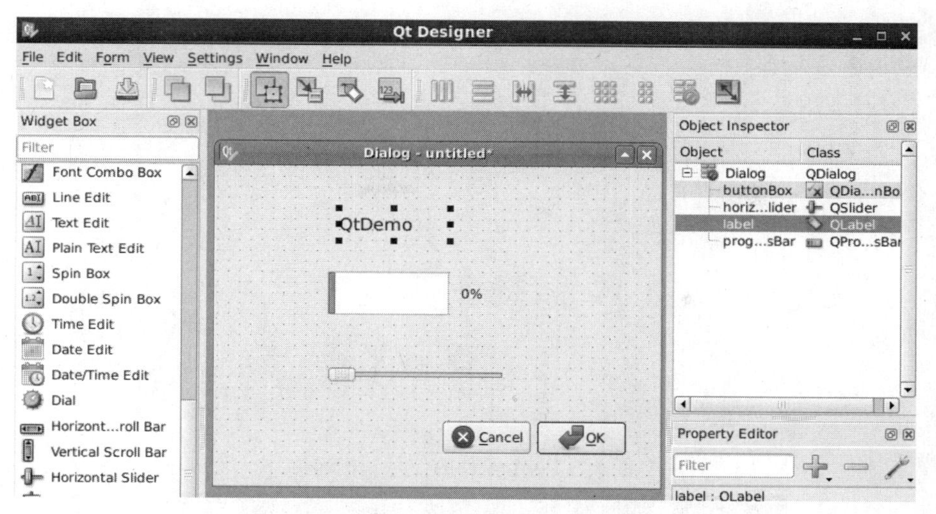

图 7.4　设计界面

在图 7.4 右侧的属性编辑器中，修改 label 显示标签显示内容为“QtDemo”，progressBar 进度条初始值 value 为“0”，horizontalSlider 水平滑动器初始值 value 为“0”，这样做可以保证水平滑动器滑动时与滚动条同步。progressBar 进度条初始值在属性编辑器中的位置如图 7.5 所示。

（3）建立信号与槽连接。在图 7.2 中单击“Edit”菜单，弹出如图 7.6 所示窗口，选择“Edit Signals/Slots”选项，进入信号和槽编辑模式。

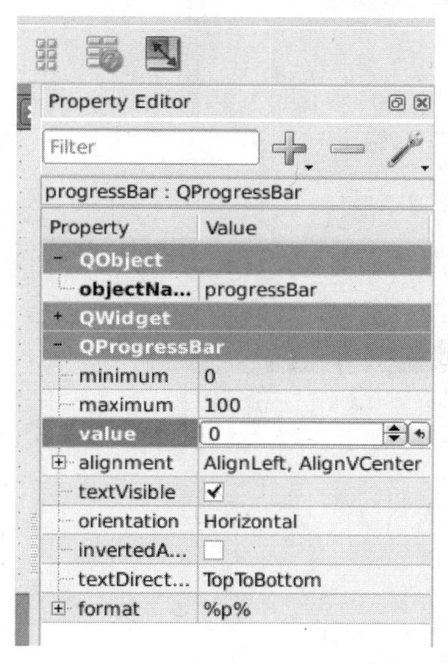

图 7.5　设置 progressBar 进度条初始值

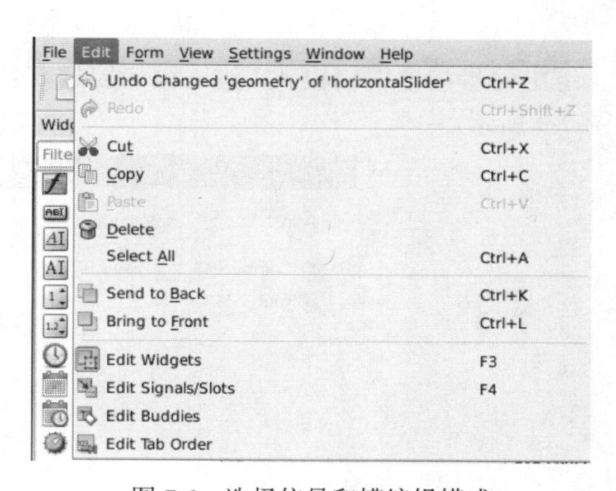

图 7.6　选择信号和槽编辑模式

当设置好信号和槽的编辑模式后，在图 7.4 中将鼠标光标放置在水平滑动器上，按住鼠标左键拖拽出红色箭头，指向滚动条，即可建立起两个控件的信号与槽连接，如图 7.7 所示。

在建立信号与槽连接过程中，弹出如图 7.8 所示编辑对话框，选择信号为“valueChanged(int)”，插槽为“setValue(int)”。

【注意】信号与插槽都应具有相同类型参数。

（4）保存 UI 界面工程。在图 7.4 中可以通过 Qt Designer 工具栏内的快捷方式，实现在不同设计模式间切换。

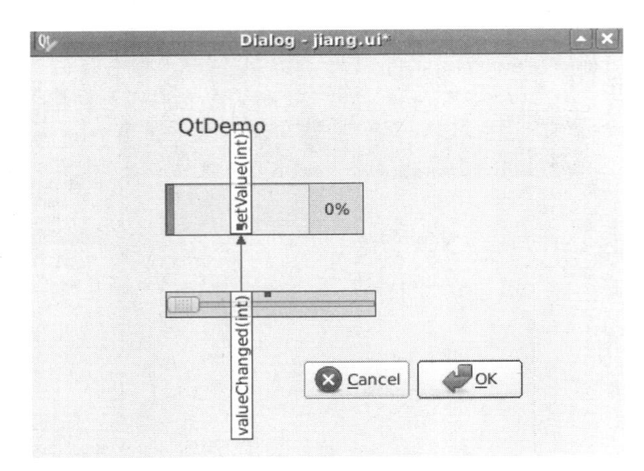

图 7.7　两个控件的信号与槽连接

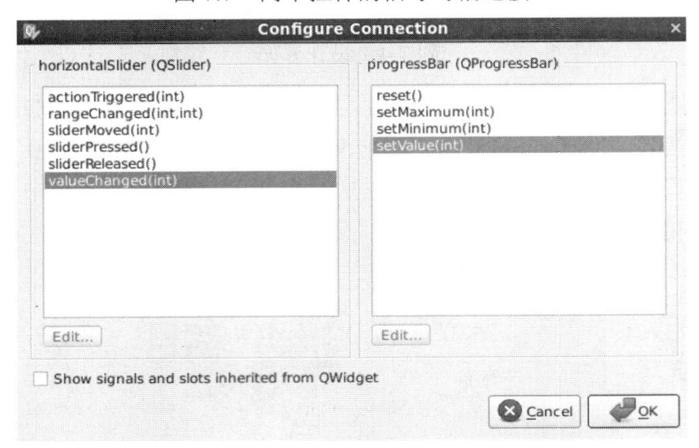

图 7.8　信号与槽连接编辑对话框

退出信号与槽编辑模式，进入编辑窗口部件模式，保存当前 UI 工程，名称为“QtDemo.ui”，如图 7.9 所示。

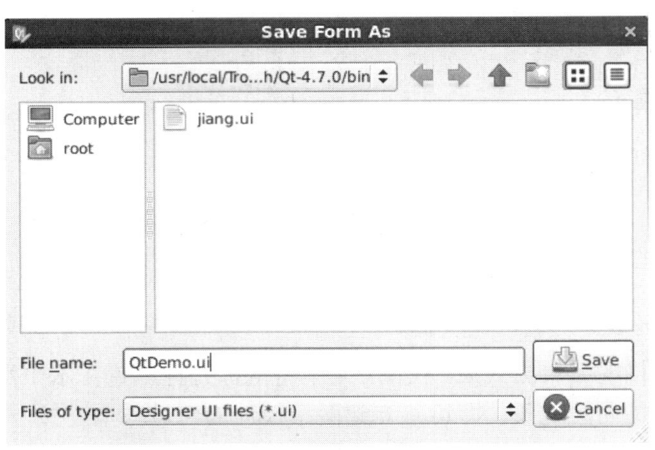

图 7.9　保存 UI 界面工程

7.1.3.3　编写 main.cpp C++主函数

在 QtDemo 工程文件目录下使用文本编辑软件，完成 main.cpp 主函数的编写。

```
[root@localhost QtDemo]# vi main.cpp
```

main.cpp 主函数内容如下：

```
#include "ui_QtDemo.h"
int main(int argc, char *argv[])
{ QApplication app(argc,argv);
          QWidget *widget = new QWidget;
          Ui::Form ui;
          ui.setupUi(widget);
          widget->show();
          return app.exec();
}
```

其中，包含的头文件为提前包含，命名方式为 ui_xxx.h，xxx 代表 UI 保存的工程名字，如本例中的 ui_QtDemo.h，后续编译过程中会生成 ui_QtDemo.h 文件。此方法为 Qt 编译技巧，限于基于 Qt Designer 的设计方式使用。

```
[root@localhost QtDemo]# ls
main.cpp QtDemo.ui
[root@localhost QtDemo]#
```

7.1.3.4 编辑工程文件

1．使用 qmake－project 命令编译程序生成工程文件.pro

```
[root@localhost QtDemo]# /usr/local/Trolltech/Qt-4.7.0/bin/qmake -project
[root@localhost QtDemo]# ls
main.cpp QtDemo.pro QtDemo.ui
[root@localhost QtDemo]#
```

2．使用 qmake 命令生成 Makefile 文件

```
[root@localhost QtDemo]# /usr/local/Trolltech/Qt-4.7.0/bin/qmake
[root@localhost QtDemo]# ls
main.cpp Makefile QtDemo.pro QtDemo.ui
[root@localhost QtDemo]#
```

3．编译工程

```
[root@localhost QtDemo]# make
/usr/local/Trolltech/Qt-4.7.0/bin/uic QtDemo.ui -o ui_QtDemo.h
g++ -c -pipe -O2 -Wall -W -D_REENTRANT -DQT_NO_DEBUG -DQT_GUI_LIB
 -DQT_CORE_LIB  -DQT_SHARED
 -I/usr/local/Trolltech/Qt-4.7.0/mkspecs/linux-g++ -I.
-I/usr/local/Trolltech/Qt-4.7.0/include/QtCore
     -I/usr/local/Trolltech/Qt-4.7.0/include/QtGui
-I/usr/local/Trolltech/Qt-4.7.0/include -I. -I. -I. -o main.o main.cpp
g++ -Wl,-O1 -Wl,-rpath,/usr/local/Trolltech/Qt-4.7.0/lib -o QtDemo main.o
-L/usr/local/Trolltech/Qt-4.7.0/lib -lQtGui
 -L/usr/local/Trolltech/Qt-4.7.0/lib -L/usr/X11R6/lib -lQtCore -lpthread
[root@localhost QtDemo]# ls
main.cpp main.o Makefile QtDemo QtDemo.pro QtDemo.ui ui_QtDemo.h
[root@localhost QtDemo]#
```

编译成功后，即可在当前目录下生成本机的可执行程序 QtDemo。

4．运行 Qt 程序

执行以下命令后，可以运行 QtDemo 程序，弹出运行界面如图 7.10 所示。

```
[root@localhost QtDemo]# ./QtDemo
```

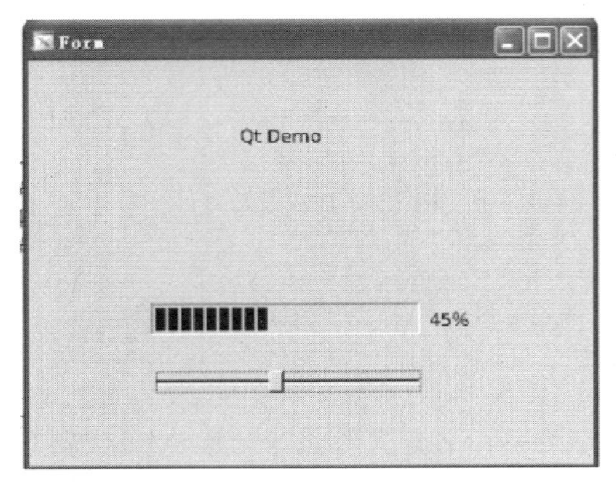

图 7.10　QtDemo 程序运行界面

在图 7.10 中，可以使用鼠标拖拽水平滑动条，观察滑动条的滚动效果。本例只是基于 Qt Designer 的控件及信号与槽来完成界面设计工作，如果用户设计的界面需要自定义控件及信号与槽，可以在 Qt 源码中通过 C++继承与派生方法来实现新类，添加自己的成员即可实现。该范畴属于 C++语言内容，此处不再赘述。

7.2　嵌入式 Qt/Embedded 编译环境

宿主机系统环境：Red Enterprise Linux 6 + VMware Workstation 8 + Linux。

预装有交叉编译器 arm-linux-gcc-4.5.1。

硬件平台使用 Cortex-A8 嵌入式智能终端。

本节将介绍基于上述系统环境，在宿主机上安装 Qt 应用程序的开发和编译环境 Qt/Embedded。在介绍开发环境安装和使用方法的同时，介绍 Qt 应用程序的编写、交叉编译、下载以及在嵌入式智能终端上运行 Qt 应用程序的过程。

7.2.1　Qt/Embedded 简介

Qt/Embedded（简称 Qt/E）是一个专门为嵌入式系统设计图形用户界面的工具包。Qt 为各种系统提供图形用户界面的工具包，Qt/E 就是 Qt 的嵌入式版本。

用 Qt/E 开发的应用程序要移植到不同平台时，只需要重新编译代码，而不需要对代码进行修改。可随意设置程序界面的外观，方便地为程序连接数据库，将程序与 Java 集成。

Qt/E 具有模块化和可裁性特性。开发者可以选取所需要的一些特性，裁剪掉不需要的特性。这样通过选择所需要的特性，Qt/E 的映像变得很小，最小只有 600KB 左右。同 Qt 一样，Qt/E 也是用 C++编写的，虽然这样会增加系统资源消耗，但是却为开发者提供了清晰的程序框架，使开发者能够迅速上手，并且能够方便地编写自定义的用户界面程序。

由于 Qt/E 是作为一种产品推出的，有很好的开发团体和技术支持，这对于使用 Qt/E 的开发者来说，方便开发过程，并增加了产品的可靠性。

1. Qt/Embedded 特征

（1）面向应用服务的特征如下：拥有同 Qt 一样的 API。开发者只需要了解 Qt 的 API，不用关心程序所用到的系统与平台。它的结构很好地优化了内存和资源的利用。Qt/E 不需要一些子图形系统，它可以直接对底层的图形驱动进行操作。开发者可以根据需要自己定制所需要的模块。代码公开以及拥有十分详细的技术文档帮助开发者，拥有强大的开发工具且与硬件平台无关。Qt/E 可以应用在所有主流平台和 CPU 上，支持所有主流的嵌入式 Linux。

（2）对于在 Linux 上使用 Qt/E 的基本要求只不过是 Frame Buffer 设备和一个 C++编译器（如 GCC）。Qt/E 同时也支持很多实时嵌入式系统，如 QNX 和 Windows CE。面向系统级服务特征如下：提供压缩字体格式。即使在很小的内存中，也可以提供一流的字体支持。支持多种的硬件和软件的输入。支持 Unicode，可以轻松地使程序支持多种语言。支持反锯齿文本和 Alpha 混合的图片。Qt/E 由于平台无关性和提供了很好的 GUI 编程接口，在许多嵌入式系统中得到了广泛的应用，是一个成功的嵌入式 GUI 产品。

Qt/E 虽然公开代码和技术文档，但不是免费的，当开发者的商业化产品需要用到它的运行库时，必须向 Trolltech 公司支持 license 费用。如果开发的应用产品仅用于研究和教学用途，则不需要付费。

2．Qt/Embedded 与 Qt/x11

Qt/Embedded 通过 Qt API 与 Linux 系统中的 I/O 设备直接交互，使用嵌入式 Linux 端口。同 Qt/x11 相比，Qt/Embedded 很节省内存，其不需要一个 X 服务器或是 Xlib 库，在底层摈弃了 Xlib，采用帧缓存（Frame buffer）作为底层图形接口。Qt/E 与 Qt/x11 在系统级所处位置比较如图 7.11 所示。

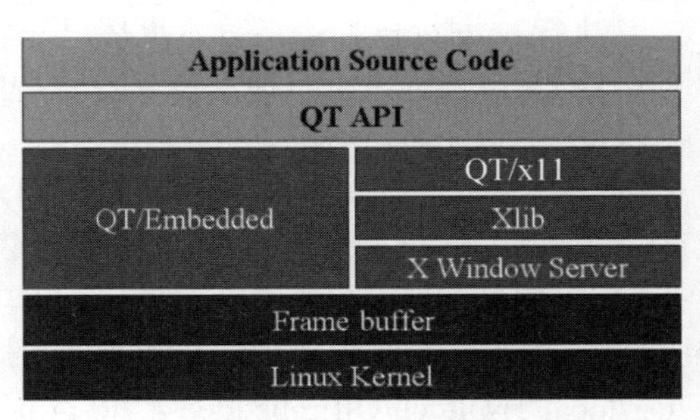

图 7.11　Qt/E 与 Qt/x11 在系统中的位置

由图 7.11 可知，Qt/Embedded 将外部输入设备抽象为 keyboard 和 mouse 输入事件。Qt/Embedded 的应用程序可以直接写内核缓冲帧，这样可避免开发者使用烦琐的 Xlib/Server 系统。

7.2.2　构建 Qt/Embedded 编译环境

本章使用安装文件是：

1．获得源码安装包源

qt-everywhere-opensource-src-4.7.0.tar.gz

2．建立 Qt4x11-4.7.0 源码目录

在宿主机 Linux 系统中创建目录: /home/cbt/qt4/qte4.7.0

```
[root@localhost ~]# cd /home/
[root@localhost home]# mkdir cbt
[root@localhost home]# cd cbt/
[root@localhost cbt]# mkdir qt4/
[root@localhost cbt]# cd qt4/
[root@localhost qt4]# mkdir qte4.7.0/
[root@localhost qt4]# cd qte4.7.0/
[root@localhost qt4arm-4.7.0]#
```

3．复制源码安装包

将源码安装包复制到该文件夹下并解压：

```
[root@localhost Qt4arm-4.7.0]# tar xzvf
 qt-everywhere-opensource-src-4.7.0.tar.gz
```

解压后在当前目录下生成解压后的 Qt 源码目录。Qt 源码目录的绝对路径如下：

```
/home/cbt/qt4/qte4.7.0/qt-everywhere-opensource-src-4.7.0
```

4．编译配置 Qt/E 环境

进入 qt-everywhere-opensource-src-4.7.0 源码包目录，执行 configure 命令，配置 Qt/E 库环境。

```
[root@localhost Qt4arm-4.7.0]# cd qt-everywhere-opensource-src-4.7.
[root@localhost qt-everywhere-opensource-src-4.7.0]# ./configure
-opensource -embedded arm -xplatform qws/linux-arm-g++ -fast -nomake
examples -nomake demos -no-webkit -qt-libtiff -qt-libmng -qt-mouse-tslib
-qt-mouse-pc -no-mouse-linuxtp -no-neon
```

对于嵌入式 ARM 环境，configure 配置时命令行参数极为重要，需要严格按照上述参数完成配置。可以通过命令行参数“-prefix”来指定环境编译好后的安装路径。默认指定的环境安装路径为/usr/local/Trolltech/QtEmbedded-4.7.0-arm。

可以通过“-help”命令查看 configure 其他命令行参数配置：

```
[root@localhost qt-everywhere-opensource-src-4.7.0]#./configure -help
```

执行 configure 命令后，本机环境一般可以不用特殊命令行参数，使用默认参数即可。当出现选择 Qt 版本许可时，依次输入“o”表示开源许可，再输入“yes”表示同意协议即可完成。

5．编译 Qt/E 环境

完成上述 configure 配置后，即可输入 make 来编译该 Qt/E 环境：

```
[root@localhost qt-everywhere-opensource-src-4.7.0]# make
```

6．安装 Qt/E 环境

上述编译过程成功后，可以执行 make install 命令来安装 Qt/E 环境，默认安装路径为/usr/local/Trolltech/QtEmbedded-4.7.0-arm，会在该目录下生成相应工具（如 qmake）和库文件等。

```
[root@localhost qt-everywhere-opensource-src-4.7.0]# make install
```

【注意】一般情况下，Qt 库的编译需要较长时间，根据机器硬件性能的不同，可能几个小时不等。且 Qt 环境的编译，依赖宿主机系统和 Qt 具体的版本。本书 Qt 安装环境为 RHEL6 宿主机环境和 qte4.7 的版本库，其他环境及 Qt 库版本如遇问题，请参阅网络资源来解决。

7.2.3 编译和运行 Qt/E 例程

7.2.3.1 编辑工程文件

Qt 源码库的路径下自带了一系列的 examples 例程，方便用户学习和参考，可以取其中的一些例程，编译后运行测试之前所搭建的 Qt/E 编译环境。

1．源码路径

以 Qt 自带 analogclock 例程为例。例程所在路径如下：

Qt 源码目录：/examples/widgets/analogclock

qmake 编译工具所在路径：/usr/local/Trolltech/QtEmbedded-4.7.0-arm/bin/qmake

2．使用 qmake 预编译

在宿主机 analogclock 例程源码所在路径下使用 qmake 命令生成 Makefile 文件，使用 qmake 命令预编译过程如下：

```
[root@localhost qt-everywhere-opensource-src-4.7.0]# cd
examples/widgets/analogclock/
[root@localhost analogclock]# ls
analogclock.cpp analogclock.h analogclock.pro main.cpp
[root@localhost analogclock]#
/usr/local/Trolltech/QtEmbedded-4.7.0-arm/bin/qmake
[root@localhost analogclock]# ls
```

```
analogclock.cpp analogclock.h analogclock.pro main.cpp Makefile
```

3．使用 make 编译

在宿主机 analogclock 例程源码所在路径下使用 make 命令编译该工程，编译过程如下：

```
[root@localhost analogclock]# make
[root@localhost analogclock]# ls
analogclock analogclock.cpp analogclock.h analogclock.pro main.cpp
Makefile
[root@localhost analogclock]#
```

编译成功后，会在当前目录下生成 Qt/E 可执行文件 analogclock。

【注意】经过 Qt/E 环境编译后得到的可执行程序，只能在基于 Cortex-A8 处理器的目标板上执行，不能在宿主机上运行。

7.2.3.2 挂载和运行 Qt/E ARM 应用程序

1．创建宿主机端 Qt/E 的 NFS 共享目录

在宿主机共享目录/CBT-SuperIOT/下，建立 Trolltech 目录。后续 Qt/Embedded 应用程序都将在此目录下共享 ARM 设备端，并在 ARM 设备端执行 Qt/E 程序。

需要在该目录下搭建好 Qt/E 环境，也就是复制前面编译好的 Qt/E 动态库及应用程序到此目录下：

```
[root@localhost qt-everywhere-opensource-src-4.7.0]# cd /CBT-SuperIOT/
[root@localhost CBT-SuperIOT]# mkdir Trolltech
[root@localhost CBT-SuperIOT]# cd Trolltech/
[root@localhost Trolltech]#
```

2．复制 Qt/E 库及插件等资源到 NFS 共享目录

```
[root@localhost Trolltech]# cp
 /usr/local/Trolltech/QtEmbedded-4.7.0-arm/ ./ -a
[root@localhost QtEmbedded-4.7.0-arm]# ls
bin imports include lib mkspecs plugins translations
[root@localhost QtEmbedded-4.7.0-arm]#
```

3．复制应用程序到 NFS 共享目录

```
[root@localhost QtEmbedded-4.7.0-arm]# cp
/home/cbt/Qt4/Qt4arm-4.7.0/qt-everywhere-opensource-src-4.7.0/examples
/widgets/analogclock/analogclock ./
[root@localhost QtEmbedded-4.7.0-arm]# ls
bin imports include lib mkspecs plugins translations analogclock
```

4．ARM 端挂载 NFS 共享目录

启动 Cortex-A8 嵌入式智能终端（ARM 端），连接好网线、串口线，在 ARM 端控制台的终端窗口中使用“mount”命令挂载宿主机。

```
[root@Cyb-Bot /]# mount -t nfs -o nolock 192.168.1.7:/ CBT-SuperIOT /mnt/nfs
```

5．设置环境变量（ARM 端）

执行上述挂载命令后，宿主机上的 NFS 共享目录将会挂载到 ARM 端。挂载点为：/mnt/nfs/Trolltech/QtEmbedded-4.7.0-arm/。

在 ARM 端控制台按以下步骤执行相应命令，通过挂载点进入宿主机 NFS 共享目录 Trolltech 下的 QtEmbedded-4.7.0-arm 目录：

```
[root@Cyb-Bot /]#cd /mnt/nfs/Trolltech/QtEmbedded-4.7.0-arm/
[root@Cyb-Bot QtEmbedded-4.7.0-arm]# ls
```

```
analogclock imports lib plugins
bin include mkspecs translations
[root@Cyb-Bot QtEmbedded-4.7.0-arm]#
```

设置 ARM 端的环境变量，设置过程如下：

```
[root@Cyb-Bot QtEmbedded-4.7.0-arm]# export
 TSLIB_TSDEVICE=/dev/touchscreen-1wire
[root@Cyb-Bot QtEmbedded-4.7.0-arm]# export TSLIB_CONFFILE=/etc/ts.conf
[root@Cyb-Bot QtEmbedded-4.7.0-arm]# export
 POINTERCAL_FILE=/etc/pointercal
[root@Cyb-Bot QtEmbedded-4.7.0-arm]# export
 WS_MOUSE_PROTO=tslib:/dev/touchscreen-1wire
```

6. 执行 Qt/E 程序

在 ARM 系统的 NFS Qt/E 目录下执行以下命令，Qt 应用程序需附带"-qws"命令参数。

```
[root@Cyb-Bot QtEmbedded-4.7.0-arm]# ./analogclock -qws
```

如果第一次使用触摸屏，需要进行校准，在终端输入"ts_calibrate"命令完成屏幕校准即可。在 ARM 端运行 Qt/E 的效果如图 7.12 所示。

【注意】由于 Cortex-A8 平台出厂时系统文件系统中已经含有相同环境及版本的 Qt/E 动态库及相关资源，因此本节运行的例程，实际使用 ARM 平台系统中的动态库文件来运行。

如果熟悉 Qt/E 的运行环境，同样也可以将前面章节编译生成的 Qt/E 库和资源下载到 ARM 系统相关的目录中完成上述任务。

图 7.12　Qt 自带 analogclock 运行界面

7.2.4 基于 Qt Creator 的程序设计

目的：

（1）熟悉在宿主机上安装 Qt/Embedded 集成开发环境过程。

（2）熟悉基于 Qt/Embedded 集成开发环境编写 Qt 应用程序"hello"的过程。

（3）熟悉应用程序"hello"的交叉编译过程。

（4）熟悉在目标板上下载和运行 Qt 应用程序的过程。

应用环境：

（1）宿主机环境：Red Enterprise Linux 6 + VMware Workstation 8。

（2）交叉编译器 arm-linux-gcc-4.5.1。

（3）Qt/Embedded 集成开发环境。

（4）硬件平台使用 Cortex-A8 嵌入式智能终端。

7.2.4.1 创建 hello.ui

1. 安装 Qt Creator

本节使用的安装文件：qt-creator-linux-x86-opensource-2.5.0.bin

将 qt-creator-linux-x86-opensource-2.5.0.bin 文件复制到虚拟机中/jy-cbt/目录下，在 Linux 环境下运行该文件完成 Qt Creator 的安装过程。

```
[root@localhost jy-cbt]#./qt-creator-linux-x86-opensource-2.5.0.bin
```

Qt Creator 安装过程结束后，桌面上会显示 Qt Creator 图标，在应用一栏的应用程序组中也会看到安装好的 Qt Creator 程序，如图 7.13 所示。

图 7.13 Qt Creator 应用程序

2. 运行 Qt Creator

在图 7.12 中单击 Qt Creator 图标，弹出 Qt Creator 运行窗口，如图 7.14 所示。

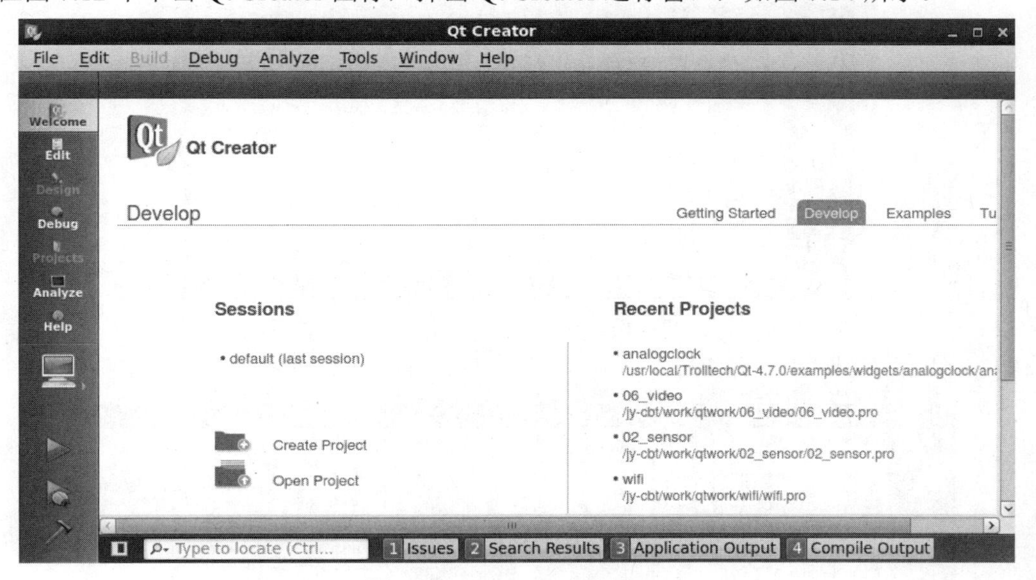

图 7.14 Qt Creator 运行窗口

3. 创建 UI 文件

在图 7.13 中单击“File”→“New File or Project”菜单，弹出如图 7.15 所示新建工程界面。

在图 7.15 中选择 Qt Gui Application，并单击“Choose”按钮，弹出设置向导界面如图 7.16 所示。

在图 7.17 中可以设置工程文件名和存放路径。在“Name”栏中输入 hello，工程文件存放路径指定为/jy-cbt/work/qtwork。

单击“Next”按钮，在随后弹出的窗口中均采用默认值，最后弹出如图 7.18 所示工作界面。

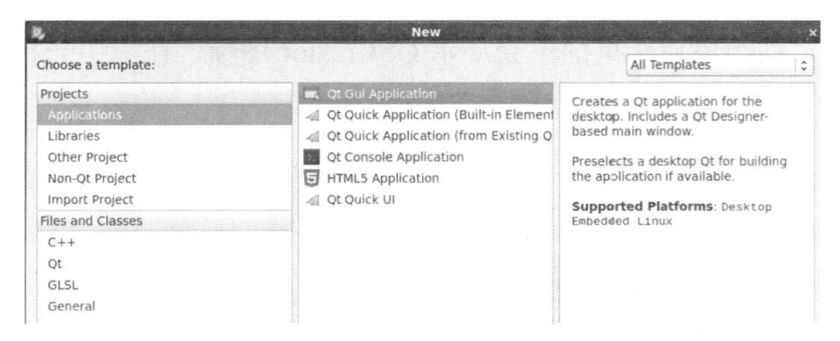

图 7.15　新建工程界面

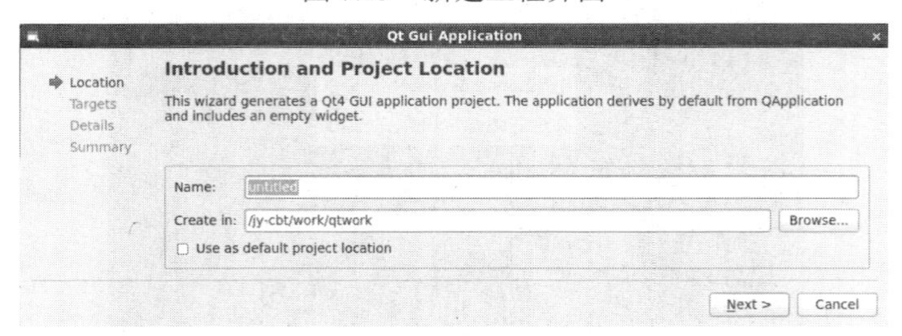

图 7.16　设置向导界面

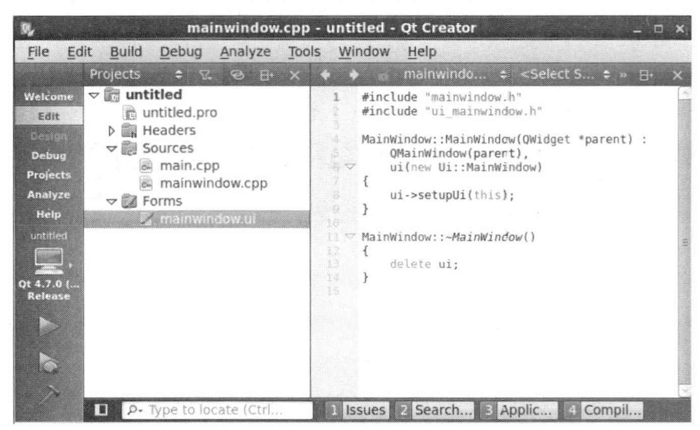

图 7.17　Qt Creator 工作界面

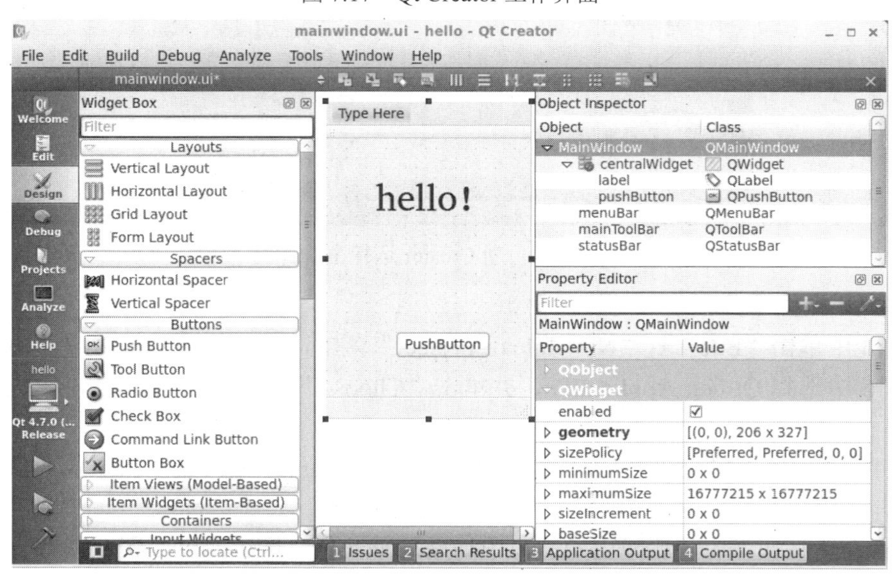

图 7.18　图形编辑界面

4．编辑 UI 文件

在图 7.17 中双击文件列表中的 mainwindow.ui 文件，弹出图形编辑界面，如图 7.18 所示。

在图 7.18 的窗体部件（Widget Box）中，在 Display Widgets 器件栏里找到 Label 标签器件，按住鼠标左键将其拖到设计窗口上。在设计窗口内双击器件，可修改文字内容，将其内容改为 hello!。在设计窗口内单击器件，可在右下角属性栏 font 中修改文字属性。

7.2.4.2 创建 hello 工程

hello 工程中主要文件有 main.cpp 和 mainwindow.cpp。

1．编辑 main.cpp 文件

main.cpp 中需要调用 mainwindow.ui 文件中定义的主界面。

main.cpp 文件源码：

```
#include <QApplication>             //头文件
#include "mainwindow.h"
int main(int argc, char *argv[])
{
    QApplication a(argc, argv);   //创建一个QApplication对象，管理应用程序的资源
    MainWindow w;                 //显示由图形界面编辑生成的主界面
    w.show();
return a.exec();                  //将控制权移交给Qt,等待并响应消息
}
```

2．编辑 mainwindow.cpp 文件

mainwindow.cpp 文件源码：

```
#include "mainwindow.h"
#include "ui_mainwindow.h"
MainWindow::MainWindow(QWidget *parent) :          //由图形界面编辑构造主界面
QMainWindow(parent),
ui(new Ui::MainWindow)
{
ui->setupUi(this);}
MainWindow::~MainWindow()
{delete ui;}
```

3．编辑 main.cpp 文件

```
#include <QApplication>
#include <QLabel>
int main(int argc, char *argv[])
{
QApplication a(argc, argv);
//方法1 定义QLabel对象，标签内容为“hello!”
//QLabel *label = new QLabel("hello!");
//方法2 定义标签内容为“hello!”标签颜色属性为红色
QLabel *label = new QLabel("<font color=red>hello!</font></h2>");
    label->show();                                  //显示QLabel内容
return a.exec();
}
```

4．在 Qt Creator 中编译和运行

在 Qt Creator 工作界面中单击“运行”按钮，工程开始编译和运行，方法 1 和方法 2 所编写

的工程文件运行结果分别如图 7.19（a）和（b）所示。

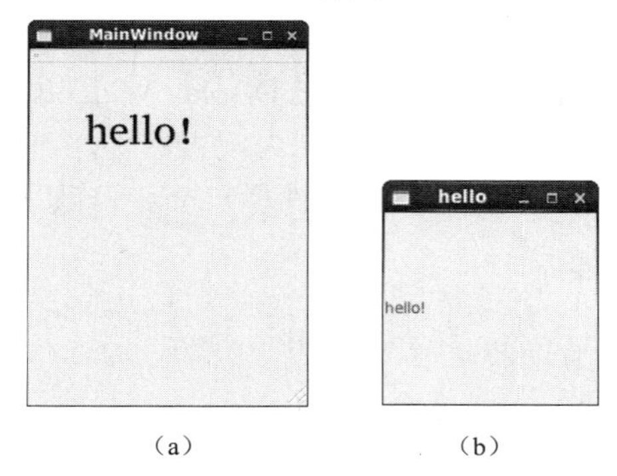

（a）　　　　（b）

图 7.19　hello 工程运行界面

7.2.4.3　交叉编译 hello 工程

若要能够在 Cortex-A8 嵌入式智能终端硬件平台上运行 hello 程序，还需要在宿主机上对 hello 工程进行交叉编译。在 Linux 终端窗口中进入由 Qt Creator 创建的 hello 工程文件夹：

```
[root@localhost Desktop]# cd /jy-cbt/work/qtwork/hello/
[root@localhost hello]# ls
hello            main.o          mainwindow.ui      ui_mainwindow.h
hello.pro        mainwindow.cpp  Makefile
hello.pro.user   mainwindow.h    moc_mainwindow.cpp
main.cpp         mainwindow.o    moc_mainwindow.o
[root@localhost hello]#
```

为了能够使用交叉编译器进行编译并取得正确结果，此时需要清除使用 Qt Creator 编译生成的过程文件：

```
[root@localhost hello]# ls
hello.pro      main.cpp       mainwindow.h mainwindow.ui
 moc_mainwindow.cpp
hello.pro.user  mainwindow.cpp  ui_mainwindow.h
[root@localhost hello]#
```

1. qmake

在当前路径下使用 Qt/Embedded 编译环境的 qmake 命令生成 Makefile 文件，此时需要输入 qmake 存放位置的绝对路径：

```
[root@localhost hello]#
 /usr/local/Trolltech/QtEmbedded-4.7.0-arm/bin/qmake
[root@localhost hello]#
```

2. make

在当前路径下使用 make 命令编译 hello 工程，生成 ARM 板的可执行文件 hello：

```
[root@localhost hello]# make
```

7.2.4.4　下载和运行 hello 工程

1. 复制 hello 文件

在宿主机环境下，将 hello 文件复制到/tftpboot/共享文件夹下，设置并确认宿主机 IP 为 192.168.1.7。

2. 下载 hello 文件

在目标机使用 TFTP 方式将宿主机共享目录下的 hello 文件下载到 Cortex-A8 嵌入式智能

终端：

```
[root@Cyb-Bot /]#  tftp -gr hello 192.168.1.103
 Hello 100% |*******************************| 27136  --:--:-- ETA
[root@Cyb-Bot /]#
```

3．设置环境变量（ARM 端）

在目标机中运行 Qt 应用程序之前，需要设置目标机运行 Qt 应用程序的环境变量。设置方法可见本章 7.2.3.2 节。

4．运行 hello

（1）在目标机中修改 hello 应用程序权限。在目标机的控制台中使用 chmod 命令修改可执行文件的运行权限。

```
[root@Cyb-Bot /]# chmod +x hello
```

（2）运行 hello 程序。在目标控制台中执行以下命令，运行 Qt 可执行文件。

```
[root@Cyb-Bot /]# ./hello -qws
```

运行结果如图 7.20 所示。

图 7.20　hello 工程运行结果

7.3　案例 1——按键设备 keypad

目的：了解基于 Cortex-A8 嵌入式智能终端硬件平台上定制的按键设备，编写 Qt 应用程序，实现按键的测试功能。

7.3.1　界面设计

1．界面布局

在宿主机的 Linux 环境中运行 Qt Creator，创建 keypad 工程。进入图 7.18 所示的图形编辑界面，打开 keypad 工程如图 7.21 所示。

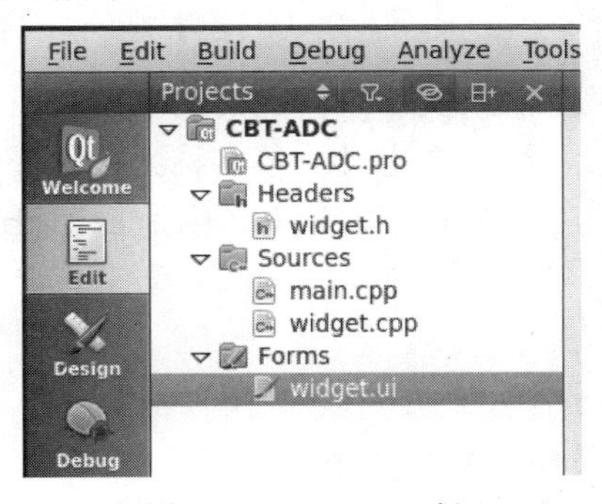

图 7.21　keypad 工程

图 7.21 中，单击“Edit”→“widget.ui”，弹出 UI 设计界面。在 UI 设计界面中，利用 Qt Creator 提供的控件工具完成 keypad 工作界面设计。设计结果如图 7.22 所示。

2．控件

图 7.22 中使用了 Qt Creator 提供的多个控件完成 UI 功能。

（1）QLabel

QLabel 可以显示文字（支持 HTML 格式的语法）或者图片，没有用户交互功能。本案例中使用了 2 个 QLabel。

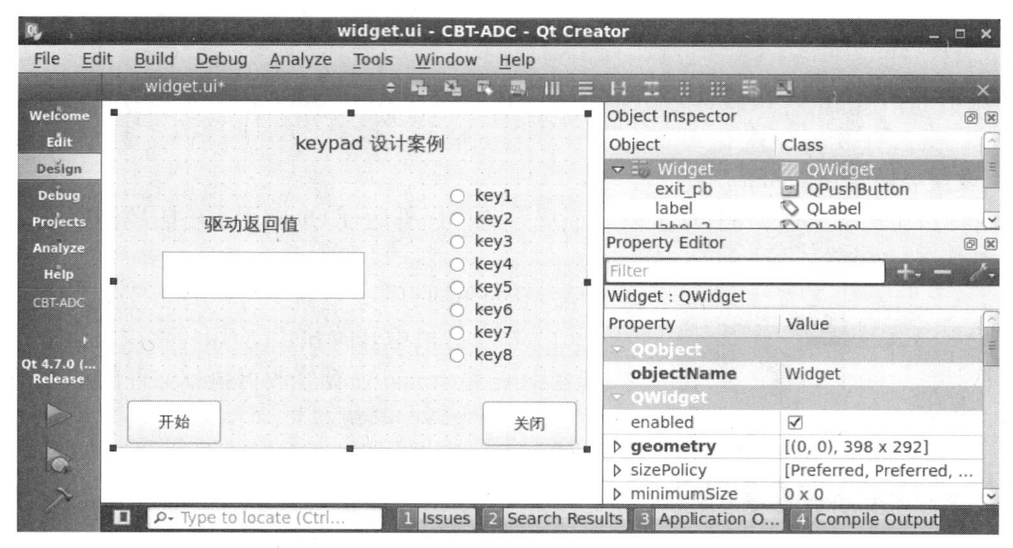

图 7.22　keypad 工作界面设计

QLabel：用于显示操作界面标题栏“keypad 设计案例”。

QLabel_2：用于显示 textBrowse 的功能“驱动返回值”。

（2）QTextBrowser

QTextBrowser 是一个只读的 QTextEdit 的子类，对话框。可显示文本、列表、表格、图像和超文本连接等。本案例中使用了 1 个 QTextBrowser。

QTextEdit：显示读取按键驱动程序的返回值。

（3）QRadioButton

QRadioButton 可以提供由两个或多个互斥选项组成的选项集。本案例中使用了 8 个 QRadioButton。

radioButton_1～radioButton_8：用于显示目标板上 8 个按键的状态。

（4）QPushButton

QPushButton 主要用来提供单击激发动作。本案例中使用了 2 个 QPushButton。

start_pb：按钮名称“开始”，程序中定义对象名称为 start_pb，用于启动应用程序。

exit_pb：按钮名称“关闭”，程序中定义对象名称为 exit_pb，用于退出应用程序。

7.3.2　关键代码分析

1．设备驱动程序

（1）本例中所用按键设备名称为/dev/keypad。

（2）按键设备的驱动程序支持 open、close、read 等操作。该驱动程序的详细内容可参见本书第 6 章 6.4 节。

（3）按键设备的驱动程序加载方式采用内核启动加载方式，在内核启动过程中完成驱动程序的加载过程。

（4）运行本案例的内核支持以文件方式访问按键设备。

2．编辑 widget.cpp 文件

在图 7.21 中，单击“Edit”→“widget.cpp”，弹出编辑界面。在编辑界面中，完成程序的录入和编译，如图 7.23 所示。

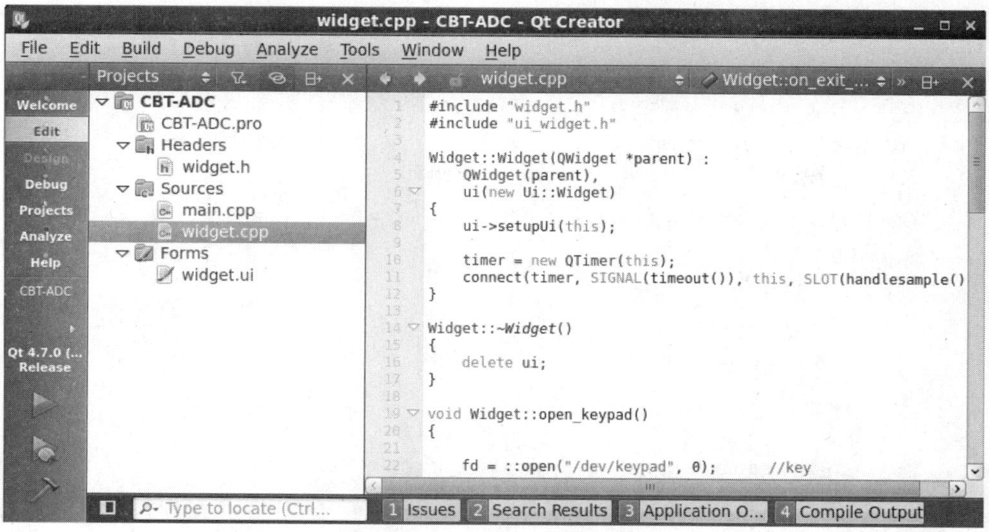

图 7.23　widget.cpp 编辑界面

widget.cpp 文件源码：

```
#include "widget.h"                              //头文件
#include "ui_widget.h"
Widget::Widget(QWidget *parent) :
    QWidget(parent),
    ui(new Ui::Widget)
{
    ui->setupUi(this);
    timer = new QTimer(this);                    //定义一个定时器
    connect(timer, SIGNAL(timeout()), this, SLOT(handlesample()));
                                                 //建立槽连接
}
Widget::~Widget()
{
    delete ui;}
void Widget::open_keypad()                       //打开keypad设备文件
{
    fd = ::open("/dev/keypad", 0);              //系统中设备名称
    if (fd < 0) {
            perror("open ADC device:");
            exit(-1); }}
void Widget::close_keypad()                      //关闭keypad设备文件
{
    ::close(fd);}
void Widget::on_start_pb_clicked()               //按钮start_pb按下时
{
    open_keypad();                               //打开设备文件
    timer->start(300);                           //打开启动定时器
}
void Widget::on_exit_pb_clicked()                //按钮exit_pb按下时
```

```
    {   close_keypad();                                   //关闭设备文件
        timer->stop();                                    //关闭启动定时器
        this->close();}                                   //退出应用程序
    void Widget::handlesample()                           //与定时器槽连接的函数
    {   char buffer[30];
        int len = ::read(fd, buffer, 8);        //读取键值
        if (len > 0) {
                buffer[len] = '\0';
                ui->textBrowser->setText(buffer);       //显示按键返回值
                ui->radioButton -> setChecked (buffer[0]&0x01) ;   //键值处理
                ui->radioButton_2 -> setChecked (buffer[1]&0x01) ;
                ui->radioButton_3 -> setChecked (buffer[2]&0x01) ;
                ui->radioButton_4 -> setChecked (buffer[3]&0x01) ;
                ui->radioButton_5 -> setChecked (buffer[4]&0x01) ;
                ui->radioButton_6 -> setChecked (buffer[5]&0x01) ;
                ui->radioButton_7 -> setChecked (buffer[6]&0x01) ;
                ui->radioButton_8 -> setChecked (buffer[7]&0x01) ; }
         else {
                perror("read ADC device:");
                exit(-1);     }}
```

3. 信号和槽

GUI 应用程序要对用户操作作出响应。当用户单击菜单项目或者工具栏按钮时，GUI 应用程序便会执行某段代码。实际上我们更希望任何一类对象均可彼此互相通信，编程人员必须将事件与相关代码相关联。

奇趣科技公司创造了一种名为“信号和槽”的解决方案。信号和槽机制是一种功能强大的对象间通信机制，完全可以取代老旧开发套件所使用的回调和消息映射。信号和槽机制极为灵活，完全面向对象，并且使用 C++来实现。信号和槽可以为对象之间的通信提供便利条件，易于理解和使用，并受到 Qt Designer 的全面支持。

发生事件时，Qt 窗体将会发出信号。例如，单击某一按钮时，该按钮将发出“clicked”信号。编程人员要想连接一个信号可以创建一个函数（即槽），并调用 connect( )函数将信号与槽关联起来。Qt 的信号和槽机制不要求各类彼此感知，这样可以更轻松地开发极易重新使用的类。由于信号和槽都属于类型安全的，类型错误都将报告为警告，因此不会发生崩溃。

在执行 Qt 应用程序的过程中，可以随时添加或移除连接。可将连接设置为在发出信号时执行，或者排队稍后执行，允许在不同线程的对象间建立连接。信号和槽通过平滑的扩展 C++语法并充分利用 C++的面向对象特性实现。信号和槽是类型安全的，可以重载，也可以重新实现，可以出现在类的公有区、保护区或私有区。若要使用信号和槽，必须继承 Qobject 或其子类，并在类的定义中包括 Q_OBJECT 宏。信号在类的“信号区”声明，而槽则是在“公有槽区”“保护槽区”或“私有槽区”中声明。

本案例中的信号和槽的具体应用指令为：

```
connect(timer, SIGNAL(timeout()), this, SLOT(handlesample()));
```

上述指令中使用 connect 方法在两个事件之间建立一个槽连接。当 timeout( )定时时间到这一系统定义的事件发生时，定时器溢出信号会通过槽连接自动发出通知，并运行 handlesample( )应用程序。

4. Qt 主要类

（1）Qobject。Qobject 是 Qt 类体系的唯一基类，是 Qt 各种功能的源头，就像 MFC 中的 Qobject 和 Dephi 中的 Tobject。Qapplication 和 Qwidget 都是 Qobject 类的子类。

（2）Qapplication。Qapplication 类负责 GUI 应用程序的控制流和主要的设置，它包括主事件循环体，负责处理和调度所有来自窗口系统和其他资源的事件，并且处理应用程序的开始、结束及会话管理，还包括系统和应用程序方面的设置。对于一个应用程序来说，建立此类的对象是必不可少的。

（3）Qwidget。Qwidget 类是所有用户接口对象的基类，它继承了 Qobject 类的属性。窗口部件是用户界面的单元组成部分，每一个窗口部件在界面中都是一个矩形窗，并将自己绘制在屏幕上。窗口部件可以接收鼠标、键盘或其他从窗口部件传递来的事件。Qwidget 类有很多成员函数，但一般不直接使用，而是通过子类继承来使用其函数功能。如 QPushButton、QlistBox 等都是它的子类。

7.3.3 程序下载和运行

1. qmake 预编译

在当前路径下使用 Qt/Embedded 编译环境的 qmake 命令生成 Makefile 文件，此时需要输入 qmake 存放位置的绝对路径：

```
[root@localhost keypad]#
 /usr/local/Trclltech/QtEmbedded-4.7.0-arm/bin/qmake
```

2. make 交叉编译

在当前路径下使用 make 命令编译 hello 工程，生成 ARM 板可执行文件 keypad。

3. 复制文件

将 keypad 文件复制到/tftpboot/文件夹下。

4. 下载 keypad 文件

在目标机侧使用 TFTP 方式下载 keypad 文件：

```
[root@Cyb-Bot /]#tftp -gr keypad 192.168.1.103
keypad  100% |*******************************| 31744  --:--:-- ETA
```

5. 修改 keypad 权限

```
[root@Cyb-Bot /]# chmod +x keypad
```

6. 运行 keypad

```
[root@Cyb-Bot /]# ./keypad -qws5
```

在启动 keypad 的工作界面中单击“开始”按钮后，按下目标板上的按键，此时可在界面显示按键状态运行结果，如图 7.24 所示。

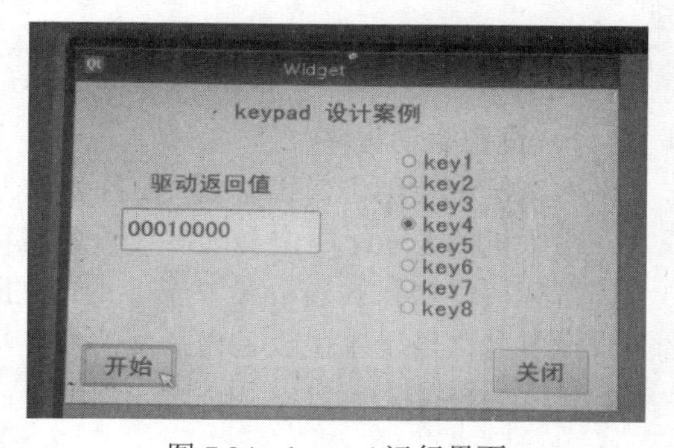

图 7.24 keypad 运行界面

在 keypad 的工作界面中：

（1）驱动程序返回值窗口中，可以看到调用驱动程序的返回值，用于方便应用程序的调试过程。

（2）当按下目标板上 K4 按键后，可在显示界面中看到对应的 radioButton 被激活，显示对应按键按下。

（3）在图 7.24 所示的 keypad 运行界面中，单击“关闭”按钮可退出程序。

7.4　案例 2——串行通信接口 Qt Serial Poat

本案例的应用环境如下：

（1）连接环境中通信双方分别为：标准 PC 和 Cortex-A8 嵌入式智能终端，双方使用串口有线连接。

Cortex-A8 嵌入式智能终端使用板上串口 0，运行本案例编写的 Qt Serial Poat 应用程序实现使用本地串行通信接口接收和发送数据。

标准 PC 端视情况选择合适串行端口号，通过有线方式与嵌入式智能终端串口相连。在 PC 端运行超级终端实现串口助手的功能。

（2）串行通信模式为：8、n、1、115200。

目的：了解基于 Cortex-A8 嵌入式智能终端硬件平台上串行通信端口，编写 Qt 应用程序，实现通信端口的测试功能。

7.4.1　界面设计

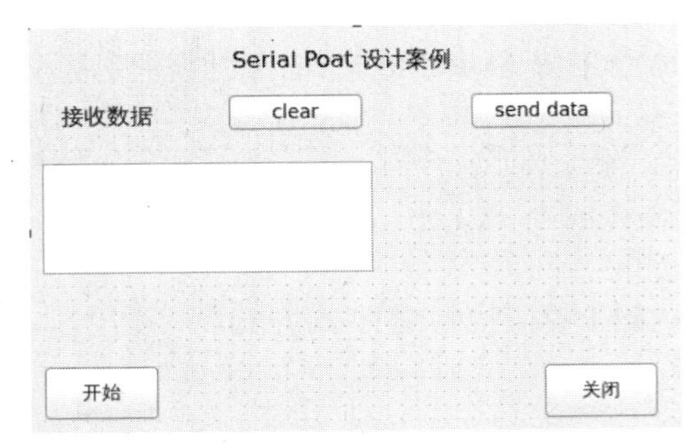

图 7.25　Qt Serial Poat 工作界面设计

1．界面布局

在宿主机的 Linux 环境中运行 Qt Creator，创建 Qt Serial Poat 工程。利用 Qt Creator 提供的控件工具完成 Qt Serial Poat 工作界面设计，设计结果如图 7.25 所示。

2．控件

图 7.25 中使用了 Qt Creator 提供的多个控件完成显示功能。

（1）QPushButton。

clearUpBtn：按钮名称“clear”，用于清除显示接收数据对话框的内容。

sendmsgBtn：按钮名称“send data”，用于发送数据。

（2）QTextBrowse。

textBrowser：显示接收串口信息。

（3）QlineEdit。

sendMsgLineEdit：在线编辑对话框，输入发送数据内容。

7.4.2　关键代码分析

1．设备驱动程序

本案例中使用串口设备 0，设备名称为 ttySAC0。

宿主机的 Linux 中定义的串口设备名称一般为/dev/tty(串口设备)。

目标板中嵌入式 Linux 内核所定义的串口设备可以通过以下命令查看目标板/dev/目录下已挂载设备名称以及主次设备号：

```
[root@Cyb-Bot /dev]# ls -l
crw-rw-rw-    1 root     tty     204,  64 Aug 10 08:00 ttySAC0
crw-rw-rw-    1 root     tty     204,  65 Aug 10  2012 ttySAC1
crw-rw-rw-    1 root     tty     204,  66 Aug 10  2012 ttySAC2
crw-rw-rw-    1 root     tty     204,  67 Aug 10  2012 ttySAC3
```

2. widget.cpp 文件

```
#include "widget.h"                                   //本案例需要以下头文件
#include "ui_widget.h"
#include <qprogressbar.h>
#include <qtimer.h>
#include <qapplication.h>
#include <qmessagebox.h>
#include <qstringlist.h>
#include <stdio.h>
#include <unistd.h>
#include <stdlib.h>
#include <sys/types.h>
#include <sys/stat.h>
#include <sys/ioctl.h>
#include <fcntl.h>
#include <linux/fs.h>
#include <errno.h>
#include <string.h>
#include <termio.h>
#include <qpushbutton.h>

Widget::Widget(QWidget *parent) :
    QWidget(parent),
    ui(new Ui::Widget)
{
    ui->setupUi(this);}
Widget::~Widget()
{
    delete ui;}
void Widget::open_com()                                          //定义打开端口设备
{
    fd = ::open("/dev/ttySAC0", O_RDWR|O_NONBLOCK);  //串口设备名
    if (fd < 0)
        {
         QMessageBox::warning(this, tr("Error"), tr("Fail to open serial
            port!"));
         return ; }
    QMessageBox::warning(this, tr("ok"), tr("OK to open serial port!"));
    termios serialAttr;                                     //定义通信模式
        memset(&serialAttr, 0, sizeof serialAttr);
    cfsetispeed(&serialAttr,B115200);
    cfsetospeed(&serialAttr,B115200);
    serialAttr.c_cflag &= ~CSIZE;
    serialAttr.c_cflag |= CS8;
    ui->textBrowser->setText("1");                          //用于测试
    ui->textBrowser->insertHtml("+");                       //用于测试
    m_notifier = new QSocketNotifier(fd, QSocketNotifier::Read, this);
    connect (m_notifier, SIGNAL(activated(int)), this,
SLOT(remoteDataIncoming()));
```

```
}
void Widget::close_com()                                    //关闭串行端口
{
    ::close(fd);}
void Widget::on_start_pb_clicked()                          //“开始”按键处理
{
    open_com();}
void Widget::on_exit_pb_clicked()                           //“退出”按键处理
{
    close_com();
    timer->stop();
    this->close();}
void Widget::remoteDataIncoming()                           //显示接收到的字符
{
    char c;
    int len = ::read(fd, &c, sizeof c) ;
    if (len != 1)
    {
        QMessageBox::warning(this, tr("Error"), tr("Receive error!"));
        return;     }
ui->textBrowser->insertHtml(QString(QChar(c)));
}
void Widget::closeMyCom()
{
    if (m_notifier)
    {
        delete m_notifier;
        m_notifier = 0;     }
    if (fd >= 0)
    {
         ::close(fd);
         fd = -1; }
}
void Widget::on_pushButton_clicked()                        //清除接收数据窗口内容
{
    ui->textBrowser->clear();
}
void Widget::on_pushButton_2_clicked()                      //发送数据按键处理
{
    int len = ::write(fd,"115200,8,b,1 ",14);
    if (len != 1)
    {
        QMessageBox::warning(this, tr("Error"), tr("send error!"));
        return;
    }
    if (len == 1)
    {
        QMessageBox::warning(this, tr("Error"), tr("send ok!"));
        return;     }
}
```

【注意】由于 Qt/Embedded 没有提供模拟键盘，当需要输入文字信息时，需要使用其他手段来模拟按键的输入。

7.4.3 程序下载和运行

1．qmake

在当前路径下使用 qmake 命令生成 Makefile 文件：

```
[root@localhost keypad]#
 /usr/local/Trolltech/QtEmbedded-4.7.0-arm/bin/qmake
```

2．make

在当前路径下使用 make 命令编译 qtSerialPoat 工程，生成 ARM 板的可执行文件 qtSerialPoat。

3．复制文件

将 qtSerialPoat 文件复制到/tftpboot/文件夹下。

4．下载文件

在目标机侧使用 TFTP 方式下载 qtSerialPoat 文件：

```
[root@Cyb-Bot /]#tftp -gr qtSerialPoat 192.168.1.103
keypad  100% |*******************************| 31744  --:--:-- ETA
```

5．修改文件权限

```
[root@Cyb-Bot /]# chmod +x qtSerialPoat
```

6．在目标机中运行文件

```
[root@Cyb-Bot /]# ./qtSerialPoat -qws
```

在启动的界面中单击“开始”按钮。

（1）在目标板通过串口 0 连接的终端 PC 侧运行串口助手，此处所运行的串口助手是 Windows 7 环境的超级终端。在超级终端中将串口配置参数为：115200、8、1、None。在超级终端对话窗体中完成字符的输入和通过 PC 串口的发送，如图 7.26 所示。

（2）在超级终端中完成字符的输入和通过 PC 串口的发送后，可在 Cortex-A8 嵌入式智能终端上运行的 Qt Serial Poat 工作界面的接收数据窗口中显示接收到的字符，如图 7.27 所示。

图 7.26 超级终端运行界面

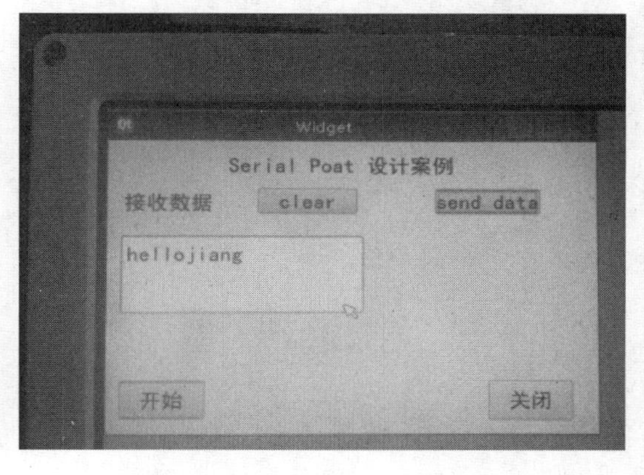

图 7.27 Qt Serial Poat 运行界面

7.5 案例 3——ADC 采样

目的：了解基于 Cortex-A8 嵌入式智能终端硬件平台上 A/D 数据采集端口，编写 Qt 应用程序，实现 A/D 数据采集端口的测试功能。

7.5.1 界面设计

1．界面布局

在宿主机的 Linux 环境中运行 Qt Creator，创建 ADC 工程。利用 Qt Creator 提供的控件工具完成 ADC 工作界面设计。设计结果如图 7.28 所示。

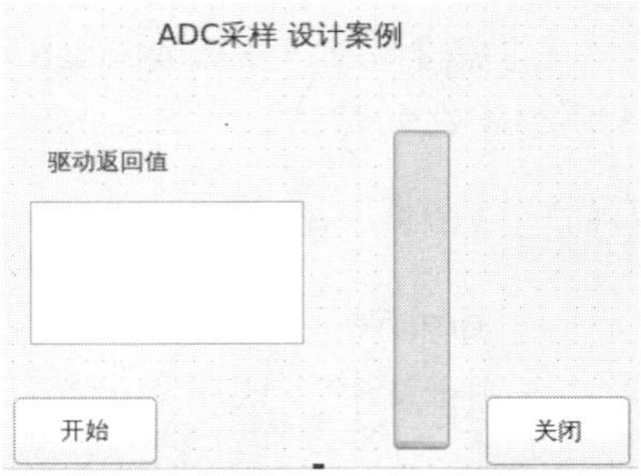

图 7.28　ADC 工作界面设计

2．控件

图 7.28 中使用了 Qt Creator 提供的多个控件完成显示功能。

QProgressBar：用于显示 A/D 采样数据的结果。

7.5.2 关键代码分析

```
#include "widget.h"
#include "ui_widget.h"
Widget::Widget(QWidget *parent) :
    QWidget(parent),
    ui(new Ui::Widget)
{
    ui->setupUi(this);
    timer = new QTimer(this);
    connect(timer, SIGNAL(timeout()), this, SLOT(handlesample()));
}
Widget::~Widget()
{
    delete ui;
}
void Widget::open_adc()
{
    fd = ::open("/dev/adc", 0);
    if (fd < 0) {
            perror("open ADC device:");
            exit(-1);
    }
}
void Widget::close_adc()
{
    ::close(fd);
}
void Widget::on_start_pb_clicked()
{
    open_adc();
    timer->start(300);
}
void Widget::on_exit_pb_clicked()
{
```

```
        close_adc();
        timer->stop();
        this->close();
    }
    void Widget::handlesample()
    {
        //qDebug()<<"timeout";
        char buffer[30];
        int len = ::read(fd, buffer, sizeof buffer -1);
        if (len > 0) {
                buffer[len] = '\0';
                ui->textBrowser->setText(buffer);
                int value = -1;
                sscanf(buffer, "%d", &value);
                ui->progressBar->setValue(value);
        } else {
                perror("read ADC device:");
                exit(-1); }}
```

注：使用定时器完成采样间隔的设定。

7.5.3 程序下载和运行

1．qmake

在 ADC 工程文件路径下使用 qmake 命令生成 Makefile 文件：

```
[root@localhost keypad]#
 /usr/local/Trolltech/QtEmbedded-4.7.0-arm/bin/qmake
```

2．make

在当前路径下使用 make 命令编译 ADC 工程，生成 ARM 板的可执行文件 ADC。

3．复制文件

将 ADC 文件复制到/tftpboot/文件夹下。

4．下载文件

在目标机侧使用 TFTP 方式下载 ADC 文件：

```
[root@Cyb-Bot /]#tftp -gr ADC 192.168.1.103
keypad  100% |*******************************| 31744  --:--:-- ETA
```

5．修改文件权限

```
[root@Cyb-Bot /]# chmod +x ADC
```

6．在目标机中运行文件

```
[root@Cyb-Bot /]# ./ADC -qws5
```

ADC 运行界面如图 7.29 所示。在 ADC 运行界面中单击“开始”按钮，启动 A/D 转换。

（1）在目标板转动采样电位器，模拟测量电压值。

（2）在 ADC 运行界面中可显示 A/D 设备驱动的返回值。

（3）在 QProgressBar 中显示实际采样值与最大采样值之比。

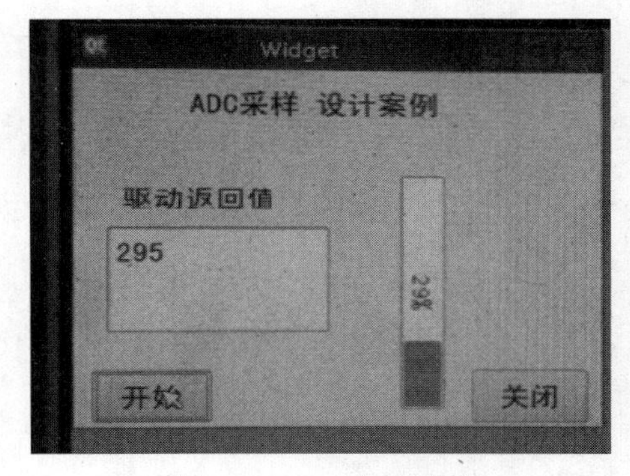

图 7.29　ADC 运行界面

7.6 案例 4——PWM 波控蜂鸣器

目的：编写 Cortex-A8 嵌入式智能终端硬件平台的 PWM 波形发生器和蜂鸣器的控制程序，通过改变 PWM 波形发生器信号的频率和占空比实现控制蜂鸣器的音调的测试功能。

7.6.1 界面设计

1．界面布局

在宿主机的 Linux 环境中运行 Qt Creator，创建 pwm-buzzer 工程。利用 Qt Creator 提供的控件工具完成 pwm-buzzer 工作界面设计。设计结果如图 7.30 所示。

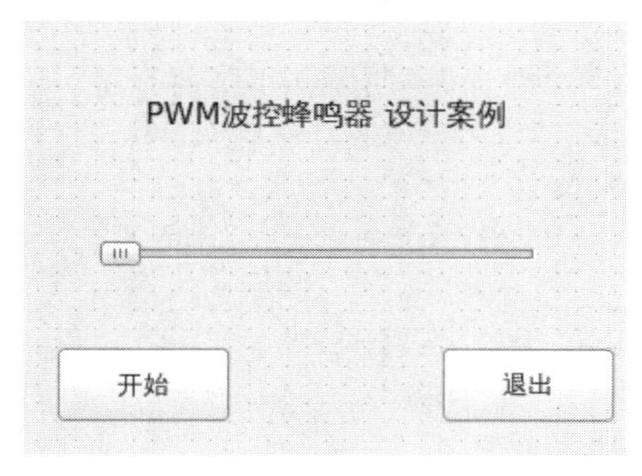

图 7.30　pwm-buzzer 工作界面设计

2．控件

图 7.30 中使用了 Qt Creator 提供的多个控件完成显示功能。

horizontalSlider：用于显示动态调整 PWM 波形发生器的参数值。

7.6.2 关键代码分析

```
#include "widget.h"
#include "ui_widget.h"
Widget::Widget(QWidget *parent) :
    QWidget(parent),
    ui(new Ui::Widget)
{
    ui->setupUi(this);
    ui->horizontalSlider->setEnabled(false);
}
Widget::~Widget()
{   delete ui;
}
void Widget::open_buzzer(void)
{
        fd = ::open("/dev/pwm", 0);
        if (fd < 0) {
                perror("open pwm_buzzer device");
                exit(1);        }
}
void Widget::close_buzzer(void)
{
```

```
        if (fd >= 0) {
                ::ioctl(fd, PWM_IOCTL_STOP);
                ::close(fd);        }
}
void Widget::set_buzzer_freq(int freq)
{
    // this IOCTL command is the key to set frequency
    int ret = ::ioctl(fd, PWM_IOCTL_SET_FREQ, freq);
    if(ret < 0) {
            perror("set the frequency of the buzzer");
            exit(1);    }
}
void Widget::on_begin_pb_clicked()
{
    open_buzzer();
    ui->horizontalSlider->setEnabled(true);
    ui->begin_pb->setEnabled(false);
}
void Widget::on_exit_pb_clicked()
{
    close_buzzer();
    this->close();
}
void Widget::on_horizontalSlider_valueChanged(int value)
{
    //qDebug()<<value;
    set_buzzer_freq(value);
}
```

7.6.3 程序下载和运行

1．qmake

在 pwm-buzzer 工程文件路径下使用 qmake 命令生成 Makefile 文件：

```
[root@localhost keypad]#
 /usr/local/Trolltech/QtEmbedded-4.7.0-arm/bin/qmake
```

2．make

使用 make 命令编译 pwm-buzzer 工程，生成 ARM 板的可执行文件 pwm-buzzer。

3．复制文件

将 pwm-buzzer 文件复制到/tftpboot/文件夹下。

4．下载文件

在目标机侧使用 TFTP 方式下载 pwm-buzzer 文件：

```
[root@Cyb-Bot /]#tftp -gr pwm-buzzer 192.168.1.103
keypad  100% |*******************************| 31744  --:--:-- ETA
```

5．修改文件权限

```
[root@Cyb-Bot /]# chmod +x pwm-buzzer
```

6．在目标机中运行文件

```
[root@Cyb-Bot /]# ./pwm-buzzer -qws
```

pwm-buzzer 运行界面如图 7.31 所示。单击“开始”按钮后，使用鼠标调节 horizontalSlider 按钮位置，可在 Cortex-A8 嵌入式智能终端硬件平台上的扬声器中发出不同音调的声音。

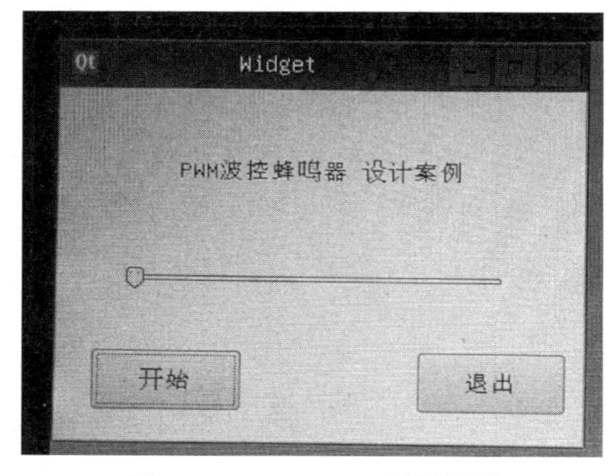

图 7.31　pwm-buzzer 运行界面

习　题　7

7.1 基于 Qt Creator 集成开发环境，编写 hello 应用程序。

7.2 依据本章设计案例 1，编写 keypad 应用程序。

7.3 依据本章设计案例 2，编写 Qt Serial Poat 应用程序。

7.4 依据本章设计案例 3，编写 ADC 采样应用程序。

7.5 依据本章设计案例 4，编写 PWM 波控蜂鸣器应用程序。

第 8 章　嵌入式物联网应用系统设计

通过物联网相连，极大拓展了嵌入式系统的应用领域，本章将通过实际案例介绍基于 Cortex-A8 微处理器的嵌入式应用系统的设计。主要涉及智能家居领域的设计、物联网应用云平台的搭建和访问等领域。

8.1　基于 yeelink 云平台的微环境气象参数采集系统

物联网（the Internet of Things，IOT），就是物物相连的互联网。指将各种信息传感设备，如射频识别（RFID）装置、红外感应器、全球定位系统、激光扫描器等与互联网结合起来而形成的一个巨大网络，将任何时间、任何地点、任何人之间的沟通连接扩展到人与物和物与物之间的沟通连接。物联网技术并不是一个单独的技术，而是多种已有技术的融合，如互联网技术、嵌入式系统技术、传感器技术、通信技术等。

微环境气象参数采集系统是物联网技术领域中的一个典型应用。人们日益关心自己居住或办公环境等特定场所环境的气象参数（如温度、湿度、PM2.5 浓度、光污染程度等）。目前微环境气象参数测量还是以单点测量为主。如楼宇等办公场所，仅停留在单点测量和实时数据显示，无法提供多个房间甚至多层空间的综合气象参数测量的实时数据和历史数据检索，无法为安居提供第一手的参考数据。

我们所希望的环境监测适用在地形相对复杂的场所，并且检测范围广、检测精度高。微环境气象参数采集系统设计的主要目的是为了解决传统监测环境方式的单一性，如智能化水平低、监测距离短等弊端。本节设计了基于 ZigBee 协议的无线传感器环境监测系统。借助 GPRS 无线数据传输完成实时监控和数据传输，借助云端服务器可实现远程现场数据查看、数据分析。

8.1.1　系统设计

8.1.1.1　系统需求

微环境气象参数采集系统应具有以下功能：

（1）数据存储容量：10MB。须满足 2 分钟一个采样点，每个采样点应含有时间戳，可连续存储一年的采样数据。

（2）网络覆盖范围：空旷地带半径<10m。

（3）测量对象：温/湿度、风速、风向、光照强度。

（4）供电方案：独立供电，连续工作时间大于 30×24 小时。

（5）组网能力：

- 本地：无线传感网络（ZigBee）。
- 组网：采用 GPRS 或 GSM 传输方式，通过无线网络将数据汇接到物联网云平台（yeelink）。
- 客户端：通过浏览器访问服务器，通过专用插件下载数据。

（6）传感器性能指标。详细指标内容参见 8.1.4 节。

依据系统需求，设计包含：传感网络拓扑结构、传感器终端节点的系统结构、制定传感器节点电源管理方案、传感网络网关的系统结构、制定通信传输协议、完成 yeelink 云平台的部署。

8.1.1.2 传感网络拓扑结构

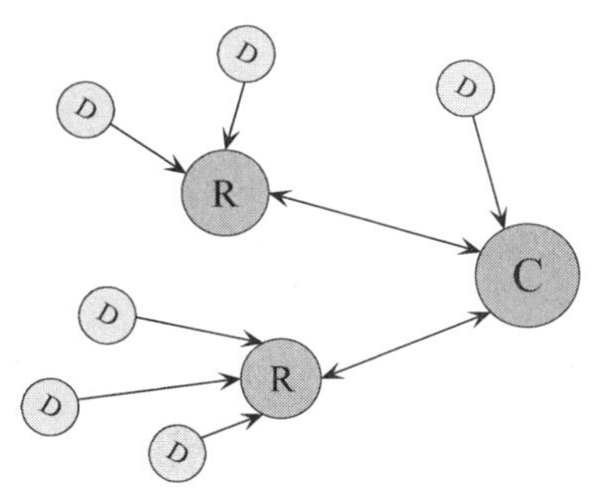

图 8.1 传感网络星形拓扑结构

本系统所设计的无线传感网络采用星形拓扑结构，拓扑结构如图 8.1 所示。

图 8.1 中含有三个关键节点设备：协调器节点 C、路由节点 R 和终端节点 D。

协调器节点（Coordinator）：负责建立网络，允许路由节点和传感器节点与其绑定，并接收路由器和传感器节点发送来的数据信息，以及通过网关传送给 PC 进行处理、存储数据等；

路由节点（Router）：当传感器节点距离协调器太远时，路由器完成中继。

终端节点（End-Device）：负责感知被测对象的物理信息，并将其通过无线传感网络传送到协调器。

8.1.1.3 系统结构设计

本系统所设计的无线传感网络系统结构如图 8.2 所示。

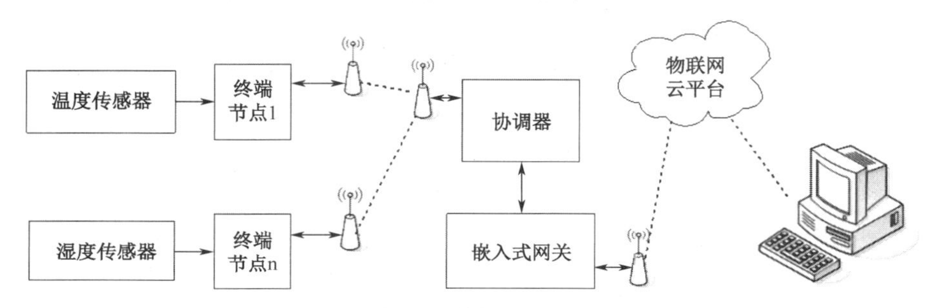

图 8.2 系统组成框图

（1）数据采集节点：由传感器、终端节点和 ZigBee 无线组网模块组成。用于完成数据采集、自动组网，通过所组建的无线传感网络将数据传输到短距离无线传感网关，用于原始气象参数数据的汇总。

（2）短距离无线传感网关：由嵌入式网关和 ZigBee 无线组网模块（协调器）组成。

协调器与数据采集节点的无线传感网络单元模块组建无线传感网络，通过网络接收数据采集节点所采集到的气象参数数据。

嵌入式网关完成本地网络的管理、采集到数据的存储和本地人机交互功能。借助无线通信模块将数据定时上传到基于物联网云平台的云端气象参数数据服务器。

（3）物联网云平台负责短距离无线传感网关的接入以及汇总和存储系统采集到的数据，并以浏览器的方式支持移动终端的访问和数据检索。

8.1.1.4 终端节点设计

本系统所设计的数据采集节点采用嵌入式结构，结构组成如图 8.3 所示。其结构主要由单片机最小系统、传感器模块、I/O 接口模块、无线传感网络单元模块和本地通信接口等组成。终端节点在后续内容中称为智能传感器硬件设备。

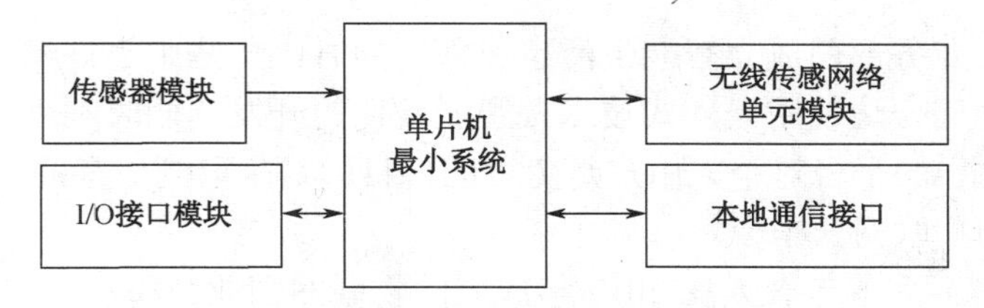

图 8.3　嵌入式数据采集节点组成框图

（1）单片机最小系统选用 Cortex 系列 CPU 及其附属最小工作系统，如 STM32 系列单片机。

（2）传感器模块用于采集气象参数，并将其转换为数字量，传递给单片机最小系统。

（3）无线传感网络单元模块用于组建无线传感网络，可以选择 ZigBee 通信模块来实现自组网功能。

（4）本地通信接口用于本地的管理，如程序下载、自检和状态查询显示。

（5）I/O 接口模块可用于本地接口扩展功能。

8.1.1.5　嵌入式网关

本系统所设计的短距离无线传感网关采用嵌入式结构，如图 8.4 所示。由嵌入式 CPU、人机交互接口模块、存储器、无线传感网络单元模块、显示单元、GPIO 复用接口、无线传输单元模块等组成。

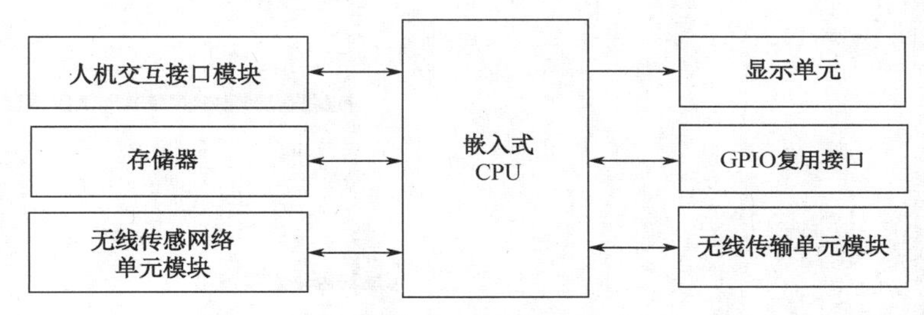

图 8.4　嵌入式网关组成框图

（1）嵌入式 CPU：选用 Cortex-A8 处理器（S5PV210）作为中央控制器，是系统的核心。负责处理无线传感网络单元模块接收到的智能传感器硬件设备发送过来的气象参数数据。

（2）人机交互接口模块：用于外接按键和指示灯，完成本地的设置和状态指示。

（3）存储器：存储器用于存储程序、配置参数及测量结果数据。

（4）无线传感网络单元模块：可采用 ZigBee（CC2530）/WiFi 兼容的硬件方案，实现自组网，支持路由功能，组建分布式监控网络。

（5）显示单元：在选用 Cortex-A8 处理器基础上，可选用 LCD 显示屏，增加显示内容和突出显示效果。

（6）GPIO 复用接口：用于扩展通信接口，如 USB 接口。

（7）无线传输单元模块：完成数据上传到云端服务器模块，可选用 GPRS 通信模块。

8.1.2　构建 yeelink 气象参数采集系统云平台

物联网是新兴的通信应用网络，从全球范围来看，产业化还处于新兴阶段。我国的物联网应用处于国际领先水平，国家政策也给予了物联网产业较多的支持，多个国家科技重大项目都以物联网作为主要方向之一。

很多大企业纷纷进军到物联网行业中。目前，阿里巴巴整合了旗下的天猫电器城、阿里智能云、淘宝众筹三个业务部门成立智能生活事业部。同时，一些中小规模的创业公司也加入到物联网行业中来。他们一边使用嵌入式技术做智能硬件的开发，同时利用互联网技术提供物联网云平台。大多数这样的平台对个人用户是免费的，目的是争取到更多的用户。yeelink 云平台是其中的一个典型的物联网云平台。

yeelink 是一群有活力的年轻人在 2012 年成立的物联网创业公司，主要致力于智能硬件的网络应用开发。基于 yeelink 传感器云网络，可以将自己设计的智能传感器硬件设备通过开放 API 免费接入互联网，能方便地通过互联网或者移动终端设备了解设备的运行状态，并提供相应的设备控制操作。

常用对个人用户免费的物联网云平台：

yeelink 平台 www.yeelink.net

传感云 http://www.wsncloud.com/

中国移动物联网云平台 http://open.iot.10086.cn/

8.1.2.1 登陆 yeelink 云平台主页

在浏览器中输入网址（www.yeelink.net）进入主页，如图 8.5 所示。

图 8.5 yeelink 云平台主页

8.1.2.2 注册用户

在 yeelink 首页中单击“用户注册”标签，可进入 yeelink 云平台用户注册界面，如图 8.6 所示。在用户注册界面中填写注册信息，通过邮箱激活完成注册。

8.1.2.3 平台管理

完成注册并激活，在 yeelink 首页中单击“登录”标签，使用自己的账号登录 yeelink 云平台。登录过程完成后，在 yeelink 首页中单击“用户中心”标签，进入管理界面，如图 8.7 所示，在此可以完成应用系统的部署任务。在 yeelink 云平台上与硬件有关的部署主要包含两部分：在平台上添加设备，在设备中添加传感器。

图 8.7 中主要包含 yeelink 云平台外部 API 接口密钥、向云平台添加设备及已有设备的管理三部分。其中，API 接口密钥在用户注册过程中由系统自动分配，用于外部应用程序使用 API 访问云平台的授权。

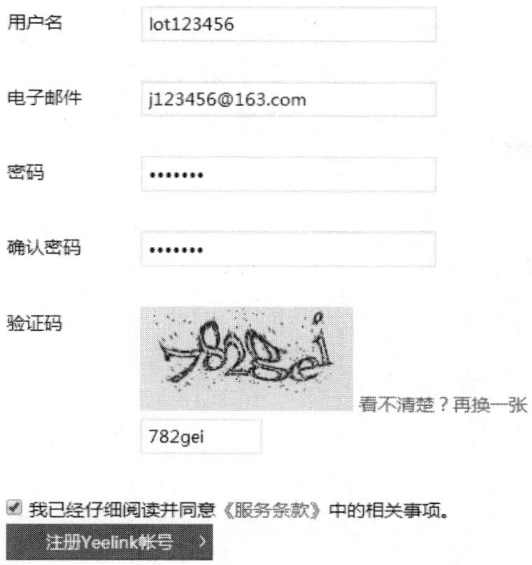

用户名 lot123456

电子邮件 j123456@163.com

密码 •••••••

确认密码 •••••••

验证码 看不清楚？再换一张 782gei

我已经仔细阅读并同意《服务条款》中的相关事项。

注册Yeelink帐号

图 8.6 yeelink 云平台用户注册界面

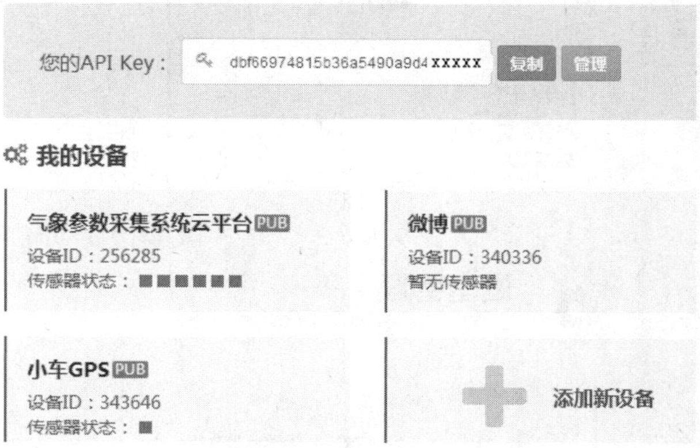

您的API Key： dbf66974815b36a5490a9d4 xxxxx 复制 管理

我的设备

气象参数采集系统云平台 PUB
设备ID：256285
传感器状态：

微博 PUB
设备ID：340336
暂无传感器

小车GPS PUB
设备ID：343646
传感器状态：

添加新设备

图 8.7 管理界面

1．添加新设备

在图 8.7 中单击“添加新设备”，进入添加新设备页面，如图 8.8 所示。

图 8.8 添加新设备信息

在图 8.8 中可以创建并填写系统的新设备信息。需要注意的是，yeelink 云平台对于普通用户所注册添加的设备属性是强制公开共享的，也就是其他用户也能看到该设备的信息。

在此创建了一个新设备，设备名称为演示设备。添加相应信息，保存退出后，回到管理界面，可以看到我们所添加的设备，如图 8.9 所示。

2．设备管理

在图 8.9 中单击演示设备，进入设备管理界面，如图 8.10 所示。

图 8.9　成功添加演示设备

图 8.10　平台设备管理界面

图 8.10 提供了外部通过 API 访问设备的地址信息。成功添加设备后，需要在设备中添加传感器。在图 8.10 中单击“添加传感器”按钮，进入添加传感器界面，如图 8.11 所示。

图 8.11　添加传感器信息

在图 8.11 中可以完成传感器相关信息的录入。在“类型”栏中可以根据自己的传感器来选择，比如温/湿度、风向、风速等传感器，通过下拉菜单中的提示选择数值型，GPS 位置传感器就选择 GPS 型传感器。完成相应信息录入后保存退出。

图 8.7 中建有一个“气象参数采集系统云平台”设备，单击设备名，可查看该设备所挂载的传感器，如图 8.12 所示。

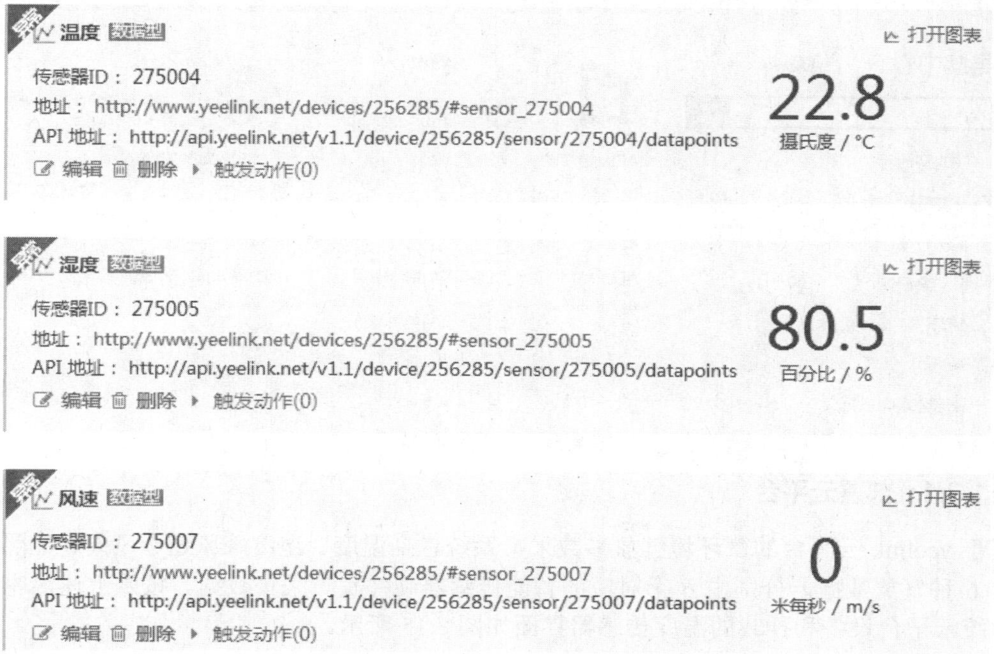

图 8.12　气象参数采集系统云平台下挂传感器

从图 8.12 可以查看到该设备所含所有传感器的信息。本设备目前含有：温度、湿度、风速、风向、光照强度和大气压等 6 种传感器，可完成相应物理量的测量。

在温度传感器窗体中含有：

（1）传感器 ID 和 API 地址：用于智能温度传感器硬件设备上传温度数据的程序接口。

（2）单击窗体中的“打开图表”标签，可以检索温度传感器在工作过程中上传的最新以及历史数据。在“时间”栏中输入时间范围，可以看到该时间段内的温度特性曲线，如图 8.13 所示。

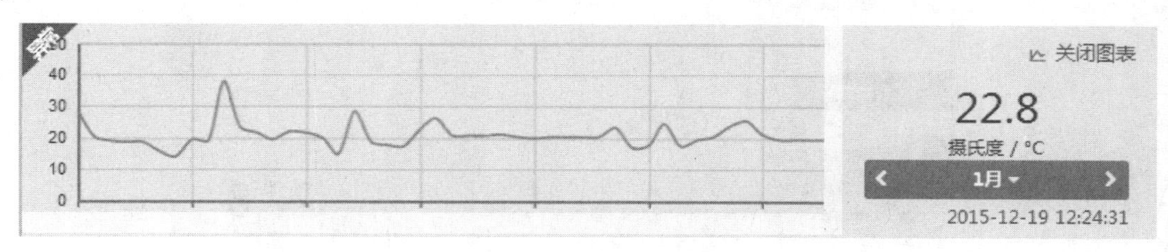

图 8.13　温度数据曲线

8.1.3　yeelink 云平台的应用

在图 8.5 中单击“开发者”标签，可以进入导航中心界面，如图 8.14 所示。在 yeelink 云平台上完成硬件设备部署后，需要了解云平台所提供的 API 接口协议，以便外部智能传感器硬件设备能够将现场测量到的数据上传到云平台。

yeelink 云平台为应用系统的开发提供了很多 API 可供使用，同时提供在线调试功能。可以先在 yeelink 云平台上调试通过后再在嵌入式应用系统上开发，以便在开发过程中准确定位问题所在的位置。

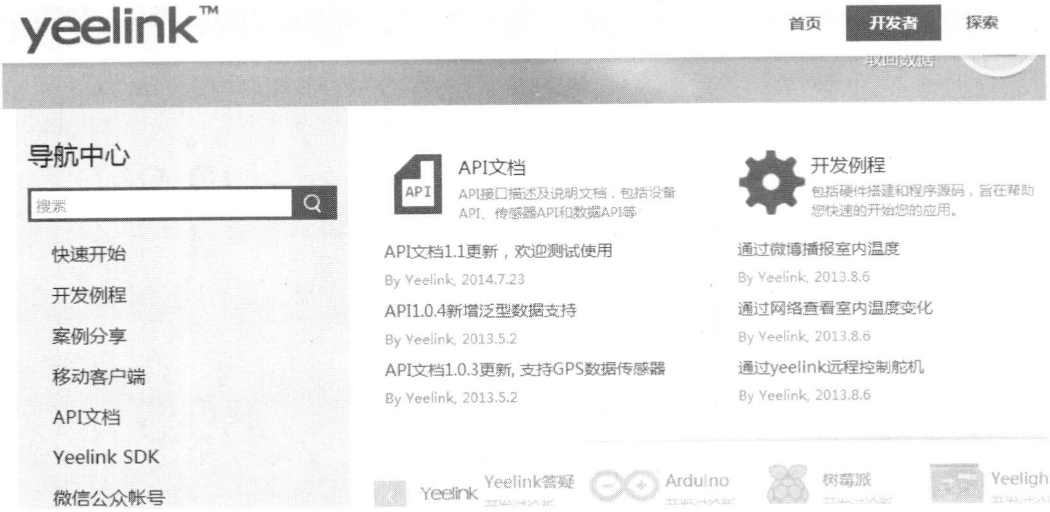

图 8.14　导航中心界面

8.1.3.1　部署云平台

基于 yeelink 云平台的微环境气象参数采集系统包括温度、湿度、风速、风向、光照度、大气压等 6 种气象数据，分别由 6 个对应的智能传感器硬件负责采集数据。按照上述内容完成部署的系统云平台设备和挂载的温度传感器界面如图 8.15 所示。

图 8.15　气象参数采集系统云平台

6 个气象数据分别对应着相应的传感器。系统的每个设备都有自己的地址，每个传感器也有自己的唯一的地址，我们上传数据就是将传感器采集的数据上传到对应的地址上，平台通过解析将数据显示出来。

（1）气象参数采集系统云平台

设备 ID：256285

设备地址：http://www.yeelink.net/devices/256285

API 地址：http://api.yeelink.net/devices/256285

（2）温度传感器

传感器 ID：275004

地址：http://www.yeelink.net/devices/256285/#sensor_275004

API：http://api.yeelink.net/v1.1/device/256285/sensor/275004/datapoints

在图 8.15 中，使用云平台上提供的编辑功能可以对温度传感器进行编辑。单击温度传感器界面中的“编辑”按钮，进入温度编辑页面，如图 8.16 所示。图中，可以修改传感器的参数、添加单位、用公式对数据进行修正以及对数据限制和过滤等。

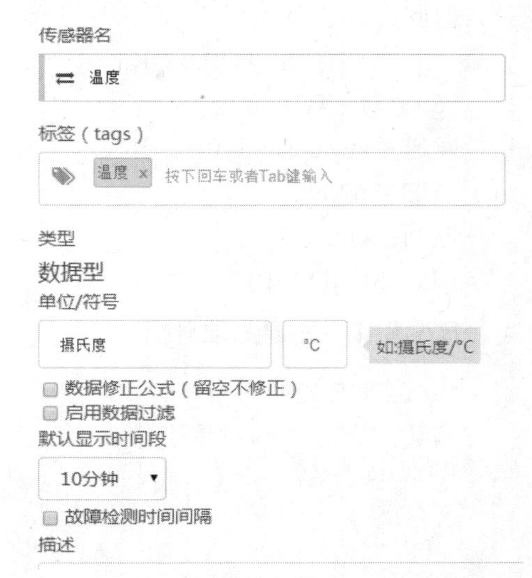

图 8.16　温度编辑页面

8.1.3.2　智能传感器硬件

当智能传感器硬件设备上传采集数据时，可以使用 GPRS 模块建立一条 TCP 链路，然后在这条链路上向云平台发送数据，数据中需要包含气象参数采集系统云平台 ID 和传感器 ID，这需要和之前在云平台上的部署是一一对应的，平台使用 JSON 格式解析数据，所以需要使用这种格式发送数据。

8.1.3.3　AT 指令集中的 GPRS 命令

使用 GPRS 模块建立一条 TCP 链路的过程中，需要用到 AT 指令集中与 GPRS 有关的命令。

（1）指定使用内部协议栈

命令格式：

发送：AT+XISP=0

返回：OK

（2）网络注册

在建立 TCP 链路之前，需要设定 APN 或接入点名称，以便完成网络注册。

命令格式：

发送：AT+CGDCONT=1,'IP','CMNET'　　　　//加入中国移动网络

发送：AT+CGDCONT=1,'IP','UNINET'　　　　//加入中国联通 2GNET

返回：OK

（3）检测网络注册状态

在建立 TCP 连接之前，需要确保模块已经注册上网络。可使用查询命令，依据返回值来判断。

命令格式：

发送：AT+CREG?

返回：+CREG:0,1　　　　//已注册网络

返回：+CREG:0,5　　　　//已注册网络

（4）建立 TCP 连接

命令格式：

发送：AT+XIIC=1　　　　//要求建立 TCP 连接

返回：OK

发送：AT+XIIC?　　　　　　　　　　　　//查询 TCP 链路连接状态
返回：+XIIC:1,42.96.164.52　　　　　　　//TCP 链路建立成功，返回连接 IP 地址

（5）建立 TCP 连接

发送：at+tcpsetup=1,42.96.164.52,80
//要求在链路 1 上建立到 220.199.66.56: 80 连接
返回：OK
　　+TCPSETUP:0,OK　　　　　　//在链路 1 上建立成功

（6）发送 TCP 数据

发送：at+tcpsend=0,10　　　　　　//要求在链路 0 上发送 10 字节的数据
>1234567890　　　　　　　　　//等待返回">"后，输入要发送字符并以 0x0d 结尾
返回：OK　　　　　　　　　　　//AT 指令执行成功
+TCPSEND:0,10　　　　　　　　//数据发送成功

8.1.3.4　关键函数分析

1．GPRS_Init

函数：完成入网设置工作。

```
u8 GPRS_Init(void)
{
        USART_RX_STA|=0x8000;                      //锁定接收数据状态位
        uart_rx_clear();                           //清除接收数据缓冲区
        send("AT+XISP=0\r\n");
          delay_ms(200);
        send("AT+CGDCONT=1,\"IP\",\"UNINET\"\r\n");
          delay_ms(200);
        send("AT+CREG?\r\n");
          delay_ms(200);
        send("AT+XIIC=1\r\n");
          delay_ms(200);
        USART_RX_STA=0;                            //清除接收数据状态位，允许接收
        send("AT+XIIC?\r\n");
          delay_ms(500);
        if(USART_RX_STA==0)      return 1;         //是否有建立TCP连接，无返回"1"
        USART_RX_STA|=0x8000;                      //锁定接收数据状态位
        if((USART_RX_BUF[24]|USART_RX_BUF[26]
            |USART_RX_BUF[28]|USART_RX_BUF[30])!='0')
        return 0;
        else    {delay_ms(1000);return 1;}
}
```

2．send_FXData

建立连接，上传传感器数据。

```
void send_FXData()
{
  send("AT+TCPSETUP=1,42.96.164.52,80\r\n"); //每次发送数据之前重新建立连接
 delay_ms(1000);                             //延时
 delay_ms(1000);
 send("AT+TCPSEND=1,238\r\n");               //发送238个数据
```

```
    delay_ms(200);
    /*逐条发送数据*/
    send("POST /v1.0/device/256285/sensor/380828/datapoints HTTP/1.11\r\n");
    send("Host: api.yeelink.net\r\n");
    send("Accept: */*\r\n");
    send("U-ApiKey: dbf66974815b36a5490a9d4xxxxxxxxx\r\n");
    send("Content-Length: 21\r\n");
    send("Content-Type: application/x-www-form-urlencoded\r\n");
    send("\r\n");
    send("{\r\n");
    printf("\"value\":");
    send(fengxiang);                    //初始值定义为：fengxiang[]="145.0";
    send("}\r\n\r\n\r\n\r\n\r\n\r\n\r\n\r\n\r\n");
}
```

说明：

（1）42.96.164.52：yeelink 云平台服务器地址。

（2）设备地址（256285）和传感器地址（380828)，可在设备管理界面中的风向传感器窗体中获得，风向传感器窗体如图 8.17 所示。

（3）U-ApiKey 可以在图 8.10 所示的平台管理界面中获得。

图 8.17　风向传感器窗体

8.1.4　传感器性能指标

1．传感器性能指标

（1）温度

测量范围：温度-40～120℃；湿度 0～100%。

精度：±0.5℃（0～50℃时）。

分辨率：0.1℃（0～50℃时）。

漂移：<0.1℃/年。

反应时间：输出结果达到测量值 90%的时间<1 分钟。

尺寸：10mm×10mm。

（2）湿度

相对湿度：<95%±4.5%（40℃）。

尺寸：216mm×350mm。

（3）风速

测量范围：0～60m/s。

精度：±0.45m/s。

开启极限：≤0.2m/s。

结构：三杯式风速计。

电缆长度：2.5m。

（4）风向

测量范围：8 个方位。

工作温度：-10～60℃。

（5）光照度

测量范围：0～20 万 lx。

最大允许误差：±5%FS。

重复测试：±5%。

温度特性：±0.5%/℃。

波长测量范围：380～730nm。

2．DHT11 温/湿度传感器参数

供电电压：3.3～5.5VDC。

输出：单总线数字信号。

测量范围：湿度 20%RH～90%RH，温度 0～50℃。

测量精度：湿度±5%RH，温度±2℃。

分辨率：湿度 1%RH，温度 1℃。

互换性：可完全互换。

长期稳定性：<±1%RH/年。

8.2 基于安卓 APP 的家居智能养花系统

热爱生活的人都喜爱种植花卉，然而由于工作的忙碌，人们在照料花卉方面的精力越来越少，常常忽略了花卉的生长。小到家里窗前的几盆花，大到庄园甚至农田大面积种植的各种农作物，我们都无法随时随地得到它们准确的生长状况。借助信息科学技术以及互联网和物联网技术的迅猛发展，以及智能手机等移动设备的快速普及，可以使我们的生活更加方便。

本案例通过家居温室管理系统和 Android 智能手机，对家居温室环境中种植的植物的生长环境和过程进行观察和了解，完成及时呵护和管理过程。家居温室管理系统可以通过智能传感器及时获得植物的生长环境和生长状况的相关数据，经过数据处理后通过蓝牙或其他远程无线通信方式发送到智能手机，并通过 APP 显示出测量结果。

人们在使用智能手机观察和欣赏自己家居温室环境中花卉的同时，还可以借助系统给出的花卉呵护合理化种植建议，实现在家居温室环境中温度、湿度和光照的自动调节。

8.2.1 系统设计

通过智能传感器采集植物生长环境的温度和湿度数据，经过处理、发送、接收和显示等过程，使用移动终端 APP 将其可视化显示并将当前数据和专业数据进行比较后给出合理的种植建议，通过手机就可以对作物的生长状态进行远程监控、自动管理。综合考虑植物生长需求，创造出植物最适宜的生长环境，帮助人们更好地种植花卉。

1．家居温室管理系统功能

（1）温室环境参数采集，可以检测温度、湿度、光照，捕捉照片和图像。

（2）执行机构可以控制调节温室环境温度、湿度、光照。

（3）构建嵌入式服务器。

（4）编写移动终端 APP（基于 Android 智能手机）。

（5）组网能力：

- 本地：无线传感网络（ZigBee），蓝牙，WiFi。
- 组网：采用 GPRS 或 GSM 传输方式，通过无线网络将数据汇接到物联网。
- 客户端：通过浏览器或 APP 访问服务器。

（6）传感器性能指标。详细指标内容参见 8.1.4 节。

依据系统需求，设计包含：传感网络拓扑结构、传感器终端节点的系统结构、制定传感器节点电源管理方案、传感网络网关的系统结构、制定通信传输协议、完成 yeelink 云平台的部署。

2．系统组成

针对功能需求，所设计的家居温室管理系统的结构如图 8.18 所示。家居温室管理系统主要由温室环境监测/控制节点、智能家居网关和移动终端三部分组成。

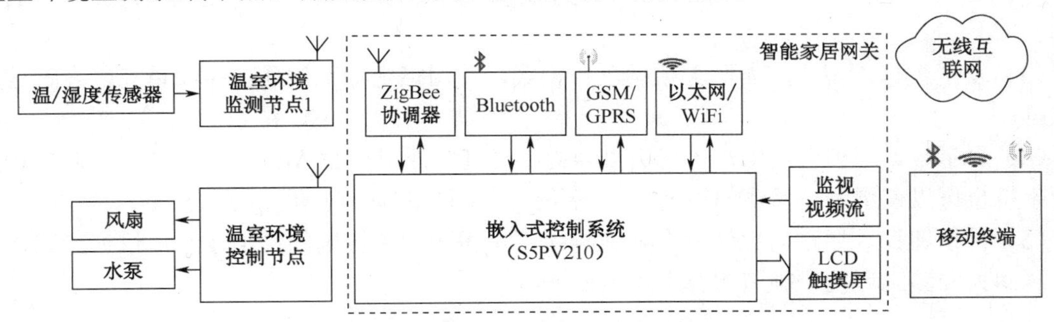

图 8.18　家庭智能养花系统组成结构框图

（1）温室环境监测/控制节点。应具有以下功能：

温室环境的数据采集功能。实现对温室环境所种植的植物生长环境的持续监测，了解植物的生长状态，并与植物生长所需的最合理的环境值进行对比，为人们的关心和呵护提供基础数据。

温室环境相关设备的控制能力。可以实现温/湿度和光照的调节功能和水分的浇灌功能。

组网能力。采用无线组网方式，针对家居环境可以实现检测和控制功能的灵活组合，便于本地的灵活部署。

图 8.18 中，温室环境监测和温室环境设备控制功能分布于不同的节点之中，通过 ZigBee 方式与智能家居网管组件无线传感网络完成数据的传输。在所组建的无线传感网络中，温室环境监测/控制节点充当网络节点的功能。

（2）智能家居网关。智能家居网关应具有无线组网功能、UI 交互功能、视频图像采集功能、无线传输功能和本地有线网络连接功能。

图 8.18 中，智能家居网关内含 ZigBee 协调器单元，可以与 ZigBee 温室环境监测/控制节点组建 ZigBee 无线传感网络。基于所组建的 ZigBee 无线传感网络，智能家居网关可以汇总温室环境监测节点中的采集数据，依据移动终端给出的命令向温室环境监测节点发出设备控制指令。

智能家居网关含有蓝牙、WiFi 和 GSM/GPRS 等通信方式接口。其中：

蓝牙接口——支持移动终端以蓝牙方式互连；

WiFi 接口——可以建立热点，支持移动终端以 WiFi 方式访问；

GSM/GPRS 接口——支持短信和数据流方式的数据交互。

智能家居网关含有视频采集和处理功能，使人们在闲暇之余可以通过图片和图像方式对温室环境进行实时浏览。

（3）移动终端。可以通过蓝牙和 WiFi 方式与智能家居网关连接，通过手机上定制的 APP 或网页浏览器方式就能轻松便捷地获取植物的生长环境信息，随时掌握植物的生长状况，实现对家居温室环境进行浏览和管理。

3. 系统工作流程

系统主要工作流程如图 8.19 所示。

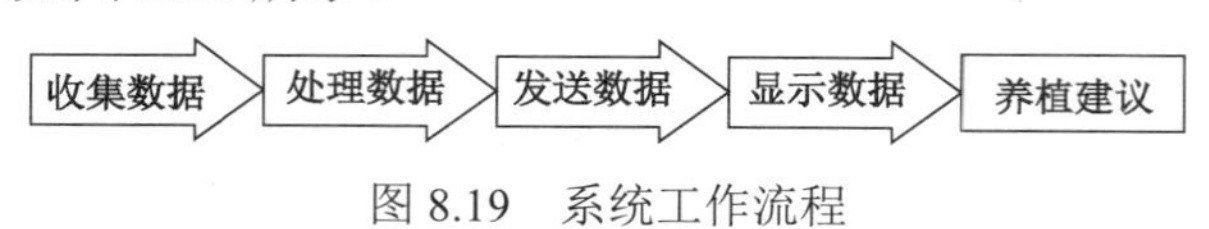

图 8.19　系统工作流程

（1）收集数据。智能家居网关首先组建本地 ZigBee 传感网络，通过传感网络收集温室环境监测节点借助传感器获取的家居温室环境数据。

（2）处理数据。智能家居网关验证并处理收集到的测量数据信息，完成数据发送前的准备工作。

（3）发送数据。智能家居网关依据工作模式，使用指定的无线通信接口单元，发送处理好的数据。

（4）显示数据。手机使用蓝牙将接收到的数据进行处理并在 APP 上显示植物此时的相应信息。手机也可以使用浏览器访问智能家居网关，来浏览植物此时的相应信息。

（5）种植建议。通过对比预存专业数据库，可得到相关正确的种植建议。依据建议通过智能家居网关向温室环境控制节点发出控制指令。

8.2.2　温室环境节点设计

8.2.2.1　温室环境节点组成结构

依据系统功能需求，温室环境节点应具有温室环境的数据采集功能、温室环境相关设备的控制能力和灵活的组网能力，其系统组成如图 8.20 所示。

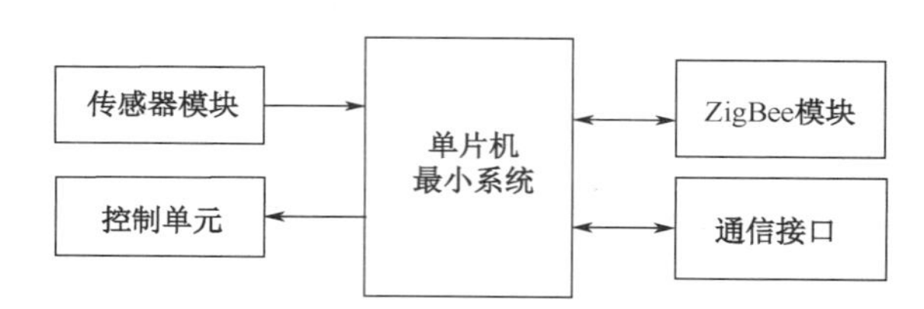

图 8.20　嵌入式数据采集节点组成框图

温室环境控制节点主要由单片机最小系统、传感器模块、控制单元、ZigBee 模块和本地通信接口等部分组成。

（1）单片机最小系统：本案例选用 STM32 最小系统板为前期的应用开发板。

（2）传感器模块：使用光敏电阻完成光照强度检测，使用集成温/湿度传感器 DHT22 完成温度和湿度的检测。

（3）控制单元：使用电磁阀外接水泵实现浇水，使用继电器外接小型排风扇实现温/湿度的调节，使用步进电机控制窗帘的开合。

（4）ZigBee 模块：ZigBee 芯片选用德州仪器(TI)公司的 CC2530。CC2530 内部具有一个高性能 2.4GHz DSSS（直接序列扩频）射频收发器和一个工业级小巧高效的 8051 控制器，实现了德州仪器的 ZigBee 协议栈，为用户提供了一个强大和完整的 ZigBee 解决方案。

（5）本地通信接口：用于应用程序的更新下载，系统自检和状态查询显示。

8.2.2.2　温/湿度检测单元设计

DHT22 是一款集成数字温/湿度传感器，可于检测温室环境内的温度和湿度，并将温度、湿度检测结果转换成数字信号，通过外部引脚送给 STM32 进行数据的分析和处理。

1. 硬件连接电路

DHT22 通过数字 I/O 接口采用单总线方式与 CPU 进行数据传输，连接电路如图 8.21 所示。

图 8.21 中，DHT22 传感器的 DATA 引脚外接一个 4.7kΩ 上拉电阻后连接到 STM32 处理器的 DHT22_DATA 引脚。

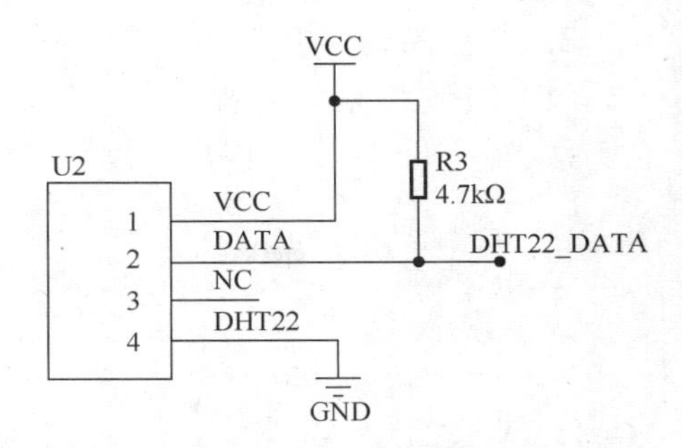

图 8.21　DHT22 数字温/湿度传感器与 CPU

2. 单总线数据传输

单总线只有一根数据线，连接双方通过数据线完成控制信息的发布和数据交换。STM32 处理器与 DHT22 传感器之间采用单总线连接。STM32 处理器为主控方，STM32 处理器在使用单总线发布控制信号呼叫传感器时，DHT22_DATA 引脚需要设置为输出开漏模式。在使用单总线采集 DHT22 传感器转换数据时，该引脚需要设置为输入内部上拉模式。

STM32 处理器与 DHT22 传感器之间的连接为主从结构，由 STM32 处理器发出信号来启动一次数据传输过程。只有处理器正确发出呼叫传感器信号时，DHT22 传感器才会应答，因此处理器发出呼叫传感器的信号必须严格遵循单总线序列。如果出现序列混乱，传感器将不响应主机。

（1）数据传输过程。DHT22_DATA 引脚在空闲期间保持输出高电平，处理器启动一次数据传输过程如下：

- 处理器通过 DHT22_DATA 引脚发送一次起始信号（把数据总线拉低至少 800μs）后，将 DHT22 传感器从休眠模式转换到高速模式。
- 处理器发出开始信号结束后，需要将引脚设置为输入且为内部上拉模式，以此来释放单总线。此后 DHT22 传感器占用数据线且发送响应信号（低电平）。
- DHT22 传感器发送响应信号结束后，在数据线上串行送出 40bit 数据，处理器完成接收过程。
- 通信过程结束后，单总线处于空闲状态，处理器 DHT22_DATA 引脚设置为输出模式且输出高电平。

（2）数据通信格式。处理器与 DHT22 使用单总线传输数据的通信格式如图 8.22 所示。

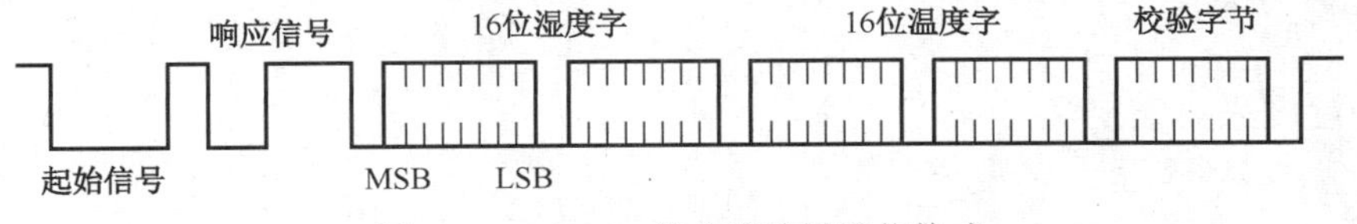

图 8.22　DHT22 单总线数据通信格式

图 8.22 描述了两部分内容：处理器启动命令信号和传感器响应信号，传感器采集的温/湿度数据信息。

启动命令信号由处理器发出，正常情况下 DHT22 会给出响应信号，此时信号电平的持续时间应满足时序要求。

温/湿度数据信息共 40 位，由传感器在数据总线上串行送出 40bit 数据，先发送字节的高位；发送的数据依次为湿度高 8 位、湿度低 8 位、温度高 8 位、温度低 8 位、8 位校验字节，发送数据结束会触发一次新的信息采集，采集结束传感器自动转入休眠模式，直到下一次数据传输来临。

40bit 数据中的 16 位湿度字和 16 位温度字的数据格式以及校验字节的生成方法可参见 DHT22 传感器的相关部分内容。

3. 关键代码分析

（1）温/湿度采集主函数

```
u8 CMD_rx_buf[8];                             //命令缓冲区
u8 DATA_tx_buf[14];                           //返回数据缓冲区
u8 CMD_ID = 0;                                //命令序号
u8 Sensor_Type = 0;                           //传感器类型编号
u8 Sensor_ID = 0;                             //相同类型传感器编号
u8 Sensor_Data[6];                            //传感器数据区
u8 Sensor_Data_Digital = 0;                   //数字类型传感器数据
u16 Sensor_Data_Analog = 0;                   //模拟类型传感器数据
u16 Sensor_Data_Threshod = 0;                 //模拟传感器阈值
/* 根据不同类型的传感器进行修改 */
Sensor_Type = 10;
Sensor_ID = 1;
CMD_ID = 1;
DATA_tx_buf[0] = 0xEE;                        //组建帧结构
DATA_tx_buf[1] = 0xCC;
DATA_tx_buf[2] = Sensor_Type;
DATA_tx_buf[3] = Sensor_ID;
DATA_tx_buf[4] = CMD_ID;
DATA_tx_buf[13] = 0xFF;
delay_ms(1000);
while (1)
{ if(DHT22_Read())                            //读取一次温/湿度信息
{ Sensor_Data[2] = Humidity >> 8;
Sensor_Data[3] = Humidity&0xFF;
Sensor_Data[4] = Temperature >> 8;
Sensor_Data[5] = Temperature&0xFF;
}
for(i = 0;i < 6;i++)                          //帧结构中插入数据帧
DATA_tx_buf[5+i] = Sensor_Data[i];
UART1_SendString(DATA_tx_buf, 14);            //发送数据帧
LED_Toggle();
delay_ms(1000);
}
```

（2）温/湿度采集宏定义

```
#define DHT22_PORT                GPIOD                        //端口
#define DHT22_PIN                 GPIO_PIN_3                   //引脚
#define DHT22_DQ_OUT()            (DHT22_PORT->DDR |= DHT22_PIN)
                                                               //输出
#define DHT22_DQ_IN()             (DHT22_PORT->DDR &= ~DHT22_PIN)
                                                               //输入
#define DHT22_DQ_HIGH()           (DHT22_PORT->ODR |= DHT22_PIN)
                                                               //拉高
#define DHT22_DQ_PULL_UP()        (DHT22_PORT->CR1 |= DHT22_PIN)
                                                               //上拉
#define DHT22_DQ_OPEN_DRAIN()     (DHT22_PORT->CR1 &= ~DHT22_PIN)
                                                               //开漏
#define DHT22_DQ_VALUE()          (DHT22_PORT->IDR & DHT22_PIN)
                                                               //DQ值
```

（3）温/湿度采集子函数

```
#include "DHT22.h"
#include "Delay.h"
volatile unsigned int Humidity = 0, Temperature = 0;
void DHT22_Init(void)                          //释放单总线
{   DHT22_DQ_IN();
    DHT22_DQ_PULL_UP();
    delay_s(2);
}
unsigned char DHT22_ReadByte(void)             //读单总线上8位数据
{   unsigned char i = 0, _data = 0;            //原始采集数据清零
    for (i = 0; i < 8; i++)
    {
        while(DHT22_DQ_VALUE() == 0);          //单总线上状态为零
        delay_us(50);
        if (DHT22_DQ_VALUE() != 0)             //单总线上状态为1
        {
            _data |= (0x80 >> i);              //将采集数据中对应位置1
            delay_us(50); } }
    return _data;
}
unsigned char DHT22_Read(void)
{   unsigned int retry = 0;
    unsigned char H_H, H_L, T_H, T_L, Check;
    unsigned char temp;
    DHT22_DQ_OUT();                        //1引脚设置为输出模式
DHT22_DQ_OPEN_DRAIN();                     //引脚设置为开漏模式
    DHT22_DQ_HIGH();                       //输出逻辑1，置单总线空闲
    delay_us(10);                          //满足电平持续时间要求
    DHT22_DQ_LOW();                        //发送起始信号
    delay_us(1000);                        //满足电平持续时间要求
    DHT22_DQ_IN();                         //2释放单总线
    DHT22_DQ_PULL_UP();
    delay_us(30);
    while(DHT22_DQ_VALUE() == 0)           //3等待传感器输出的响应信号
    {   retry++;
        if(retry > 1000)
            return 0;                      //有响应，正常返回
    }
        retry = 0;
    while(DHT22_DQ_VALUE() != 0)           //无响应，异常返回
    {   retry++;
        if(retry > 1000)
            return 0;
    }
    H_H = DHT22_ReadByte();                //4读取湿度数据
    H_L = DHT22_ReadByte();
    T_H = DHT22_ReadByte();                //读取温度数据
```

```
    T_L = DHT22_ReadByte();
    Check = DHT22_ReadByte();                 //读取校验字节
    temp = H_H + H_L + T_H + T_L;             //5校验
    if(Check != temp)
       return 0;
    else
    {  Humidity    = (unsigned int)(H_H<<8)+(unsigned int)H_L;
                                              //合成湿度字
       Temperature  = (unsigned int)(T_H<<8)+(unsigned int)T_L;
                                              //合成温度字
    }
    return 1;
}
```

（4）浇花函数

```
void water_the_flower(u8 time)           //浇花函数，入口参数为浇灌持续时间
{ u8 t;
LED0 =1;                                  //接通电磁阀，开始浇水
for (t = 0; t < time; t++ )
delay_ms(1000);
LED0 = 0;                                 //断开电磁阀
}
```

8.2.3 智能家居网关硬件平台结构设计

依据系统功能需求，智能家居网关硬件平台应具有本地组建 ZigBee 无线传感网能力、视频图像采集功能、多种方式的无线连接和数据传输能力、本地以太网联网连接能力。其系统组成如图 8.23 所示。

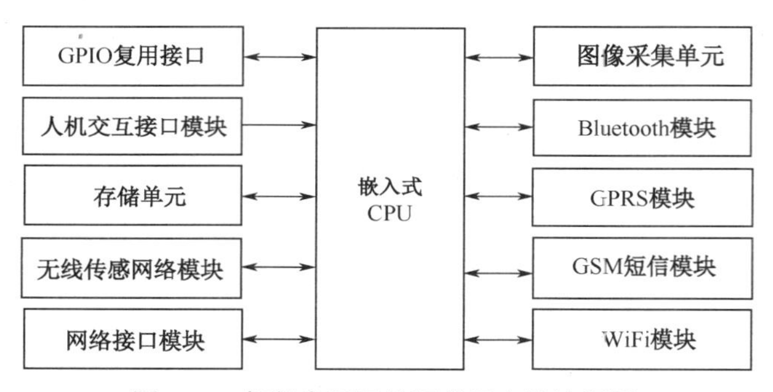

图 8.23 智能家居网关硬件平台结构框图

图 8.23 中含有嵌入式 CPU 最小系统、GPIO 复用接口、人机交互接口模块、存储单元、无线传感网络模块、网络接口模块、图像采集单元、Bluetooth 模块、GPRS 模块、GSM 短信模块和 WiFi 模块等功能单元。

（1）嵌入式 CPU：选用 Cortex-A8 处理器（S5PV210）作为中央控制器，是系统的核心，可选其典型应用硬件平台，硬件平台上可运行嵌入式 Linux 操作系统。

（2）GPIO 复用接口：用于扩展通信接口，如 USB 接口。

（3）人机交互接口模块：用于外接按键和指示灯，完成本地的设置、信息指令的录入和状态指示。选用 LCD 触摸显示屏，增加显示内容并突出人机交互效果。

（4）存储器单元：存储器用于存储程序、配置参数及测量结果数据。

（5）无线传感网络模块：采用 ZigBee（CC2530）的硬件方案。实现自组网，支持路由功能，用来组建分布式 ZigBee 传感网络。

（6）网络接口模块：用于实现以太网接入功能。

（7）图像采集单元：外接摄像头，实现视频图像的采集功能。使人们在闲暇之余可以通过图片和图像方式对温室环境进行实时浏览。

（8）Bluetooth 模块：提供 Bluetooth 互连功能。

（9）GPRS 模块：使用 GPRS 完成数据的收发功能。

（10）GSM 模块：提供短消息的收发功能。

（11）WiFi 单元模块等功能单元：提供 WiFi 互连功能。

8.2.3.1 GSM 单元模块设计

1．GSM 模块选型

本系统选用 TC35i 通信模块，模块与智能家居网关之间通过串口连接。TC35i 模块是西门子公司推出的无线通信 GSM 模块。智能家居网关使用该模块可以快速安全可靠地实现短消息收发，利用短消息实现与外界的信息交互。

GSM 模块与主控之间通过串行口通信，智能家居网关通过 AT 指令集来访问 GSM 模块并获取短消息内容，根据短信内容通过 ZigBee 传感网络向温室环境控制节点发出指令，控制节点设备执行操作。

2．常用 AT 指令

（1）设置为文本模式。

指令格式：　　AT+CMGF=1

返回：　　OK

（2）选择 TE 的字符集。

指令格式：　　AT+CSCS="GSM"

返回：　　OK

（3）设置为 PDU 模式。

指令格式：　　AT+CMGF=0

返回：　　OK

（4）TE 显示十六进制数。

指令格式：　　AT+CSCS="UCS2"

返回：　　OK

（5）发送短信，接收短信手机号码为 1301182****，短信内容“连接测试”。

指令格式：　　AT+CMGS="1301182****"\r\n

返回：　　'>'

等到提示符号后，输入短信内容：连接测试。

返回：　　OK

（6）来短信提示。

指令格式：　　AT+CNMI=2,1

收到短信后发送提醒：+CMTI: "SM",1（第一条短信），根据需要设置短信提示方式，默认上电是不提醒的。

返回：　　　　　　OK

（7）读一条短信

指令格式：　　　　AT+CMGR=1

返回：　　　　　　+CMGR: "REC READ","8613800138000"," ","09/02/10,14:02:07 +50" ??,?????????220.60?,?????????220.60?,???????0.00?.

OK

说明：TC35i 通信模块所支持的 AT 指令集可以从网上查找相关文件。

3．范例

手机发送短信，在英文输入方法状态下，短信内容为：+WTTF:"99"。

+WTTF：浇花命令

"99"：连续浇花时间为 99s。

主要函数：

```
u8 read_msg[9]="AT+CMGR=0";                        //读短消息
u8 cmd_new_msg[14]="+CMTI: \"SM\",3";              //来短信提示
u8 cmd_wtf[12] = "+WTTF: \"00\"";                  //定义短信浇花命令“+WTTF”
u8 cmd_ready[9] = "+PBREADY";

void init_system()                                 //模块初始化
{ LED1 = !LED1;                                    //置发送AT指令状态
     send_cmd((u8*)"AT&F", 4);
delay_ms(1000);                                    //发送AT指令间隔延时
send_cmd((u8*)"AT+CMGF=1", 9);                     //设置短信为文本模式
delay_ms(1000);
send_cmd((u8*)"AT+CSCS=\"GSM\"", 13);              //选择TE的字符集
delay_ms(1000);
send_cmd((u8*)"AT+CNMI=2,1", 11);                  //设置来短信提示
delay_ms(1000);
send_cmd((u8*)"AT+CMGD=0,4", 11);                  //按序号删除短信
LED1 = !LED1;                                      //清除发送AT指令状态
}
void delete_all()                                  //按序号删除短信
{ test();
send_cmd((u8*)"AT+CMGD=0,4", 11);
}
void send_cmd(u8 cmd[], u8 len)                                //串口发送数据
{ u8 t;
for(t=0;t<len;t++)
{ USART_SendData(USART1, cmd[t]);                              //向串口1发送数据
while(USART_GetFlagStatus(USART1,USART_FLAG_TC)!=SET);         //等待发送结束
}
USART_SendData(USART1, 0x0d);                                  //向串口1发送0x0d
while(USART_GetFlagStatus(USART1,USART_FLAG_TC)!=SET);
USART_SendData(USART1, 0x0a);                                  //向串口1发送0x0a
while(USART_GetFlagStatus(USART1,USART_FLAG_TC)!=SET);
}
```

8.2.3.2 Bluetooth 单元模块设计

1．Bluetooth（蓝牙）模块选型

本系统选用 HC-05 嵌入式蓝牙串口通信模块，与智能家居网关之间通过串口连接。该模块可以工作在命令响应工作模式和自动连接工作模式。在自动连接工作模式下，模块又可分为主（Master）、从（Slave）和回环（Loopback）三种工作角色。

当模块处于命令响应工作模式时，可以接收并执行 AT 指令，可以通过智能家居网关向模块发送各种 AT 指令，设定模块控制参数。当模块处于自动连接工作模式时，可以自动根据事先设定的方式进行连接和完成数据传输。

2．蓝牙模块配置

自动连接模式属于蓝牙模块的正常数据传输模式。在使用之前，需要设定蓝牙模块的设备名称和配对密码。

蓝牙模块引脚 PIO11 用于模块状态切换，通过控制该引脚电平，可以实现模块工作状态的动态转换。PIO11 引脚接高电平对应 AT 指令响应工作状态，引脚接低电平或悬空对应蓝牙常规数据传输工作状态。

将 PIO11 引脚接高电平，蓝牙模块进入 AT 指令响应工作状态。此时可以借助串口助手使用以下 AT 指令完成对模块的初始设置。

（1）修改通信模式，需要将其设置为：9600，8，n，1。

蓝牙模块初始默认设置状态：38400bps，8bit（数据位），1bit（停止位），1bit（校验位）。

设置指令格式：　AT+UART=9600,0,0\r\n

返回：　OK

查询指令格式：　AT+UART?\r\n

返回：　+UART:9600,0,0

OK

（2）修改设备名称，将设备名称命名为 FlowerCarer。

设置指令格式：　AT+NAME= FlowerCarer\r\n

返回：　OK

查询设备：　AT+NAME?\r\n

返回：　+ NAME:FlowerCarer

OK

（3）设置配对码为 1234

设置指令格式：　AT+PSWD=1234\r\n

返回：　OK

查询设备：　AT+PSWD?\r\n

返回：　+PSWD:1234

OK

（4）设置模块工作角色为从模式

蓝牙模块初始默认设置模块工作角色为从模式，选默认模式即可。

说明：HC05 蓝牙模块所支持的 AT 指令集可以从网上查找相关文件。

3．工作流程

（1）将 PIO11 引脚接低电平，蓝牙模块工作于常规数据传输状态。

（2）通过手机搜索名称为“FlowerCarer”蓝牙设备，并建立连接。

（3）使用手机上的 APP 访问智能家居网关，进入家居智能养花系统进行操作浏览。

8.2.3.3 WiFi 单元模块设计

1. WiFi 模块选型

本系统选用 LTM22 WiFi 模块，该模块通过外部引脚可设置功耗模式，提供 SPI 和 UART 两种通信方式，本例模块与智能家居网关之间通过串口连接。

2. AT 指令

（1）初始配置

指令：at+rsi_init

指令：at+rsi_band=1

指令：at+rsi_scan=0,Connectify-jiang //WiFi 热点名称

指令：at+rsi_psk=12345678 //设置热点登录密码

指令：at+rsi_join=Connectify-jiang,0,2 //加入网络

指令：at+rsi_ipconf=0,192.168.36.66,255.255.255.0,192.168.36.1//本机 IP 网管服务器

指令：at+rsi_cfgsave //保存配置

指令：at+rsi_cfgenable =1 //激活配置

（2）发送数据

此时启动主机环境测试软件 USR TCP232-TEST，按以下参数设置软件环境：

环境测试参数为：TCP SEVER

192.168.36.1

LISTENING

在智能家居网关端向 WiFi 模块发送以下 AT 指令，可实现与热点的连接和向热点发送数据。

指令：at+rsi_band=1

返回：OK

指令：at+rsi_tcp=192.168.36.1,8899,24999 //TCP 连接申请

返回：OK

指令：at+rsi_snd=1,10,0,0,hello //发送测试数据

返回：OK

3. 发送数据串整理

在以字符方式发送时，字符结尾后面添加“\r\n”表示发送结束。在以十六进制数发送数据串时，AT 指令集规定当遇到连续的 0x0D 和 0x0A 两个字节时认为发送数据串结束。因此需要在发送的数据串结尾添加 0x0D 和 0x0A 两个字节，若数据串中含有 0x0D、0x0A 两个字节，需要使用特殊方法来表示这两个字节是数据串中固有信息而非结束标识。方法如下：

（1）在使用 0xDB 和 0xDC 替换数据串中 0x0D 和 0x0A 两个字节

原始数据串： 0x41 0x42 0x43 0x0D 0x0A 0x31

整理后数据串： 0x41 0x42 0x43 0xDB 0xDC 0x31 0x0D 0x0A

（2）数据串中含 0xDB，补 0xDD 表示 0xDB 为数据

原始数据串： 0x41 0x42 0x43 0xDB 0x31 0x32

理后的数据串： 0x41 0x42 0x43 0xDB 0xDD 0x31 0x32 0x0D 0x0A

（3）数据串中含 0xDB 和 0xDC，则在中间插入 0xDD 表示 0xDB 和 0xDC 为数据

原始数据串： 0x41 0x42 0x43 0xDB 0xDC 0x31 0x32

整理后数据串： 0x41 0x42 0x43 0xDB 0xDD 0xDC 0x31 0x32 0x0D 0x0A

原始数据串：　　　0x41 0x42 0x43 0x0D 0x0A 0xDB 0x31 0x32 is

整理后数据串：　　0x41 0x42 0x43 0xDB 0xDC 0xDB 0xDD 0x31 0x32 0x0D 0x0A

原始数据串：　　　0x41 0x42 0x43 0x0D 0x0A 0xDB 0xDC 0x31 0x32

整理后数据串：　　0x41 0x42 0x43 0xDB 0xDC 0xDB 0xDD 0xDC 0x31 0x32 0x0D 0x0A

上述插入的字节在接收端会自动去除，恢复原始数据。

```
//函数功能：关键字处理，避免数据中含有AT指令集关键字
//输入参数：无
//输出参数：插入字符数
u16 DATA_CHECK(void)
{ u16 i,j;
u16 offset=0;                          //插入字符数
for(i=0;i<TOTL_PACKET_LEN;i++)
{ if(WIFI_COM_TX_BUFF[i]==0xDB)        //判断WIFI_COM_TX_BUFF数组中是否含0xDB
{ for(j=TOTL_PACKET_LEN;j>i;j--)
{ WIFI_COM_TX_BUFF[j+1]=WIFI_COM_TX_BUFF[j];}    //后移数据
WIFI_COM_TX_BUFF[i+1]=0xDD;            //插入0xDD
offset++;}
}
for(i=0;i<TOTL_PACKET_LEN+offset;i++)
//判断WIFI_COM_TX_BUFF数组中是否含0x0d,0x0a,有替换
{  if(WIFI_COM_TX_BUFF[i]==0x0D&&WIFI_COM_TX_BUFF[i+1]==0x0A)
             { WIFI_COM_TX_BUFF[i]=0xDB;
             WIFI_COM_TX_BUFF[i+1]=0xDC; }
}
return offset;
}
```

8.2.4　智能家居网关软件平台设计

软件平台主要依托 Linux 操作系统实现包含本地功能和远程访问功能两部分。本地功能包含本地功能界面的实现及服务层接口功能两部分，远程功能支持移动手持设备通过网络浏览器访问。

8.2.4.1　智能家居网关软件平台结构

本系统所设计的智能家居网关软件平台依托环境：

硬件：CBT-IOT-SHS 型智能家居实训系统平台

　　PC 机 Pentium 500 以上，硬盘 40GB 以上，内存大于 256MB

软件：Vmware Workstation + RHEL6 + ARM-Linux 交叉编译开发环境

　　MiniCom（超级终端或其他串口调试助手）

智能家居网关软件平台结构如图 8.24 所示，包含系统层、设备驱动层、本地服务层和应用层。其中，本地服务层主要包括：设备管理层和服务层（ZigBee 节点）、GPRS 数据和命令服务、视频服务和视频采集/控制、Web 服务器和 Socket 服务器 5 个部分。

1．设备管理层和服务层（ZigBee 节点）

本系统设备包含两种：传感器设备和执行器设备（ZigBee 控制）。既要实现传感器数据的获取，也要实现控制执行器。传感器主要包含温/湿度、烟雾、人体检测、指纹、RFID；执行器包含风扇、电灯、窗户等家居设备控制模块。

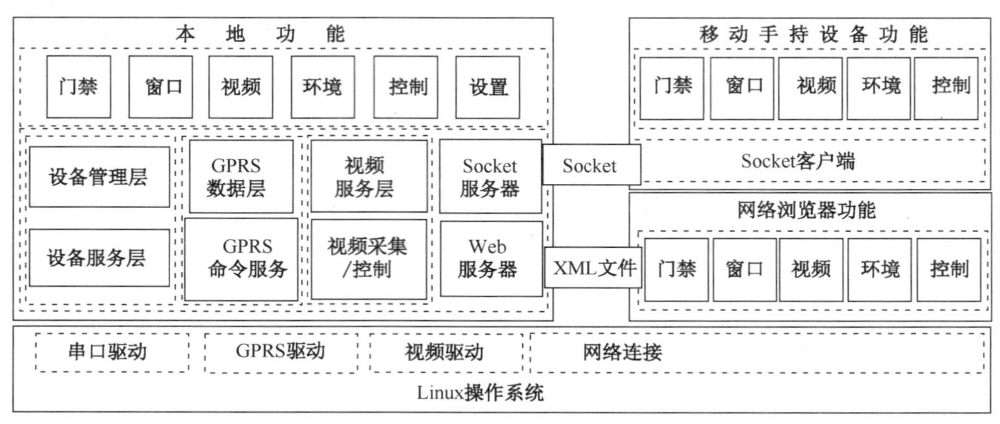

图 8.24 智能家居软件平台结构

（1）数据协议。本数据协议反映了网关上的 ZigBee 协调器与节点之间在应用层面上的数据传输格式。传输的数据包采用定长结构，数据包内含有无线传感网络在线节点的基本信息。网关与节点之间数据交互协议如下：

地址、类型、编号、位置、主数据、扩展数据、时间、在线状态

以风扇控制设备为例：

地址（2B）：0x12 0x00

类型（1B）：0x02（风扇设备）

编号（1B）：0x02

位置（1B）：0x04（阳台）

主数据（4B）：0x00 0x00 0x00 0x00（0x00：关、0x01：开、0xFF：命令失败）

扩展数据（1B）：0x00

时间（14B）：0x32 0x30 0x31 0x35 0x31 0x30 0x30 0x33

0x31 0x35 0x34 0x31 0x30 0x30(2015-10-03 15:41:00)

在线状态（1B）：0x00（0x00：掉线、0x01：在线）

以温/湿度检测设备为例：

类型（1B）：0x09（温/湿度设备）

编号（1B）：0x09

位置（1B）：0x02（客厅）

主数据（4B）：HH HL TH TL；00 00 00 FF（命令失败）

（2）结构体定义。这里主要定义有传感器信息结构体和节点链表。

ZigBee 节点传感器信息结构体，表示 ZigBee 节点传感器信息。

```
typedef struct{
unsigned int nwkaddr;                          //16位网络地址
unsigned char sensortype;                      //传感器类型
unsigned char sensorindex;                     //传感器编号
unsigned char sensorposition;                  //传感器位置
unsigned long int sensorvalue;                 //32bit传感器数据
unsigned char res;                             //预留
struct timeval time;                           //时间戳信息
unsigned char status;                          //节点状态：掉线为0，在线为1
} SensorDesp,*pSensorDesp;
```

ZigBee 节点链表结构体，表示 ZigBee 节点的链表。

```
typedef struct NodeInfo NodeInfo,*pNodeInfo;
struct NodeInfo{
SensorDesp *sensordesp;                         //ZigBee节点传感器信息
NodeInfo *next;                                 //链表指针域
};
```

（3）函数定义

设备控制槽函数，用于实现节点设备的控制。

```
void ServerSetSensorStatus(
    unsigned int nwkaddr,                       //网络地址
    unsigned char sensortype,                   //传感器类型
    unsigned char sensorindex,                  //传感器编号
    unsigned char sensorposition,               //传感器位置
    unsigned long                               //32位的控制数据
    int status);
```

获得设备节点链表函数，用于返回节点链表表头。

函数原型：NodeInfo *ServerGetNodeLink(void);

设备管理服务层包含获得在线节点、控制执行器动作两个接口函数。通过开启串口检测线程不停检测节点在线状态，并将传感器数据保存到 XML 文件中。控制执行器动作接口由上层直接调用，发布控制命令，实现节点设备的控制操作。

2. Socket 服务器（供手持客户端访问的服务器）

Socket 服务器主要是为了实现手持客户端访问功能而设计的。Socket 服务器包含：初始化 Socket、建立监听连接线程、处理客户端请求并进行相关处理。

（1）服务器端的主要功能是完成后台监听线程，主要处理任务有：发送在线节点到客户端，控制执行器动作，报警图片数据发送（扩展）。

（2）手持客户端功能有连接服务器函数、获得在线设备节点、控制执行器动作、视频监控（扩展）、报警图片显示（扩展）。

（3）通信协议（端口号默认 8683，允许最多 60 个连接）。

协议 1——客户端请求服务器发送所有传感器信息。

客户端请求命令格式：0xFC、0x01、0x0A

服务器应答信息格式：

没有节点：0xCF、0x01、0x01、0x0A。

有节点：SOF、功能号、功能二、数据长度、所有节点数据、结束符。

SOF：0xCF；

功能号：0x01；

功能二：0x02；

长度：len=节点个数*11（2*sizeof（unsigned char）高字节在前低字节在后）；

结束符：0x0A。

协议 2——控制节点设备状态。

客户端发出命令格式：SOF、功能号、addr、type、index、Position、value、结束符。

SOF：0xCF；

功能号：0x02；

addr：节点网络地址；

Type：传感器类型；

Index：传感器编号；

Position：传感器位置；

Value：控制值；

结束符：0x0A

应答信息：控制传感器状态无应答信息。

3．GPRS 数据和命令服务

（1）实现功能有设备异常时报警、短信控制设备及家电开关（风扇、电灯、电磁锁、窗帘、窗户），所以必须开启一个线程负责监听 GPRS 接收短信并进行解析。短信报警接口由上层直接调用。

（2）实现函数

① 初始化函数，负责启动智能家居网关 GPRS 功能。

函数原型：void GPRS_API_Init( );

② 获得信号强度。

函数原型：int GPRS_API_Signal( );

③ 发送短信到指定的电话号码。

函数原型：int GPRS_API_Send_Msg(char *phone,const ushort *data,int len);

参数：phone 为电话号码，data 为发送内容，len 为长度。

④ 接收短信。

函数原型：int GPRS_API_Rev_Mgs(char *msg,char *phone);

参数：msg 为接收到的内容，phone 为短信来源电话号码。

返回值：>0 正常，==-2 表示短信内容太长，<0 异常。

⑤ 短信匹配。

函数原型：int GPRS_API_Match(char *buffer,QString name);

参数：buffer 为接收到的内容，name 为匹配内容。

返回值：1-成功，0-失败。

4．视频服务器

本案例采用 Mjpeg-streamer 视频服务器（其可以同时实现显示到 LCD、保存图像文件、http 访问），通过 system 方法启动视频服务器进程。

（1）实现功能有远程 http 访问、本地视频显示、本地拍照，调整显示窗口的大小、位置、显示、隐藏等。

（2）实现函数接口：

① 初始化函数，负责初始化打开视频服务器。

函数原型：void Cam_Init(int x,int y,int w,int h);

参数：x,y 为视频显示窗口顶点位置坐标，w,h 为视频窗口的宽和高。

② 显示接口函数，实现在 LCD 上显示视频。

函数原型：void Cam_Show( );

③ 隐藏接口函数，隐藏 LCD 上的视频。

函数原型：void Cam_Hide( );

④ 拍照接口函数，负责进行拍照，图片默认存储到/smartHome/web/img 目录，此处文件默

认名称为：2012_03_03_19_17_16_picture_000000000.jpg。

函数原型：void Cam_Photo( );

⑤ 删除图片接口，负责删除/smartHome/web/img 图片文件。

函数原型：void Cam_RmAll( );

5．Web 服务器

采用 GoAhead 服务器，调用执行器控制的 cgi 函数、XML 文件数据。

cgi 文件：解析页面传递的参数，进行设备状态的控制。

XML 数据包含：传感器（NodeInfo.xml）、照片（Pic.xml）。

8.2.4.2 温室环境节点数据采集

在智能家居网关上基于 Qt 实现温室环境节点数据的采集。

1．获取节点数据函数

在 8.2.4.1 节中的设备管理服务层（ZigBee 节点），已设定设备管理服务层的相关协议及接口函数，在此只是调用 NodeInfo*ServerGetNodeLink(void)函数，获得当前的节点，然后根据传感器类型进行分类显示即可。具体代码如下：

（1）Sensorthread.h

```
#ifndef SENSORTHREAD_H
#define SENSORTHREAD_H
#include <QThread>
#include <QMutex>
#include "server.h"
class sensorThread : public QThread
{ Q_OBJECT
public:
explicit sensorThread(QWidget *parent = 0);
SERVER *Server;
struct NodeInfo *p;
virtual void run();
signals:
void
sensorMessagesender(unsigned int netAddr,unsigned int sensorType,unsigned
int
sensorNum,unsigned int sensorRoom,unsigned int sensorDate,unsigned char
status);
//上报到上层界面显示
};
#endif // SENSORTHREAD_H
```

（2）Sensorthread.cpp

```
#include "sensorthread.h"
#include <QDebug>
sensorThread::sensorThread(QWidget *parent) :
QThread(parent)
{ Server = new SERVER();
this->start();}
void sensorThread::run()
```

```
{ while(1)
{ p=Server->ZigBeeServer->ServerGetNodeLink();
while(p != NULL)
{ if((p->sensordesp->sensortype==0x09)|(p->sensordesp->sensortype==0x0c))
//判断是否为温/湿度检测、光照检测传感器
emit sensorMessagesender(p->sensordesp->nwkaddr,p->sensordesp->sensortype,
p->sensordesp->sensorindex,p->sensordesp->sensorposition,
p->sensordesp->sensorvalue,p->sensordesp->status);
//上报到上层界面
p = p->next;
}
usleep(400000);}
}
```

2. 界面设计

为了显示节点数据，需要在智能家居网关上实现 UI 交互界面。可以参考第 7 章的内容，使用 Qt 完成图形用户界面的设计过程，显示传感器的基本信息。

3. 关键类和函数体

（1）sensorButton 类（传感器子控件）

头文件 sensorbutton.h：

```
#ifndef SENSORBUTTON_H
#define SENSORBUTTON_H
#include <QWidget>
#include "server.h"
namespace Ui { class sensorButton;}
class sensorButton: public QWidget
{ Q_OBJECT
public: explicit sensorButton(QWidget *parent = 0);
~sensorButton();
int humdata;
double hum;
int tempdata;
double temp;
QString str;
void addSensorbutton(unsigned int addr,unsignedint type,unsigned int room,
unsigned int index,unsigned int value,unsigned char status);
//用于节点第一次出现时创建相应的传感器子控件
private:
Ui::sensorButton *ui;
public slots:
void updateSensorState(unsigned int type,unsigned int value,
unsigned char status);//用于传感器状态的更新
};
#endif // SENSORBUTTON_H
```

函数体 sensorbutton.cpp：

```
#include "sensorbutton.h"
#include "ui_sensorbutton.h"
#include <QDir>
#include "server.h"
```

```
#include <QDebug>
sensorButton::sensorButton(QWidget *parent) :
QWidget(parent),
ui(new Ui::sensorButton)
{ ui->setupUi(this);
{ back^M
this->setAutoFillBackground(true);
QPalette palette;
palette.setBrush(QPalette::Window, QBrush(QPixmap(":/rcs/button.png")));
this->setPalette(palette);}
}
sensorButton::~sensorButton()
{}
void sensorButton::addSensorbutton(unsigned int addr,unsigned int type,
unsigned int room,unsigned int index,unsigned int value,unsigned char status)
//当节点第一次加入时，初始化传感器信息
{ switch(type)
{ case 0x0c:
ui->image->setPixmap(QPixmap(":/rcs/sunny.png"));    //显示图标
ui->type_value->setText(QString("光照检测"));
if(value==1)
ui->value_value->setText(QString("强光"));              //显示检测值
else
ui->value_value->setText(QString("弱光"));
break;
case 0x09 :
ui->image->setPixmap(QPixmap(":/rcs/temp.png"));
ui->type_value->setText(QString("温湿度"));             //显示湿度值
humdata = value>>16;
hum = (humdata/10.0);
tempdata = value&0xffff;
temp = (tempdata/10.0);
ui->value_value->setText(QString("温度：")+str.setNum(temp)+"℃"+QString
("湿度：")+str.setNum(hum)+"%");                          //显示温度值
break;
default :
return;
}
ui->addr_value->setText(str.setNum(addr));
switch(room)
{ case 2:
ui->room_value->setText(QString("客厅"));      //显示节点或传感器位置信息
break;
case 4:
ui->room_value->setText(QString("阳台"));
break;
default:
return;
}
```

```
ui->index_value->setText(str.setNum(index));
if(status==1)
ui->status_value->setText(QString("在线"));         //传感器在线状态
else
ui->status_value->setText(QString("离线"));
}
void sensorButton::updateSensorState(unsigned int type,unsigned int
value,unsigned char status)                          //更新传感器信息
{ switch(type)
{ case 0x09 :
humdata = value>>16;
hum = (humdata/10.0);
tempdata = value&0xffff;
temp = (tempdata/10.0);
ui->value_value->setText(QString("温度：")+str.setNum(temp)+"℃"+
QString("湿度：")+str.setNum(hum)+"%");
break;
case 0x0c :
if(value==1)
ui->value_value->setText(QString("强光"));
else
ui->value_value->setText(QString("弱光"));
break;
default :
return;
}
if(status==1)
ui->status_value->setText(QString("在线"));
else
ui->status_value->setText(QString("离线"));
}
```

（2）Widget 类

头文件 widget.h：

```
#include "sensorthread.h"
#include "sensorbutton.h"
namespace Ui {class Widget;}
class sensorConfig
{ public:
unsigned int netAddr;                          //网络地址，传感器的标识
int sensorposition;                            //传感器位置
int sensorType;                                //传感器类型
int sensorState;
int sensorNum;
sensorButton *button_p;                        //按钮指针
sensorConfig &operator = (const sensorConfig &org)
{ netAddr = org.netAddr;
sensorposition = org.sensorposition;
sensorType = org.sensorType;
sensorNum = org.sensorNum;
```

```
return *this;}
bool operator == (const sensorConfig &org)
{ if( sensorposition == org.sensorposition&&sensorType == org.sensorType&&
sensorNum == org.sensorNum&&netAddr == org.netAddr)
{return true;}
return false;}
};
class Widget : public QWidget
{ Q_OBJECT
public:
explicit Widget(QWidget *parent = 0);
~Widget();
QList<sensorConfig> sensorConfiglist;
//用于存放加入 ScrollArea控件的节点，以便确保不会加入相同的节点
QWidget* leftForm ;                          //左边界面
QWidget* rightForm;                          //右边界面
QVBoxLayout *sensorLayout;                   //布局
QVBoxLayout *deviceLayout;
sensorThread *psensorThread;
private:
Ui::Widget *ui;
public slots:
void sensorAddButton(unsigned int netAddr,unsigned int sensorType,unsigned
int sensorNum,unsigned
int sensorRoom,unsigned int sensorDate,unsigned char status);
};
```

函数体 widget.cpp：

```
#include "widget.h"
#include "ui_widget.h"
#include "ZigBee/ZigBeeserver.h"
Widget::Widget(QWidget *parent):QWidget(parent), ui(new Ui::Widget)
{ ui->setupUi(this);
QFont tmp("simhei");                                //字体设置
tmp.setPointSize(9);
ui->sensorArea->setFont(tmp);
QPalette palette;
QPixmap rightbackground(":/rcs/right.png");  //背景设置
palette.setBrush(this->backgroundRole(),QBrush(rightbackground));
ui->frame_right->setPalette(palette);
QPixmap leftbackground(":/rcs/left.png");
palette.setBrush(this->backgroundRole(),QBrush(leftbackground));
ui->frame_left->setPalette(palette);
psensorThread= new sensorThread();       //调用ZigBee接口获得传感器节点信息
leftForm = new QWidget();//
rightForm = new QWidget();//
sensorLayout = new QVBoxLayout(leftForm);
deviceLayout = new QVBoxLayout(rightForm);
ui->sensorArea->setWidget(leftForm);
//设置控件leftForm为该ScrollArea的子控件
```

```
ui->devicelArea->setWidget(rightForm);
//设置控件rightForm为该ScrollArea的子控件
connect(psensorThread,SIGNAL(sensorMessagesender(uint,uint,uint,uint,uint,
unsignedchar)),this,SLOT(sensorAddButton(uint,uint,uint,uint,uint,unsigned
char)));
//更新或加入节点
}
Widget::~Widget()
{delete ui;}
void Widget::sensorAddButton(unsigned int netAddr,unsigned int sensorType,
unsigned int sensorNum,unsigned int sensorRoom,
unsigned int sensorDate,unsigned char status)    //更新或加入节点
{ sensorConfig sensor;
sensor.netAddr = netAddr;
sensor.sensorType = sensorType;
sensor.sensorposition = sensorRoom;
sensor.sensorNum = sensorNum;
int listAddr;
if((listAddr = sensorConfiglist.indexOf(sensor,0)) == -1)
//add，如果节点不存在于sensorConfiglist列表，则添加新节点
{ qDebug()<<"add button";
sensorButton *button;                              //添加子节点控件
button = new sensorButton(leftForm);
sensorLayout->addWidget(button);
button->setFixedHeight(149);
button->setFixedWidth(270);
button->addSensorbutton(netAddr,sensorType,sensorRoom,sensorNum,sensorDate,
status);
//并设置子节点控件的显示信息
sensor.button_p = button;
sensorConfiglist.append(sensor); }   //将节点插入sensorConfiglist列表
else         //update如果节点已经存在sensorConfiglist列表中，则更新节点数据
{ qDebug()<<"update button";
sensorConfiglist[listAddr].button_p->updateSensorState(sensorType,
sensorDate,status);                        //更新子节点控件显示信息}
}
```

8.2.4.3 温室环境节点状态控制

在智能家居网关上基于 Qt 实现温室环境节点状态控制。

1. 节点控制函数

在 8.2.4.1 节中的设备管理服务层（ZigBee 节点），已设定设备管理服务层的相关协议及接口函数，在此只是调用 NodeInfo*ServerGetNodeLink(void)函数，获得当前的节点，然后根据传感器类型进行分类显示即可。在上节基础上添加代码如下：

（1）Sensorthread.h

```
#include "server.h"
class sensorThread : public QThread
{ Q_OBJECT
public:
```

```
explicit sensorThread(QWidget *parent = 0);
SERVER *Server;
struct NodeInfo *p;
virtual void run();
signals:
void sensorMessagesender(unsigned int netAddr,unsigned int sensorType,
unsigned int sensorNum,unsigned int sensorRoom,unsigned
int sensorDate,unsigned char status);    //传感器节点上报到上层界面显示
void devMessagesender(unsigned int netAddr,unsigned int sensorType,
unsigned int sensorNum,unsigned int sensorRoom,
unsigned int sensorDate,unsigned char status);
                                          //控制节点上报到上层界面显示
};
```

（2）Sensorthread.cpp:

```
#include "sensorthread.h"
#include <QDebug>
sensorThread::sensorThread(QWidget *parent) :
QThread(parent)
{ Server = new SERVER();this->start();}
void sensorThread::run()
{ while(1)
{ p=Server->ZigBeeServer->ServerGetNodeLink();
while(p != NULL)
{ if((p->sensordesp->sensortype==0x09)|(p->sensordesp->sensortype==0x0c))
//判断是否为温/湿度检测、光照检测传感器
emit sensorMessagesender(p->sensordesp->nwkaddr,p->sensordesp->sensortype,
p->sensordesp->sensorindex,p->sensordesp->sensorposition,
p->sensordesp->sensorvalue,p->sensordesp->status);
                                              //上报到上层界面
if((p->sensordesp->sensortype==0x02))         //风扇节点
emit devMessagesender(p->sensordesp->nwkaddr,p->sensordesp->sensortype,
p->sensordesp->sensorindex,p->sensordesp->sensorposition,
p->sensordesp->sensorvalue,p->sensordesp->status);
p = p->next;}
usleep(400000);}
}
```

控制节点设备的状态查询，可以调用 ServerSetSensorStatus(unsigned int nwkaddr，unsigned char sensortype，unsigned char sensorindex，unsigned char sensorposition，unsigned long int status)函数完成。

2. 界面设计

为了显示节点数据，需要在智能家居网关上实现 UI 交互界面。可以参考第 7 章的内容，使用 Qt 完成图形用户界面的设计过程，显示传感器的基本信息。

控制节点 UI 界面包含节点界面、传感器界面、主界面。本节定义了一个规范的控制节点显示界面 devbuton.ui，用来显示控制节点的基本信息、图像及控制按钮状态，显示界面如图 8.25 所示。

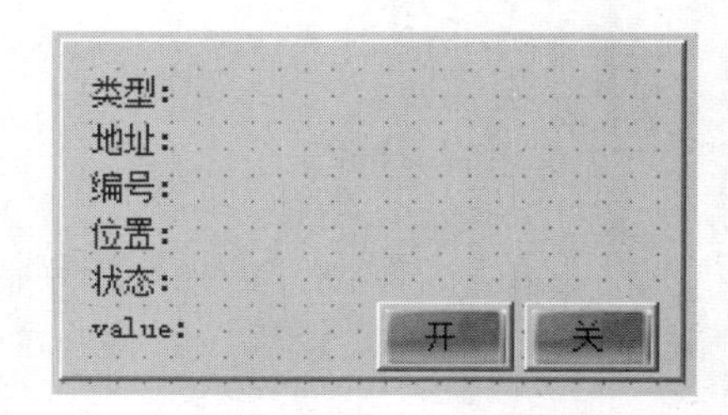

图 8.25　控制节点显示界面

图 8.25 中文本框用于显示节点的基本状态信息，按钮用于发出节点设备的控制命令。

3．关键类和函数体

（1）devButton 类（控制节点子控件）

```
函数体 devbutton.cpp :
#include "ui_devbutton.h"
#include "devbutton.h"
#include <QDebug>
devButton::devButton(QWidget *parent):QWidget(parent),ui(new Ui::devButton)
{ ui->setupUi(this);
{ back^M//设置背景
this->setAutoFillBackground(true);
QPalette palette;
palette.setBrush(QPalette::Window, QBrush(QPixmap(":/rcs/button.png")));
this->setPalette(palette);}
}
devButton::~devButton()
{}
void devButton::addDevbutton(unsigned int addr,unsigned int type,
unsigned int room,unsigned int index,
unsigned int value,unsigned char status)          //初始化添加执行器基本信息
{
switch(type)
{ case 0x02:
ui->image->setPixmap(QPixmap(":/rcs/RFID.png"));
ui->type_value->setText(QString("风扇"));
if(value==1)
{ ui->opendoor->setDisabled(true);
ui->closedoor->setEnabled(true);
ui->value_value->setText(QString("开"));}
else
{ ui->opendoor->setEnabled(true);
ui->closedoor->setDisabled(true);
ui->value_value->setText(QString("关"));}
break;
default :
return;}
ui->addr_value->setText(str.setNum(addr));          //地址
switch(room)
{
case 4:
ui->room_value->setText(QString("阳台"));
break;
default:
return;}
ui->index_value->setText(str.setNum(index));        //编号
if(status==1)                                       //在线状态
{ ui->status_value->setText(QString("在线"));}
else
{//当节点掉线时，不能按下开关按钮
```

```
ui->opendoor->setDisabled(true);
ui->closedoor->setDisabled(true);
ui->status_value->setText(QString("离线"));}
}

void devButton::updateDevState(unsigned int type,unsigned int value,
unsigned char status)                                //更新执行器信息
{ switch(type)
{ case 0x02:                                         //风扇
if(value==1)
{ ui->opendoor->setDisabled(true);
ui->closedoor->setEnabled(true);
ui->value_value->setText(QString("开"));}
else
{ ui->opendoor->setEnabled(true);
ui->closedoor->setDisabled(true);
ui->value_value->setText(QString("关"));}
break;
default :
return;}
if(status==1)
{ ui->status_value->setText(QString("在线")); }
else
{
ui->opendoor->setDisabled(true);
ui->closedoor->setDisabled(true);
ui->status_value->setText(QString("离线"));}
}
void devButton::on_opendoor_clicked()         //开
{ emit setSensorStatus(networkAddr,sensortype,sensorIndex,sensorHomeaddr,1); }
//发送节点控制信号给主界面，以便主界面控制执行器动作
void devButton::on_closedoor_clicked()        //关
{ emit setSensorStatus(networkAddr,sensortype,sensorIndex,sensorHomeaddr,0);}
```

（2）Widget 类

函数体 widget.cpp（添加控制节点设备的控制部分）：

```
void Widget::devAddButton(unsigned int netAddr,unsigned int sensorType,
unsigned int sensorNum,unsigned int sensorRoom,unsigned
int sensorDate,unsigned char status)          //添加执行器信息
{ devConfig dev;
dev.netAddr = netAddr;
dev.sensorType = sensorType;
dev.sensorposition = sensorRoom;
dev.sensorNum = sensorNum;
int listAddr;
if((listAddr = devConfiglist.indexOf(dev,0)) == -1)//add
{ qDebug()<<"add button";
devButton *button;
button = new devButton(rightForm);            //在右侧区域创建添加子控件
deviceLayout->addWidget(button);
```

```
button->setFixedHeight(149);
button->setFixedWidth(270);
button->addDevbutton(netAddr,sensorType,sensorRoom,sensorNum,sensorDate,
status);                                              //初始化
button->networkAddr = netAddr;
button->sensortype = sensorType;
button->sensorIndex = sensorNum;
button->sensorHomeaddr = sensorRoom;
connect(button,SIGNAL(setSensorStatus(uint,unsigned char,unsigned char,
unsigned char,unsigned long )),this->psensorThread->Server->ZigBeeServer,
SLOT(ServerSetSensorStatus(uint,unsignedchar,unsigned char,
unsigned char,unsigned long )));                     //信号槽连接，用于控制执行器动作
dev.button_p = button;
devConfiglist.append(dev);   }                        //添加到devConfiglist列表中
else//update
{ qDebug()<<"update button";
devConfiglist[listAddr].button_p->updateDevState(sensorType,sensorDate,
status);}
//更新执行器信息}
```

8.2.5 移动终端 APP 设计

系统环境要求：

（1）应用开发环境：Android 2.3 以上系统（测试平台为 Android 4.1 系统）。

（2）移动终端要求：搭载 Android 2.3 及以上版本的安卓智能手机。

在 Android 智能手机上使用 APP 可掌握植物确切的生长状况。通过温/湿度传感器采集的温/湿度数据，经过数据处理后通过蓝牙发送到手机，最后通过 APP 显示出温/湿度数值，同时系统和专业数据对比给出合理的建议，这样就可以在第一时间了解到植物的生长状况并改良植物的生长环境。

该系统不仅能够随时随地了解植物的生长状况，达到轻松便捷的目的，而且我们更加关注植物的生长细节。例如，通过手机可以显示植物此时此刻的温度以及湿度，再把它们和植物所需的最适宜温、湿度值标准进行对比，系统自动给出合理的种植建议，就可以准确知道植物此刻的温度与湿度是否符合植物最适宜的生长需求。如果不符合，我们就可以去调节与管理，这样就避免了盲目管理和资源的浪费。

8.2.5.1 系统整体功能

通过温/湿度传感器采集植物生长环境的温度和湿度的数据，经过处理、发送、接收和显示等过程，用我们开发的 APP 将其实时地可视化显示，并根据当前数据和专业数据进行比较后给出合理的种植建议，帮助我们更好地种植花卉。

功能名称：将应用 APP 命名为“Flower Carer”。

数据采集：将植物当时的生长环境数据（温度、湿度）通过传感器采集并通过串口送入 STM32。

数据的处理与发送：STM32 将接收到的数据进行逐帧处理并通过蓝牙模块发送每帧数据。

数据接收并通过 APP 处理：手机蓝牙接收数据并通过定制 APP 程序进行相关处理。

数据显示：将处理后的数据在手机 APP 客户端上显示出来。

数据对比：将植物生长环境与该植物健康生长所需的最适宜环境的相关参数值进行比较，自动给出合理建议，从而尽快采取措施。

8.2.5.2 工作流程

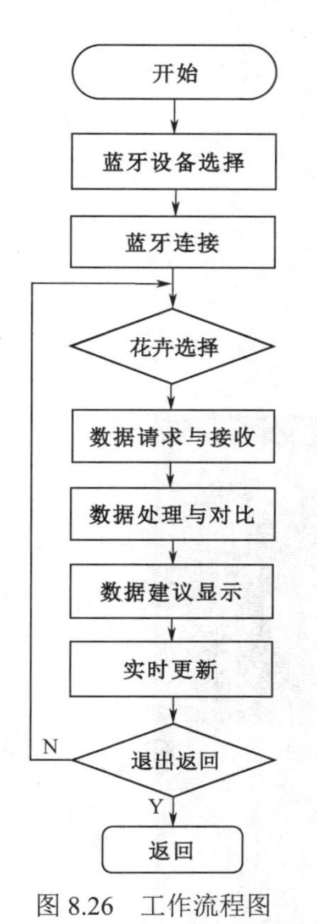

图 8.26 工作流程图

系统首先通过 DHT11 温/湿度传感器采集植物生长环境内的温/湿度数据，然后通过串口将数据送入 STM32 中，数据经过算法处理后将生成统一的数据格式，然后通过串口输出到蓝牙并将数据通过蓝牙发送出去，手机和蓝牙模块连接成功后，接收传送上来的数据，最后 APP 对接收到的数据处理对比并显示数据给出建议。

硬件部分可以是智能家居网关或一个集成了温/湿度传感器和处理器的便携式采集设备，便于随时随地应用在不同的环境中。

此系统的工作流程是首先将我们的便携式采集设备放置在需要监测的环境下，然后通过手机蓝牙和网关上的蓝牙模块连接，将数据收集显示并提供合理的建议。如图 8.26 所示。

8.2.5.3 APP 功能模块设计

APP 功能模块包含：蓝牙连接模块，温度测控模块和湿度测控模块，如图 8.27 所示。

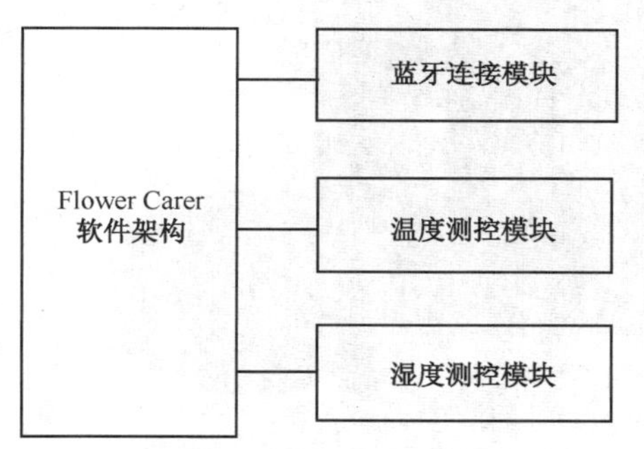

图 8.27 APP 功能模块

（1）蓝牙连接模块：检测附近存在的蓝牙设备，完成蓝牙设备的选择、连接和变更。

（2）温度测控模块：显示家居温室实时温度，数据由蓝牙接收所得。提供在当前温度下对植物的呵护建议，是否需要使用风扇进行降温操作。

（3）湿度测控模块：显示家居温室实时湿度，数据由蓝牙接收所得。提供在当前湿度下对植物的呵护建议，是否需要使用风扇进行除湿或通过水泵进行土壤补水或增加家居温室的环境湿度。

8.2.5.4 界面设计

（1）Logo 选择。图 8.28 所示的 logo 简洁、形象地表达了我们作品“Flower Carer”的创意，绽放的小花是整个 Logo 的重点部分，蓝色主背景代表科技，二者的结合完美阐述了“开启智能养花时代，享受闲适美好时光”的软件主题。

图 8.28 Logo

（2）欢迎界面，如图 8.29 所示。

（3）蓝牙设备扫描，如图 8.30 和图 8.31 所示。

（4）工作界面，如图 8.32 所示。

不同植物适宜生长的温/湿度不同，所以需要选择相应花卉以便调用相关的数据。

图 8.29　欢迎界面

图 8.30　打开手机蓝牙界面

图 8.31　蓝牙列表选择界面

图 8.32　工作界面

8.2.5.5 安卓 APP 的开发与调试

安卓 APP 是本系统的核心部分，大部分功能的实现都是依靠此 APP 来完成的，因此它也是最棘手的部分，以下内容涉及 APP 应用开发的主要过程。

1. 搭建 Android 开发平台

系统所使用的开发环境：Eclipse4.4.0 + Android SDK 22.3 + JDK 1.7；

Android 底层版本：Android API 19 + Android API 9。

环境搭建过程中，还需要建立安卓虚拟机 AVD，通过 Android SDK Manager 安装相关的 Android SDK 和配置相应的安卓调试桥 ADB 等。

APP 应用环境：支持 Android 版本最低为 Android 2.3，最高至 Android 4.4。

2. XML 布局文件设计与实现

XML 布局文件是安卓软件开发过程中一个非常重要的文件类，其主要作用是描述每个界面（Activity）上的元素以及元素与元素之间的相对位置，也是软件和用户直接交互的入口。XML 布局文件好坏直接影响其用户体验，就其作用来说非常重要。

安卓开发中 XML 文件最重要的有两类：一类是描述各个界面 XML 文件，它里面定义了每个元素的 ID，便于区别与寻找元素的位置；一类是 AndroidManifest.XML 文件，用于软件全局布局，里面定义了整个软件名字、版本号及所用到界面的最基本布局约束。

3. APP 代码中蓝牙功能的实现

APP 功能除了可视化界面之外，还有数据处理、传递与显示以及各个界面之间的跳转过渡，即两个界面之间以及界面内元素之间相互协调都是基于核心代码来完成的。

本系统基于 Android 平台的 APP（命名为 Flower Carer）所用核心代码是使用安卓开发平台 Java 语言来编写实现的。Java 是一种面向对象的高级语言，非常适合安卓 APP 开发，虽然所用是 Java，但是毕竟是开发安卓平台的 APP，所以也用到了 Android 系统中的处理机制。

代码编写过程中，难点在于需要熟悉 Java 的编程基础，还要将 Android 开发思想和方法融合到 Java 中，其中就用到了很多 Android 的类与方法，需要深入理解才可以运用。

蓝牙连接部分的代码，难点在于安卓蓝牙开发确实比较复杂与难以理解，另外就是没有办法在 AVD 上面直接调试。主要实现方法如下：

（1）蓝牙的连接包括蓝牙的配对，建立 RfcommSocket 服务和数据的传输。安卓手机上蓝牙与外部蓝牙模块连接过程中需要使用通用唯一识别码 UUID（Universal Unique IDentifier)，在此使用 UUID：00001101-0000-1000-8000-00805F9B34FB。此 UUID 可以为手机和普通蓝牙模块建立 BluetoothSocket 提供识别。

（2）连接完成后，需要调用 BluetoothService 服务保持连接的不间断。

（3）当退出界面后，调用 stopService( )方法停止蓝牙连接服务。

（4）在此 APP（Flower Carer）开发过程中，用到的方法有广播 Broadcast( )、Handler 和 BroadcastReceiver( )等，来处理消息和数据在界面之间的传输。

（5）在对通过蓝牙接收到的数据进行处理与显示环节，蓝牙传输的数据采用定长方式，每一帧包括 6 字节数据，含帧头、帧尾和 4 个字节有效数据。

首先将其接收到一个 Buffer[ ]中，然后根据数组下标分别挑选出湿度数据和温度数据，再根据算法将其转化为可显示的字符，通过 BroadcastReceiver( )方法、findViewById( )方法和 setText( ) 将其显示在相应位置。

8.2.5.6 关键代码分析

```
package com.zyy.test1.bluetooth;
import java.io.IOException;
import java.io.InputStream;
import java.io.OutputStream;
import java.util.UUID;
import com.zyy.test1.utils.PHUtils;
import android.bluetooth.BluetoothAdapter;
import android.bluetooth.BluetoothDevice;
import android.bluetooth.BluetoothSocket;
import android.os.Handler;
public class BluetoothUtils {
public static final int EVENT_REQUEST_CONNECT = 1;
 /* 本例中用到的UUID 代码 */
  private static final UUID MY_UUID =
                 UUID.fromString("00001101-0000-1000-8000-00805F9B34FB");
  private static BluetoothAdapter adapter;
  private static BluetoothUtils utils;
  private static ConnectThread connectThread;        //蓝牙连接线程
  private BluetoothUtils()
    { adapter = BluetoothAdapter.getDefaultAdapter();}
  public static BluetoothUtils getBluetoothUtils()
 { if(utils == null)
    { utils = new BluetoothUtils();   }
  return utils;}
  public static boolean getBluetoothState()
    { return adapter.isEnabled(); }
  public synchronized void connect(BluetoothDevice device, Handler handler)
 { if (!getBluetoothState())
     {    handler.obtainMessage(EVENT_REQUEST_CONNECT,
PHUtils.PH_RESULT_ERROR, -1, "Bluetooth Not Open").sendToTarget();
        return ;}
        switch (PHUtils.linkState)
       {  case PHUtils.PH_STATE_LINKING:
     handler.obtainMessage(EVENT_REQUEST_CONNECT, PHUtils.PH_RESULT_ERROR,
                       -1, "Connecting").sendToTarget();
     break;
     case PHUtils.PH_STATE_LINKED:
     handler.obtainMessage(EVENT_REQUEST_CONNECT, PHUtils.PH_RESULT_ERROR,
                       -1, "Connected").sendToTarget();
     break;
  case PHUtils.PH_STATE_NONE:
     PHUtils.linkState = PHUtils.PH_STATE_LINKING;
     connectThread = new ConnectThread(device, handler);
     connectThread.start();
     break;     }
    }
  private class ConnectThread extends Thread         //蓝牙连接线程
    {  private Handler mHandler;
             private BluetoothDevice mDevice;
             private BluetoothSocket mSccket;
```

```
                private InputStream mInStream;        //输入流
                private OutputStream mOutStream;
     public ConnectThread(BluetoothDevice device, Handler handler)
         {  mDevice = device;
      mHandler = handler;}
       public void run()
         {  setName("ConnectThread");
            //得到一个与指定蓝牙设备连接的蓝牙通信套接字
            BluetoothSocket tmp = null;
                try        //00001101-0000-1000-8000-00805F9B34FB
              { tmp = mDevice.createRfcommSocketToServiceRecord (MY_UUID);}
            catch (IOException e)
              { mHandler.obtainMessage(EVENT_REQUEST_CONNECT,
                  PHUtils.PH_RESULT_ERROR,
            -1, "Create Socket Cause An Exception").sendToTarget();    }
            mSocket = tmp;
           adapter.cancelDiscovery();
                // 建立蓝牙链接
            try { mSocket.connect();}
        /*阻塞调用，返回一个成功的连接或异常*/
        catch (IOException e)
             { mHandler.obtainMessage(EVENT_REQUEST_CONNECT,
PHUtils.PH_RESULT_ERROR, -1, "Connect Failed").sendToTarget();
       //关闭套接字
       try { mSocket.close(); }
              catch (IOException e2) { }
              PHUtils.linkState = PHUtils.PH_STATE_NONE;
       return;}
             // 得到蓝牙套接字的输入/输出流
             InputStream tmpIn = null;                    //获得蓝牙输入/输出流
             OutputStream tmpOut = null;
             try {  tmpIn = mSocket.getInputStream();   //tmpin蓝牙输入流
          tmpOut = mSocket.getOutputStream();  }
             catch (IOException e)
               {  mHandler.obtainMessage(EVENT_REQUEST_CONNECT,
                        PHUtils.PH_RESULT_ERROR,
               -1, "Get IOStream Failed").sendToTarget();}
             mInStream = tmpIn;                         //mInStream是蓝牙输入流
             mOutStream = tmpOut;                       //mOutStream是蓝牙输出流
        ConnectionInfo info = new ConnectionInfo(mDevice, mInStream,
mOutStream);
       mHandler.obtainMessage(EVENT_REQUEST_CONNECT, PHUtils.PH_RESULT_OK,
                                 -1, info).sendToTarget();
             //复位连接流
             synchronized (BluetoothUtils.connectThread)
              {  connectThread = null;  }
    }
   public void cancel()
           {  mHandler.obtainMessage(EVENT_REQUEST_CONNECT,
   PHUtils.PH_RESULT_ERROR, -1, "Thread Has Been Interrupted").sendToTarget();
            PHUtils.linkState = PHUtils.PH_STATE_NONE;
```

```
            this.interrupt();   }
        }
      public class ConnectionInfo
        {  public BluetoothDevice device;
            public InputStream inStream;
            public OutputStream outStream;
            public ConnectionInfo(BluetoothDevice device, InputStream inStream,
          OutputStream outStream)
      {    this.device = device;
           this.inStream = inStream;
           this.outStream = outStream; }}
    }
```

习　题　8

本章要求在 Cortex-A8 嵌入式应用平台上完成相应的嵌入式产品的开发，分析和解决工程设计中所遇问题。可参考以下题目，以团队形式开发完成。参考设计题目如下：

（1）温/湿度数据采集系统；

（2）人员车辆定位系统；

（3）手持类常规仪表；

（4）嵌入式 Linux 网络应用开发；

（5）便携式媒体播放器；

（6）智能家庭监控系统。

参 考 文 献

[1] 李宁．ARM Cortex-A8 处理器原理与应用．北京：北京航空航天大学出版社，2012．

[2] 程昌南．ARM Cortex-A8 硬件设计 DIY．北京：北京航空航天大学出版社，2012．

[3] 上海怡鼎信息科技信息有限公司，倪旭翔，计春雷编著．ARM Cortex-A8 嵌入式系统开发与实践．北京：中国水利水电出版社，2011．

[4] 刘洪涛．ARM 处理器开发详解：基于 ARM Cortex-A8 处理器的开发设计．北京：电子工业出版社，2012．

[5] 徐英慧．ARM9 嵌入式系统设计——基于 S3C2410 与 Linux（第 3 版）．北京：北京航空航天大学出版社，2015．

[6] 田军营．μClinux 源代码中 Make 文件完全解析——基于 ARM 开发平台．北京：机械工业出版社，2005．

[7] RICHARD ZURAWSKI．Embedded Systems Handbook．Taylor & Francis Group,LLC,2006．

[8] Andy Oram，Mike Hendrickson．Embedded Android．O'Reilly Media,Inc.,2013．

[9] John Catsoulis．Designing Embedded Hardware．O'Reilly Media,Inc.,2005．

[10] Karim Yaghmour．Building Embedded Linux Systems．O'Reilly Media,Inc.,2003．

[11] Jack Ganssle, Michael Barr．Embedded Systems Dictionary．CMP Books,Inc.,2003．

[12] Michael Barr．Programming Embedded Systems in C and C++．O'Reilly Media,Inc.,1999．

[13] ARM_Architecture_Reference_Manual．

[14] Cortex-A8 Revision Technical Reference Manual．

[15] GNU ARM Assembler Quick Reference．

[16] Application Note (Internal ROM Booting) S5PV210 RISC Microprocessor．

[17] S5PV210 RISC Microprocessor User's Manual．

[18] S5PV210 Layout Guide．

[19] User's Manual (SMDK S5PV210 Rev0.0) Development Kit for S5PV210．

[20] TinySDK_V1.1_120920_sch．

[21] Using as-The GUN Assembler．

网络资源

[1] GNU make 中文手册（Ver-3.8）（翻译整理：徐海兵）．

[2] 常用 ARM 指令集及汇编（宛城布衣）．

[3] 源码开放学 ARM（亚嵌李明老师）．

[4] 跟我一起写 Makefile（陈皓）．

[5] 嵌入式系统词汇表．

[6] 嵌入式 Linux 应用开发班（华清远见培训教材）．

[7] ARM9 之家论坛 友善之臂开发板技术交流社区．

反侵权盗版声明

举报电话：（010）88254396；（010）88258888
传　　真：（010）88254397
E-mail：　dbqq@phei.com.cn
通信地址：北京市万寿路 173 信箱
　　　　　电子工业出版社总编办公室
邮　　编：100036